"十三五"职业教育国家规划教材

高等职业教育数字艺术设计
新形态一体化教材

# AutoCAD 2021 中文版案例教程

AutoCAD 2021 Zhongwenban Anli Jiaocheng

（第3版）


李　涛　组　编

钱俊秋　郝静雅　陈长亮　主　编

吕雯雯　曹志宏　苏晓伟　副主编





中国教育出版传媒集团

高等教育出版社·北京

## 内容提要

本书为“十三五”职业教育国家规划教材，也是高等职业教育数字艺术设计新形态一体化教材。

本书针对建筑装饰设计领域，系统地讲述了使用AutoCAD 2021绘制装饰设计图样的基本方法和操作技巧。本书遵照循序渐进、由浅入深的原则，通过大量图文并茂的实例向读者进行讲解，内容涵盖了AutoCAD 2021快速入门、AutoCAD 2021绘图设置、二维图形的编辑、综合平面图块绘制、室内设计的表达、室内设计平面图绘制、地面铺装图与顶棚图绘制、电气系统平面图绘制、室内设计立面图绘制，以及AutoCAD在三维绘图方面的应用等。本书案例经典，内含AutoCAD建筑设计的完整解决方案，在讲解理论知识的同时，更注重对读者实际操作能力的培养。

本书配有微课视频、授课用PPT、案例素材、习题答案等丰富的数字化学习资源。与本书配套的数字课程“AutoCAD中文版案例教程”在“智慧职教”平台（www.icve.com.cn）上线，学习者可以登录平台进行在线学习及资源下载，授课教师可以调用本课程构建符合自身教学特色的SPOC课程，详见“智慧职教”服务指南。教师也可发邮件至编辑邮箱1548103297@qq.com获取相关资源。

本书可作为高等职业院校艺术设计类和建筑类专业相关课程的教材，也可作为相关培训机构的教学用书或建筑设计爱好者的自学用书。

**图书在版编目（CIP）数据**

AutoCAD 2021中文版案例教程 / 李涛组编；钱俊秋，郝静雅，陈长亮主编. --3版. --北京：高等教育出版社，2023.4

ISBN 978-7-04-057882-9

Ⅰ. ①A… Ⅱ. ①李… ②钱… ③郝… ④陈… Ⅲ. ①AutoCAD软件-高等职业教育-教材 Ⅳ. ①TP391.72

中国版本图书馆CIP数据核字（2022）第019404号

AutoCAD 2021 Zhongwenban Anli Jiaocheng

策划编辑 刘子峰　责任编辑 许兴瑜　封面设计 杨立新　版式设计 杜微言
责任校对 刘丽娴　责任印制 田　甜

| | | | |
|---|---|---|---|
| 出版发行 | 高等教育出版社 | 网　址 | http://www.hep.edu.cn |
| 社　址 | 北京市西城区德外大街4号 | | http://www.hep.com.cn |
| 邮政编码 | 100120 | 网上订购 | http://www.hepmall.com.cn |
| 印　刷 | 北京鑫海金澳胶印有限公司 | | http://www.hepmall.com |
| 开　本 | 850mm×1168mm 1/16 | | http://www.hepmall.cn |
| 印　张 | 15 | 版　次 | 2012年11月第1版 |
| 字　数 | 360千字 | | 2023年4月第3版 |
| 购书热线 | 010-58581118 | 印　次 | 2023年4月第1次印刷 |
| 咨询电话 | 400-810-0598 | 定　价 | 59.80元 |


物 料 号　57882-00

# “智慧职教”服务指南

“智慧职教”（www.icve.com.cn）是由高等教育出版社建设和运营的职业教育数字教学资源共建共享平台和在线课程教学服务平台，与教材配套课程相关的部分包括资源库平台、职教云平台和 App 等。用户通过平台注册，登录即可使用该平台。

● 资源库平台：为学习者提供本教材配套课程及资源的浏览服务。

登录“智慧职教”平台，在首页搜索框中搜索“AutoCAD 中文版案例教程”，找到对应作者主持的课程，加入课程参加学习，即可浏览课程资源。

● 职教云平台：帮助任课教师对本教材配套课程进行引用、修改，再发布为个性化课程（SPOC）。

1. 登录职教云平台，在首页单击“新增课程”按钮，根据提示设置要构建的个性化课程的基本信息。

2. 进入课程编辑页面设置教学班级后，在“教学管理”的“教学设计”中“导入”教材配套课程，可根据教学需要进行修改，再发布为个性化课程。

● App：帮助任课教师和学生基于新构建的个性化课程开展线上线下混合式、智能化教与学。

1. 在应用市场搜索“智慧职教 icve”App，下载安装。

2. 登录 App，任课教师指导学生加入个性化课程，并利用 App 提供的各类功能，开展课前、课中、课后的教学互动，构建智慧课堂。

“智慧职教”使用帮助及常见问题解答请访问 help.icve.com.cn。

# 系列教材序言——奔赴未来

一件好的作品，技术决定下限，审美决定上限。技能的训练如铁杵磨针，日久方见功力；美感的培养则需要博观约取，厚积才能薄发。优秀的作品哪怕表面上只有寥寥几笔，背后却蕴藏着创作者的眼界、见地和训练的积累。而正是艺术和技术的结合，让人脱颖而出。

身处数字时代，职业技能的学习掌握是生存的基本条件之一。图像表达既需要艺术的体验，也需要技术的习得。技能起到的支撑作用，可以让创意得以实现，是谓从心所欲而不逾矩。如何打造一套数字艺术设计新形态一体化系列教材，让学习者达到艺技双得心手双畅的程度，是这套教材的构思初心。

如何围绕典型工作任务进行分析，将工作领域转换为学习领域，从而构建科学实用的理实一体化教学过程，继而设计出具有科学性职业性的学习情境，既是培养学生工作能力的前提，也是职业教育改革关注的难点。

我们从行业、产业以及头部企业对专业人才的需求入手，对相应岗位群所需进行调研分析，经过历次研讨，明确了技能与专业的职业领域，分析了对应工作岗位的工作任务。按照学生认知规律，将具有教学价值的典型工作任务设计为教学技能包，通过专业课程体系、工作情境再现等方式，完成了从工作任务到技能提取再到教学实践的三重转换。

在过程中，我们避免软件说明或案例罗列式的旧形态，在技能梳理上秉承“少即多，多则惑”的理念，力求更加简洁、准确，将传授“方法”和获取“技能”作为本套教材的核心，最终“磨”出了这套教材。希望教材的最终呈现能够符合构思它的初衷。

这是个充满机会的世界，作为数字艺术设计类学科的莘莘学子，用面向未来的技能武装自己，做一个丰沛热情的人、敢于实践的人，你将永远不会缺少舞台。为了帮助学习者更好地掌握数字艺术相关技能，我们建立了“良知塾”课证融通教育平台，希望能从更丰富的角度帮到大家，共同精进。

阿尔文・托夫勒曾说过：21 世纪的文盲，将不再是不识字的人，而是那些不学习、不肯清空自己、不愿重新学习的人。愿大家摈弃浮躁，脚踏实地，带着开放的心，做一个新时代的水手，乘风破浪，奔赴未知的码头，构建全新的未来。

系列教材组编 李涛<br>于北京

# 前言

## 本书介绍

本书为“十三五”职业教育国家规划教材，因其案例式编写思想以及“教、学、做”一体化的模式而获得了广大数字艺术设计爱好者的一致好评。全书从理论到案例都进行了较详尽的叙述，内容由浅入深，全面覆盖了在建筑及工业设计领域最为流行的绘图软件——AutoCAD的基础知识及其在各相关行业中的应用技术。十多个精彩设计案例融入了作者丰富的设计经验和教学心得，旨在帮助读者全方位了解行业规范、设计原则和表现手法，提高实战能力，以灵活应对不同的工作需求。整个学习流程联系紧密，环环相扣、一气呵成，让读者在轻松的学习过程中享受成功的乐趣。

## 主要修订内容

随着软件版本及相关技术的不断更新和设计内容的不断丰富，为了满足数字艺术设计应用型人才培养需求，加快推进党的二十大精神进教材、进课堂、进头脑，同时能及时反映产业升级和行业发展动态，编者紧跟设计行业理念、技术发展，并结合目前最新的数字艺术类课程教改成果，从以下几个方面对教材内容进行了修订更新：

1．软件版本升级为AutoCAD 2021，增加部分新功能讲解，更新并优化了案例的操作步骤介绍，同步录制了更加精致、清晰的微课视频，手机扫描二维码即可随扫随学。

2．在各章现有学习要求的基础上，深入挖掘平面设计师应当具备的核心能力与素质，在章首页通过二维码的形式进行教学指引，重点培养学生规范操作与严谨细致的工作作风、创新创作理念与环保意识、诚信守则的职业操守与职业道德、追求卓越的工匠精神等基本职业素养，落实新时代德才兼备的高素质艺术设计类人才培养要求。

3．在相关绘图章节补充如“AutoCAD绘图设置”和“综合平面图块绘制”等拓展阅读案例，在介绍最新的AutoCAD绘图设置技巧及技法的同时，也将严谨科学的制图规范与标准、技术创新驱动发展等理念根植于学生头脑；将部分案例更换为更具有典型中国传统美学特色的中式室内设计效果展示，通过兴文化、展形象的方式提炼展示中华文明的精神标志和文化精髓，增强学生的文化自信与美学修为，并激发其文化创新创造活力，为推动我国建筑文化产业繁荣发展、培育建筑文化人才队伍打下坚实基础。

4．在附录部分补充了与平面设计相关的1+X职业技能等级标准及证书的介绍，突出书证融通特色，也方便教师按照章节结构灵活安排课时，强化职业技能培养在当代文化文艺人才队伍建设中的关键作用，并体现高质量技能型人才的自主培养特色。

5．丰富了配套实训和课后练习，新增了更多教学资源并同步更新在线数字课程，推动现代信息技术与教育教学的深度融合，落实国家文化数字化战略要求。

## 配套教学资源

本书提供了立体化教学资源，包括教学课件(PPT)、高质量微课视频、案例和拓展训练的素材及源文件、课后练习答案等。微课视频以二维码形式在书中相应位置出现，随扫随学，以强化学习效果。通过众多的配套资源，希望能为广大师生在“教”与“学”之间铺垫出一条更加平坦的道路，力求使每一位读者通过本书的学习均可达到一定的职业技能水平。

本书由李涛组编，钱俊秋、郝静雅、陈长亮担任主编，吕雯雯、曹志宏、苏晓伟担任副主编，参与编写的还有高婷婷。由于编者水平有限，疏漏之处在所难免，恳请广大读者批评指正。

编　者

2023年1月

# Chapter 1 AutoCAD 2021快速入门



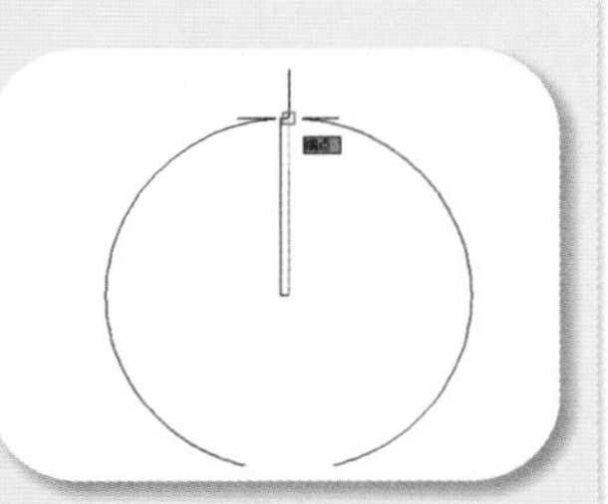

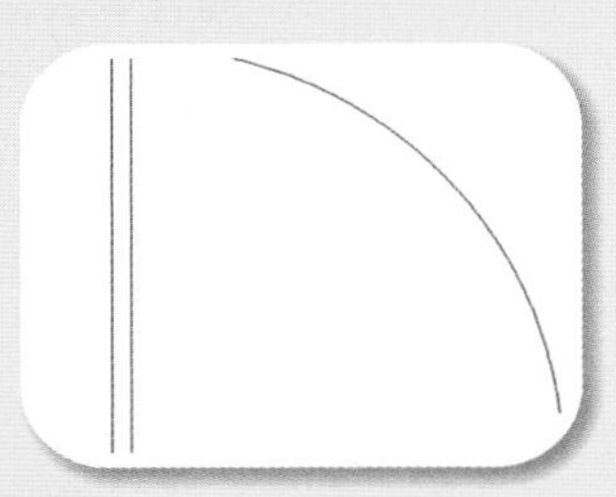

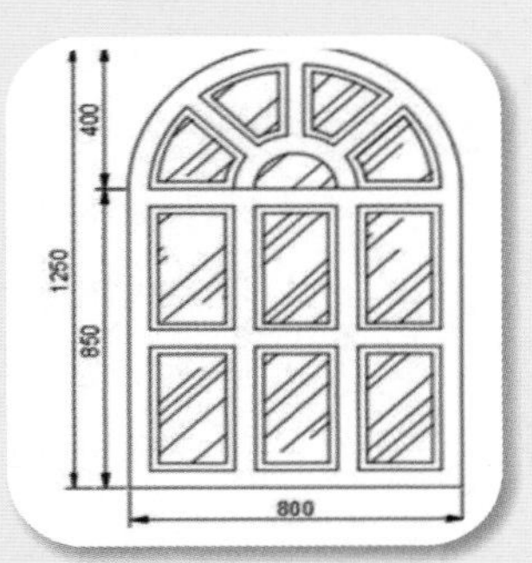

# Chapter 2 AutoCAD 2021绘图设置



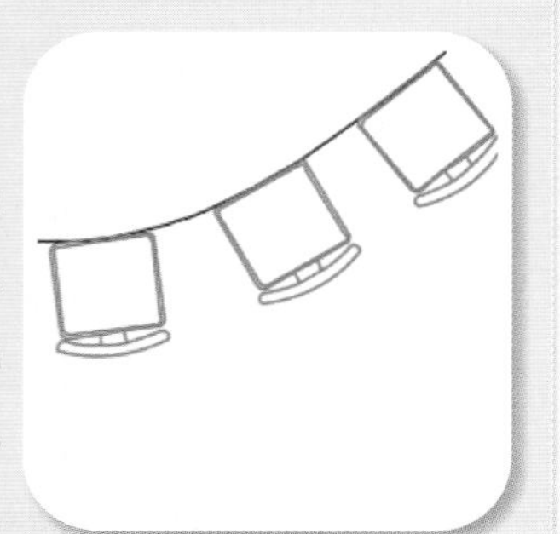

# Chapter 3 二维图形的编辑

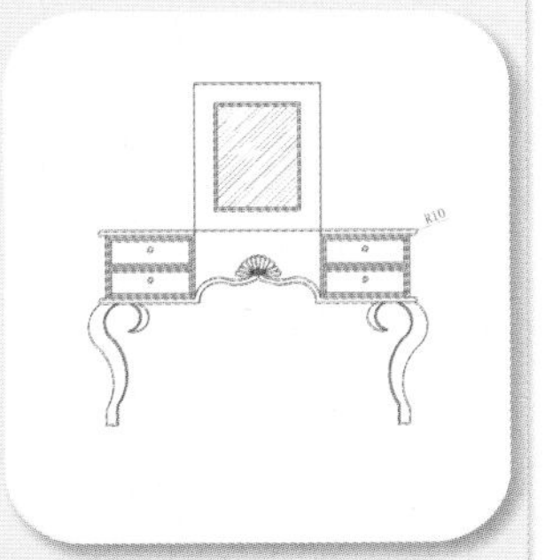

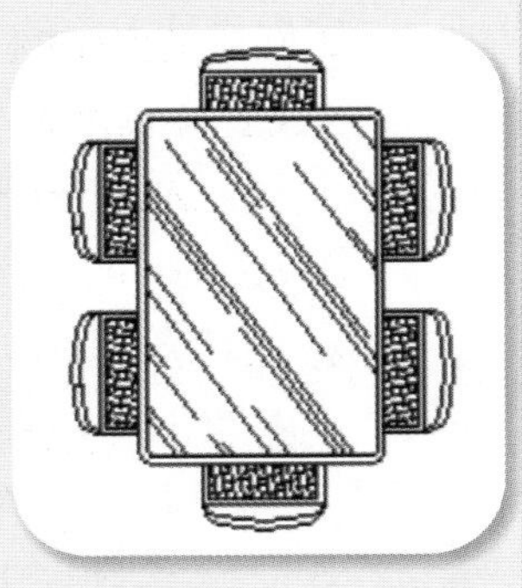

# Chapter 4 综合平面图块绘制

# Chapter 5 室内设计的表达



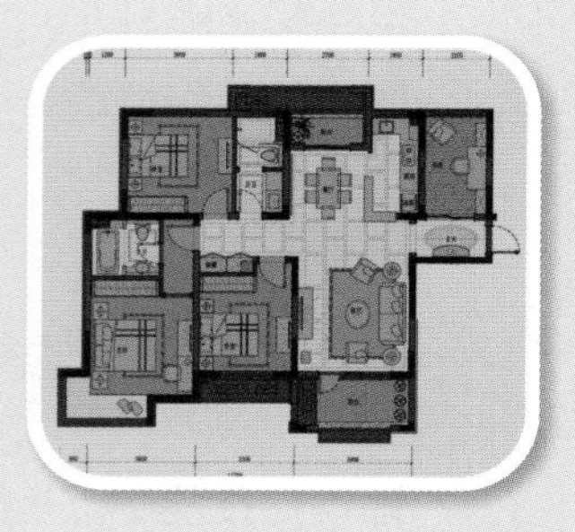

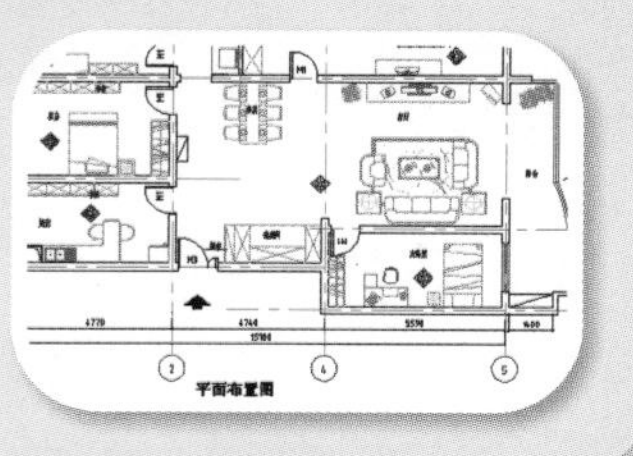

# Chapter 6 室内平面布置图绘制



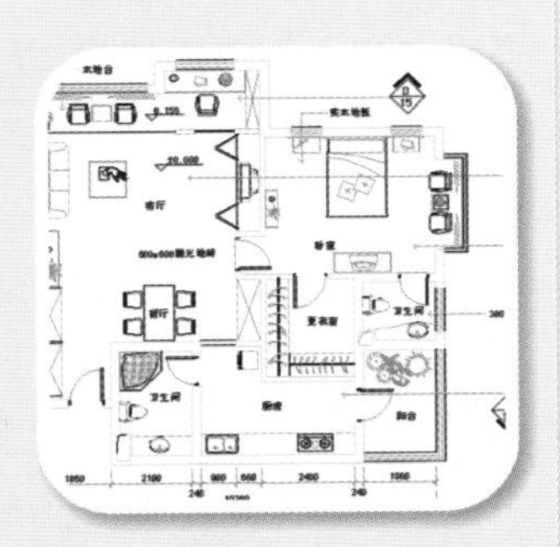

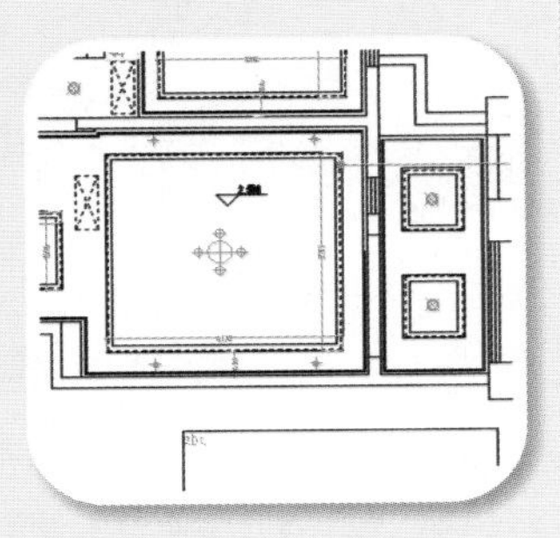

# Chapter 7 地面铺装图与顶棚图绘制



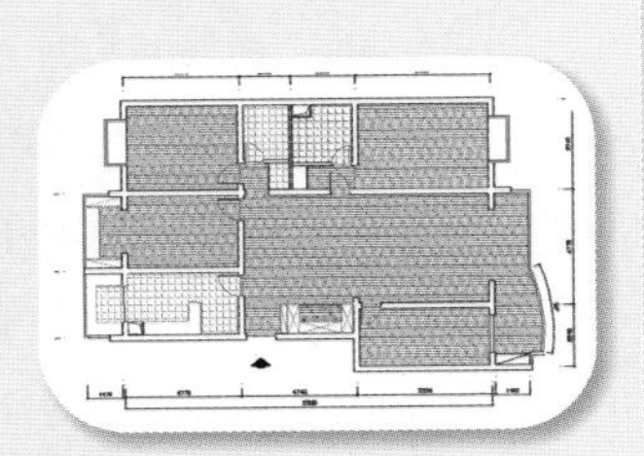

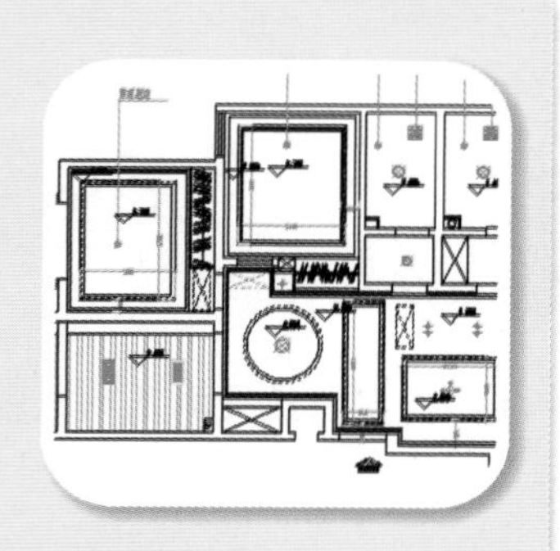

# Chapter 8 电气系统平面图绘制



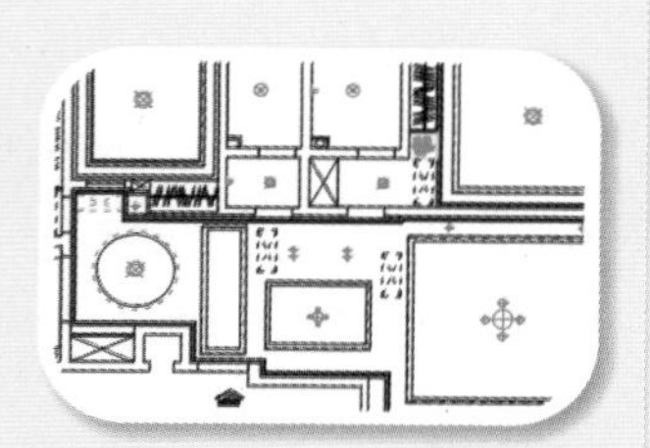

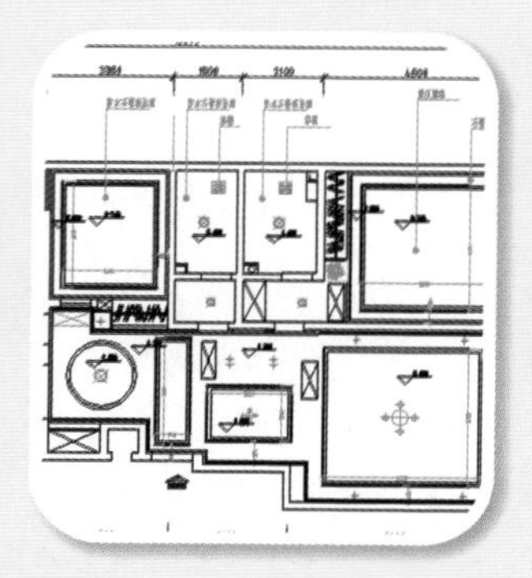

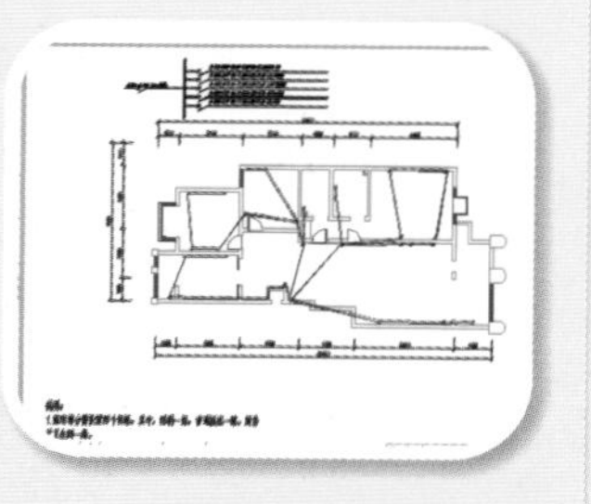

# Chapter 9 室内设计立面图绘制



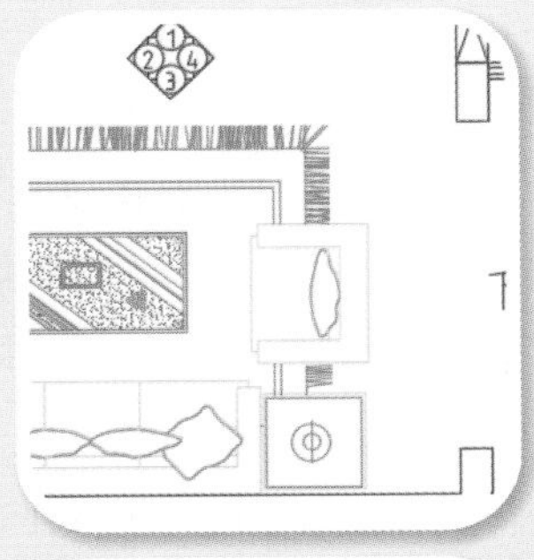

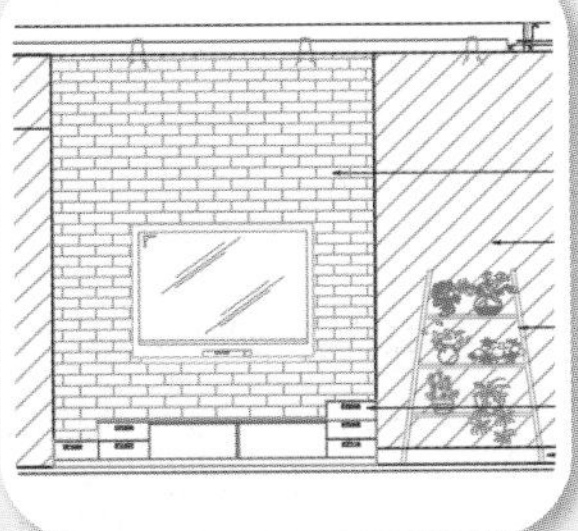

# Chapter 10 三维设计基础

# Chapter 11 三维图形创建与修改



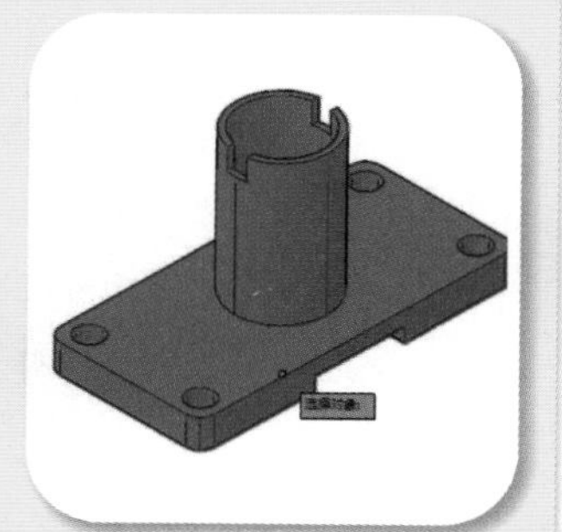

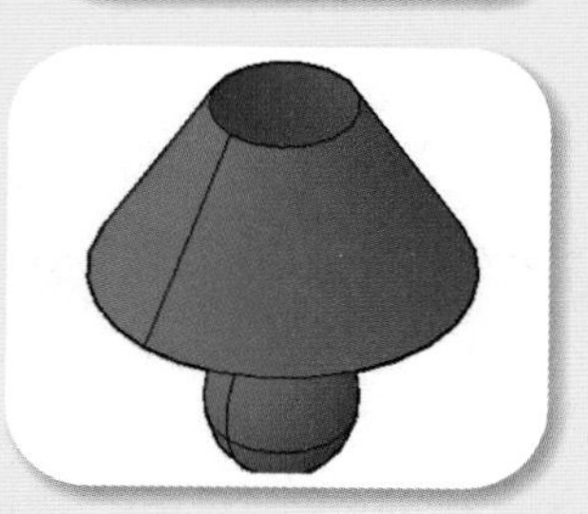

# Chapter 12 宾馆套房设计方案



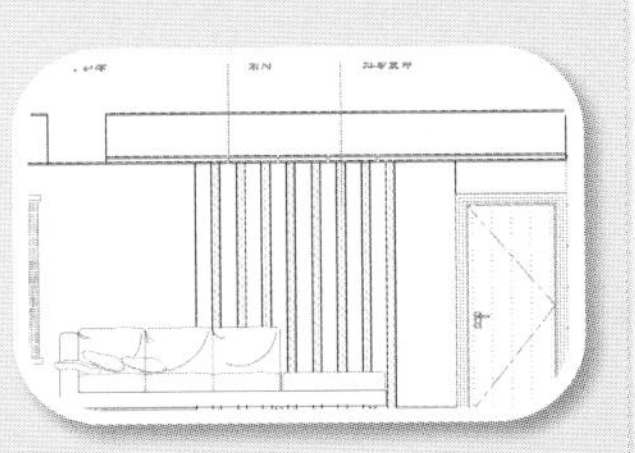

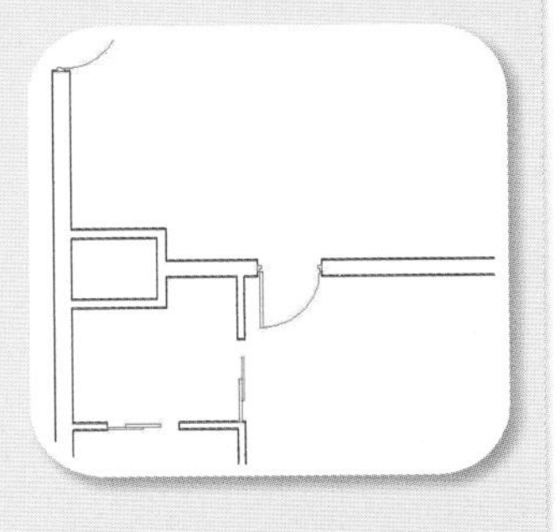

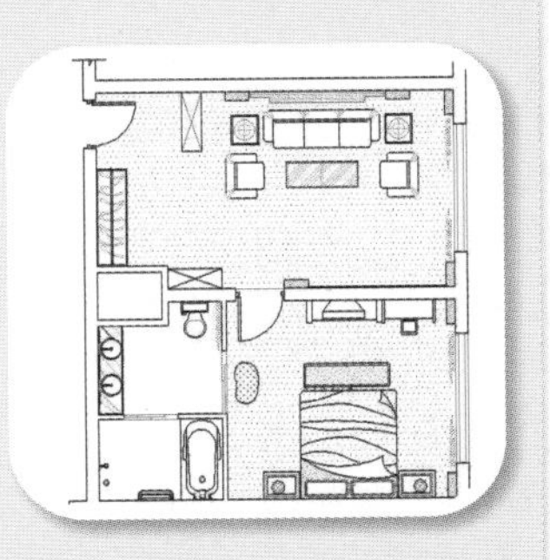

Chapter 1

# AutoCAD 2021快速入门

AutoCAD（Auto Computer Aided Design）是由美国Autodesk公司于1982年研发的自动化计算机辅助设计软件，被广泛应用于机械设计、产品设计制造、土木建筑工程、装饰装潢设计、城市规划、园林设计、电子线路、服装设计等诸多领域。

AutoCAD 2021重在给用户一种全新的感受提升。其优化界面、新标签页、简化功能选项、增强功能、新系统变量、快速测量、图形性能、选项板增强功能、安全性增强等让用户有全新的体验，顶部、底部状态栏整体优化更实用便捷，硬件加速无论平滑效果与流畅度都令人满意。

| | 知识点 \ 学习目标 | 了解 | 掌握 | 应用 | 重点知识 |
|---|---|---|---|---|---|
| 学习要求 | AutoCAD 2021工作界面 | 🚩 | | 🚩 | |
| | AutoCAD 2021新增功能 | 🚩 | | | 🚩 |
| | 图形文件管理 | 🚩 | | | |
| | 坐标系认识 | 🚩 | | | |
| | 命令的输入方式 | | 🚩 | | |
| | 基本绘图操作 | | 🚩 | | |

能力与素质目标

# 1.1 初识AutoCAD

AutoCAD 主要用于二维绘图、详细绘制、设计文档和基本三维设计。通过它，无须懂得编程即可自动制图，因此它在全球被广泛使用，现已成为国际上广为流行的绘图工具。

## 1.1.1 AutoCAD的基本特点

- 具有完善的图形绘制功能，可以根据需要绘制平面图、立面图、剖面图、大样图、节点图、水电图、地材图等各种相关图形。
- 具有强大的图形编辑功能，不但可以对二维、三维图形进行直接编辑操作，从AutoCAD 2013版本之后，还可以将三维图形编辑转换为二维工程图形。
- 可以进行多种图形格式的转换，具有较强的数据交换能力。
- 支持多种操作平台（各种操作系统支持的微型计算机和工作站）。
- 支持多种硬件设备。
- 可以采用多种方式进行二次开发或用户定制。
- 具有通用性、易用性，适合各类用户使用。

## 1.1.2 AutoCAD的基本功能

- 二维图形绘制功能：能够以多种方式创建点、直线、圆、圆弧、椭圆、正多边形、多段线、样条曲线等基本图形对象。AutoCAD提供了对象捕捉及追踪功能，可以让用户很方便地进行特殊点的捕捉以及沿不同方向进行相关点的定位。另外，AutoCAD还提供了正交功能，可以使用户很容易进行水平及垂直方向的控制。
- 二维图形编辑功能：AutoCAD具有强大的二维图形对象编辑功能，可以对二维图形对象执行移动、旋转、拉伸、缩放、打断、修剪、延伸、阵列、合并等多种编辑操作。

AutoCAD具有图形管理功能，使同类型的图形对象都位于同一个图层上，每一个图层上的图形对象都具有相同的颜色、线型、线宽等图层特性。

AutoCAD具有尺寸标注功能，可以创建多种类型的尺寸标注对象，标注外观可以由用户根据需要自行设定。

AutoCAD具有文字书写功能，能够容易地在图形的任何位置创建相关文字对象，并且能够控制文字对象的字体、字号、方向、倾斜角度、宽度缩放比例等相关属性。

- 三维图形绘制及编辑功能：可以创建三维实体及表面模型，并且能够对实体本身进行编辑操作。
- 网络功能：可以将图形对象在网络上发布，或者通过网络访问AutoCAD资源。
- 数据交换功能：AutoCAD提供了多种图形对象数据交换格式及相应命令。
- 二次开发功能：AutoCAD允许用户定制菜单和工具栏，并且能够利用内嵌语言Autolisp、Visual Lisp等进行二次开发。

### 1.1.3 AutoCAD的行业应用

随着计算机技术的飞速发展，AutoCAD软件在工程中的应用层次也在不断提高，一个集成、智能化的AutoCAD软件系统已经成为当今工程设计工具的首选。AutoCAD使用方便，易于掌握，体系结构开放，因此被广泛应用于建筑、机械制造、电子、纺织、航天、轻工、石油化工、土木工程、轮船、地质、气象、冶金和商业等领域。

1. AutoCAD在建筑行业的应用

计算机辅助建筑设计（Computer Aided Architecture Design, CAAD）是AutoCAD在建筑方面的应用，它为建筑设计带来了一场真正的革命。随着CAAD软件从最初的二维通用绘图软件发展到如今的三维建筑模型软件，CAAD技术现已开始被广为采用。这不但可以提高设计质量，缩短工程周期，还可以节约很大一部分建筑投资。

2. AutoCAD在机械制造行业的应用

AutoCAD在机械制造行业的应用是最早也是最为广泛的。采用AutoCAD技术进行产品的设计，不但可以使设计人员放弃烦琐的手工绘制方法，更新传统的设计思想，实现设计自动化，降低产品的成本，提高企业及其产品在市场上的竞争能力，而且可以使企业由原来的串行作业转变为并行作业，建立一种全新的设计和生产技术管理体系，缩短产品的开发周期，提高劳动生产率。

3. AutoCAD在轻工纺织行业的应用

以前，我国纺织品及服装的花样设计、图案协调、色彩变化、图案分色、描稿及配色等均由人工完成，速度慢且效率低。而目前国际市场上对纺织品及服装的要求是批量小、花色多、质量高、交货迅速，这使得我国纺织产品在国际市场上的竞争力比较薄弱。AutoCAD技术的使用，大大加快了我国轻工纺织及服装企业走向国际市场的步伐。

4. AutoCAD在电子电气行业中的应用

AutoCAD在电子电气领域的应用称为电子电气CAD。它主要包括电气原理图的编辑、电路功能仿真、工作环境模拟及印制电路板设计（自动布局、自动布线）与检测等。使用电子电气CAD软件还能迅速形成各种各样的报表文件（如元件清单报表），为元件的采购及工程预算和决算等提供方便。

5. AutoCAD在娱乐行业的应用

时至今日，AutoCAD技术已进入人们日常娱乐的方方面面，在电影、动画和广告等领域大显身手。例如，电影公司主要借助AutoCAD技术构造布景，利用虚拟现实的手法设计出人工难以实现的景观，这不仅可以节省大量的人力、物力，降低电影的拍摄成本，而且可以给观众营造一种新奇、古怪和难以想象的视觉效果，获得丰厚的票房收入。

## 1.2 AutoCAD 2021工作界面

在运用AutoCAD 2021绘图之前，先了解一下它的工作界面。图1-1所示是AutoCAD 2021的完整工作界面，其主要由标题栏、应用程序按钮、功能选项区、绘图区、十字光标、命令行、绘图空间标签、ViewCube及状态栏等组成。本节将简单介绍工作界面的各组成部分。

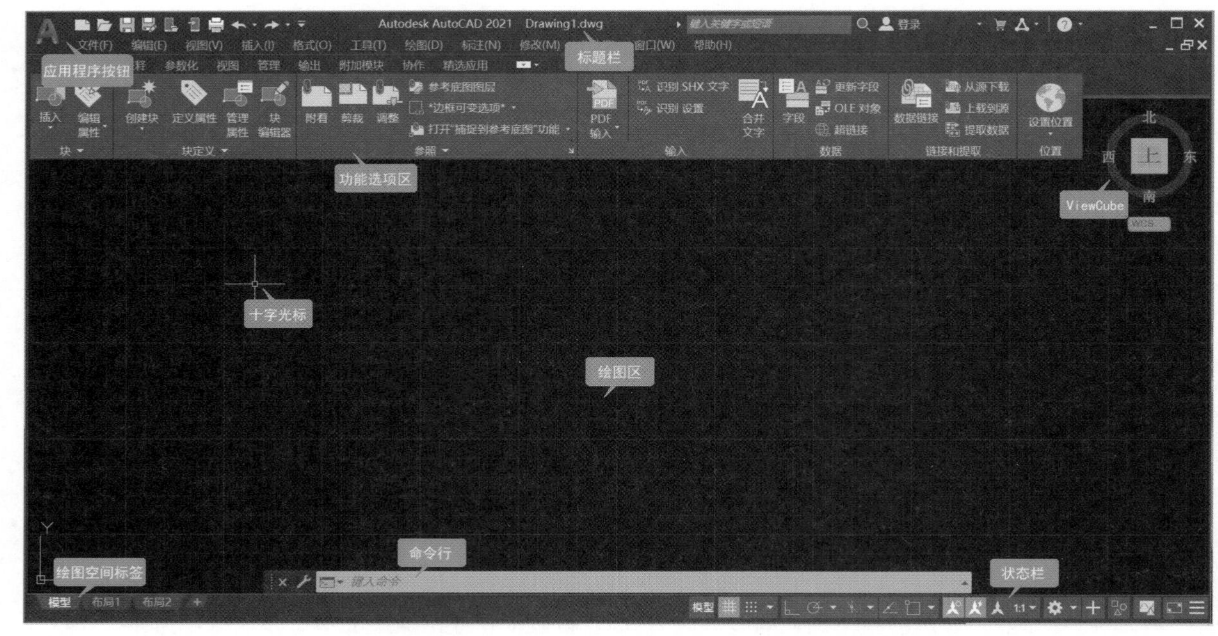


图 1-1

1. 标题栏

标题栏位于程序窗口的上方，主要由快速访问工具栏、应用程序与文件名称、搜索区、登录到 A360 及帮助信息组成。

微课：AutoCAD 2021 界面介绍

2. 应用程序按钮

应用程序按钮位于 AutoCAD 2021 工作界面的左上角。单击该控制按钮，将弹出应用程序菜单。在该菜单中可快速进行创建图形、打开图形、保存图形、输出、发布与打印图形、图形实用工具与退出 AutoCAD 等操作。

3. 功能选项区

功能选项区位于标题栏下方，主要由选项卡和面板组成。在新建或打开文件时，会自动显示功能区，这里提供一个包括新建文件所需要的所有工具的小型面板，主要包括绘图、修改、注释、图层、块、特性等选项卡。

4. 绘图区

绘图区是用于绘图的区域，位于界面的中央。绘图区是没有边界的，通过绘图区右侧及下方的滚动条可对当前绘图区进行上、下、左、右移动。另外，绘图区的颜色可以根据需要进行设置。

5. 十字光标

十字光标位于绘图区，以十字形式显示，可以用来指定绘图时的坐标点，也可以用于选择要进行编辑的图形对象。在 AutoCAD 2021 中，十字光标的默认大小为屏幕的 5%，用户可根据实际需要设定十字光标的大小。

6. 命令行

命令行位于绘图区的下方，它是 AutoCAD 与用户对话的一个区域。AutoCAD 通过命令行反馈各种信息，用户应密切关注命令行中出现的信息，也可查看命令历史记录，并按信息提示进行相应操作。

7. ViewCube

ViewCube，简单来说就是视图转换控制器，在三维绘图工作时可以直接切换到指定的视图，如上、左、右等视图，也可以直接旋转三维视图来调整观察点方位。

8. 状态栏

状态栏位于AutoCAD 2021工作界面的右下方，主要由模型或图纸空间、栅格显示、捕捉开关、正交限制、极轴追踪、等轴测草图、对象捕捉及参照点、注释比例及切换工作空间等按钮组成。

# 1.3 AutoCAD 2021新增功能

AutoCAD 2021软件新增功能包括行业专用工具组合、改进的跨平台和Autodesk产品的互联体验，以及诸如计数等全新的自动化操作功能。

① AutoCAD 2021默认的“快速”模式会选择所有的边界，在绘图过程中不必先选择边界。

② 使用新的BREAKATPOINT命令，现在可以通过按Enter键重复功能区上的“在点处打断”工具。此命令在指定点处可以将直线、圆弧或开放多线段直接分割为两个对象。

③ 在图形的平面图中，可以“快速”支持测量由几何对象所包围空间内的面积和周长。

④ AutoCAD 2021的二维平移和缩放的速度得到增强，可根据需要自动执行重新生成操作。

⑤ AutoCAD 2021中“块”的选项板得到增强，可更加方便地随时随地访问块。

**技巧 提示**

AutoCAD 2021精简与强化了状态栏的布局设置，很多绘图状态与工作方式切换可直接通过按钮单击来实现。对于初学者来说，可以逐渐从繁杂的专业化命令设置中解脱出来，操作更直观与便捷。

# 1.4 图形文件管理

在AutoCAD中，图形文件的管理包括新建、打开、保存和输出等操作。其中，输出作为绘制图纸的最后环节将放在后面章节进行介绍。

## 1.4.1 新建文件

启动AutoCAD 2021后，系统将自动新建一个名为Drawing 1的图形文件。在系统中继续创建新建图形文件的方法主要有如下几种。

单击新图标签按钮：在绘图工作区左上部单击新图形标签按钮创建一个默认模板的新图形。

利用工具按钮：单击标题栏中的“新建”按钮，或通过单击应用程序按钮找到该按钮。

通过命令或快捷键：在命令行中执行NEW命令或直接按Ctrl+N组合键。

执行“新建”命令后，将打开“选择样板”对话框，可以在其中新建需要的图形文件。下面以新建一个acadiso.dwt样板的图形文件为例进行讲解，具体操作步骤如下。

1
2
3
4
5
6
7
8
9
10
11
12

**01** 运行AutoCAD 2021，单击标题栏上的“新建”按钮，或在命令行中输入“NEW”，执行“新建”命令，如图1-2所示。

**02** 在打开的“选择样板”对话框中，选择acadiso.dwt样板，然后单击“打开”按钮，如图1-3所示。

**03** 返回绘图区，可以看到以acadiso.dwt为样板新建了一个图形文件，如图1-4所示。

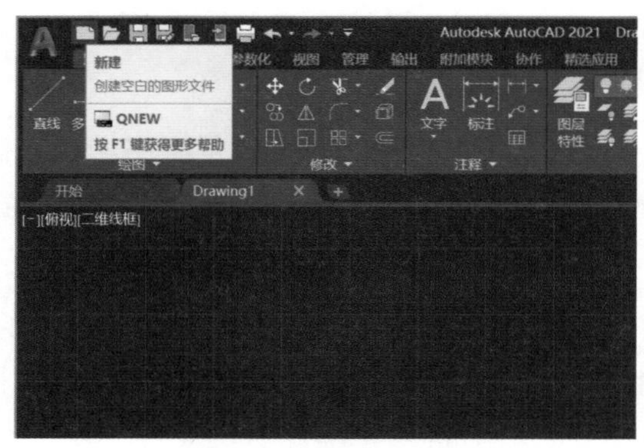

图 1-2

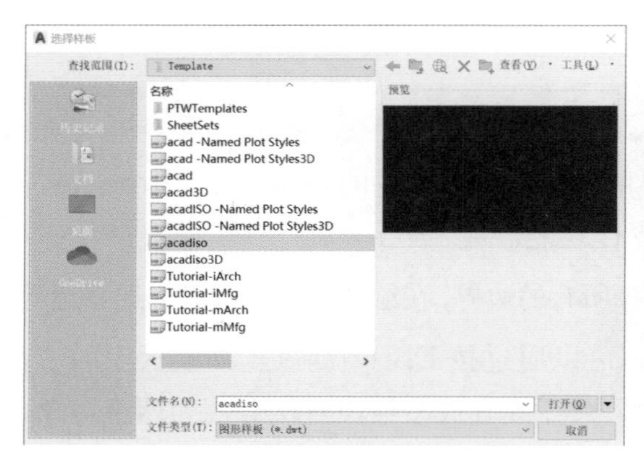

图 1-3

图 1-4

## 1.4.2 打开文件

运行AutoCAD 2021后，打开已有图形文件主要有以下几种方法。

利用应用程序按钮：单击界面左上角的应用程序按钮，在下拉列表中选择“打开”命令，选择现有的图形。

利用工具按钮：单击标题栏中的“打开”按钮。

通过命令或快捷键：在命令行中输入“OPEN”命令或直接按Ctrl+O组合键。

执行“打开”命令后，将打开“选择文件”对话框，在“查找范围”下拉列表框中选择要打开图形文件的存储路径，在“名称”列表框中选择要打开的图形文件名，单击“打开”按钮，即可打开该图形文件，具体操作步骤如下。

**01** 运行AutoCAD 2021，在工作区或命令行中输入“OPEN”，按Enter键执行“打开”命令，如图1-5所示。

**02** 在打开的“选择文件”对话框的“名称”列表框中选择需要打开的文件，单击“打开”按钮，如图1-6所示。

**03** 返回AutoCAD 2021的工作界面，在绘图区即可观察到图形文件被打开，如图1-7所示。

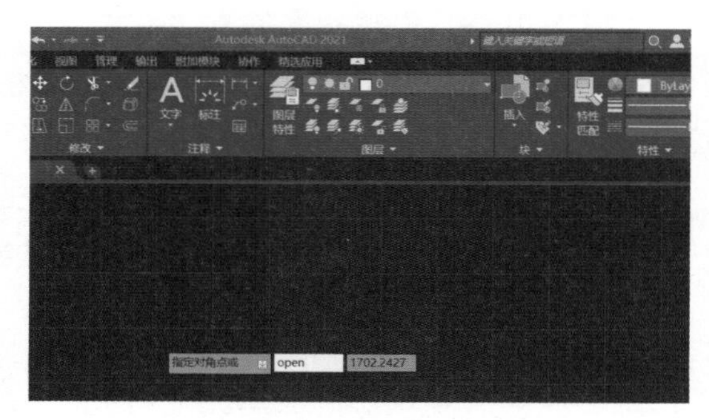

图 1-5

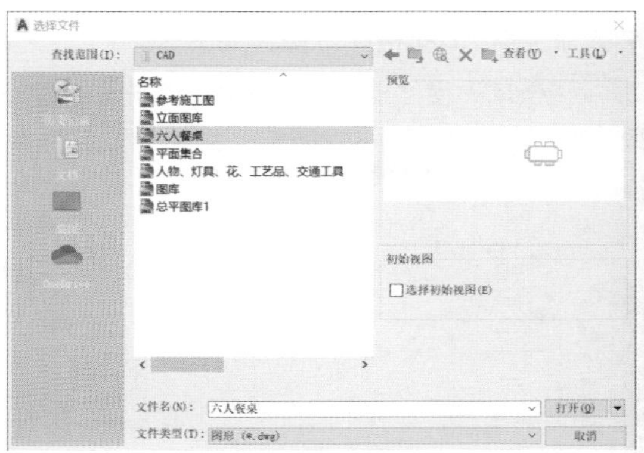

图 1-6

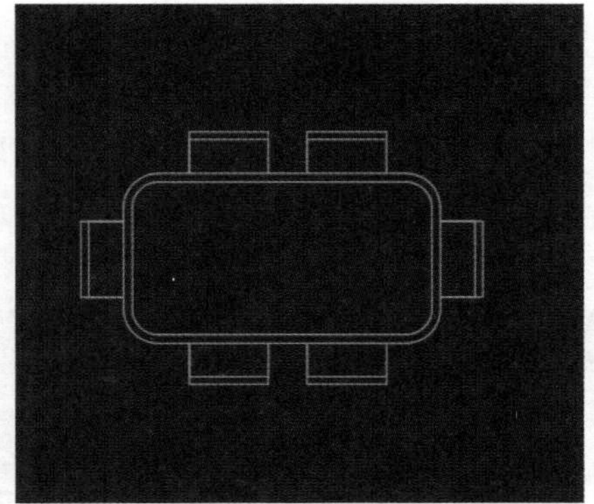

图 1-7

**技巧 提示**

AutoCAD软件和其他软件一样，在打开文件时版本只能向下兼容。如果用户想在低版本AutoCAD中打开该文件，可以在保存时选择对应的版本。

## 1.4.3 保存文件及格式分类

使用AutoCAD绘制完成的图纸需要保存，以便日后进行编辑与修改。图形文件的保存又分为保存和另存为。保存是指存储当前图形文件，而另存为是指以新文件名保存当前图形文件的副本。新建的文件在首次保存时会弹出“图形另存为”对话框，文件保存时还可以选择文件的类型。下面以保存新建文件为例介绍如何保存图形文件。

运行AutoCAD 2021，单击标题栏上的“保存”按钮，如图1-8所示，执行“保存”命令，弹出“图形另存为”对话框，如图1-9所示。如果是打开原有的图形进行修改，则直接保存，不显示该对话框。

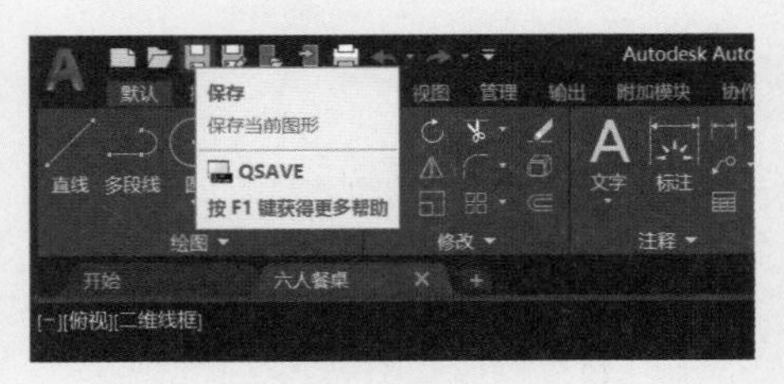

图 1-8

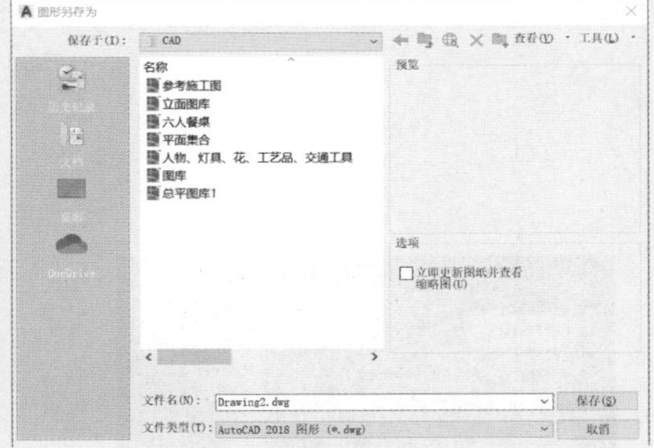

图 1-9

在“文件类型”下拉列表框中还可以选择保存为旧的CAD版本文件格式及DXF格式文件，如图1-10所示。

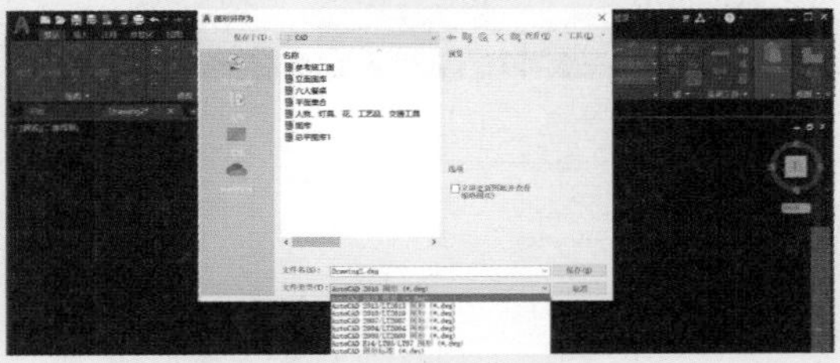

图 1-10

用户可以在整套图形文件中选择一部分图形来单独保存为DXF格式，操作如下。

在“图形另存为”对话框右上角选择“工具”→“选项”菜单命令，如图1-11所示，在新打开的对话框“DXF选项”选项卡中选中“选择对象”复选框，如图1-12所示。单击“确定”按钮后就可以选择部分图形，按Enter键即可执行保存操作。

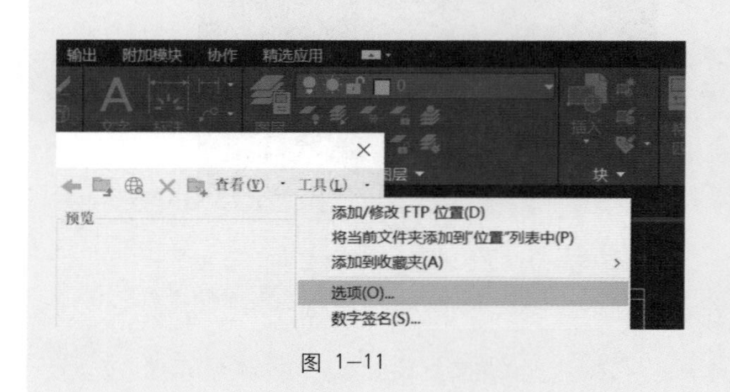


图 1-11

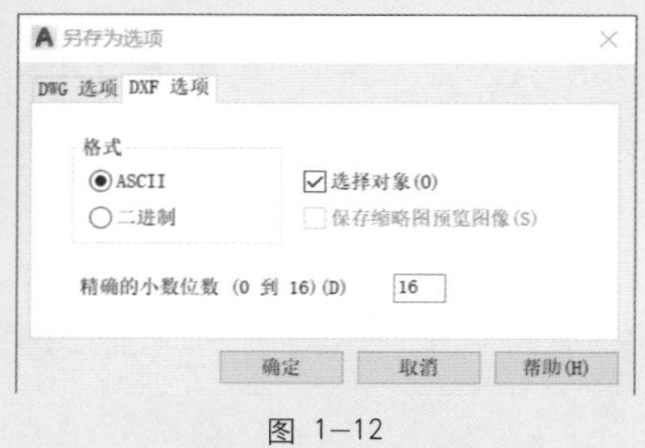


图 1-12

## 1.4.4 自动保存及文件备份

在AutoCAD 2021中，除了手动保存以外，还提供了自动保存的功能。自动保存会定时对正在编辑的图形文件进行保存处理，以方便误操作后可以找到备份文件。设置自动保存间隔时间的具体操作步骤如下。

**01** 在命令行中输入“OP”或“OPTIONS”，按Enter键执行“选项”命令，如图1-13所示。

**02** 此时打开“选项”对话框，选择“打开和保存”选项卡，在“文件安全措施”选项组中选中“自动保存”复选框，在“保存间隔分钟数”文本框中输入“10”，即可将自动保存的时间间隔设置为10分钟，并选中“每次保存时均创建备份副本”复选框，如图1-14所示，单击“确定”按钮。

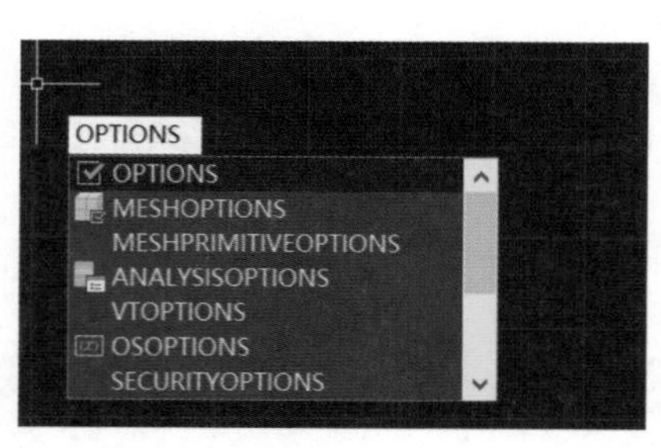


图 1-13

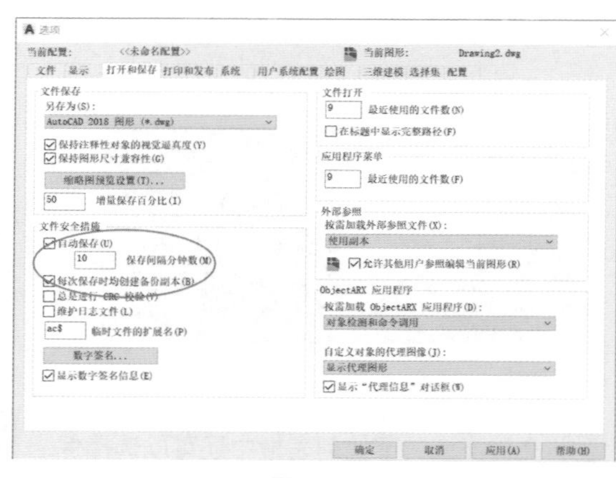


图 1-14

# 1.5 坐标系认识

微课：
坐标系认识

要在 AutoCAD 2021 中创建精确的图形，绘制或修改对象时，可以通过输入点的坐标值来确定点的具体位置。在绘制二维图形时，输入的是二维坐标；在绘制三维对象时，输入的是三维坐标。此外，还可以相对于图形中已知的位置或对象来指定坐标系。特别是在创建三维图形时，相对于一个二维平面指定坐标系要容易得多，这个二维平面就称为用户坐标系（User Coordinate System，UCS）。

在 AutoCAD 2021 中有两类坐标系：笛卡儿坐标系和极坐标系，世界坐标系（World Coordinate System，WCS）和用户坐标系（UCS）。另外，有绝对坐标和相对坐标两种坐标输入方法。

## 1.5.1 笛卡儿坐标系和极坐标系

笛卡儿坐标系就是通常使用的直角坐标系，笛卡儿坐标系有3个轴，即*X*、*Y*和*Z*轴。 输入坐标值时，需要指示沿*X*、*Y*和 *Z* 轴相对于坐标系原点（0,0,0）的距离（以单位表示）及其方向（正或负）。在二维空间中，在 *XY* 平面（也称为构造平面）上指定点(构造平面与平铺的网格纸相似)。 笛卡儿坐标的 *X* 值指定水平距离，*Y* 值指定垂直距离，原点（0,0）表示两轴相交的位置。在创建二维对象时，直角坐标系使用两个互相垂直的坐标轴，即*X*、*Y*轴。图形中的每一个位置可以用一个相对于（0,0）的坐标点来表示。（0,0）坐标点指的是坐标原点。平面上的每一个点都可以用一对坐标值来表示，这一对坐标值由*X*坐标和*Y*坐标组成。正值表示点位于原点的上方和右侧，负值表示点位于原点的下方和左侧，如图1–15所示。

极坐标是用距离和角度来定位点的，和笛卡儿坐标一样，极坐标也是基于原点(0,0)表示坐标，角度计量以水平方向向右为0°，沿逆时针方向进行计量角度。如图1–16所示，要使用极坐标指定一点，可以输入以角号(<)分隔的距离和角度。坐标“4<135”表示该点距离原点4个单位，且与该原点连线方向为“135°”。

**技巧 提示**

默认情况下，角度按逆时针方向为正，按顺时针方向为负。要指定顺时针方向，需为角度输入负值。例如，5<315 和 5<–45 代表相同的点，前面一种写法的半径值没有负数形式。用户可以使用UNITS命令改变当前图形的角度约定。

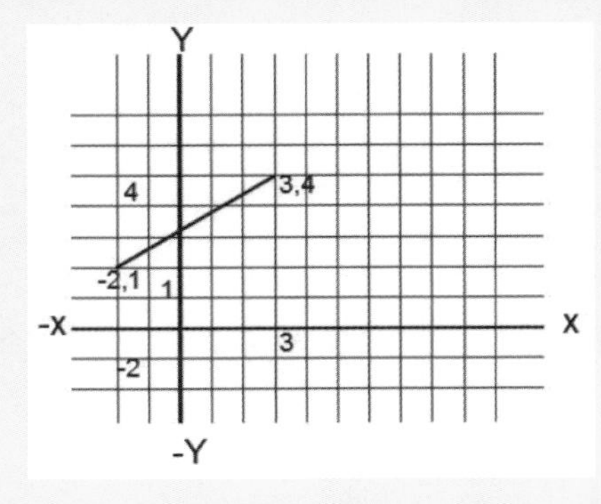


图 1–15

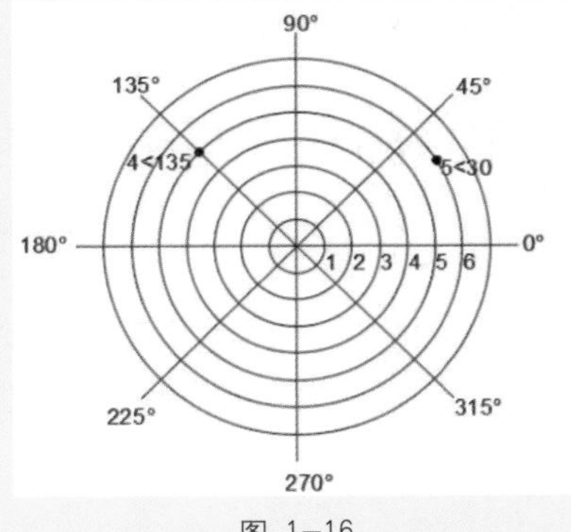


图 1–16

## 1.5.2 世界坐标系和用户坐标系

在AutoCAD中绘图时还可使用另外一对坐标系，一种是被称为世界坐标系(WCS)的固定坐标系，另一种是被称为用户坐标系(UCS)的可移动坐标系。默认情况下，这两个坐标系在新图形中是重合的，用户可以依据WCS定义UCS。

1．世界坐标系

世界坐标系是AutoCAD 2021的默认坐标系，如图1–17所示。在世界坐标系中，*X*轴为水平方向，*Y*轴为垂直方向，*Z*轴垂直于*XY*平面。原点是左下角*X*轴和*Y*轴的交点。图形中的任何一点都可以用相对于原点的距离和方向来表示。

2．用户坐标系

AutoCAD 2021中的另一种坐标系是用户坐标系。世界坐标系是系统提供的，不能移动或旋转。由于用户坐标系中图形文件的所有对象均由其坐标定义，因此用户坐标系可以移动、旋转，用户可以设定屏幕上的任意一点为坐标原点，如图1–18所示。另外，也可以指定任何方向为*X*轴的正方向。

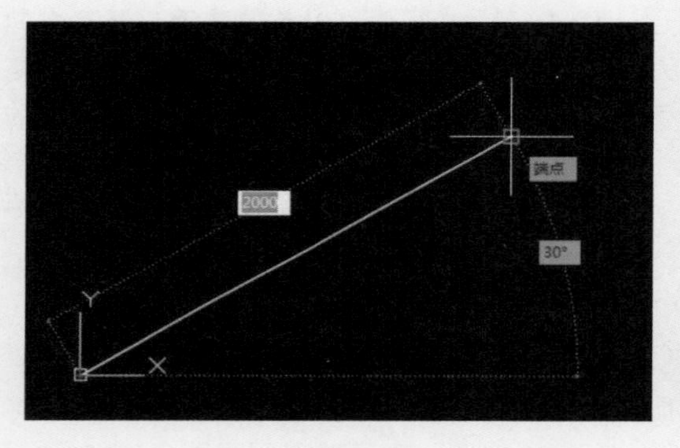


图 1–17

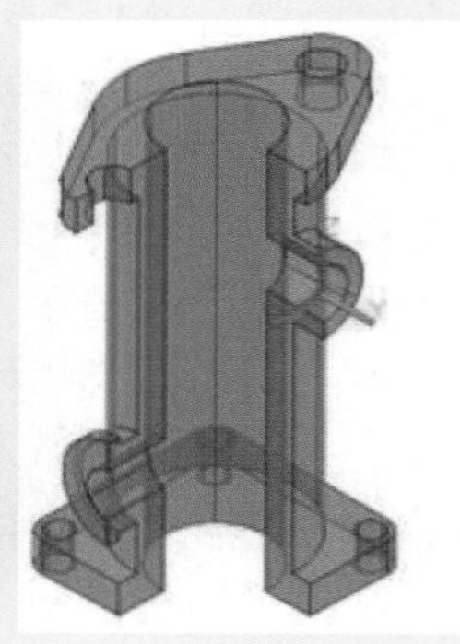
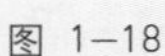

图 1–18

**技巧 提示**

在绘制三维对象时，可以使用固定的世界坐标系和可移动的用户坐标系。固定的世界坐标系和可移动的用户坐标系对于输入坐标、建立绘图平面和设置视图非常有用。改变 UCS 并不改变视点，只会改变坐标系的方向和倾斜度。

## 1.5.3 坐标输入方式

AutoCAD 2021提供了多种坐标输入方式，包括直角坐标方式（笛卡儿坐标方式）、极坐标方式和三维坐标方式。

1．直角坐标方式

在二维空间，当利用直角坐标方式输入点的坐标值时，只需要输入点的*x*、*y*坐标值，AutoCAD 2021便会自动分配*z*坐标值为0。

**技巧 提示**

在输入点的坐标值（即x、y坐标值）时，可以使用绝对坐标方式或相对坐标方式来确定点的位置。绝对坐标是相对于原点的x坐标和y坐标位置的偏移，相对坐标即相对于上一点位置的偏移。

（1）使用绝对直角坐标系来绘制线段

当已知精确的x、y坐标时，可以使用绝对坐标。x、y是相对于坐标原点（0,0）的偏移量。

调用“直线”命令绘制线段，效果如图1-19所示。

调用“直线”命令的方法有如下两种。

① 单击“绘图”功能面板中的“直线”按钮。

② 在命令行中输入“L”或“LINE”，按Enter键确认。

（2）使用相对直角坐标系来绘制线段

通常，使用相对直角坐标比使用绝对直角坐标容易。相对坐标是相对于前一点的X轴和Y轴的位移，它的表示方法是在绝对坐标表达方式前加上@符号。例如输入“@M1，M2”，其中@表示相对位置，M1表示自当前位置沿X轴方向的距离，M2表示自当前位置沿Y轴方向的距离。在AutoCAD的高版本中默认为相对坐标方式，@符号可以省略。

如图1-20所示，绘制了一个三角形的3条边。第一条边是一条线段，从绝对坐标（-2,1）开始，到沿X轴方向5个单位、沿Y轴方向0个单位的位置结束。第二条边也是一条线段，从第一条线段的端点开始，到沿X轴方向0个单位、沿Y轴方向3个单位的位置结束。最后一条边使用相对坐标回到起点。

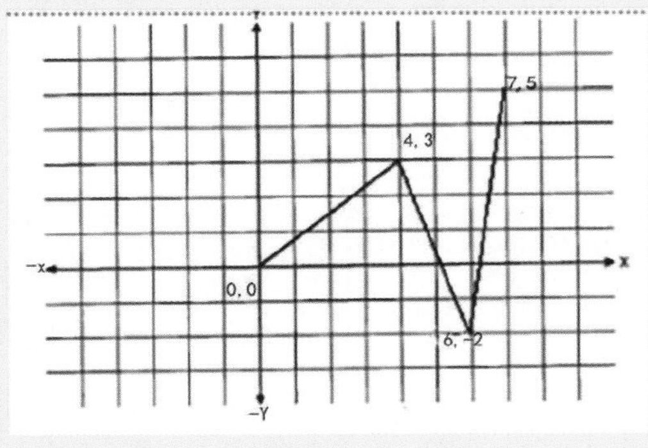


图 1-19

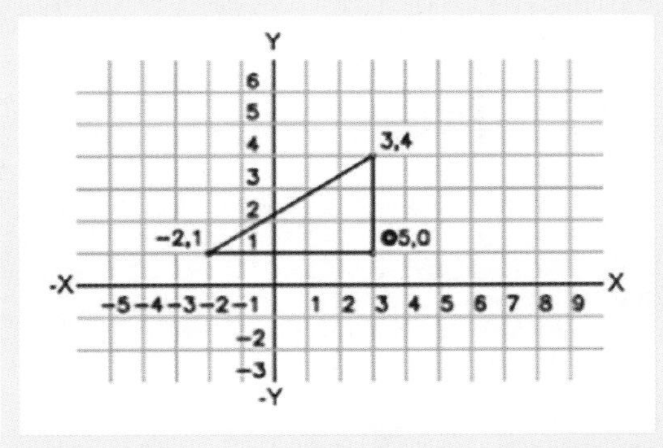


图 1-20

此时不再需要知道其他角点的坐标，只需调用“直线”命令，先用绝对坐标方式确定第一点的位置，然后响应命令的提示即可。

## 2．极坐标方式

创建对象时，可以使用绝对极坐标或相对极坐标（距离和角度）定位点。要使用极坐标指定一点，可输入以角号（＜）分隔的距离和角度。要指定绝对极坐标，可以使用M1＜α来指定相对于原点的位置；要指定相对极坐标，可以使用@M1＜α来指定相对于前一点的位置，绘制效果如图1-21所示。

## 3．三维坐标方式

三维笛卡儿坐标通过使用x、y 和 z 3个坐标值来指定精确的位置。

如图1–22所示，坐标(3,2,5)表示一个沿*X*轴正方向3个单位，沿*Y*轴正方向2个单位，沿*Z*轴正方向5个单位的点。

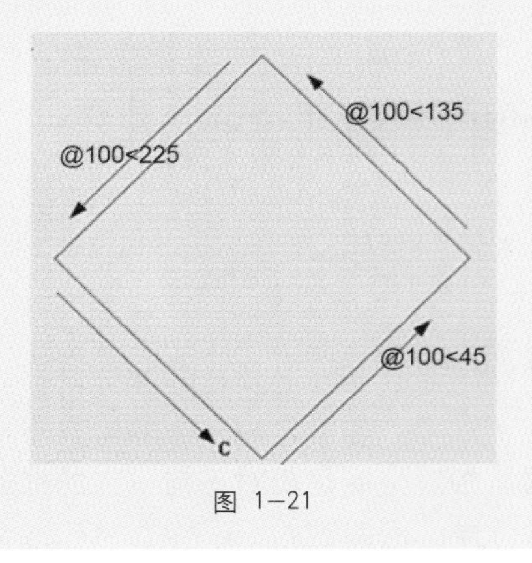


图 1–21

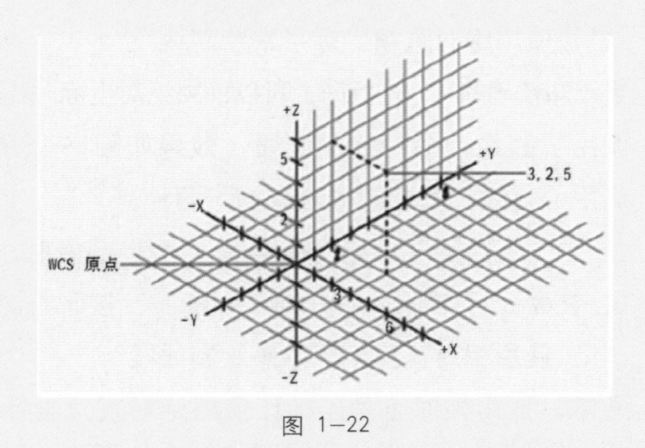


图 1–22

# 1.6 命令的输入方式

AutoCAD命令的输入方式总体来说比较简单、多样化。用户可以直接在绘图区或命令行中输入对应的命令英文全称或命令缩写，按空格键或Enter键确认。如果想要重复执行上一次命令，可以直接按空格键或Enter键再次确认。如果要执行历史记录中的某个命令，可以直接按↑或↓键翻转已操作命令的历史记录，找到后再按空格键或Enter键确认。

**技巧 提示**

在AutoCAD中输入命令时，系统有自动列表提示功能，用户可以直接在输入命令的第一字母后在弹出的列表中选择对应的命令。对于初学者来说，这样大大减少了记住英语单词的难度，还可以按F2键显示命令的历史记录帮助查询已经用过的命令。

# 1.7 基本绘图操作

AutoCAD被广泛应用于室内设计图纸的绘制。本节将讲解基本的家具图形元素的绘制，包括沙发、门、欧式窗框、墙体线及地平填充图案等。通过本章的学习，读者可以掌握室内设计图纸中常用图块的绘制方法及常用家具尺寸的相关知识。

## 1.7.1 使用“矩形”命令绘制沙发

本例将制作室内绘图常用的三人沙发的平面图。该平面图由简单的二维图元组成，造型简洁、大方，具体操作步骤如下。

微课：
基本绘图操作

**01** 在命令行中输入“REC”，按空格键或Enter键确认，执行“矩形”命令，绘制尺寸为1800mm×650mm的矩形，效果如图1-23所示。

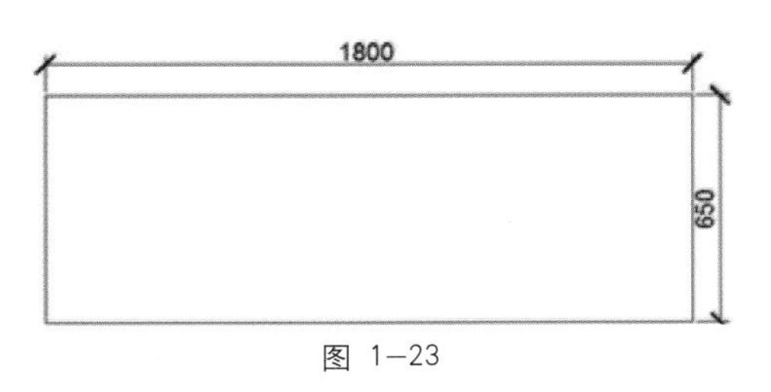

图 1—23

**02** 继续执行“矩形”命令，并选择“圆角”类型方式，绘制圆角半径为30mm、尺寸为150mm×550mm的左侧扶手，操作如图1-24所示。再用同样的方法绘制右侧扶手，效果如图1-25所示。

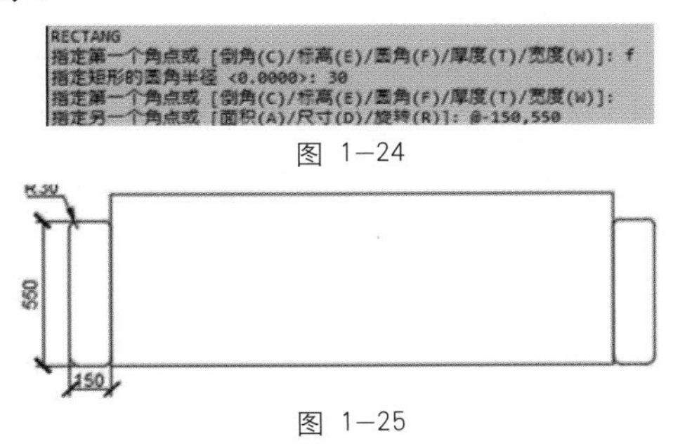

图 1—24

图 1—25

**03** 继续执行“矩形”命令，沿用圆角类型方式，并保持一样的圆角半径，绘制尺寸为1800mm×150mm的沙发靠背，如图1-26所示。

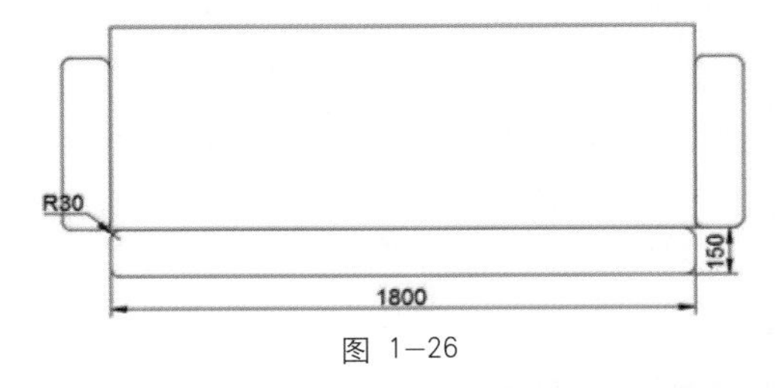

图 1—26

**04** 继续执行“矩形”命令，绘制尺寸为600mm×650mm的沙发左侧坐垫，如图1-27所示。

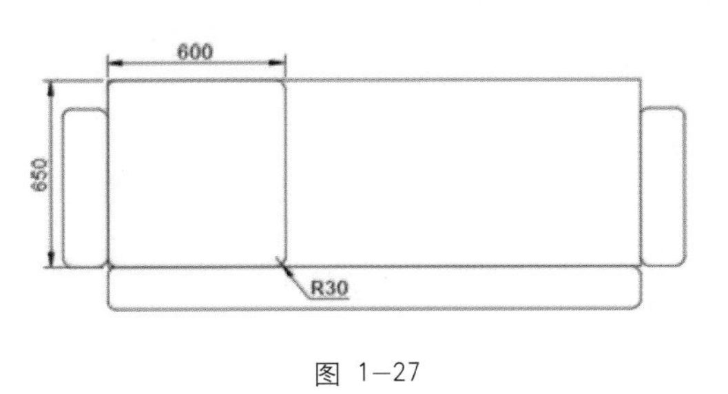

图 1—27

**05** 在命令行中输入“CO”或“COPY”，执行“复制”命令，以捕捉中点方式复制两个坐垫，如图1-28所示。

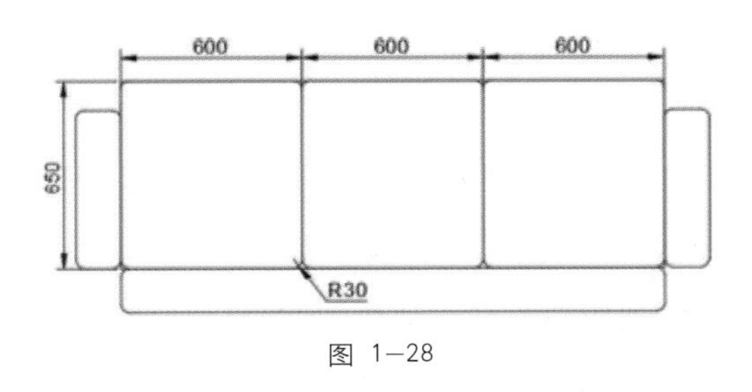

图 1—28

**06** 最后在命令行中输入“ERASE”，执行“删除”命令，将外围辅助矩形删除，得到最终的三人沙发图形，效果如图1-29所示。

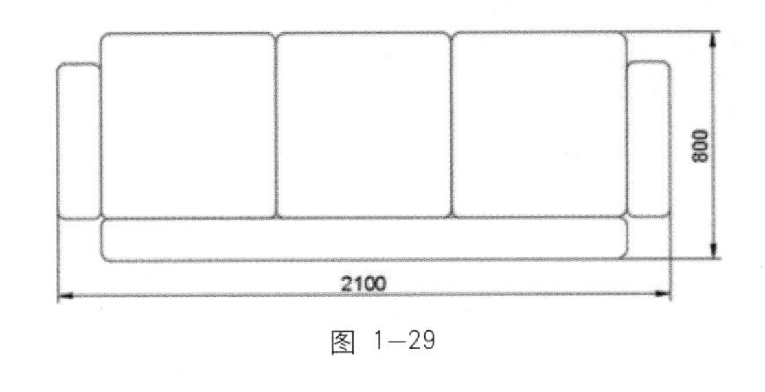

图 1—29

## 1.7.2 使用“圆弧”命令绘制门

**具体操作步骤如下。**

**01** 在命令行中输入“REC”，按空格键或Enter键确认，执行“矩形”命令，绘制尺寸为50mm×900mm的门扇矩形，效果如图1-30所示。

**02** 在命令行中输入“A”或“ARC”，执行“圆弧”命令，使用选项中的“中心（C）”方式捕捉门扇左下角的端点为圆弧中心点，以水平极轴捕捉追踪方式输入圆弧起点与圆心的距离，即“900”，如图1-31所示。再捕捉门扇左上角点为圆弧另一端点，绘制效果如图1-32所示。

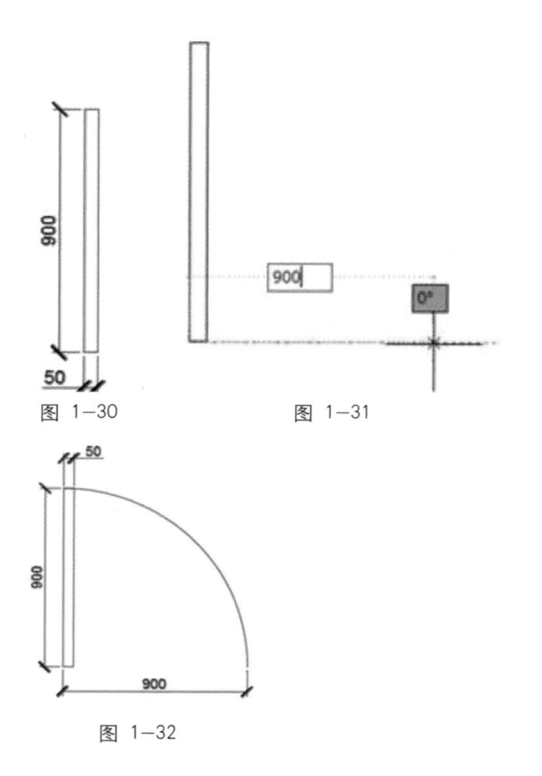

图 1-30

图 1-31

图 1-32

**03** 继续使用“矩形”命令，并以极轴捕捉追踪方式绘制另一扇尺寸为50mm×400mm的小门，如图1-33所示。

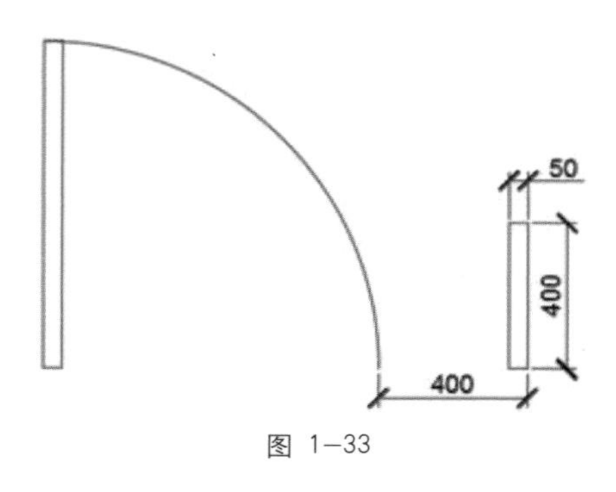

图 1-33

**04** 使用“圆弧”命令，捕捉小门扇右下角端点为中心点，以小门扇右上角端点为圆弧起点，以大圆弧右下角端点为终点，创建另一圆弧。所绘制的入户门平面图最终效果如图1-34所示。

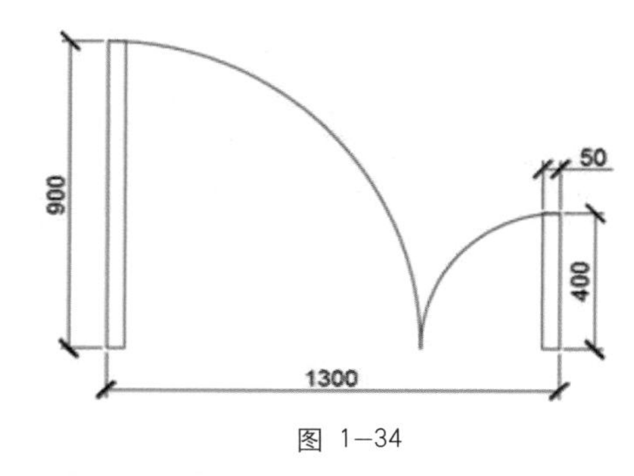

图 1-34

## 1.7.3 使用“多段线”命令绘制欧式窗框

**具体操作步骤如下。**

**01** 在命令行中输入“PL”或“PLINE”，按空格键或Enter键确认，执行“多段线”命令。首先绘制左侧的850mm直线部分，然后在选项中选择“圆弧（A）”方式绘制上面的800mm弧线部分，再在选项中选择“直线（L）”方式绘制右侧的850mm直线部分，最后输入“C”来闭合整个多段线，效果如图1-35所示。

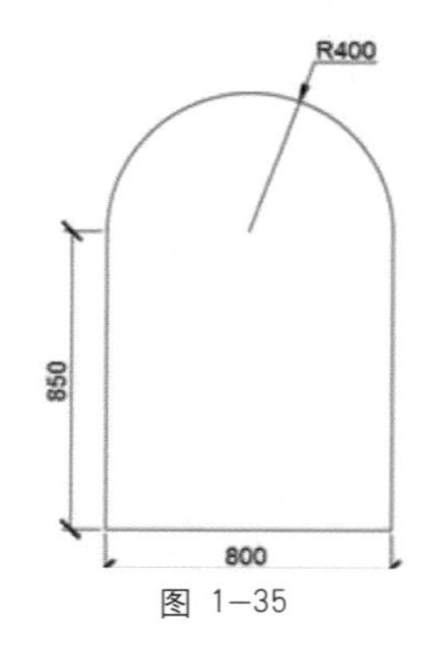

图 1-35

**技巧 提示**

多段线就是由直线、弧线、宽线方式综合为一体的曲线形式。用户在绘制多段线时一定要注意命令行选项中当前多段线的状态。只有及时切换与设置对应的状态并多加练习，才能熟练控制好多段线的绘制。前面介绍的窗户外框操作方式如图1-36所示。

```
命令: PL
PLINE
指定起点:
当前线宽为 0.0000
指定下一个点或 [圆弧(A)/半宽(H)/长度(L)/放弃(U)/宽度(W)]: 850
指定下一点或 [圆弧(A)/闭合(C)/半宽(H)/长度(L)/放弃(U)/宽度(W)]: A
指定圆弧的端点(按住 Ctrl 键以切换方向)或
[角度(A)/圆心(CE)/闭合(CL)/方向(D)/半宽(H)/直线(L)/半径(R)/第二个点(S)/放弃(U)/宽度(W)]: 800
指定圆弧的端点(按住 Ctrl 键以切换方向)或
[角度(A)/圆心(CE)/闭合(CL)/方向(D)/半宽(H)/直线(L)/半径(R)/第二个点(S)/放弃(U)/宽度(W)]: L
指定下一点或 [圆弧(A)/闭合(C)/半宽(H)/长度(L)/放弃(U)/宽度(W)]: 850
指定下一点或 [圆弧(A)/闭合(C)/半宽(H)/长度(L)/放弃(U)/宽度(W)]: C
```

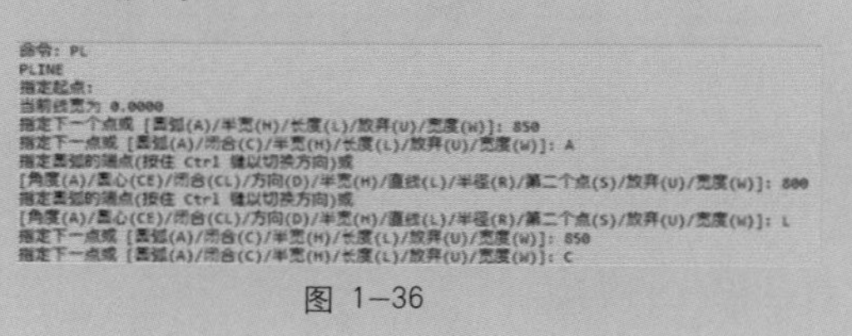

图 1-36

**02** 在命令行中输入“O”，执行“偏移”命令，选择窗户外框，指定向里方向偏移50mm，得到双线窗框的效果，如图1-37所示。

**03** 使用“直线”命令连接外部圆弧线下方的端点，并在内窗框左下部使用“矩形”命令创建一个200mm×350mm的矩形，效果所图1-38所示。

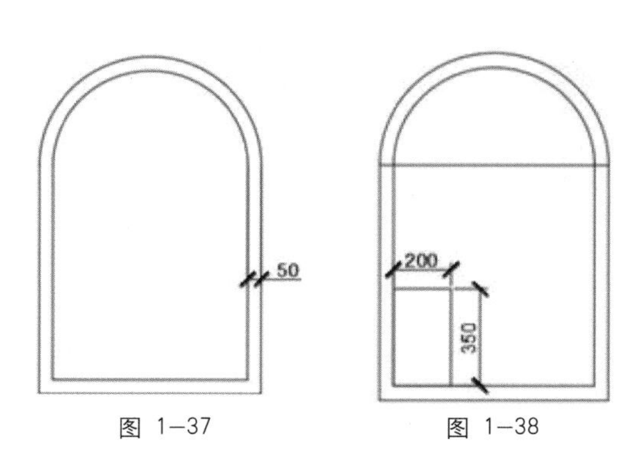


图 1-37　　图 1-38

**04** 输入“TR”或“TRIM”，使用“修剪”命令将内窗框弧线以下部分删除，使用“偏移”命令将左下角的矩形向内偏移20mm，作为单个窗格。继续使用“偏移”命令将上方的内部弧线依次选择后逐个向内进行偏移，偏移量为20mm、160mm、20mm、50mm，效果如图1-39所示。

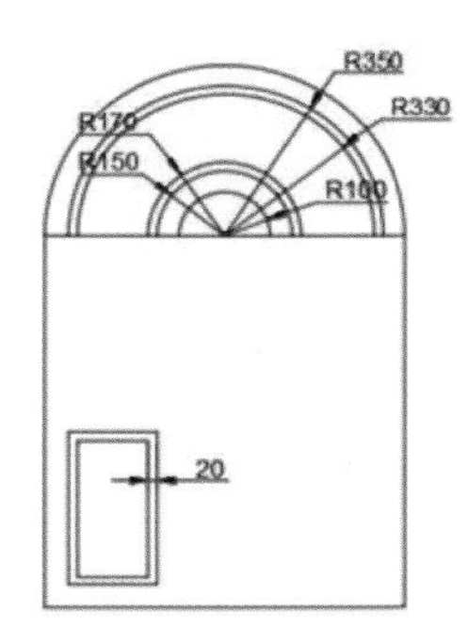


图 1-39

**05** 输入“AR”或“ARRAY”，执行“阵列”命令，将小窗格以2行3列、行数之间距离为400mm、列数之间距离为250mm方式创建成6个小窗格，效果如图1-40所示。

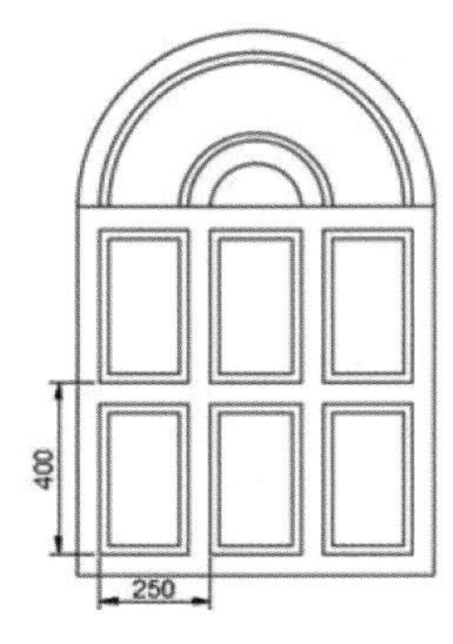


图 1-40

**06** 使用“直线”命令绘制3条与水平线分别成45°、90°、135°夹角的直线，将弧线造型等分为4个区域，效果如图1-41所示。

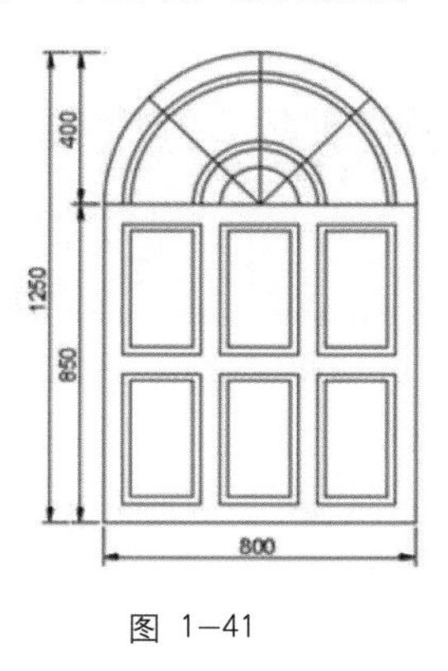


图 1-41

**07** 将等分线向两侧分别偏移20mm，预留出窗格宽度与窗框宽度，将下部窗户上边线向上偏移20mm作为辅助线，效果如图1-42所示。

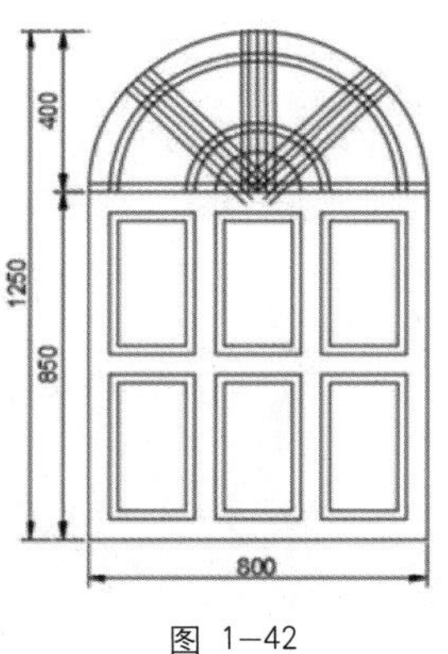


图 1-42

**08** 使用“修剪”命令将上部区间的造型进行修剪操作，去除多余的线段，得到的效果如图1-43所示。

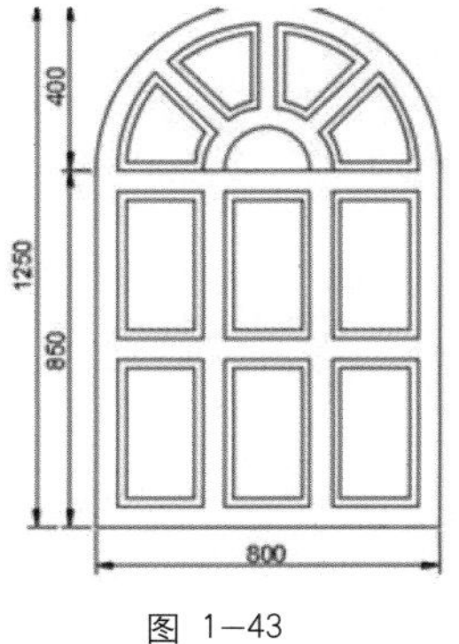


图 1-43

**09** 在命令行中输入“H”，执行“图案填充”命令，在功能区中显示的“图案填充创建”面板中设置合适的图案、角度和比例，参数设置如图 1-44 所示，得到的填充效果如图 1-45 所示。

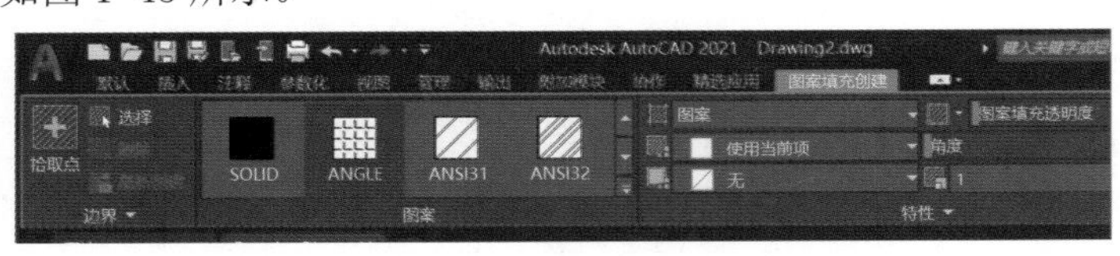

图 1-44

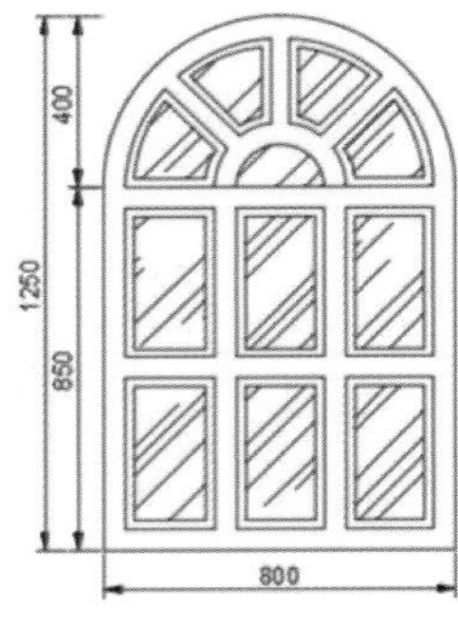


图 1-45

## 1.7.4 使用“多线”命令绘制墙体

**具体操作步骤如下。**

**01** 在命令行中输入“L”或“LINE”，执行“直线”命令。在左下角绘制两条长度为 13000mm 左右的水平与垂直轴线，效果如图 1-46 所示。

**02** 选择这两条直线，在特性面板中展开线型下拉列表，更改直线的线型为CENTER（中心线）。如果没有该选项，可在展开的线型下拉列表中选择“其他”选项，如图 1-47 所示。在弹出的“线型管理器”对话框中加载 CENTER 类型的线型，并单击“确定”按钮，如图 1-48 所示。

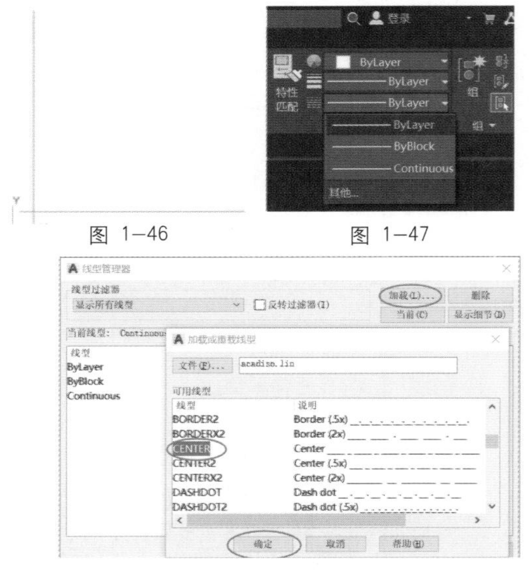

图 1-46　　图 1-47

图 1-48

**03** 在命令行中输入“LTS”，执行“线型比例”命令，将新的线型比例因子设为 30。在命令行中输入“Z”或“ZOOM”，执行“窗口缩放”命令，选择“全部（A）”方式重新缩放整个窗口比例。命令操作如图 1-49 所示，直线效果调整如图 1-50 所示。

**04** 执行“偏移”命令，按指定的轴线间距离依次创建多条水平与垂直的轴线。有的非主要轴线可以适当改变长度，不至于两侧轴线距离过近，便于选择与尺寸标注。效果如图 1-51 所示。

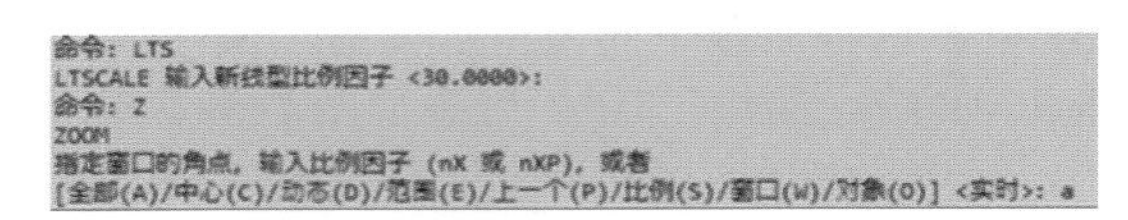

命令: LTS
LTSCALE 输入新线型比例因子 <30.0000>:
命令: Z
ZOOM
指定窗口的角点，输入比例因子 (nX 或 nXP)，或者
[全部(A)/中心(C)/动态(D)/范围(E)/上一个(P)/比例(S)/窗口(W)/对象(O)] <实时>: a

图 1-49

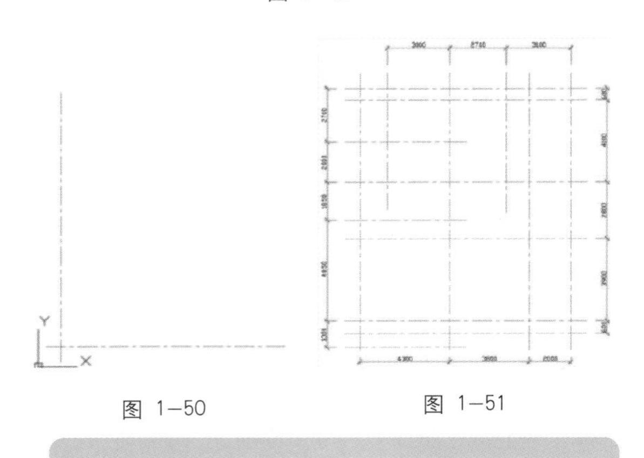

图 1-50　　图 1-51

**技巧 提示**

在AutoCAD中进行房屋建筑平面图绘制时，前期准备工作是必不可少的，“磨刀不误砍柴功”。图层、颜色、线型、线型比例、绘图辅助等设置将在后面章节详细阐述。

**05** 在命令行中输入“ML”或“MLINE”，执行“多线”命令。这里设置“比例（S）”为 240mm、“对正（J）”为“无（Z）”方式，操作如图 1-52 所示。从左下角轴线交点处开始绘制外围墙体，效果如图 1-53 所示。

```
MLINE
当前设置：对正 = 上，比例 = 0.00，样式 = STANDARD
指定起点或 [对正(J)/比例(S)/样式(ST)]： s
输入多线比例 <0.00>： 240
当前设置：对正 = 上，比例 = 240.00，样式 = STANDARD
指定起点或 [对正(J)/比例(S)/样式(ST)]： j
输入对正类型 [上(T)/无(Z)/下(B)] <上>： z
当前设置：对正 = 无，比例 = 240.00，样式 = STANDARD
指定起点或 [对正(J)/比例(S)/样式(ST)]：
```

图 1-52

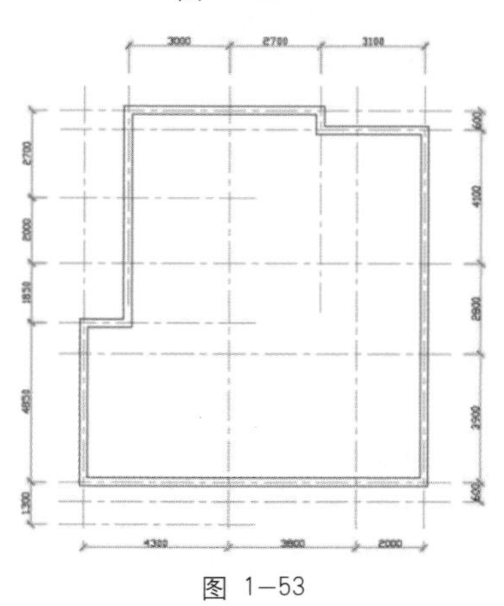


图 1-53

**06** 继续执行“多线”命令，绘制其他墙体。非承重墙可设宽度比例为180mm或120mm，绘制的房屋内部墙体如图1-54所示。

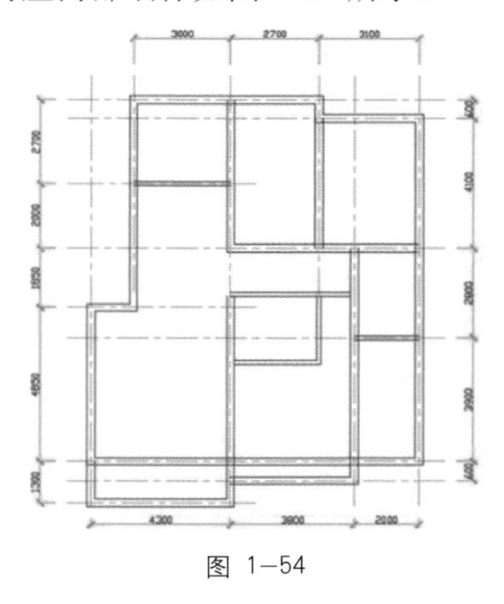


图 1-54

**07** 在命令行中输入“MLEDIT”，执行“多线编辑”命令，弹出的对话框如图1-55所示。将墙体的重叠部分以“T型打开”等方式进行编辑，再执行“分解（X）”和“修剪（TR）”等命令完成最终的房屋墙体效果，如图1-56所示。

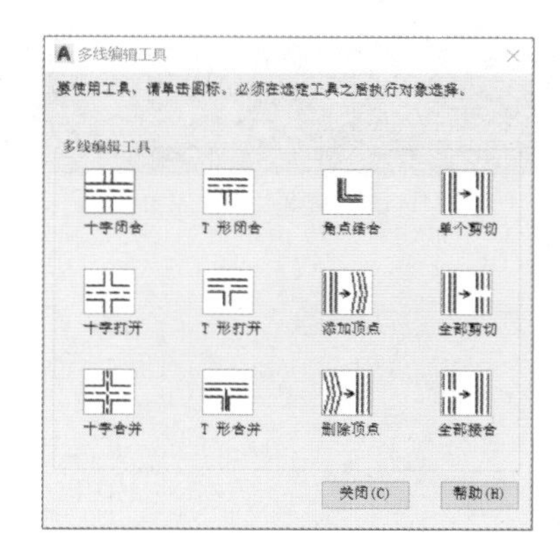


图 1-55

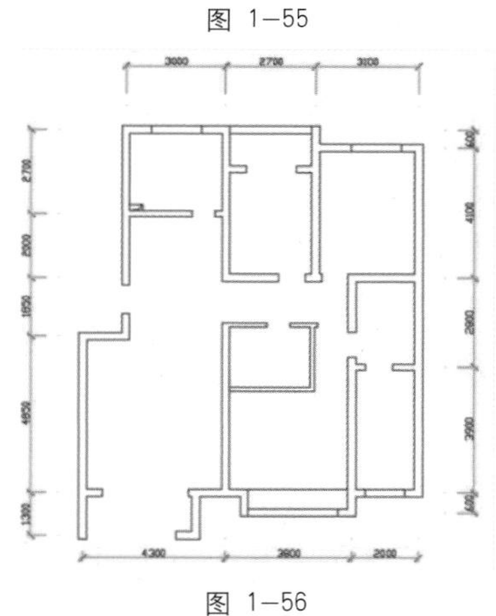


图 1-56

## 1.7.5 使用“图案填充”命令绘制地面铺装

**具体操作步骤如下。**

**01** 在命令行中输入“REC”，执行“矩形”命令，在工作区绘制一个2400mm×1200mm的矩形，效果如图1-57所示。

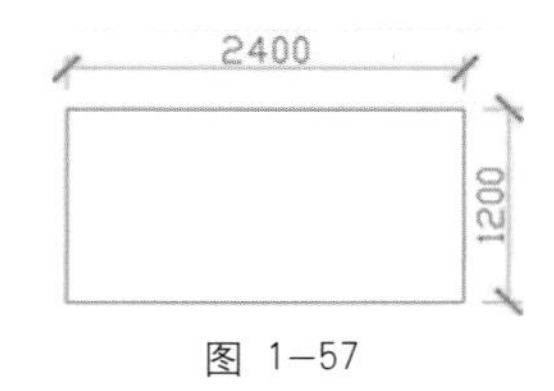


图 1-57

**02** 在命令行中输入“O”，执行“偏移”命令，以80mm的偏移量将矩形向内偏移成波打线宽度，效果如图1-58所示。

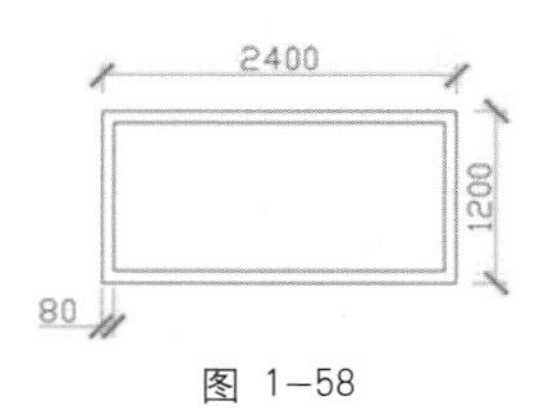


图 1-58

**03** 在命令行中输入“H”，执行“图案填充”命令，选择名为AR-CONC的图案，以拾取点方式在两矩形之间单击进行填充。设置角度为0°、比例为0.5或1，操作如图1-59所示。确定后，填充的波打线效果如图1-60所示。

图 1—59

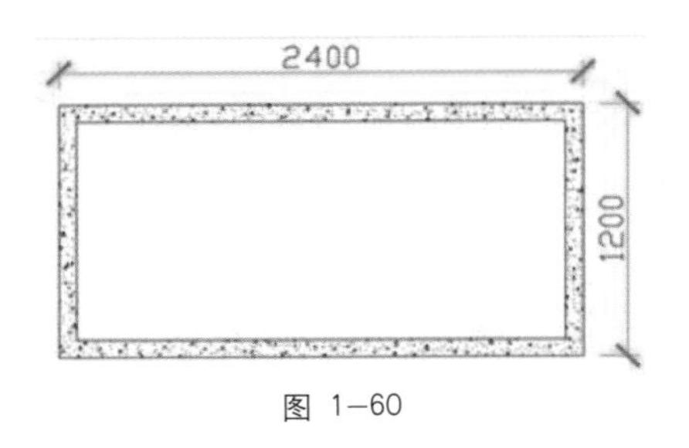


图 1—60

**04** 继续执行“图案填充”命令，在填充类型中选择“用户定义”选项，设置角度为45°、填充间距为300。然后展开特性面板，选择双向交叉线方式，操作如图1-61所示。选择内部矩形来填充，斜铺地砖的效果如图1-62所示。

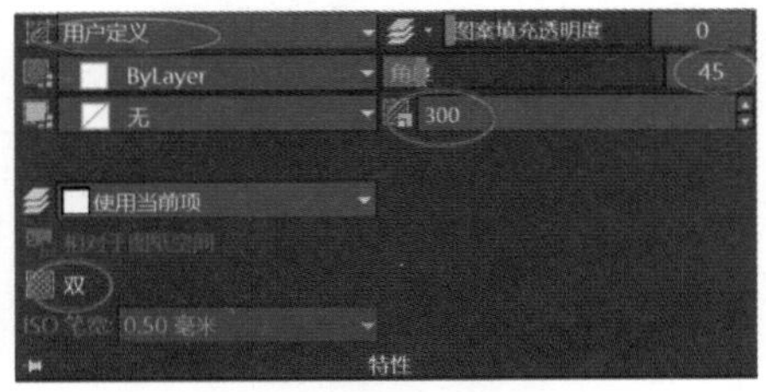


图 1—61

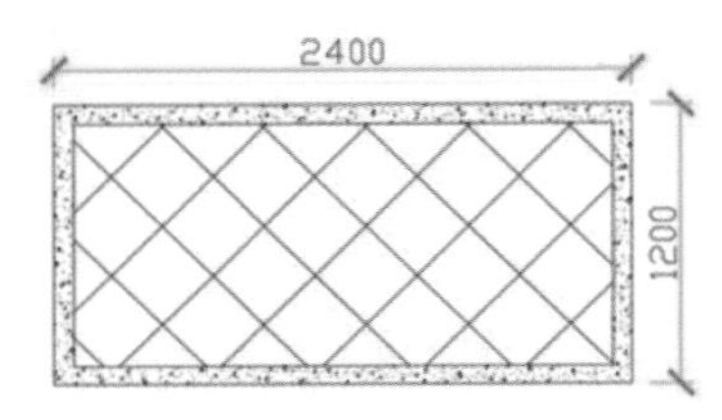


图 1—62

**05** 为了使斜铺地砖以中心线对称，可以在填充后重新单击“设定原点”按钮进行调整。选择内部矩形垂直边的中点为新的填充原点，最终效果如图1-63所示。

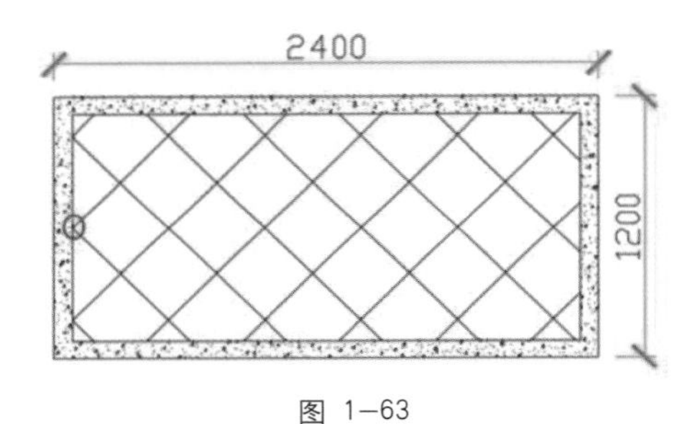


图 1—63

## 1.8 知识与技能要点

AutoCAD 2021简单灵活的工作界面、功能强大的绘图命令，为用户提供了很多便利。通过本章的学习，读者可以掌握基本图形的绘制及图形文件的管理，了解AutoCAD 2021的工作界面，学习各功能面板的操作方式，从而为以后的图纸绘制工作奠定良好的基础。

- 重要命令：“多段线”“多线”“图案填充”。
- 核心技术：使用简单的绘图命令，再配合复制、修剪、阵列等操作绘制实用的图形。
- 实际运用：窗的立面图块、门的平面图块、地面铺装的绘制。

## 1.9 课后练习

1.9 课后练习

**一、选择题（请扫描二维码进入即测即评）**

**1. 下列关于绘图区的描述中，错误的是（ ）。**

A. 绘图区是用于绘图的区域，位于工作界面的中央

B. 绘图区没有边界

C. 通过绘图区右侧及下方的滚动条可使当前绘图区进行上、下、左、右移动

D. 绘图区的颜色为系统默认，不能进行设置

**2. 下列关于十字光标的描述中，错误的是（ ）。**

A. 十字光标位于绘图区中，以十字形式显示

B. 十字光标可以用来指定绘图时的坐标点

C. 十字光标可以用来选择要进行编辑的图形对象

D. 十字光标的大小为屏幕的5%，不能调节

**二、简答题**

**1. 简要说明AutoCAD 2021的坐标输入方式。**

**2. 简要说明AutoCAD 2021的功能区面板有哪些功能选项。**

Chapter 2

# AutoCAD 2021绘图设置

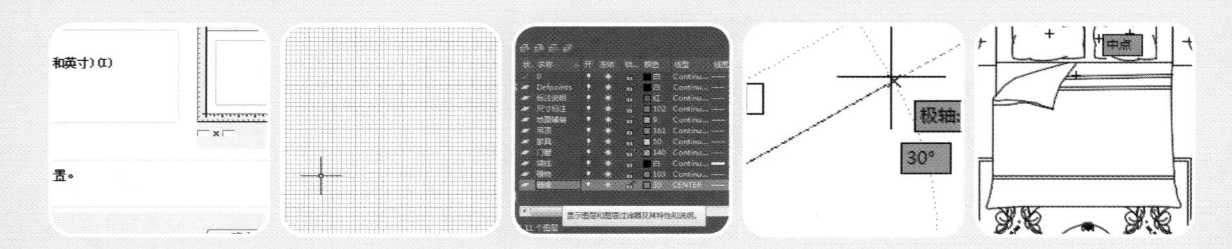


如同手工绘图一样，用户在使用AutoCAD进行绘制之前，需要对图形比例、图纸大小等环境进行设置。只有做好了这些准备工作，绘图的效率才能保证。设置好样板图形文件中的图层与图块可以很好地规范整个公司内部的设计图纸，不需要像手工绘图那样，每绘制一张图纸都需要重新定义。

| 学习要求 | 知识点 ＼ 学习目标 | 了解 | 掌握 | 应用 | 重点知识 |
|---|---|---|---|---|---|
| | 绘图环境设置 | ⚑ | | ⚑ | |
| | 绘图辅助设置 | ⚑ | | | ⚑ |
| | 图层设置 | ⚑ | | | |
| | 创建图块 | ⚑ | | | |
| | 创建图块工具 | | ⚑ | | |

能力与素质目标

拓展阅读：AutoCAD绘图设置

# 2.1 绘图环境设置

在AutoCAD 中绘图时，用户需要先设置好相应的绘图环境，这样才能做到“量体裁衣”。绘图环境设置就是用户根据实际的图形需求来设置初始化工作环境与绘图方式。具体来说有图形单位、图形界限、草图设置、线型设置、全局比例因子、文字样式、图框、标注样式、多线样式等。用户还可以把设置好的环境创建为样板，以方便今后的调用，从而避免重复的劳动。当然，也可以按用户的绘图习惯来自定义其他的工作方式细节。

## 2.1.1 设置绘图单位

用户可以在创建新文件时对图形文件的单位进行设置，也可以在创建图形文件后改变其默认设置。设置绘图单位的方法有如下两种。

① 选择“格式”→“单位”菜单命令。在快速访问工具栏中显示菜单栏的操作，如图 2-1 所示。

图2—1

② 在命令行中输入“UNITS”或“UN”，按空格键或Enter键确认操作。

以上两种方法都可以打开“图形单位”对话框，如图2—2所示，其中包含“长度”“角度”“插入时的缩放单位”等选项组。

图2—2

### 1. 长度单位

在“图形单位”对话框“长度”选项组的“类型”下拉列表中有“小数”“分数”“工程”“建筑”和“科学”5 种类型可供选择，如图 2—3 所示。其中，“小数”为通常使用的十进制计数方式，“分数”为分数表示法，“工程”和“建筑”是英美国家采用的英制单位体系，“科学”为科学记数法。一般情况下，应当采用“小数”类型，该类型也是符合国际长度单位的类型。

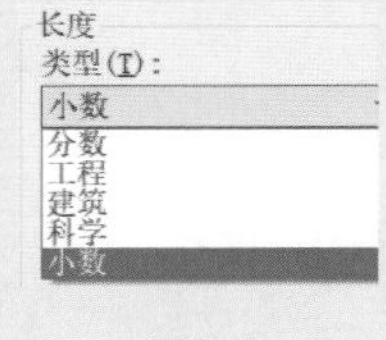


图2—3

2. 角度单位

在“角度”选项组的“类型”下拉列表框中设有“百分度”“度/分/秒”“弧度”“勘测单位”和“十进制度数”5种选项，如图2–4所示。

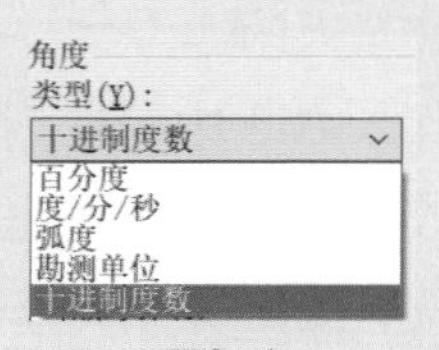

图2–4

**技巧 提示**

“百分度”是以度的形式表示角度，一个直角被分成了50g，一个圆周为200g；“度/分/秒”是以六十进制的时间方式表示角度，“2度半”表示为2° 30′；“十进制度数”是用十进制表示角度，“2度半”表示为2.5；“弧度”是以弧度的形式表示角度，一个圆周为2πr，r表示弧度；“勘测单位”的显示格式为“N（或S）45d0′0″E（或W）”，其中，“N（或S）”和“E（或W）”之间的角度显示从东（或西）到北（或南）的角度，当角度指向东、西、南、北的正方向时，AutoCAD只表示方位。通常选择国标使用的“十进制度数”。

3. 方向控制

单击“图形单位”对话框中的“方向”按钮，弹出“方向控制”对话框，如图2–5所示。该对话框用来定义起始角度（0°）的位置，通常将“东”作为0°的方向，也就是直角坐标系中*X*轴的正方向。

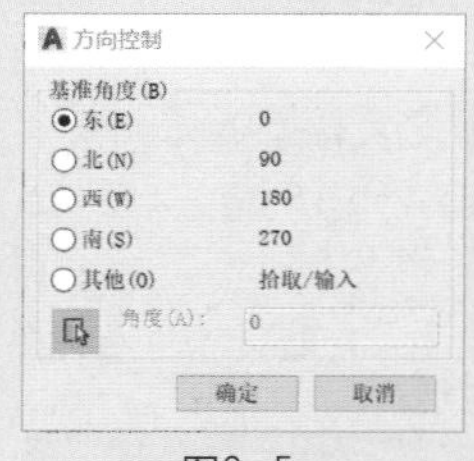

图2–5

## 2.1.2 设置图形界限

设置绘图区域的方法有如下两种。

① 选择“格式”→“图形界限”菜单命令。

② 在命令行中输入“LIMITS”，按空格或Enter键确认。

设置绘图区域时，AutoCAD命令行会提示先指定左下角点，然后指定右上角点。输入新的右上角点坐标值，可以修改图形界限的大小，即修改绘图区域。一般情况下不改变左下角点的位置。当默认设置的绘图区域大小为420mm×297mm，当以毫米（mm）为单位时，这是一个A3的图纸，命令操作如图2–6所示 。

图2–6

**技巧 提示**

在绘制一个图形之前，需要先设定图纸的大小。当绘制大尺寸的图形时，如建筑图纸，通常以毫米（mm）为单位，这时可将图形界限设置得比图形尺寸大，从而在绘图时减少缩放图纸的操作。

1．设置图形界限

第一次启动AutoCAD，可以通过打开样板文件acadiso.dwt或3dacadiso.dwt来创建新的二维或三维公制图形。默认情况下，图纸的大小为A3（420mm×297mm），如果要绘制一个大小为14000mm×8000mm的房间，就必须设置一个比房间大的图纸。

2．使用向导创建新图形

早期的用户更习惯通过向导来设置图形界限，其具体操作步骤如下。

01 将STARTUP系统变量设置为1，将FILEDIA系统变量设置为1，命令行内容如下。

命令：STARTUP
输入STARTUP的新值 <0>：1
命令：FILEDIA
输入FILEDIA的新值 <1>：1

02 单击AutoCAD 2021标题栏上的“新建”按钮，打开“创建新图形”对话框，如图2-7所示。这里在“默认设置”选项组中选中“公制”单选按钮，然后单击“确定”按钮。

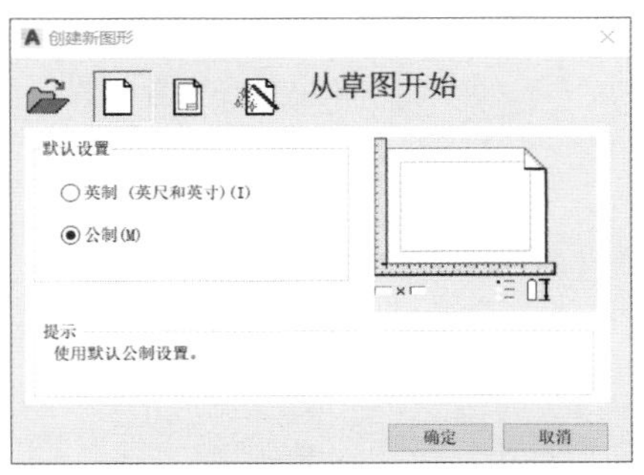


图2-7

03 在打开的对话框中单击“使用向导”按钮，此时的对话框如图2-8所示。在“选择向导”列表框中选择“高级设置”选项，并单击“确定”按钮。

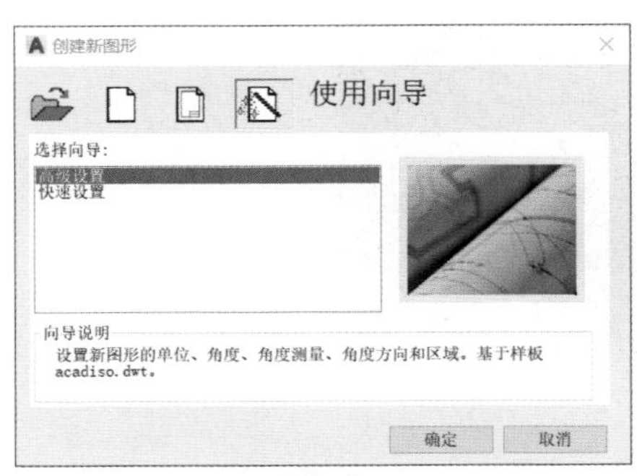


图2-8

04 打开“高级设置”对话框，如图2-9所示。这里使用默认的“小数”选项，单击“下一步”按钮。

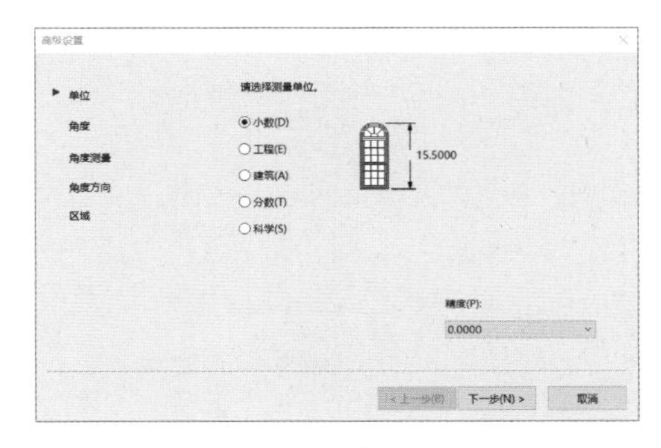


图2-9

05 进入“高级设置”对话框的“区域”设置界面，在“宽度”和“长度”文本框中输入图纸大小。为了使用方便，用户只需设置一个足够大的图纸空间，以达到需要的图纸界限。为了能放置下14000mm×8000mm的房间，可设置图纸的界限如图2-10所示。

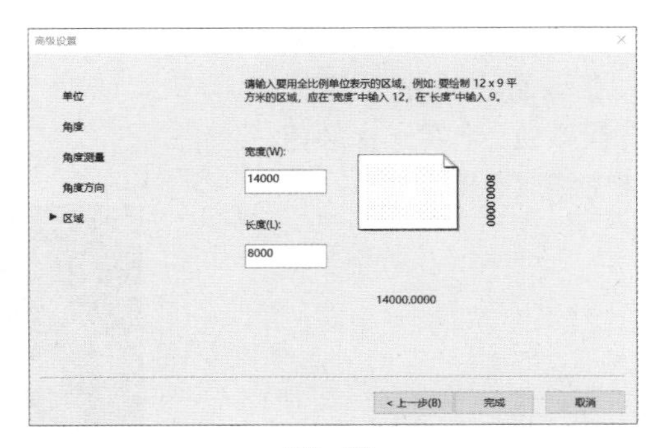


图2-10

### 2.1.3 选项设置

设置 AutoCAD 的初始化绘图选项有以下两种方法。

① 选择“工具”→“选项”菜单命令。

② 在命令行中输入“OPTIONS”或“OP”，按空格键或 Enter 键确认。

此时弹出的对话框其实就是用户个性化的工作方式设置与初始化绘图细节设置界面，其中包括“文件”“显示”“打开和保存”“打印和发布”“系统”“用户系统配置”“绘图”“三维建模”“选择集”等选项卡，如图 2-11 所示。这里介绍两个常用的选项设置，其他细节读者可在以后的绘图过程中进行提升。

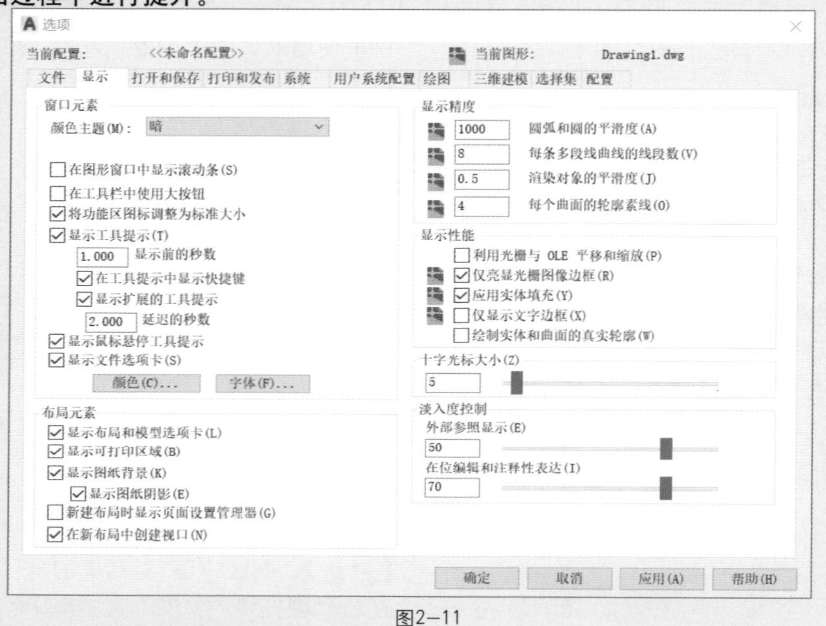


图2-11

在“选项”对话框中选择“显示”选项卡，单击“颜色”按钮，打开“图形窗口颜色”对话框，如图 2-12 所示。在该对话框中可进行统一背景颜色、十字光标颜色、栅格主线颜色等设置。

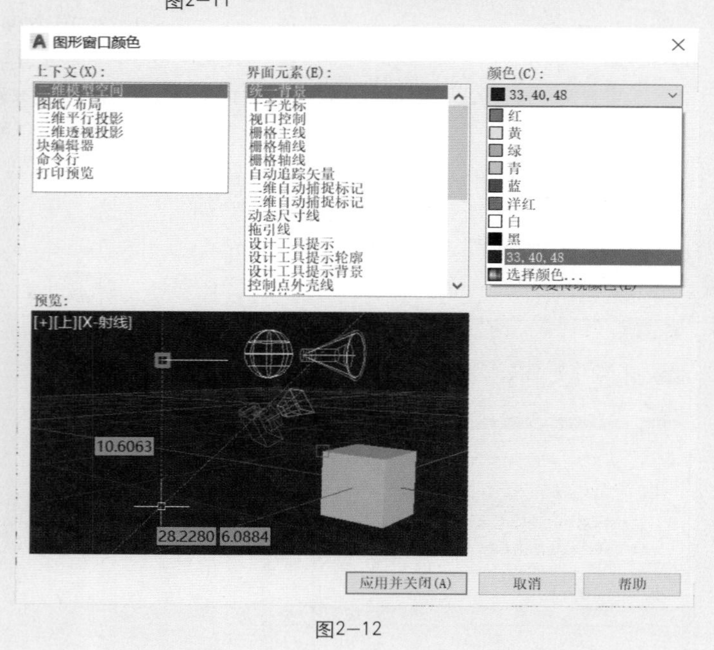


图2-12

在“选项”对话框中选择“选择集”选项卡，可以设置拾取框大小、夹点尺寸及夹点颜色、选择集模式等设置，如图 2–13 所示。单击“视觉效果设置”按钮，打开“视觉效果设置”对话框，从中可进行选择区域效果与选择集预览过滤器等设置，如图 2–14 所示。

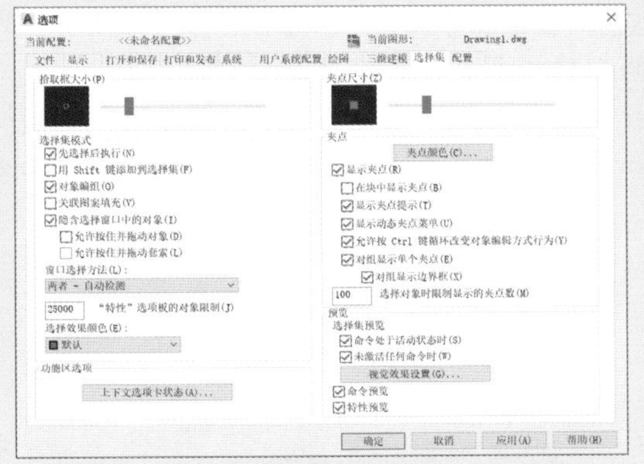

图2—13

图2—14

**技巧 提示**

在AutoCAD中绘图时，为方便查看与显示，通常将绘图区背景颜色统一改为“黑色”。但为了打印与输出CAD图形时方便，通常又会将绘图区统一背景颜色改为“白色”。还可以在图纸空间绘图时不显示图纸背景及不显示图纸阴影，设置如图2—15所示。

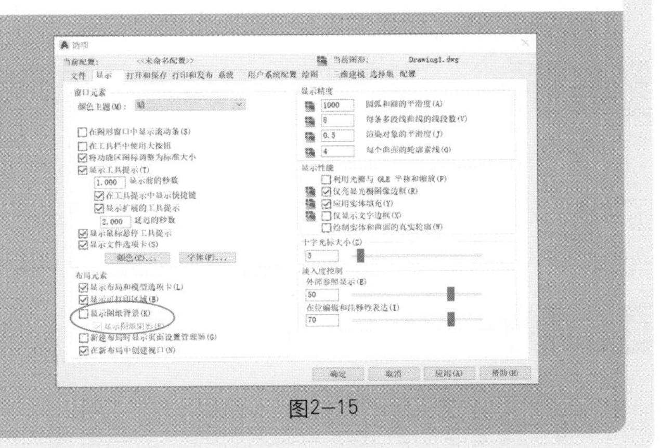

图2—15

## 2.1.4 窗口缩放

为了看清图形的局部内容或整体显示图形全部内容，在 AutoCAD 操作中可以用两种方式来进行窗口显示比例的缩放。

① 在图形文件打开后，直接将光标放在绘图区，再滚动鼠标滑轮来缩放窗口的大小。当然，缩放比例的变化量可以用 zoomfactor 的系统变量命令来改变初始值的设置。

② 在命令行中输入“ZOOM”或“Z”，按空格键或 Enter 键确认，执行窗口缩放的命令。下一步操作可指定窗口角点或输入比例因子，选项中常用的有“全部（A）”“比例（S）”“<实时>”等方式，窗口缩放命令选项如图 2–16 所示。

图2—16

1 2 3 4 5 6 7 8 9 10 11 12

### 2.1.5 窗口平移

为了方便大型工程图形的浏览与查看，在 AutoCAD 操作中有两种方式来进行窗口平移的操作。

① 打开图形文件后，直接将光标定位在绘图区，再按住鼠标滑轮来移动鼠标即可出现抓手光标状态，此时可平移窗口。当然，如果不能完成，可以将系统变量 mbuttonpan 设置为 1。

② 在命令行输入“PAN”或“P”，按空格键或 Enter 键确认，执行窗口平移的命令。当然，读者如果习惯用菜单方式，也可以选择“视图”→“平移”菜单命令，再选择对应的下级子命令执行相关的平移操作，如图 2–17 所示。

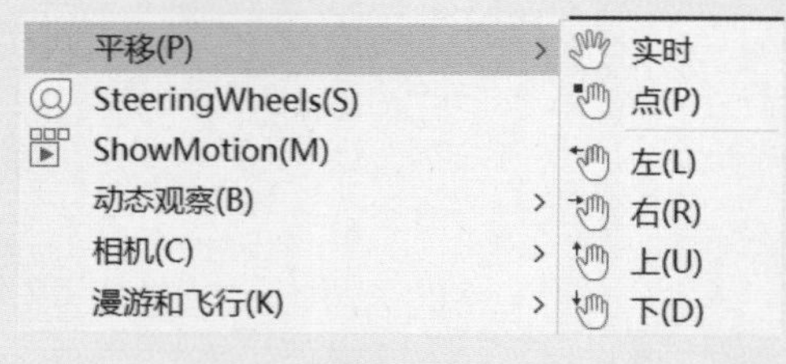


图2–17

## 2.2 绘图辅助设置

AutoCAD 有较全面的绘图辅助设置功能，可以帮助绘图人员从复杂的“辅助线”工作中解脱出来，达到高效、精准、规范的绘图效果。用户可以在 AutoCAD 状态栏上或是通过相应的快捷键启用这些命令。

微课：绘图辅助

### 2.2.1 设置栅格

为了提高绘图的效率和精度，可以显示绘图栅格。另外，用户还可以控制其间距、角度等。栅格是点的矩阵，可遍布图形栅格界限的整个区域。使用栅格类似于在图形下放置一张坐标纸。利用栅格可以对齐对象，并直观显示对象之间的距离。但是栅格不会被打印出来，如果放大或缩小图形显示比例，有时需要调整栅格间距，使其更适合新的比例。

单击状态栏中的“显示图形栅格”按钮，或者按 F7 键，即可显示或关闭栅格，显示栅格后的界面效果如图 2–18 所示 。

图2–18

在 AutoCAD 2021 中设置栅格的行、列间距的步骤如下。

**01** 在命令行中输入“OSNAP”或“OS”，按空格键或 Enter 键确认，执行绘图设置的命令。打开“草图设置”对话框，如图 2-19 所示。

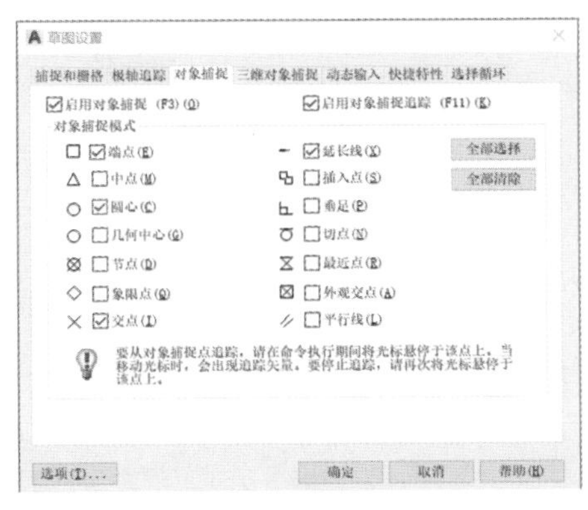

图2—19

**02** 在“捕捉和栅格”选项卡中选中“启用栅格”复选框，在“栅格间距”选项组的“栅格 X 轴间距”和“栅格 Y 轴间距”的文本框中输入要设置的栅格间距数值。

**03** 单击“确定”按钮，即可完成对栅格的设置。

**技巧 提示**

如果想在AutoCAD中快速设置栅格的间距，可以在命令行中输入“GRID”，按空格键或Enter键确认，执行栅格设置命令来改变栅格的间距。

## 2.2.2 设置捕捉

在 AutoCAD 中，栅格的作用是显示一个坐标基准。在绘图时，如果要准确地对齐这些栅格点，就必须通过捕捉工具来实现。单击状态栏中的“捕捉开关”按钮或按 F9 键来启用与关闭捕捉功能。在捕捉模式下绘图可限制十字光标，使其按照用户定义的间距移动。当捕捉模式打开时，光标可附着或捕捉到栅格上（栅格不可见也行）。采用捕捉模式可精确地定位点，效果如图 2-20 所示。

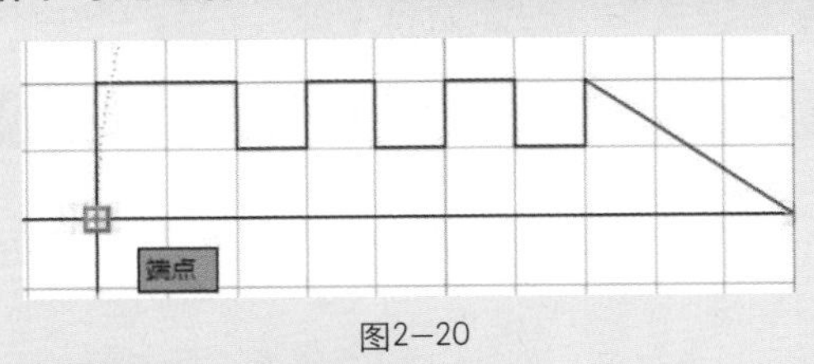


图2—20

在 AutoCAD 2021 中设置捕捉的操作步骤如下。

**01** 在命令行中输入“OSNAP”或“OS”，按空格键或 Enter 键确认，执行绘图设置的命令。打开“草图设置”的对话框，如图 2-21 所示。

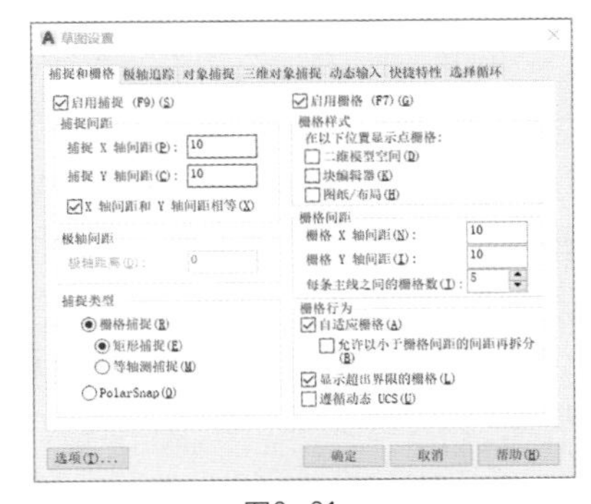

图2—21

**02** 在“捕捉和栅格”选项卡中选中“启用捕捉”复选框，在“捕捉间距”选项组的“捕捉 X 轴间距”和“捕捉 Y 轴间距”文本框中输入要设置的轴间距。

**03** 如果需要对齐或按特定的角度绘图，可以选中“捕捉类型”选项组中的“等轴测捕捉”单选按钮来改变捕捉点的旋转角度，并设置“捕捉Y轴间距”为30，如图2-22所示。

**04** 单击“确定”按钮，完成对应的捕捉设置。

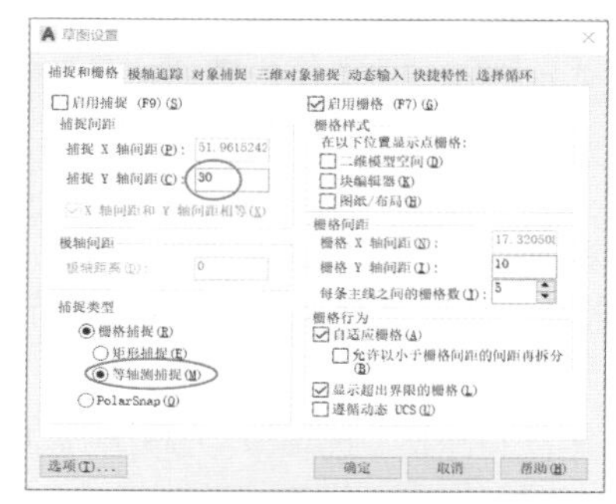

图2—22

**技巧 提示**

如果想在AutoCAD中快速设置捕捉的间距，可以在命令行中输入“SNAP”，按空格键或Enter键确认，执行捕捉设置的命令来改变捕捉间距。

## 2.2.3 设置正交

在使用AutoCAD绘图时，为了得到水平线和垂直线，可以通过正交模式将光标限制在水平或垂直方向上移动，以便于精确地创建和修改图形对象。

单击状态栏中的“正交限制光标”按钮，或者按F8键，即可启用或关闭正交状态，按钮位置如图2—23所示。当绘制图形或移动对象时，使用正交模式可将光标限制在水平或垂直轴上。正交对齐取决于当前的捕捉角度、UCS、等轴测栅格和捕捉设置。当然，绘图时在命令行中输入具体的坐标值则不受正交模式的约束。

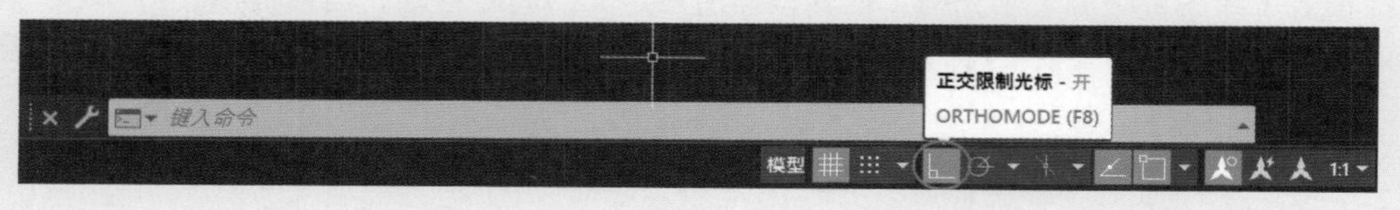

图2—23

## 2.2.4 设置极轴

当正交模式开启时，由于无法直接绘制斜线，因此在AutoCAD 2000之后的版本中引入了极轴工具，用户可以更方便地绘制水平线和垂直线，并且不影响斜线的绘制。通过极轴角的设置，可以在绘图时捕捉到设置好的角度及对应增量方向。

单击状态栏中的“指定角度限制光标”按钮或者按F10键，即可打开或关闭极轴捕捉。打开极轴工具，绘图时拾取完第一点后，将光标移动到靠近设置好的极轴角时会出现极轴追踪线，如图2—24所示。

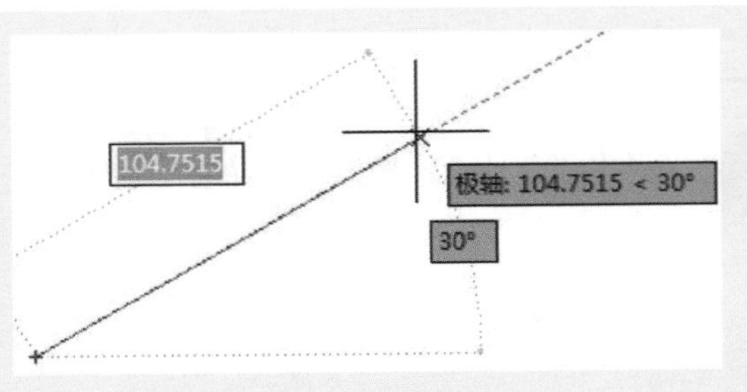


图2—24

在 AutoCAD 2021 中设置极轴捕捉的操作步骤如下。

**01** 在命令行中输入“OSNAP”或“OS”，按空格键或 Enter 键确认，执行绘图设置的命令，打开“草图设置”的对话框。

**02** 在“极轴追踪”选项卡中选中“启用极轴追踪”复选框，激活极轴追踪。在“极轴角设置”选项组的“增量角”下拉列表框中可设置用来显示极轴追踪对齐路径的极轴角增量，如图2-25所示。

**03** 单击“确定”按钮，完成对应的极轴追踪设置。

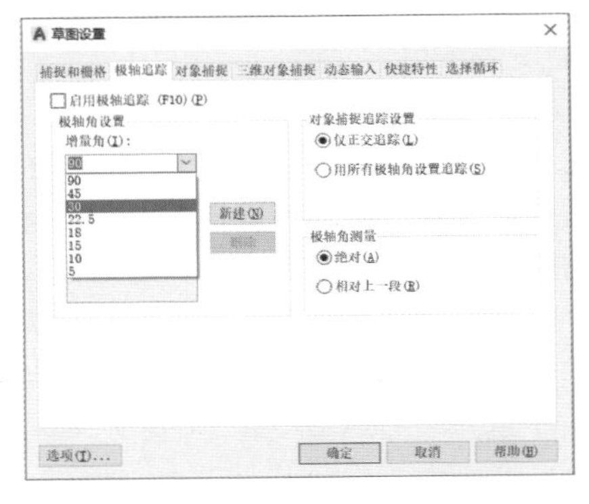

图2—25

**技巧 提示**

对于极轴追踪，在AutoCAD 2021中状态栏设置会更直接与灵活，用户可以直接在“指定角度限制光标”按钮后面单击小三角按钮，在弹出的下拉列表中完成对应极轴捕捉“增量角”的选择，如图2—26所示。

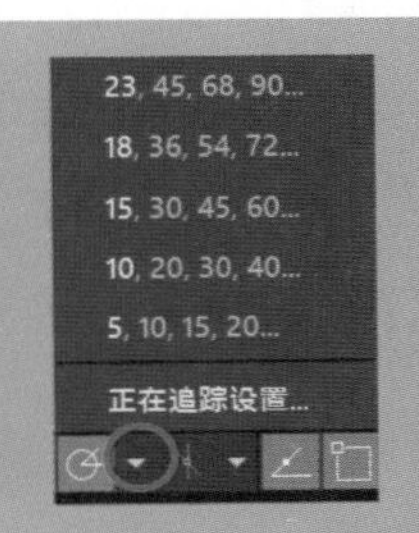


图2—26

## 2.2.5 对象捕捉设置

使用 AutoCAD 中的对象捕捉功能，可以准确捕捉到对象上的特征点，如图形对象的端点、圆心、中点、交点、象限点等。对象捕捉的方式包括“单一捕捉”和“自动捕捉”两种方式。

### 1．单一捕捉

微课：对象捕捉

在使用 AutoCAD 绘图过程中，在命令行提示指定点时，可按 Shift 键或鼠标右击来执行单一捕捉，如图 2—27 所示。在弹出的快捷菜单中选择任一种捕捉点的类型，即可实现对某类特征点的准确捕捉。

1 2 3 4 5 6 7 8 9 10 11 12

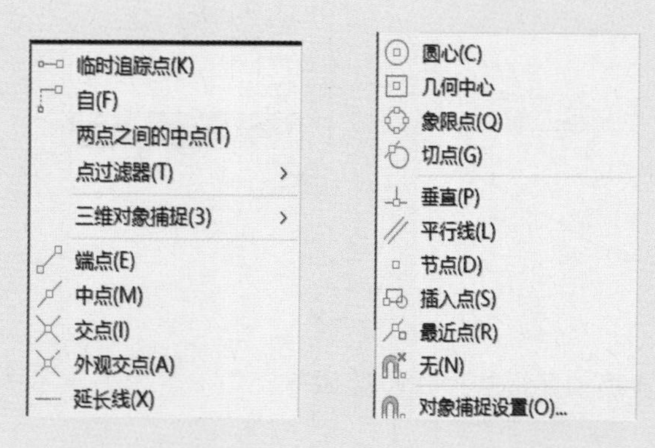


图2—27

### 2. 自动捕捉

在 AutoCAD 2021 中，可以通过自动捕捉方式来方便、快捷地完成图形的绘制。在“草图设置”对话框中设置好常用的捕捉模式，将鼠标指针移动到相应的点时会显示出相应的标记和提示，实现自动捕捉。打开“草图设置”对话框，切换到“对象捕捉”选项卡，选中“启用对象捕捉”复选框，在“对象捕捉模式”选项组中可以选择所需要捕捉点对象的类型，如图 2–28 所示。

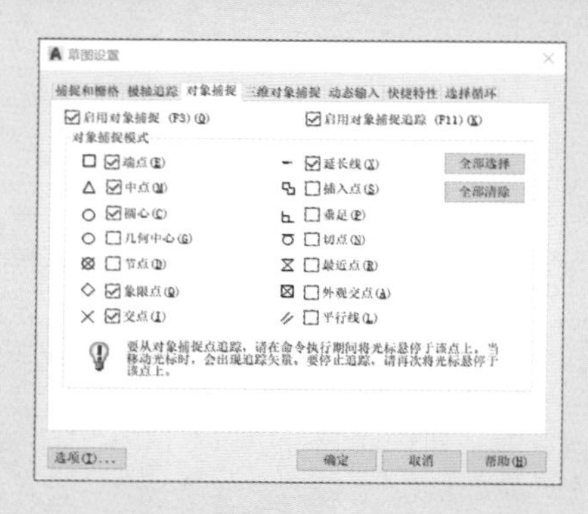

图2—28

**技巧 提示**

启用对象捕捉模式也可直接单击状态栏上的“将光标捕捉到二维参照点”按钮，或者按F3键来启用与关闭对象捕捉。

## 2.2.6 动态输入

在动态输入方式下，会在光标附近提供一个命令界面，以帮助用户专注于绘图区域。启用动态输入时，工具栏提示将在光标附近显示信息，该显示信息会随着光标的移动而动态更新。工具栏提示将为用户提供输入的位置。在“草图设置”对话框中选中对应的复选框或按 F12 键，即可打开或关闭动态输入工具。动态输入有指针输入、标注输入和动态提示 3 个组件。

1．指针输入

当启用指针输入后且有命令在执行时，在光标附近的工具栏提示中将显示坐标。用户可以在工具栏提示中输入坐标值，而不用在命令行中输入命令，如图 2–29 所示。

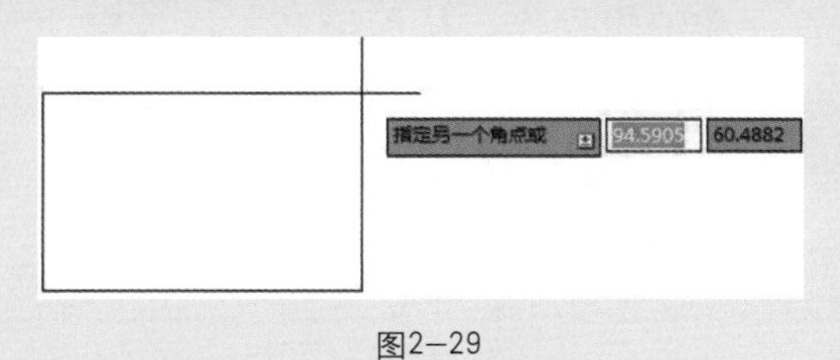


图2–29

**技巧 提示**

打开动态输入工具后，输入的坐标值默认为相对坐标方式。如果关闭动态输入工具，则输入的坐标值为绝对坐标方式。

2．标注输入

启用标注输入后，当命令提示输入第二点时，工具栏提示将显示距离和角度值，而且工具栏提示中的值将随着光标的移动而改变，如图 2–30 所示，按 Tab 键可以移动到要更改的数值位置。

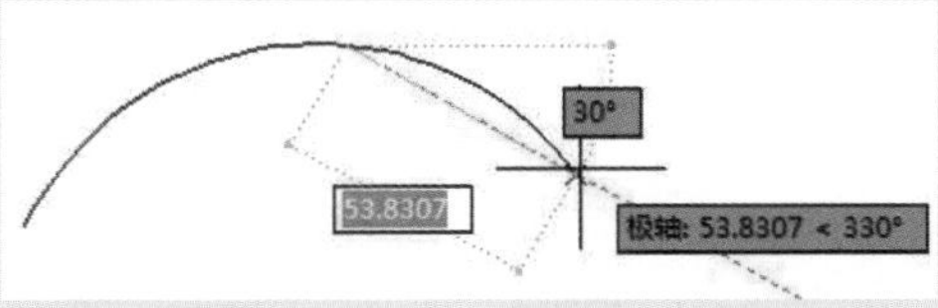

图2–30

**技巧 提示**

标注输入可用于绘制“圆弧”“圆”“椭圆”“直线”和“多段线”。

3．动态提示

启用动态提示时，提示会显示在光标附近的工具栏提示中。用户可以根据工具栏提示（不是在命令行）进行相关操作响应，如图 2–31 所示。

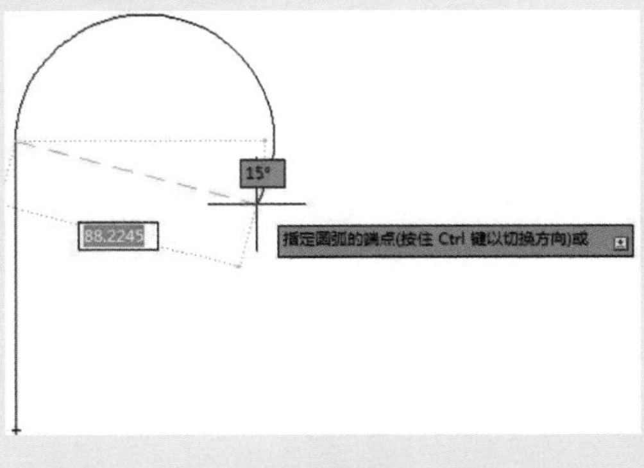


图2–31

# 2.3 图层设置

图层的作用是管理图形，也就是分类管理。可以把同类的图形或同类对象放在一个图层，即可一起对它们进行一些管理和编辑操作，从而提高工作效率。大型的工程图纸要绘制的对象往往很多，不同类型的对象应分别绘制在不同的图层中，并且可设置图层各自的名称、颜色、线型、线宽、打印状态等，实际操作时还可以关闭、冻结、锁定相关的图层。

## 2.3.1 建立新图层 

在 AutoCAD 中绘图时所需的图层要根据对象类型多少来定。

在 AutoCAD 中，新建图层的操作步骤如下。

**01** 在命令行中输入“LAYER”或“LA”，按空格键或 Enter 键确认，执行“图形特性管理”命令。或者单击功能区中的“图层特性”按钮，打开“图层特性管理器”面板，如图 2-32 所示。

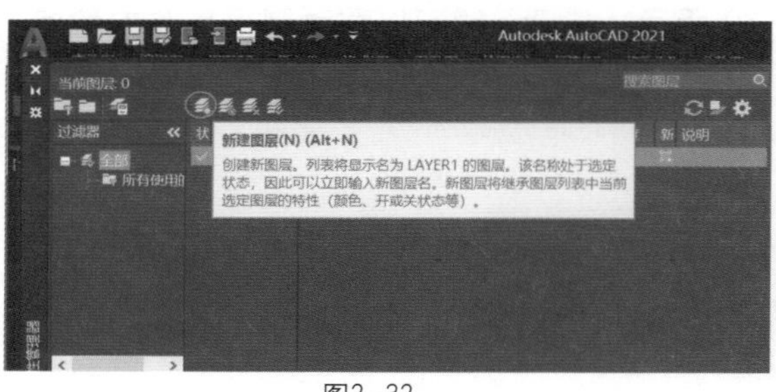


图2—32

**02** 单击“新建图层”按钮或按 Alt+N 组合键来创建默认名称为“图层 1”的新图层。输入新图层的名称，设置完图层颜色、线型及线宽等，即可完成新图层的创建，如图 2-33 所示。

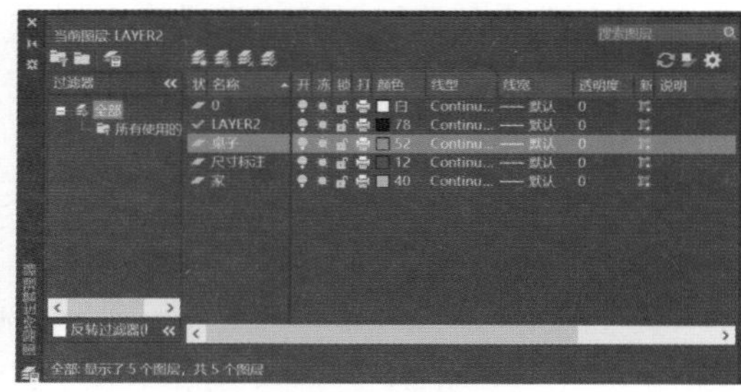


图2—33

## 2.3.2 删除图层 

在 AutoCAD 中绘图时往往会因设计方案更改等原因产生不用的图层。在“图层特性管理器”面板中可以将其删除。删除图层的操作步骤如下。

**01** 打开“图层特性管理器”面板，在名称列表中选择要删除的图层。

**02** 单击“删除图层”按钮或按 Alt+D 组合键，如图 2-34 所示。

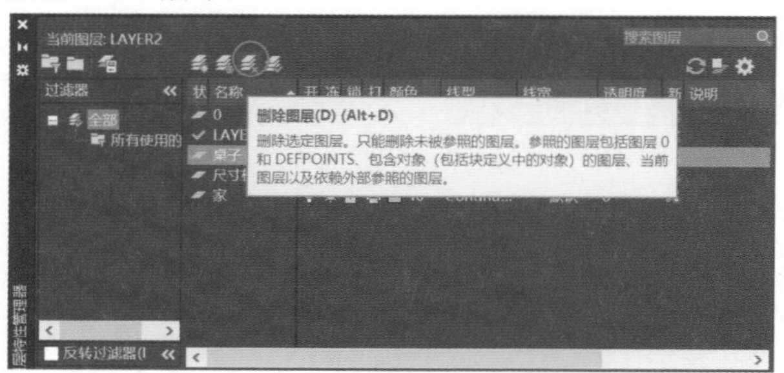


图2—34

**03** 删除图层后列表会自动刷新，再关闭窗口即可完成操作。如果是 0 层、当前层、有图形对象与依赖外部参照的图层则不能删除。删除时会提示错误操作，如图 2-35 所示。

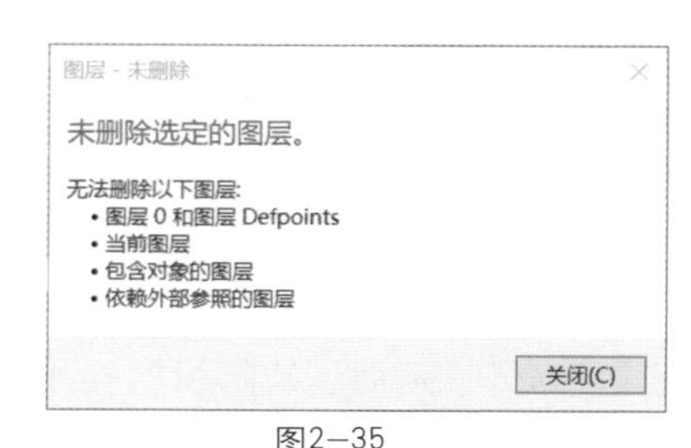


图2—35

## 2.3.3 控制图层状态 

在 AutoCAD 中绘图时常用的图层状态控制包括如下几个方面。

### 1. 图层的关闭

单击图层列表中对应图层名称前的“小灯炮”形状的按钮，对应的图层即被关闭，此时，“小灯炮”熄灭，如图 2–36 所示。图层关闭后，该层图形内容不可显示，如果关闭的是当前层则有提示，如图 2–37 所示。

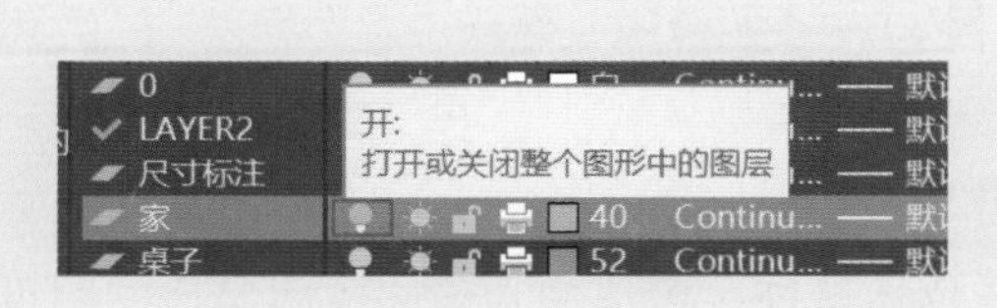


图2–36

图2–37

### 2. 图层的冻结

单击图层列表中对应图层名称前的“小太阳”形状的按钮，对应的图层即被冻结，此时，“小太阳”变成“小雪花”，如图 2–38 所示。图层冻结后，该层图形内容不显示，当然也不能进行选择与其他操作。

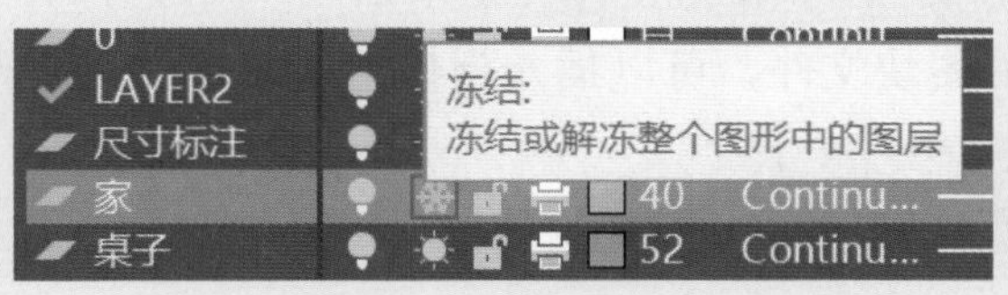


图2–38

### 3. 图层的锁定

单击图层列表中对应图层名称前的“锁定”按钮，对应的图层即被锁定，如图 2–39 所示。图层锁定后，对应的图形颜色变暗，可以捕捉该层图形对象，但不能修改。

图2–39

## 2.3.4 调用图层 

一般情况下，公司日常绘制的工程图形有很多是同类型的，也就是说很多图层是相同的。为了方便绘图，用户可以创建样板文件，还可以直接从设计中心调用其他图形文件的图层来使用。调用其他图形文件的图层操作步骤如下。

**01** 新建一个图形文件，图层列表中只有 0 层。

**02** 按 Ctrl+2 组合键打开“设计中心”面板，如图 2-40 所示。

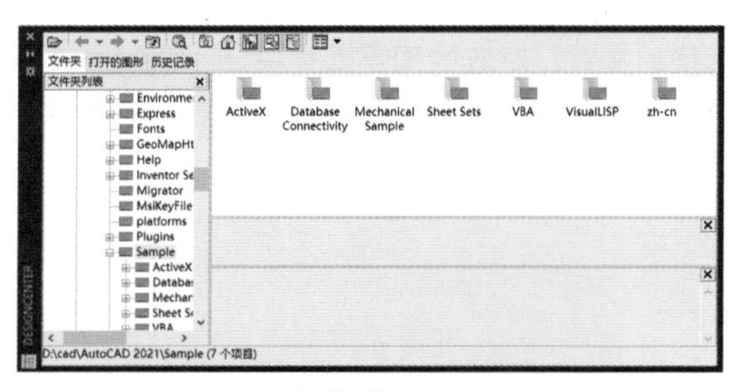


图2—40

**03** 在文件夹列表中选择对应的路径及图形文件名称，双击右侧窗口中图层图标，打开该图形文件所有的图层，如图 2-41 所示。

图2—41

**04** 选择需要调用到新图形文件中的图层，直接按住鼠标左键拖动到绘图区的空白处即可完成调用。

## 2.4 图块设置

**在 AutoCAD 中绘图时，很多图形与符号都是相同的，为了能重复调用及提高绘图的效率，用户可以将其创建成图块，作为整体对象来插入。图块分为内部图块和外部图块（写块）。外部图块是独立的图块文件，可以插入到任意的图形文件中。**

### 2.4.1 创建图块 

**各种图块都可以自己创建，在 AutoCAD 中新建图块的操作步骤如下。**

微课：图块应用

**01** 新建一个图形文件，将 0 层的对象颜色特性设置为 ByLayer（随图层）方式，如图 2-42 所示。

图2—42

**02** 按实际尺寸绘制要创建成新图块的图形，如家具中的双人床。

**03** 在命令行中输入“BLOCK”或“B”，按空格键或 Enter 键确认，执行“块定义”命令，弹出的对话框如图 2-43 所示。

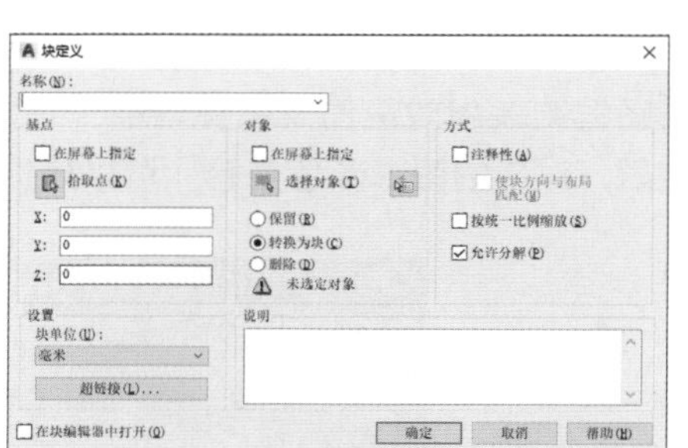


图2—43

**04** 输入图块名称，设置图块基点为“拾取点”方式，选择双人床的背板中点，如图 2-44 所示。

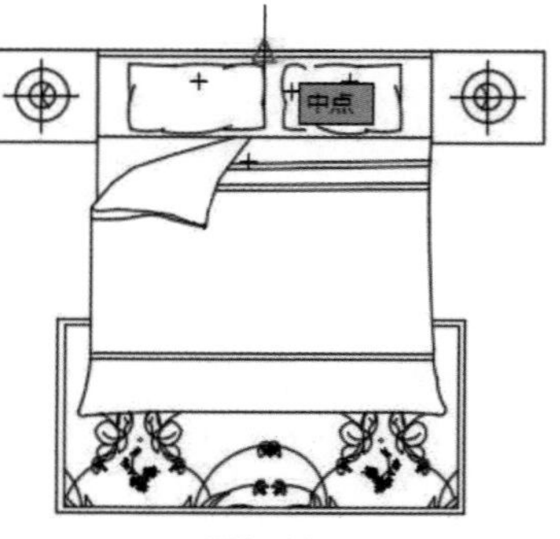


图2—44

**05** 再单击“选择对象”按钮，选择对应的双人床图形，完成后按空格键或 Enter 键返回到“块定义”对话框，单击“确定”按钮即可完成块的定义。

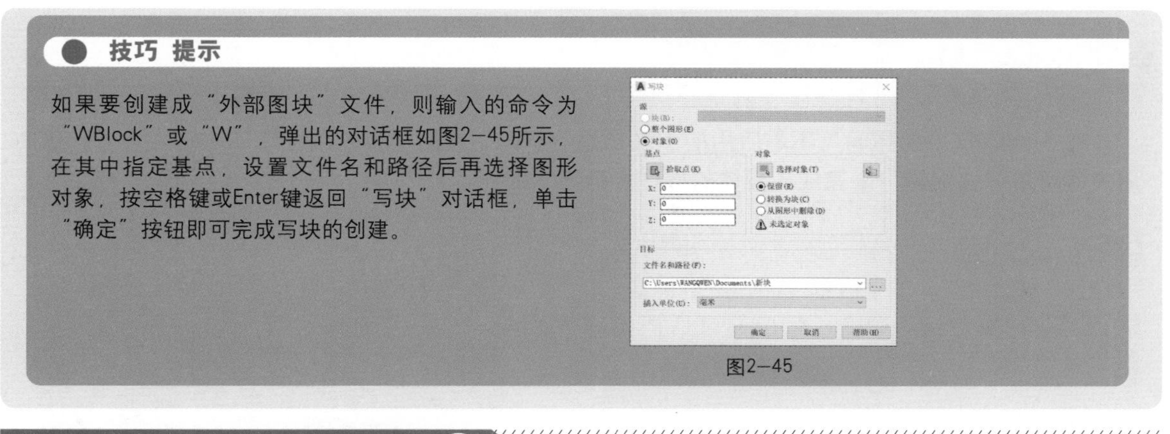

**技巧 提示**

如果要创建成“外部图块”文件，则输入的命令为“WBlock”或“W”，弹出的对话框如图2-45所示，在其中指定基点，设置文件名和路径后再选择图形对象，按空格键或Enter键返回“写块”对话框，单击“确定”按钮即可完成写块的创建。

图2-45

## 2.4.2 插入图块

**图块创建好后可以在该文件中多次调用，外部图块可以在任何文件中调用。插入图块的操作步骤如下。**

**01** 在命令行中输入“INSERT”或“I”，按空格键或Enter键确认，执行“插入”命令，弹出如图2-46所示对话框。

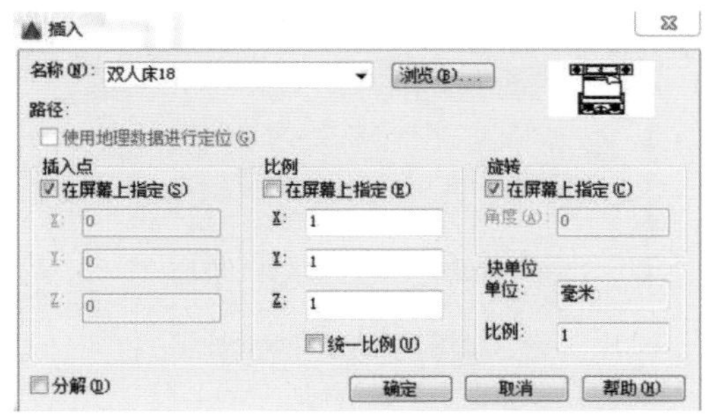


图2-46

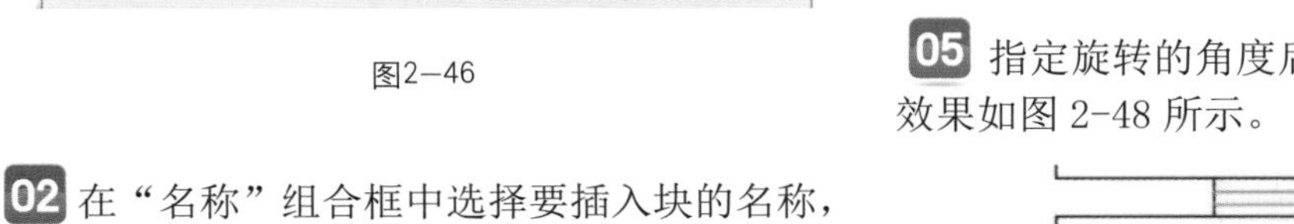

**02** 在“名称”组合框中选择要插入块的名称，或单击“浏览”按钮来选择块文件。

**03** 在“插入点”选项组中选中“在屏幕上指定”复选框，“比例”选项组中的默认设置为1，在“旋转”选项组中选中“在屏幕上指定”复选框，再单击“确定”按钮。

**04** 将光标移到要插入该图块的位置，捕捉插入点，如图2-47所示。

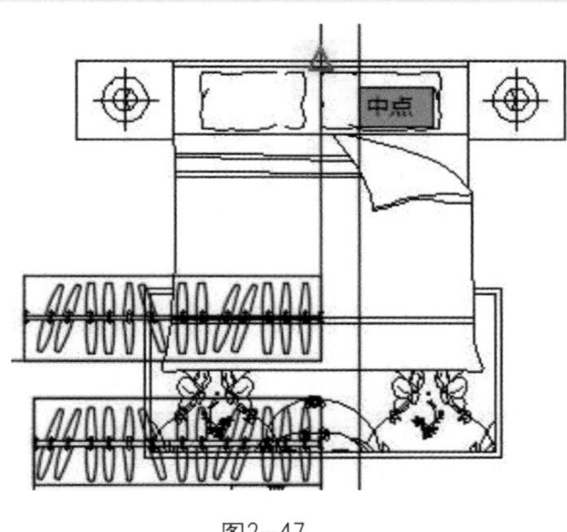


图2-47

**05** 指定旋转的角度后，最终完成图块的插入，效果如图2-48所示。

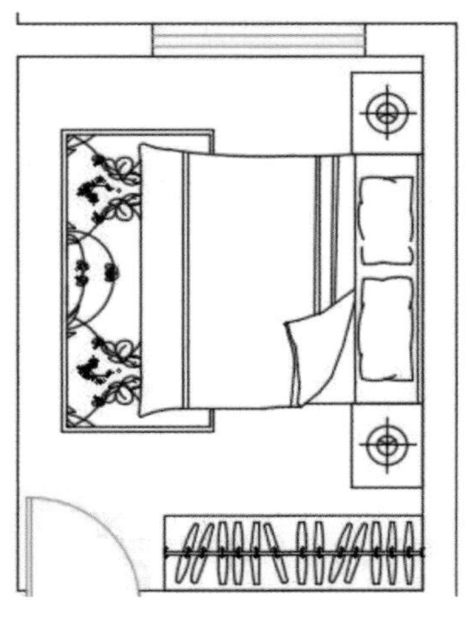

图2-48

## 2.4.3 编辑图块

在 AutoCAD 中绘图时，不是所用的图块都是一样的。有时需要修改图块的内容或尺寸，这时用户就可用“块编辑”来完成，具体的操作步骤如下。

01 选择要修改的图块，在命令行中输入“BEDIT”或“BE”，按空格键或Enter键确认，执行“编辑块定义”命令，弹出的对话框如图2-49所示。

图2—49

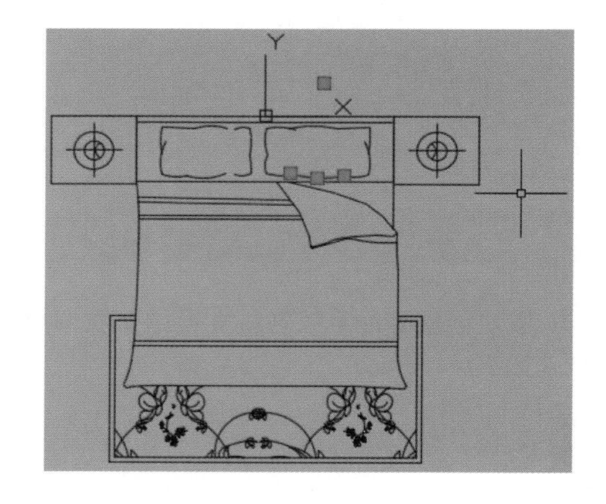

图2—50

02 单击“确定”按钮进入“块编辑器”面板，这时所有图形都是单一对象，效果如图2-50所示。

03 完成图块的修改后单击“关闭块编辑器”按钮，会提示是否更改及进行保存，保存后完成图块的编辑，如图2-51所示。

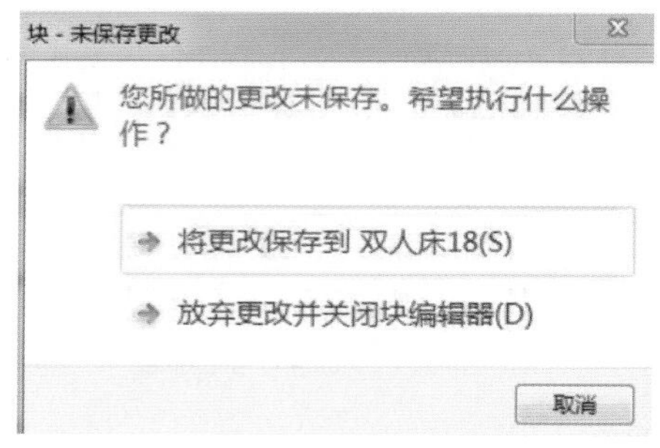


图2—51

## 2.4.4 创建图块工具

为了创建与 AutoCAD 自带的工具选项板同样的图块工具，用户可以将图形文件中的所有图块创建成新的“工具选项板”，方便直接插入图块。创建新的图块工具选项板操作步骤如下。

01 在新图形文件的0层中创建好行业内所用的图块，并保存文件。

02 按Ctrl+3组合键，显示“块编写选项板 - 所有选项板”面板，如图2-52所示。

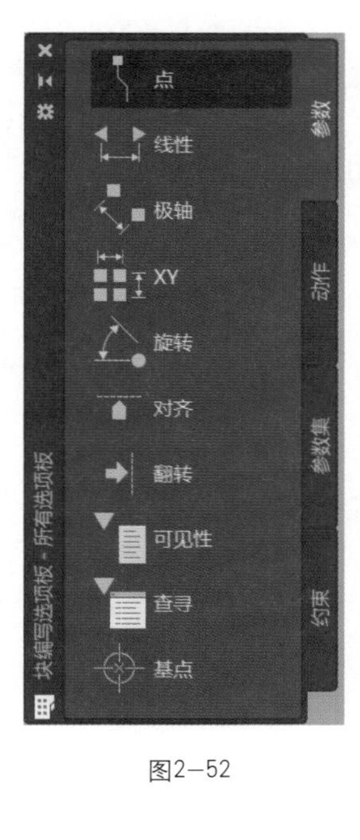


图2—52

**03** 按 Ctrl+2 组合键，调用“设计中心”面板，在左侧窗格中选择创建好图块的图形文件名，在右侧窗格中双击“块”图标，如图 2-53 所示。

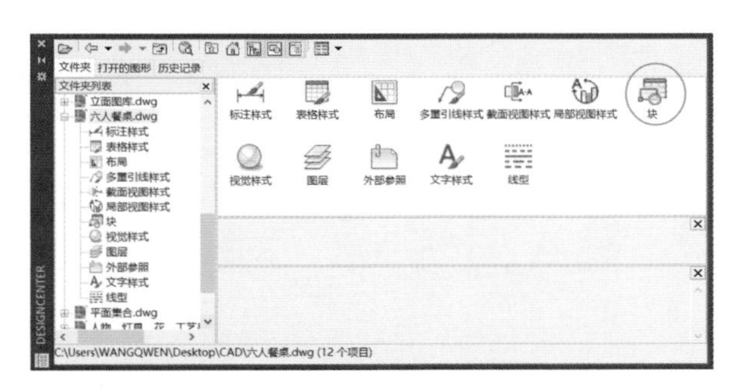


图2—53

**04** 选择打开的图块图标，然后右击，在弹出的快捷菜单中选择“创建工具选项板”命令，如图 2-54 所示。

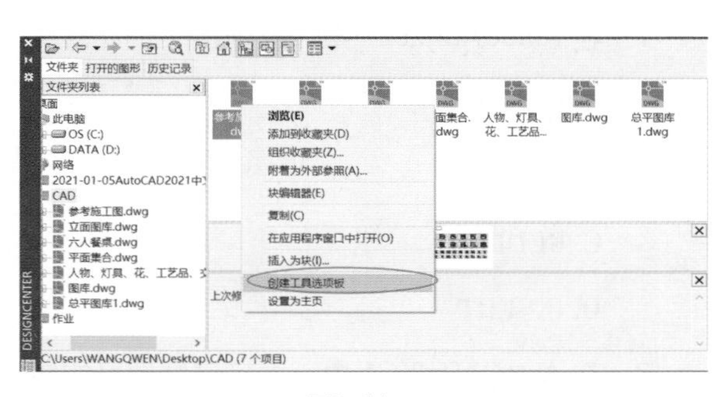


图2—54

**05** 创建工具选项板后输入自定义的标签名称，如“家具”，按 Enter 键完成工具选项板的创建操作，如图 2-55 所示。

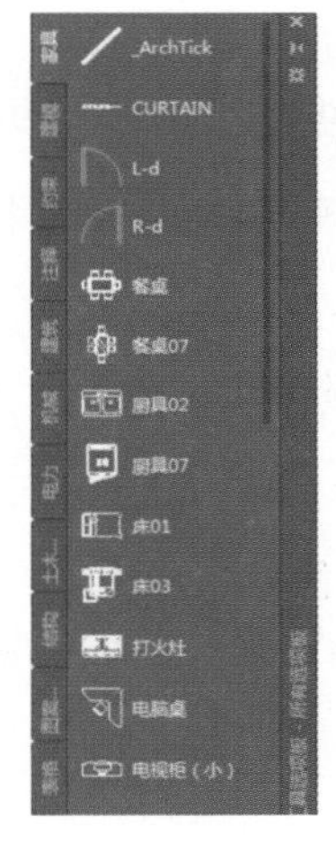


图2—55

## 2.5 知识与技能要点

用户在使用 AutoCAD 2021 绘图之前，如果提前设置好需要的绘图环境，并将绘图环境设置为不同的样板，将会极大地提高绘图的效率，并使图形规范化。

- 重要工具：图形界限、动态输入。
- 核心技术：对象捕捉设置。
- 实际运用：设置图层与图块，将图块创建为工具选项板。



1
2
3
4
5
6
7
8
9
10
11
12

# 2.6 课后练习

2.6 课后练习

一、选择题（请扫描二维码进入即测即评）

1. 在 AutoCAD 2021 中，要创建一个“写块”图形文件，所用的命令是（　　）。

A. BLOCK

B. WBLOCK

C. BEDIT

D. INSERT

2. 在 AutoCAD 2021 中，要启用绘图区的栅格与捕捉状态，应该使用的快捷键是（　　）。

A. F7 和 F9

B. F7 和 F8

C. F8 和 F10

D. F11 和 F3

二、简答题

1. 简要说明设置绘图环境的项目内容。

2. 简要说明图层冻结和图层锁定的区别。

Chapter 3

# 二维图形的编辑

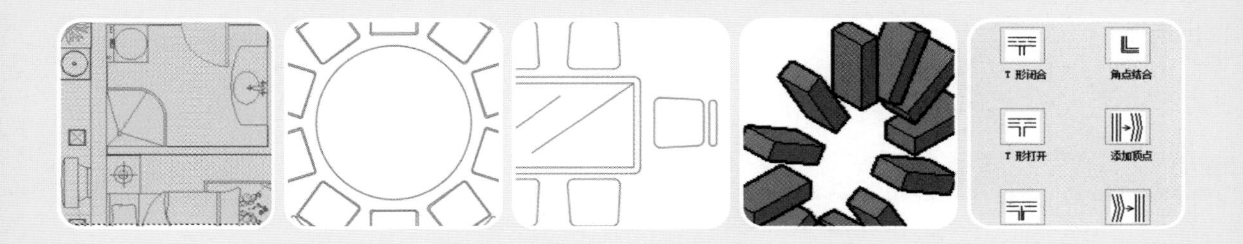


简单而言，图形的编辑就是图形的修改，AutoCAD中所绘制的初始图形往往需要多个修改命令“加工”后才能达到最终的效果。AutoCAD 2021给绘图者提供了全面的修改命令，并且在操作功能与方式上不断提升。在这里先介绍二维图的编辑与修改方式，后续章节再对三维对象的编辑与修改作阐述。

| 学习要求 | 知识点＼学习目标 | 了解 | 掌握 | 应用 | 重点知识 |
|---|---|---|---|---|---|
| | 对象的选择 | | | | 🚩 |
| | 图形的构造 | | 🚩 | | |
| | 图形变换控制 | | | 🚩 | |
| | 图形的高级修改 | | | | 🚩 |

能力与素质目标

# 3.1 对象的选择

在对图形进行编辑之前，必须先选择相应的对象。选择对象的方法有很多种。在AutoCAD 2021中，选中的图形对象会以虚光阴影加强显示。通常，在AutoCAD中有3种选择对象的方式，下面分别进行介绍。

## 3.1.1 单击方式 

将光标移至图形处，图形出现虚光阴影效果，且在光标处动态提示该对象的特性，如图3–1所示。单击即可选择，依次单击其他图形可以选择多个对象。如果按住Shift键单击已选择的图形对象则可退出选择。

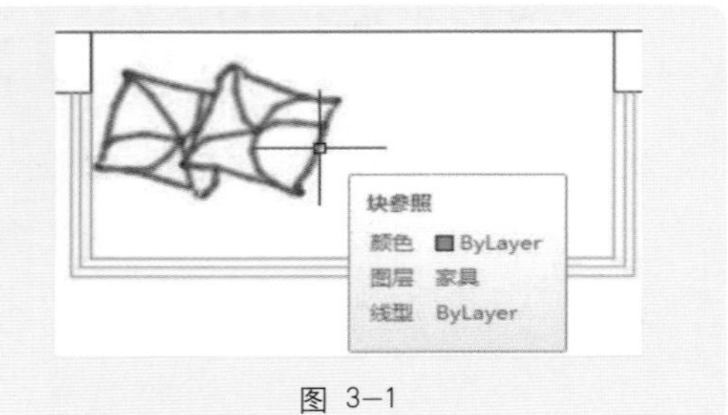


图 3–1

## 3.1.2 窗口选择方式 

在绘图区空白处单击后拖动至对角，便是以“窗口”方式来选择图形。默认的窗选为矩形窗口方式，也就是通常所说的从左到右的框选，可以选择窗口内的全部图形，默认底色为蓝色，如图3–2所示。但是如果从右往左框选，则为窗交选择方式。这样可以选择接触到选框窗口及内部的全部图形，默认底色为绿色，如图3–3所示。用户还可以在“选项”对话框中选择“选择集”选项卡，再选中“允许按住并拖动套索”复选框，如图3–4所示。此时便添加了套索方式来选择窗口内图形。用户可以按住鼠标左键来拖动形成套索来选择窗口，效果如图3–5所示。和默认矩形窗口一样，如果反向拖动则形成窗交方式，如图3–6所示。

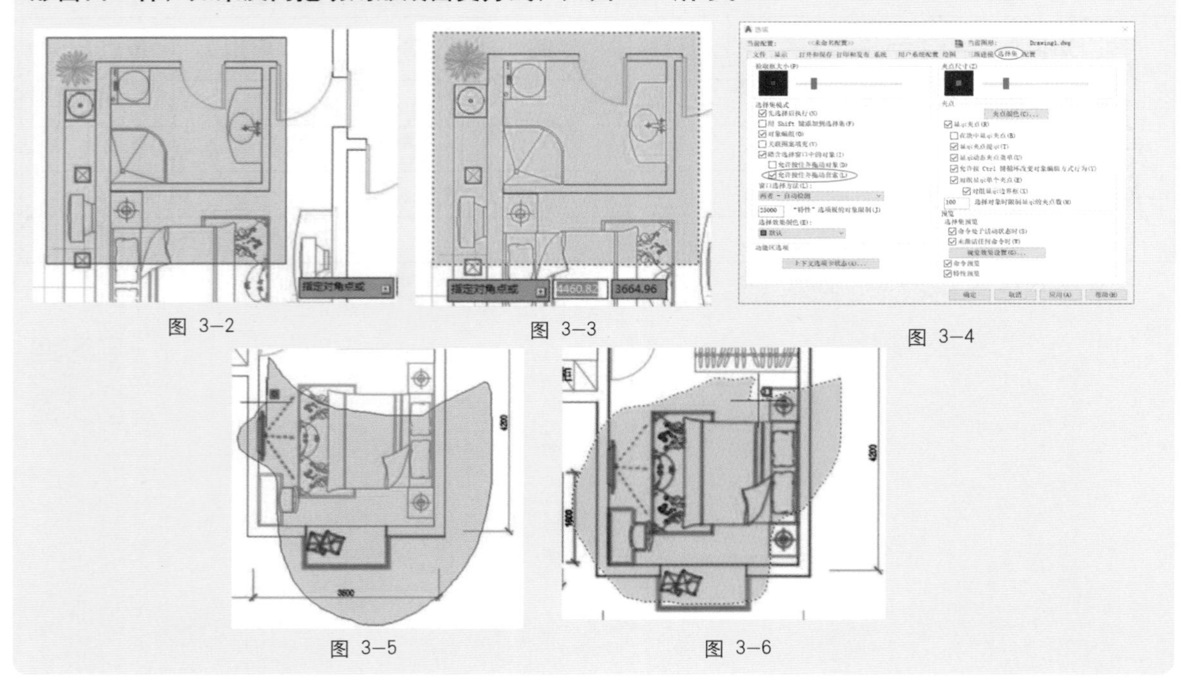


图 3–2　图 3–3　图 3–4

图 3–5　图 3–6

### 3.1.3 命令行选项方式 

用户在进行 AutoCAD 修改操作时，命令行会提示“选择对象”，此时可以直接输入相关选项，按空格键或 Enter 键来执行对象的选择。常用的有“全部（ALL）”“上一个（L）”“前一个（P）”“栏选（F）”等，如图 3-7 所示。

需要点或窗口(W)/上一个(L)/窗交(C)/框(BOX)/全部(ALL)/栏选(F)/圈围(WP)/圈交(CP)/编组(G)/添加(A)/删除(R)/多个(M)/前一个(P)/放弃(U)/自动(AU)/单个(SI)/子对象(SU)/对象(O)

图 3-7

## 3.2 图形的构造

在 AutoCAD 中，通常所说的图形构造就是由一个图形变成多个图形，类似于几何学中的构造方法。常见的图形构造命令有复制、镜像、偏移、阵列。

### 3.2.1 图形复制 

图形复制就是通常所说的图形“拷贝”，中文意译来源于英文单词 Copy。在 AutoCAD 中，图形复制操作步骤如下。

**01** 在命令行中输入“COPY”或“CO”，按空格键或 Enter 键执行“复制”命令。

**02** 当命令行提示选择对象时，光标变成“小方块”形状，选择要复制的图形即可，效果如图 3-8 所示。

COPY 选择对象：

图 3-8

**03** 按空格键或 Enter 键来结束选择，然后指定基点及第二个点，完成复制。

**04** AutoCAD 2021 默认为多重复制，可以多次指定不同的第二个点完成多重复制，操作效果如图 3-9 所示。

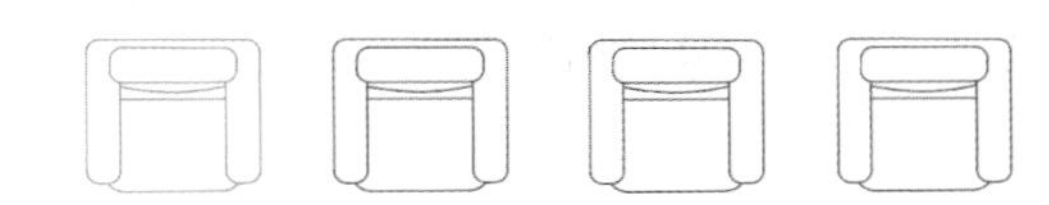

图 3-9

**技巧 提示**

在使用复制命令操作的过程中还有一项“阵列”选项方式，可以利用该方式快速复制一系列的多个对象。进行复制操作时，在指定基点后选择“阵列（A）”方式，然后输入项目数，最后指定第二个点或以“布满（F）”方式直接指定结束点来完成图形复制。操作命令行如图3-10所示，最终效果如图3-11所示。

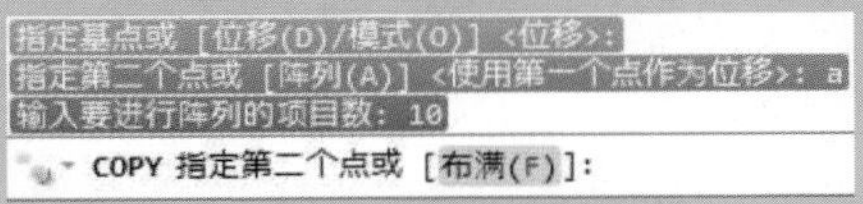

指定基点或 [位移(D)/模式(O)] <位移>:
指定第二个点或 [阵列(A)] <使用第一个点作为位移>: a
输入要进行阵列的项目数: 10
COPY 指定第二个点或 [布满(F)]:

图 3-10

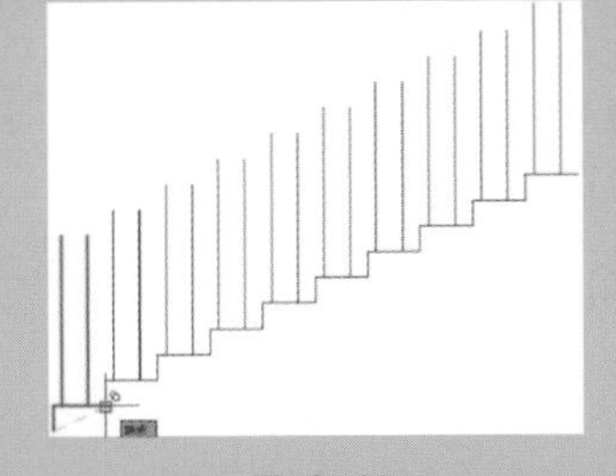

图 3-11

## 3.2.2 图形镜像 

**镜像操作其实就是生活中的“照镜子”，从几何学角度来说就是“轴对称”构造的一种方法。效果如图 3–12 ～图 3–14 所示。**

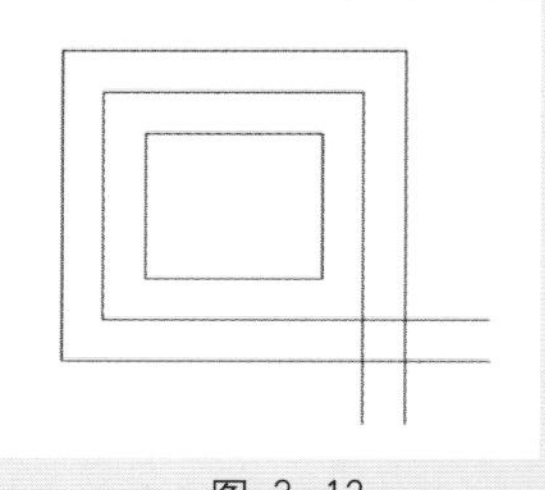

图 3–12

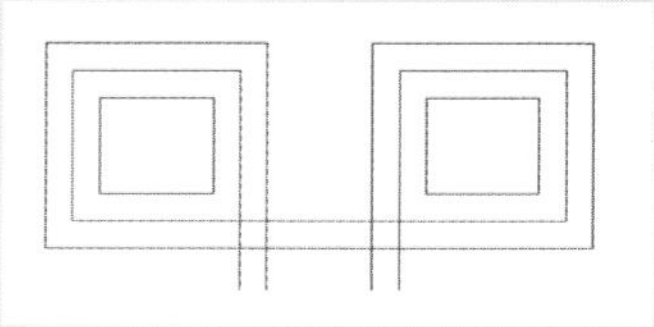

图 3–13

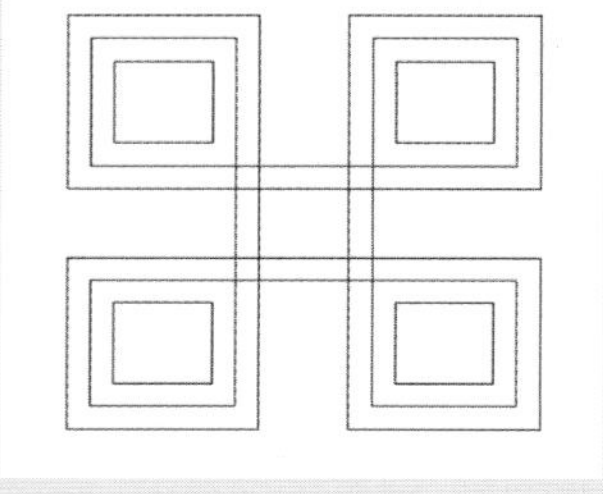

图 3–14

**在 AutoCAD 中，图形镜像的操作步骤如下。**

01 在命令行中输入“MIRROR”或“MI”，按空格键或 Enter 键执行“镜像”命令。

02 当命令行提示选择对象时，光标变成小方块形状，选择要镜像的图形，效果如图 3-15 所示。

03 指定圆心为镜像线的第一个点，再指定水平线上某点为镜像线的第二个点。

04 提示是 / 否删除源对象，默认为否方式，按空格键或 Enter 键结束镜像操作，效果如图 3-16 所示。

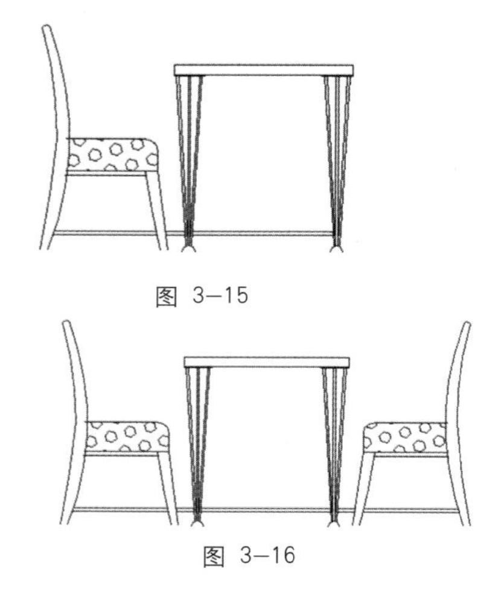

图 3–15

图 3–16

## 3.2.3 图形偏移

**图形偏移能以等距离方式构造同心圆、平行线及等距离曲线的效果。和复制命令一样，可以多次重复操作，也可以按读者习惯进行偏移操作，即是先选择还是先输入偏移量进行偏移操作。在 AutoCAD 中，图形偏移操作步骤如下。**

01 在命令行中输入“OFFSET”或“O”，按空格键或 Enter 键执行“偏移”命令。

02 指定偏移的距离，或选择其他选项，命令提示如图 3-17 所示。

OFFSET 指定偏移距离或 [通过(T) 删除(E) 图层(L)] <通过>:

图 3–17

03 选择要偏移的对象，然后指定要偏移的那一侧上的点。

04 在适当的绘图区空白处单击即可完成图形偏移操作，如图 3-18 所示。如果选择对象后用“多个（M）”方式，则不用多次选择，直接在对应方向上多次单击完成多重偏移，如图 3-19 所示。

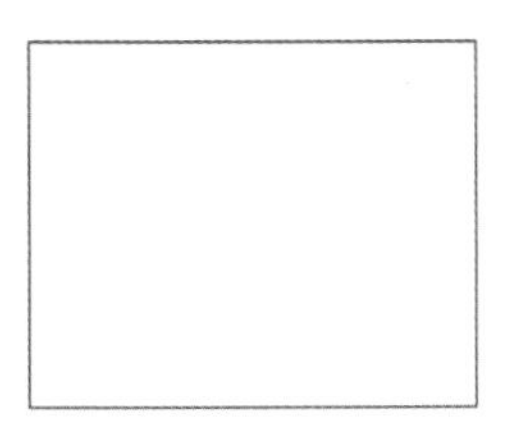

图 3–18

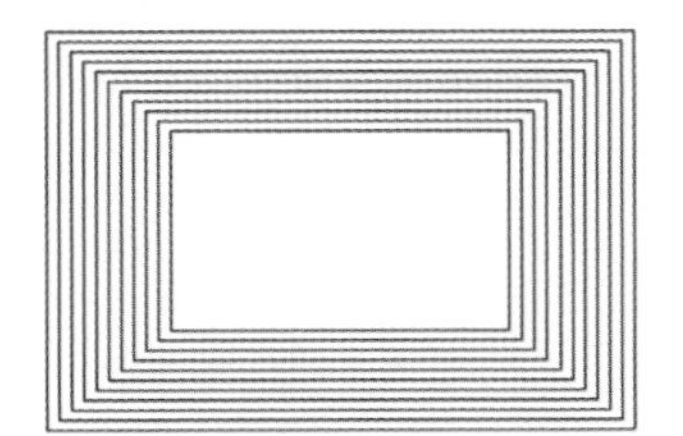

图 3–19

## 3.2.4 阵列构造

**人们可以将阵列构造看成是图形按一定行与列的距离形成多个副本的队列，也可以看成是绕中心点或旋转轴形成环形后均匀分布的多个副本效果。在 AutoCAD 中，“阵列构造”操作按指定的类型有 3 种方式。**

### 1．矩形阵列

**矩形阵列就是行 / 列型的队列，操作步骤如下。**

**01** 在命令行中输入“-ARRAY”或“-AR”，按空格键或 Enter 键执行“阵列”命令。

**02** 在输入阵列类型中选择“矩形（R）”方式，如图 3-20 所示。

图 3–20

**03** 接下来依次输入行数、列数、行间距、列间距，如图 3-21 所示。

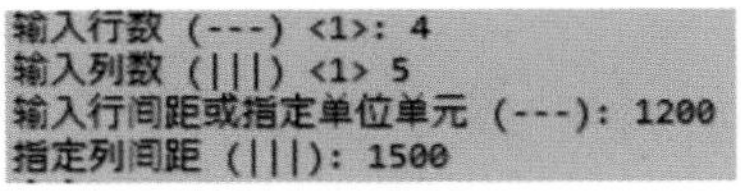

输入行数 (---) <1>: 4
输入列数 (|||) <1> 5
输入行间距或指定单位单元 (---): 1200
指定列间距 (|||): 1500

图 3–21

**04** 按空格键或 Enter 键完成矩形阵列的构造，效果如图 3-22 所示。

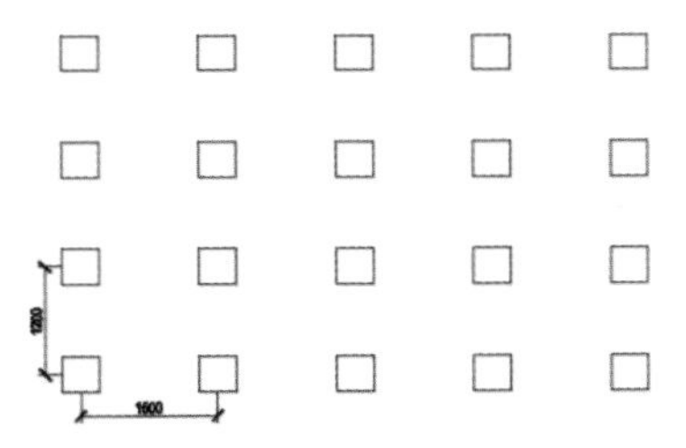


图 3–22

### 2．环形阵列

**环形阵列就是圆周型阵列构造方式，操作步骤如下。**

**01** 在命令行中输入“-ARRAY”或“-AR”，按空格键或 Enter 键来执行“阵列”命令。

**02** 在输入阵列类型中选择“环形（P）”方式。

**03** 指定阵列的中心点为圆心，并指定阵列的项目数目、填充角度及是否旋转阵列中的对象，命令行如图 3-23 所示。

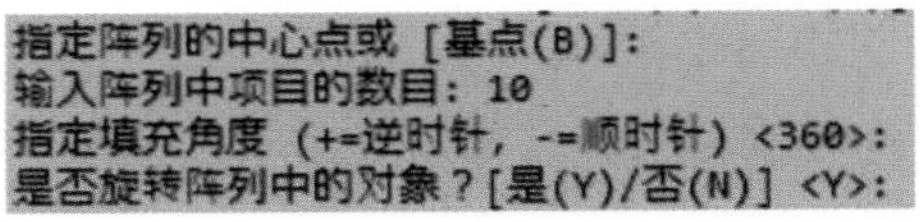

指定阵列的中心点或 [基点(B)]:
输入阵列中项目的数目: 10
指定填充角度 (+=逆时针, -=顺时针) <360>:
是否旋转阵列中的对象？[是(Y)/否(N)] <Y>:

图 3–23

1 2 3 4 5 6 7 8 9 10 11 12

**04** 按空格键或 Enter 键完成环形阵列的构造，效果如图 3-24 所示。

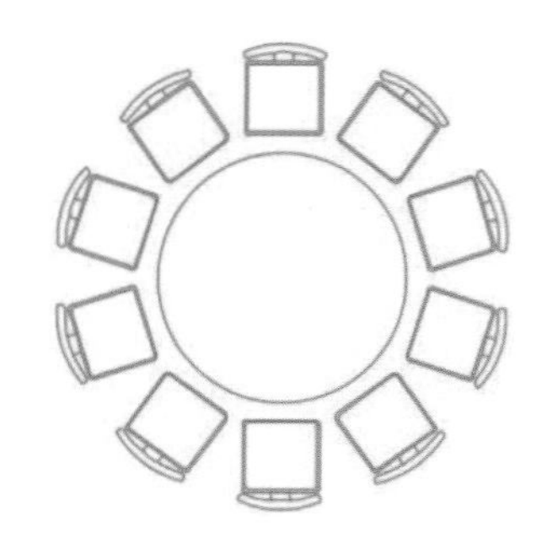

图 3-24

### 3. 路径阵列

**路径阵列就是图形沿整个路径或部分路径曲线平均分布副本的构造方式，操作步骤如下。**

**01** 在命令行中输入“ARRAY”或“AR”，按空格键或 Enter 键来执行“阵列”命令。

**02** 在输入阵列类型中选择“路径（PA）”方式，命令行如图 3-25 所示。

命令: AR
ARRAY
选择对象: 找到 1 个
选择对象: 输入阵列类型 [矩形(R)/路径(PA)/极轴(PO)] <矩形>: pa

图 3-25

**03** 选择对应的路径曲线，选择曲线后系统会自动均匀分布，如图 3-26 所示。

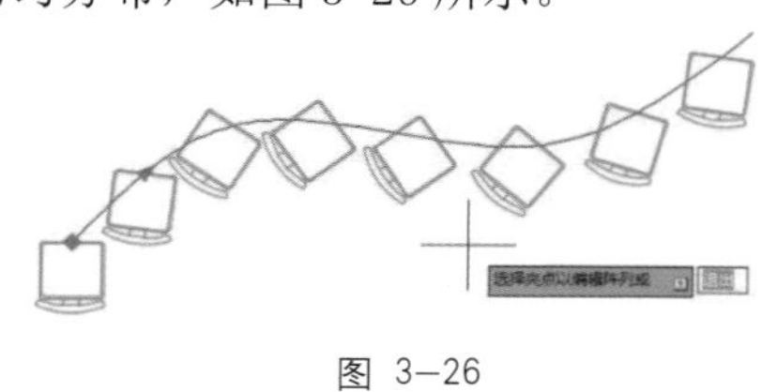

图 3-26

**04** 可选择“项目（I）”方式来改变项目之间的间距与项目数。

**05** 选择“切向（T）”方式来指定项目的切向，这里选择椅子水平边，效果如图 3-27 所示。

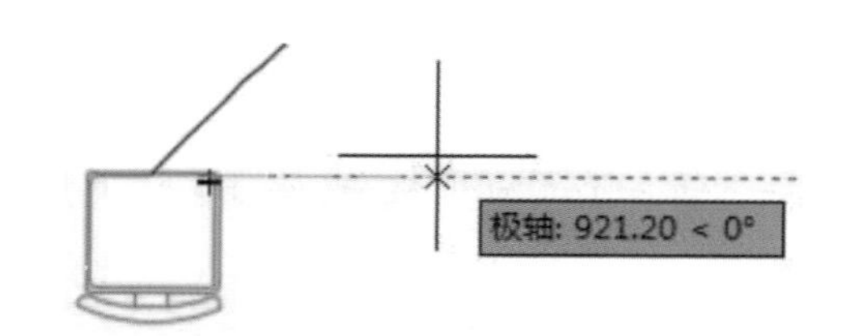


图 3-27

**06** 按空格键或 Enter 键完成阵列，效果如图 3-28 所示。

图 3-28

**技巧 提示**

在AutoCAD中阵列的命令是“ARRAY”，操作选项相对多一些。如果“老用户”习惯了以前版本的操作，可以结合“– ARRAY”方式完成阵列构造操作。“– AR”命令的操作过程相对简单、直观一些。

## 3.3 图形变换控制

图形变换就是通过 AutoCAD 中的修改命令来改变图形的外观。常见的图形变换控制命令有旋转、缩放、拉伸、对齐。

## 3.3.1 图形旋转 

**图形旋转就是图形对象绕基点旋转到一个指定的绝对角度。在 AutoCAD 中，图形旋转操作步骤如下。**

**01** 在命令行中输入“ROTATE”或“RO”，按空格键或 Enter 键执行“旋转”命令。

**02** 选择要旋转的图形对象，选择完成后按空格键或 Enter 键。

**03** 指定旋转的基点，基点就是旋转轨迹对应的圆心，如图 3-29 所示。

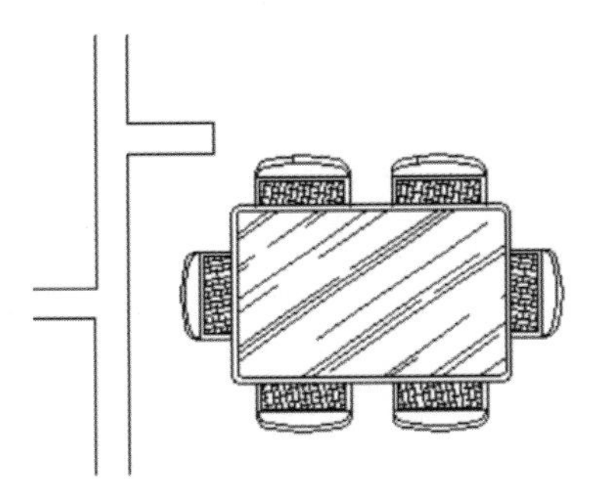

图 3-29

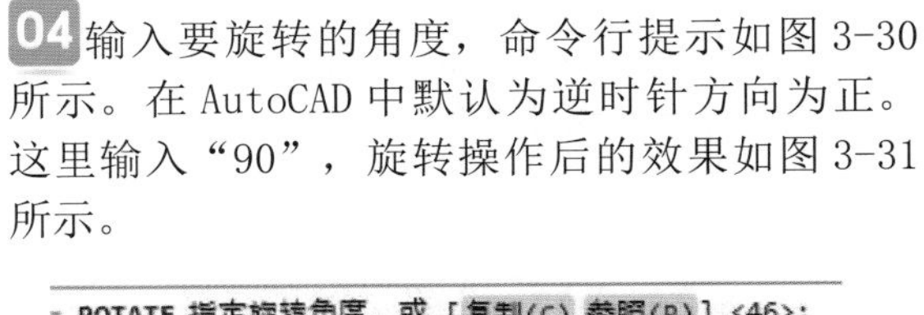

**04** 输入要旋转的角度，命令行提示如图 3-30 所示。在 AutoCAD 中默认为逆时针方向为正。这里输入“90”，旋转操作后的效果如图 3-31 所示。

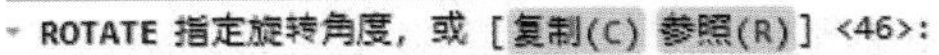


图 3-30

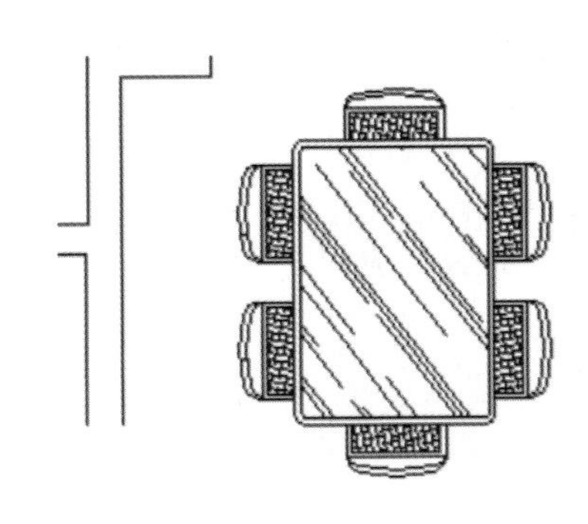

图 3-31

### 技巧 提示

如果图形旋转时不能确定旋转的具体角度，而只是旋转“对齐”到某一边时可以用“参照（R）”方式。旋转过程中，在指定旋转基点后图形如图3-32所示，在命令行中输入“R”。指定参照角时依次指定两点作为起点角方向，位置如图3-33所示。最后指定旋转到的端点作为旋转对齐到的边，旋转效果如图3-34所示。

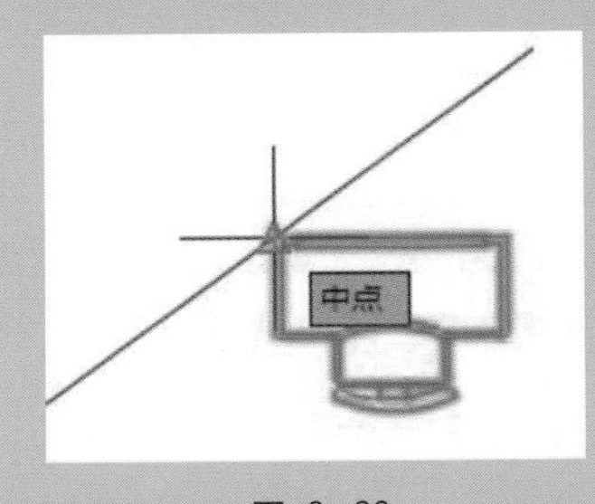


图 3-32

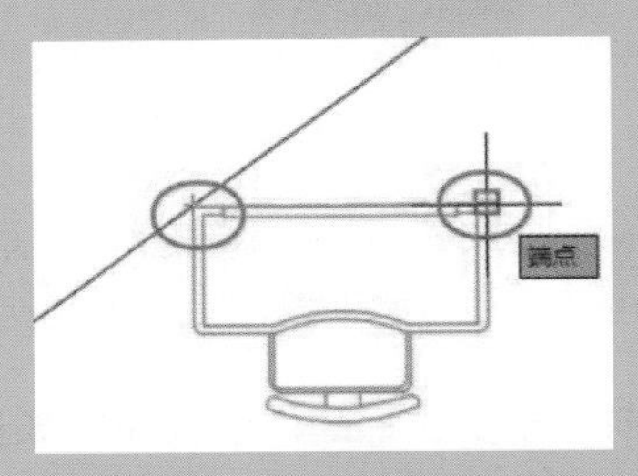


图 3-33

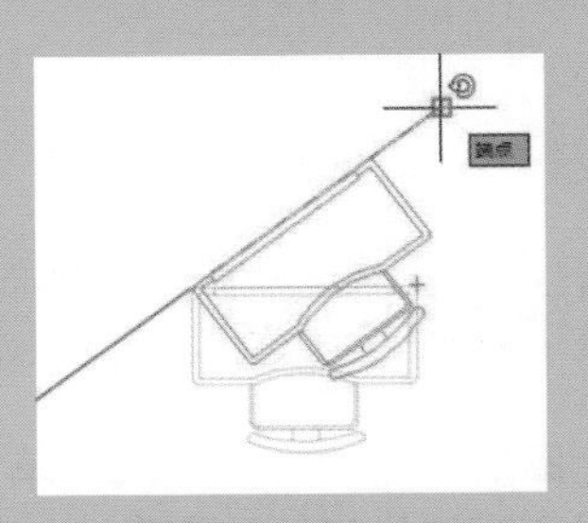


图 3-34

## 3.3.2 图形缩放

**图形缩放就是在保持对象比例不变的情况下放大或缩小图形对象。在 AutoCAD 中，图形缩放的操作步骤如下。**

**01** 在命令行中输入“SCALE”或“SC”，按空格键或 Enter 键执行“缩放”命令。

图 3–35

**02** 选择要缩放的图形对象，选择完成后按空格键或 Enter 键。

**03** 指定缩放的基点，然后即可输入比例因子，命令行提示如图 3-35 所示。

**04** 输入比例因子后（比例因子以 1 为标准）按空格键或 Enter 键完成图形缩放操作，如图 3-36 所示。

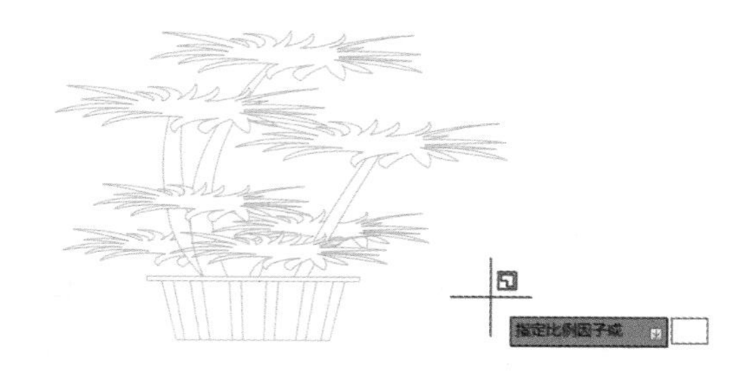


图 3–36

**技巧 提示**

如果图形缩放的比例因子不是整除的倍数时，如宽900mm的门缩放到宽800mm的门，可以使用“参照（R）”方式来完成。对图形缩放操作时，指定基点后输入“R”，按空格键或Enter键执行“参照缩放”命令。先输入参照长度，即“旧的”图形尺寸，如图3–37所示。再输入新的长度，即“新的”图形尺寸即可，效果如图3–38所示。

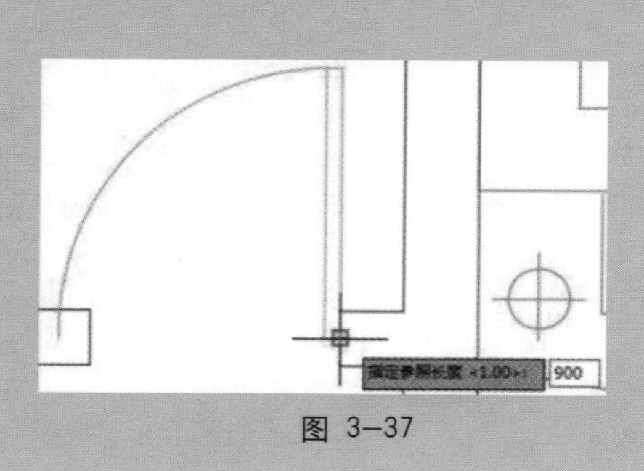


图 3–37

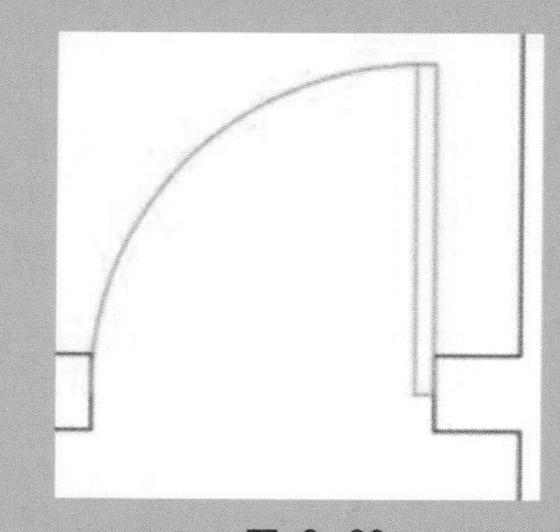

图 3–38

## 3.3.3 图形拉伸

**图形的拉伸可以看成“单方向”改变图形的比例大小，如三人沙发变成双人沙发。其中，某些对象不能执行拉伸命令，如圆、椭圆、块等。**

**在 AutoCAD 中，图形拉伸的操作步骤如下。**

微课：
图形拉伸

**01** 在命令行中输入“STRETCH”或“S”，按空格键或 Enter 键执行“拉伸”命令。

图 3-39

**02** 以交叉窗选方式选择要拉伸的图形对象，命令行如图 3-39 所示，具体操作如图 3-40 所示。

**03** 然后指定基点，就是以这一点开始拉伸。

**04** 指定第二个点，也就是拉伸到的目标点，或者输入位移的数量，效果如图 3-41 所示。

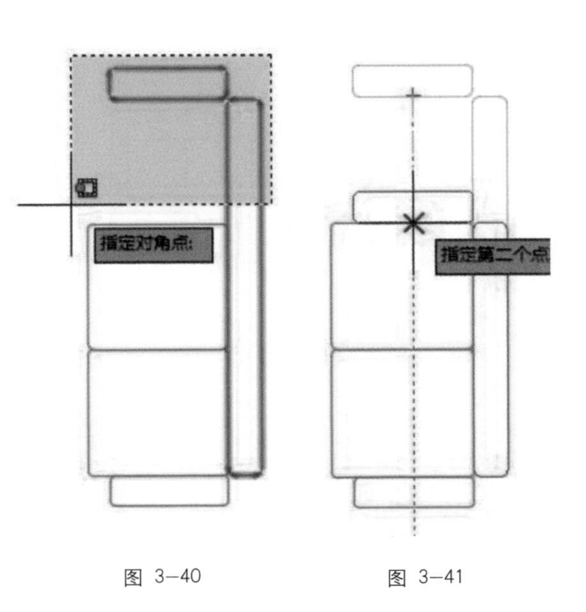


图 3-40　　图 3-41

**技巧 提示**

图块不能直接执行“拉伸”操作，用户最好不要先“分解”图块，再来拉伸，因为，图块分解后就不是一个整体了。用户可以先用BEDIT“块编辑”命令进入到块编辑器中，再执行“拉伸”操作并保存块的修改。

## 3.3.4 图形对齐

**对齐命令在 AutoCAD 中是功能强大的“三维操作”命令，这里作为二维图形的编辑工具，对在家装设计中摆放家具非常实用。**

**在 AutoCAD 中，对齐的操作步骤如下。**

**01** 在命令行中输入“ALIGN”或“AL”，按空格键或 Enter 键执行“对齐”命令。

**02** 选择要快速对齐的“源对象”。

**03** 指定第一个源点，指定第一个目标点（这组点可看成移动），如图 3-42 所示。

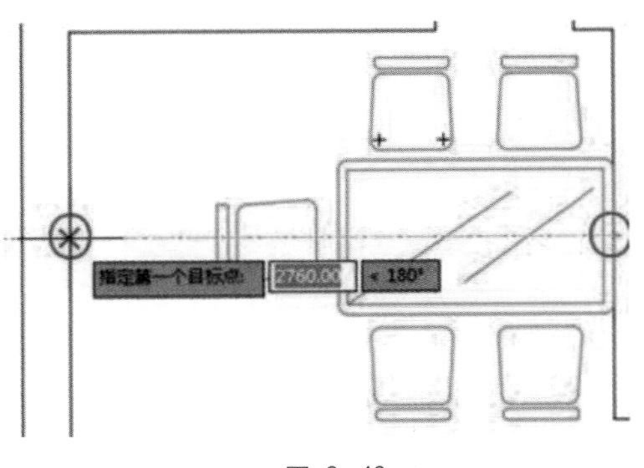


图 3-42

1
2
3
4
5
6
7
8
9
10
11
12

04 指定第二个源点，指定第二个目标点（源点对齐到目标点所在边的延长线上），效果如图 3-43 所示。

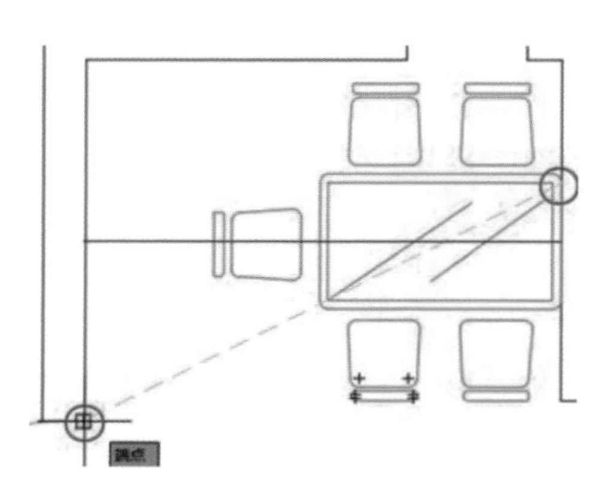

图 3-43

05 指定第三个源点或继续，这里按 Enter 键。

06 此时提示是否基于对齐点缩放对象，此处选择否或直接按 Enter 键完成对齐操作，效果如图 3-44 所示。

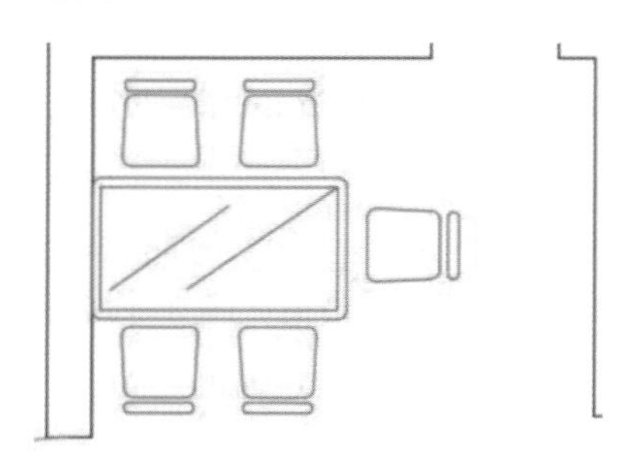

图 3-44

# 3.4 图形的高级修改

在AutoCAD 中，为了区分一般较简单的修改命令，将操作复杂一些的修改操作归为“高级修改”。高级修改命令有修剪、圆角与倒角、多段线编辑、多线编辑。

## 3.4.1 图形修剪 

修剪图形对象以适合其他对象的边，简单来说就是按“边界”修剪掉部分图形，修剪前后的效果如图 3-45 和图 3-46 所示。

微课：修剪操作

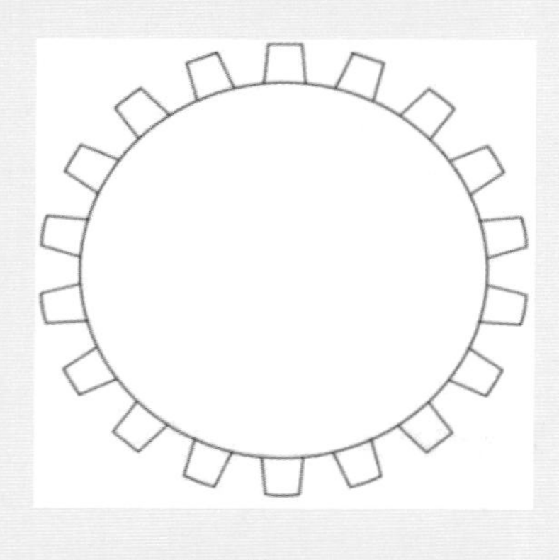

图 3-45

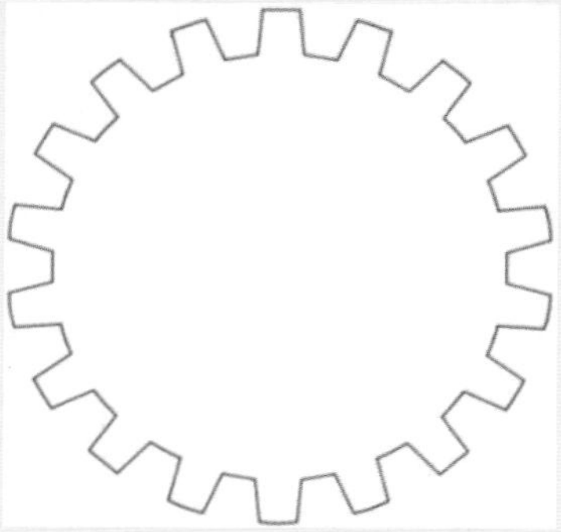

图 3-46

在 AutoCAD 中，图形修剪的操作步骤如下。

**01** 在命令行中输入“TRIM”或“TR”，按空格键或 Enter 键执行“修剪”命令。

**02** 选择对象，即剪切的边界或全部选择，直接按空格键或 Enter 键就是执行全部选择方式。

**03** 选择要修剪的对象，或按住 Shift 键选择要延伸的对象，命令行如图 3-47 所示。其中，以“窗交（C）”方式修剪效率较高，如图 3-48 所示。

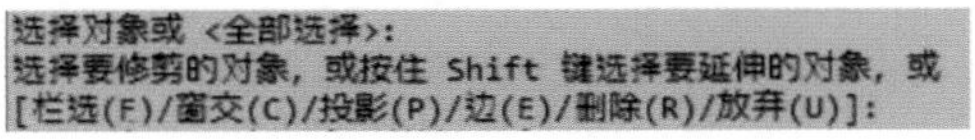

```
选择对象或 <全部选择>:
选择要修剪的对象, 或按住 Shift 键选择要延伸的对象, 或
[栏选(F)/窗交(C)/投影(P)/边(E)/删除(R)/放弃(U)]:
```

图 3-47

**04** 按空格键或 Enter 键可结束修剪命令。如果剪错了可以直接按 U 键撤销，完成后的效果如图 3-49 所示。

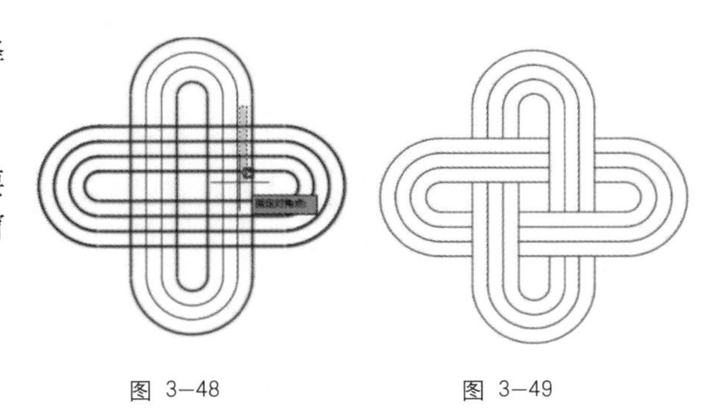

图 3-48　　图 3-49

## 3.4.2 圆角与倒角

**图形的圆角其实就是按指定的半径给“转角”光滑成圆弧来连接，图形的倒角则是按指定的距离与角度给“转角”连接成斜边。圆角与倒角操作多在机械制图中使用，如图 3-50 所示。**

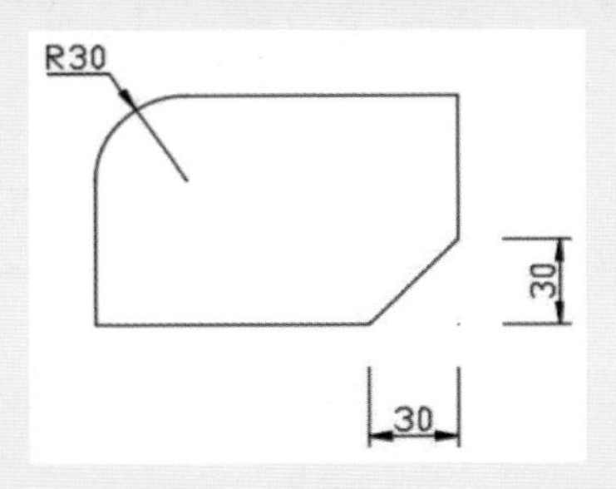


图 3-50

**在 AutoCAD 中，图形圆角的操作步骤如下。**

**01** 在命令行中输入“FILLET”或“F”，按空格键或 Enter 键执行“圆角”命令。

**02** 输入“R”，再输入对应的半径。如果使用默认数值，则可以直接选择第一对象。

**03** 选择第一对象，再选择第二对象，即可完成圆角操作。如果是多段线或多边形对象，且圆角半径一致，则可用“多段线（P）”选项方式，如图 3-51 和图 3-52 所示。

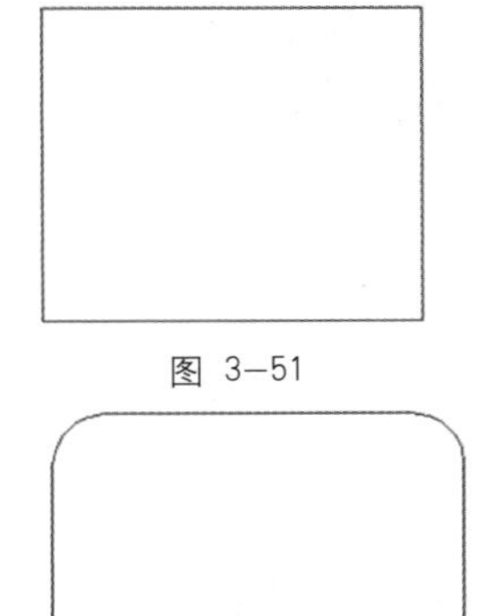

图 3-51

图 3-52

**在 AutoCAD 中，图形倒角的操作步骤如下。**

**01** 在命令行中输入“CHAMFER”或“CHA”，按空格键或 Enter 键执行“倒角”命令。

**02** 输入“D”，再输入对应的第一个距离值与第二个距离值。

**03** 选择第一条直线，对应倒角数量为第一个距离值。

**04** 选择第二条直线，对应倒角数量为第二个距离值，如图 3-53 所示。

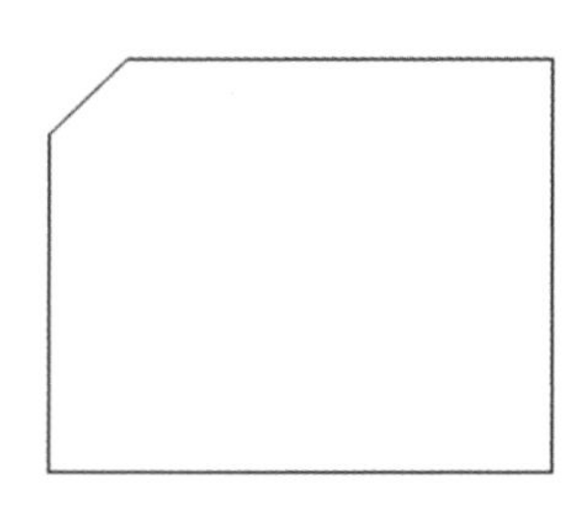

图 3-53

**技巧 提示**

在AutoCAD中绘制房屋建筑平面图时，经常要处理墙转角的直线，通常都用“修剪”或“延伸”命令操作。其实使用“圆角”或“倒角”命令更为直接、高效。如图3-54所示，将圆角的半径设为0，再选择两条墙线进行圆角操作，得到的效果如图3-55所示。

图 3-54

图 3-55

## 3.4.3 多段线编辑

**多段线编辑常见用途包含合并二维多段线，将线条与圆弧转换成多段线，以及将多段线转换为 B 样条曲线的多段线。**

**在 AutoCAD 中，多段线编辑的操作步骤如下。**

**01** 在命令行中输入“PEDIT”或“PE”，按空格键或 Enter 键执行“多段线编辑”命令。

**02** 选择要编辑的多段线，如果对象不是多段线，则提示转换成多段线，命令行如图 3-56 所示。

选定的对象不是多段线

PEDIT 是否将其转换为多段线？<Y>

图 3-56

**03** 选择多段线后，下一步有多项操作可完成，命令行如图 3-57 所示。

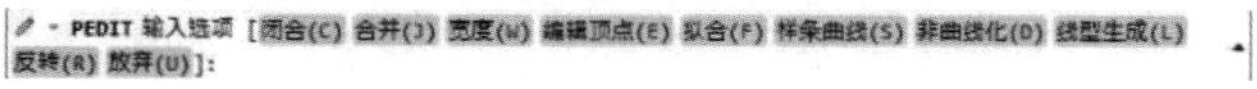

PEDIT 输入选项 [闭合(C) 合并(J) 宽度(W) 编辑顶点(E) 拟合(F) 样条曲线(S) 非曲线化(D) 线型生成(L) 反转(R) 放弃(U)]:

图 3-57

**04** 执行选项中的操作后按空格键或 Enter 键结束命令。其中，“闭合（C）”是指将开放式多段线转为闭合多段线，如图3-58所示。“合并(J)”是将多段“散”的线段“焊接”成一体，如图3-59所示。“宽度（W）”是将多段线的线宽改变，如图3-60所示。“拟合（F）”则是将多段线转角进行“圆角”，光滑成曲线，效果如图3-61所示。其他选项这里不再介绍，读者可以通过多次练习来加强理解。

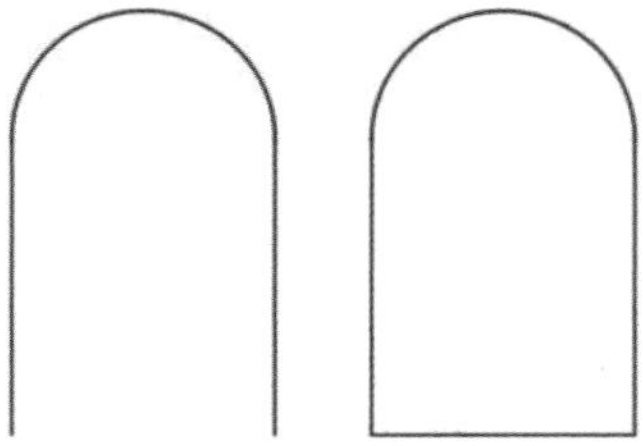

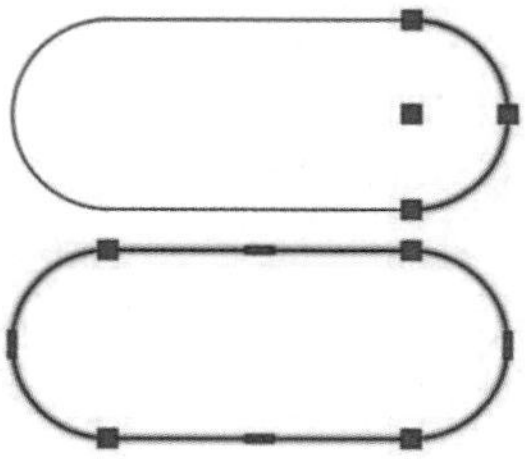

图 3-59

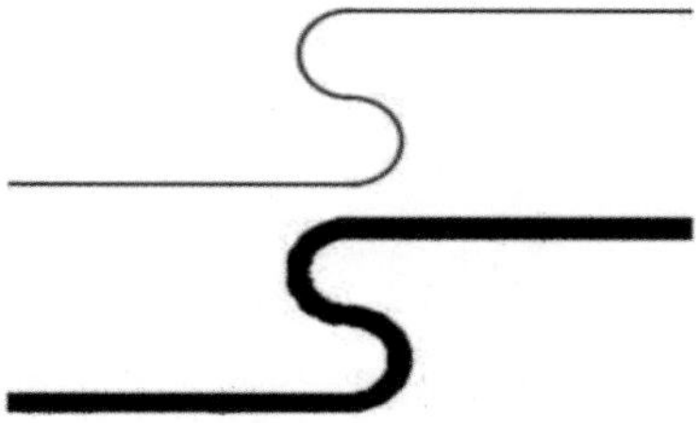

图 3-60

图 3-58

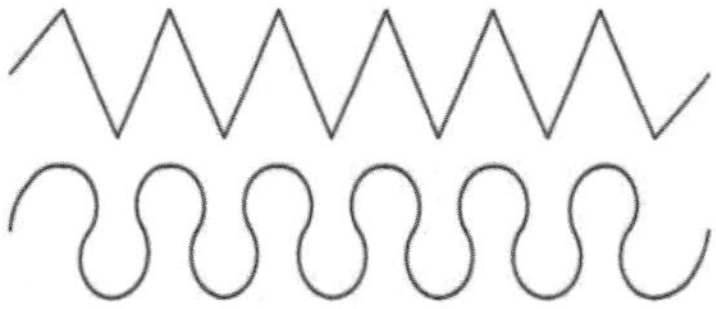

图 3-61

## 3.4.4 多线编辑

**多线编辑只针对 AutoCAD 中所绘制的多线对象，可以通过多线编辑来完成两段墙拼角、公路十字路口等图形效果的处理。**

**在 AutoCAD 中，多线编辑的操作步骤如下。**

微课：
多线编辑

**01** 在命令行中输入“MLEDIT”，按空格键或 Enter 键执行“多线编辑”命令。当然，读者也可用菜单来完成该项操作。选择“修改”→“对象”→“多线”菜单命令，弹出的对话框如图3-62所示。

**02** 选择对应的多线编辑工具，如“十字打开”。

**03** 选择对应的多段线，按空格键或 Enter 键结束多线编辑操作。

多线编辑工具

要使用工具，请单击图标。必须在选定工具之后执行对象选择。

多线编辑工具

十字闭合　T 形闭合　角点结合　单个剪切

十字打开　T 形打开　添加顶点　全部剪切

十字合并　T 形合并　删除顶点　全部接合

关闭(C)　帮助(H)

图 3-62

**技巧 提示**

当然，在进行多线编辑时选择多线的顺序是有讲究的，不同的选择顺序对应操作效果是不一样的。例如，十字交叉的两条多线，用“T形打开”方式来操作，选择顺序不同效果不同，如图3-63和图3-64所示。

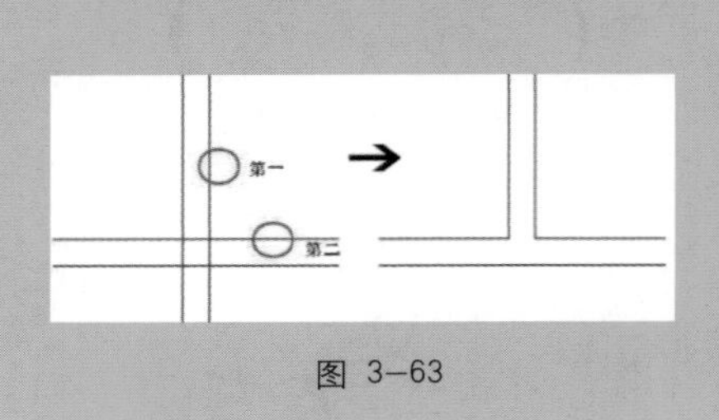


图 3-63

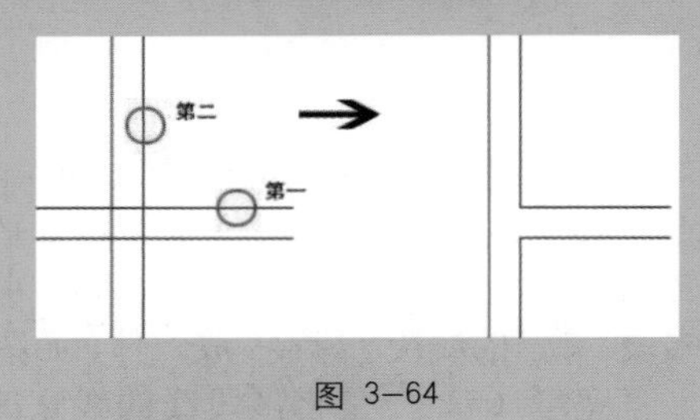


图 3-64

## 3.5 知识与技能要点

AutoCAD 中的修改命令较多，同样的效果可以用多种方式来实现。读者在使用时要多总结与思考，并分析每个修改命令的“长处”与“操作技巧”。通过熟练操作与技巧总结，绘图效率会提高很多。

- 重要工具：图形镜像、阵列构造。
- 核心技术：对象选择。
- 实际运用：多线的编辑、家具的快速对齐。

## 3.6 课后练习

一、选择题（请扫描二维码进入即测即评）

3.6 课后练习

1. 在 AutoCAD 2021 中，完成“拉伸”修改操作的命令是（　　）。

A. COPY

B. OFFSET

C. MLEDIT

D. STRETCH

2. 在 AutoCAD 2021 中，完成“水平翻转”不需要（　　）操作。

A. 镜像

B. 旋转

C. 对齐

D. 偏移

二、简答题

1. 简要说明阵列构造的类型及其各自特点。

2. 简要说明对象选择都有哪些方式。

# 综合平面图块绘制

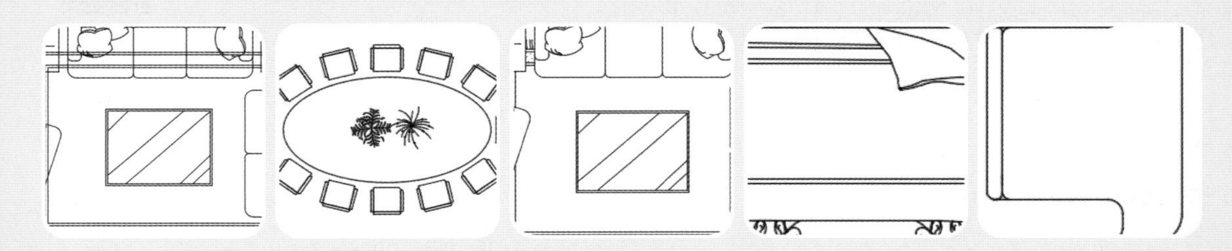

在上一章节中学习了AutoCAD图形的编辑命令，读者的绘图能力应有一定提升。这一章节中将结合绘制与修改命令来综合应用，绘制室内设计中常见的块图形。读者可以举一反三学习绘制其他的图块与图形。

| 学习要求 | 知识点 \ 学习目标 | 了解 | 掌握 | 应用 | 重点知识 |
|---|---|---|---|---|---|
| | 会议桌的平面图 | | 🚩 | | |
| | 组合沙发平面图 | | | 🚩 | |
| | 双人床平面图 | | | 🚩 | |

能力与素质目标

拓展阅读：综合平面圆块绘制

# 4.1 办公家具平面图

家具与人们的日常生活息息相关，在家具设计的过程中，应参考人体工程学中的相关尺寸，力图设计制作美观、符合人们使用需求的家具。

## 4.1.1 会议桌平面图

**本例将制作室内设计中常用的会议桌平面图。该平面图由简单的二维图元组成，造型简洁优美、实用，具体制作步骤如下。**

微课：
会议桌平面图

**01** 在命令行中输入“REC”，执行“矩形”命令，绘制尺寸为500mm×450mm的矩形。这里先创建一把椅子轮廓，效果如图4-1所示。

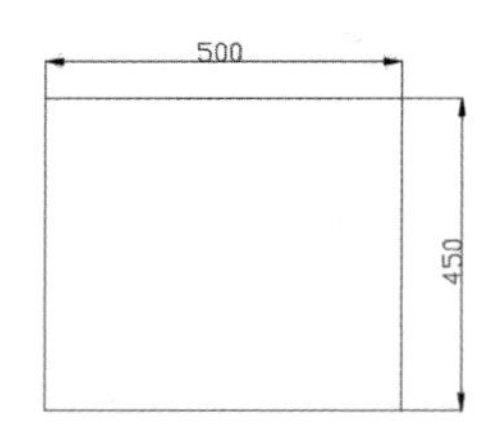


图 4-1

**02** 继续执行“矩形”命令，并设置选项中的圆角半径为20mm，绘制尺寸为350mm×400mm的底座，效果如图4-2所示。

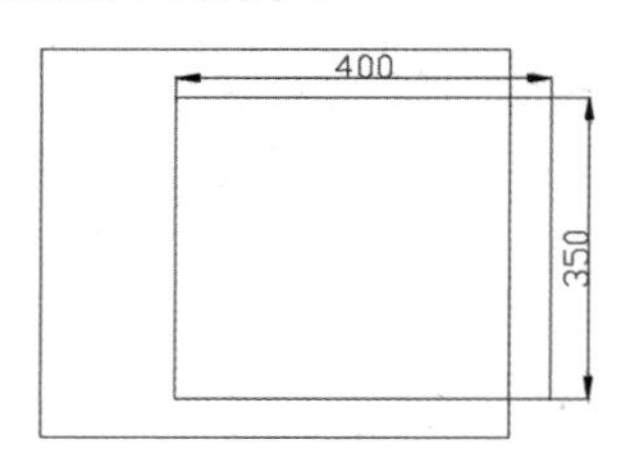


图 4-2

**03** 在命令行中输入“ARC”，执行“圆弧”命令，创建靠背。继续执行“修剪”命令，效果如图4-3所示。

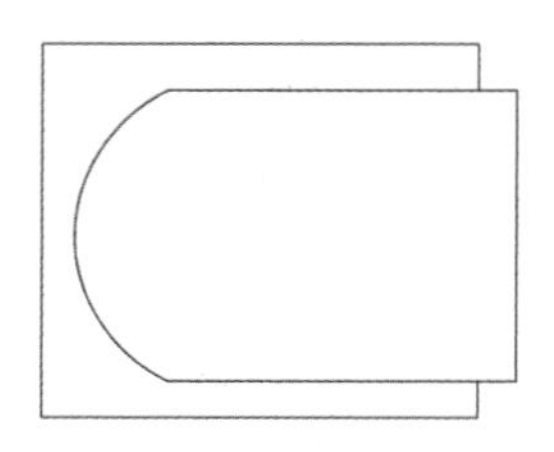

图 4-3

**04** 在命令行中输入“ARC”，执行“圆弧”命令，效果如图4-4所示。

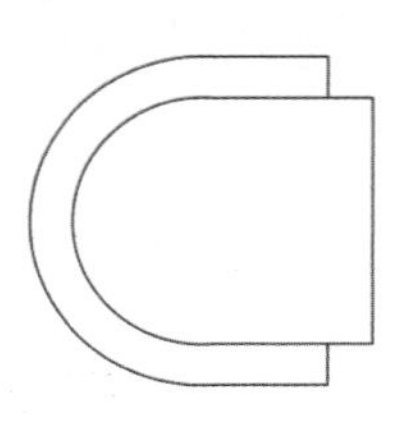

图 4-4

**05** 在命令行中输入“REC”，执行“矩形”命令，绘制尺寸为3600mm×1400mm的会议桌面，效果如图4-5所示。

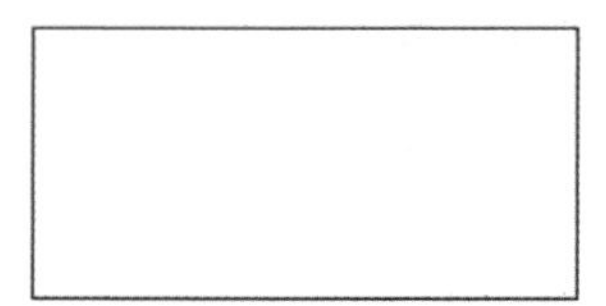

图 4-5

**06** 在命令行中输入“MI”，执行“镜像” 命令，选择椅子进行镜像。镜像前后效果分别如图4-6和图4-7所示。

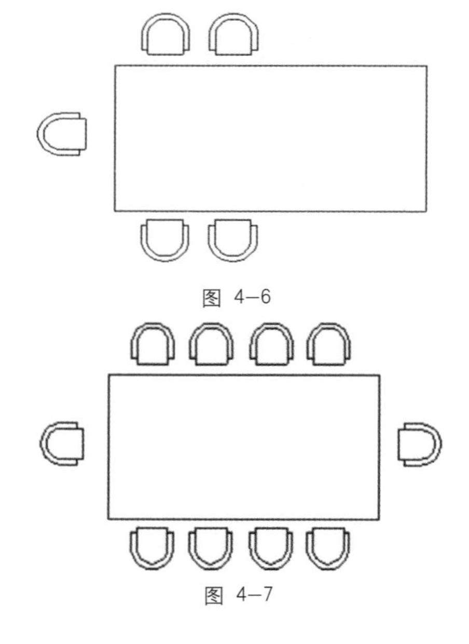

图 4-6

图 4-7

**07** 在桌面上添加装饰花盆，完成整个会议桌制作，效果如图4-8所示。

> **技巧 提示**
> 在AutoCAD中可用环形阵列与路径阵列来完成很多类似的图形构造操作。读者可以通过多次练习进行经验总结。但对椭圆形路径而言，"定数等分"命令效果更直观，更好控制。

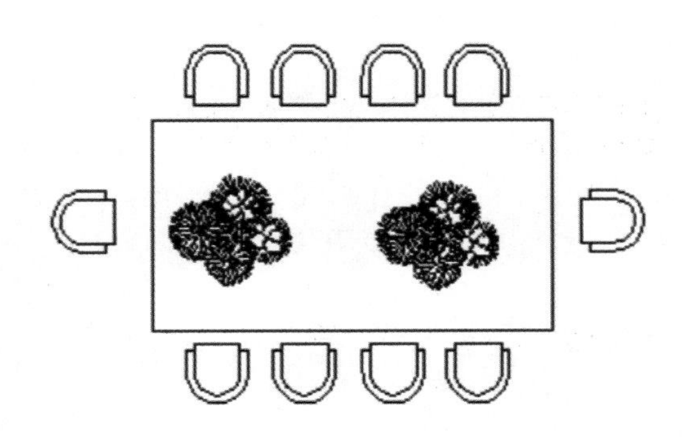

图 4-8

## 4.1.2 组合沙发平面图

**在一般情况下，绘制平面图所采用的设置需要规范，如标注样式、文字样式、单位等。本例将制作组合沙发的平面图。该平面图由二维图元组成，具体操作步骤如下。**

**01** 在命令行中输入"REC"，执行"矩形"命令，绘制尺寸为2100mm×800mm的矩形，作为三人沙发的底座，效果如图4-9所示。

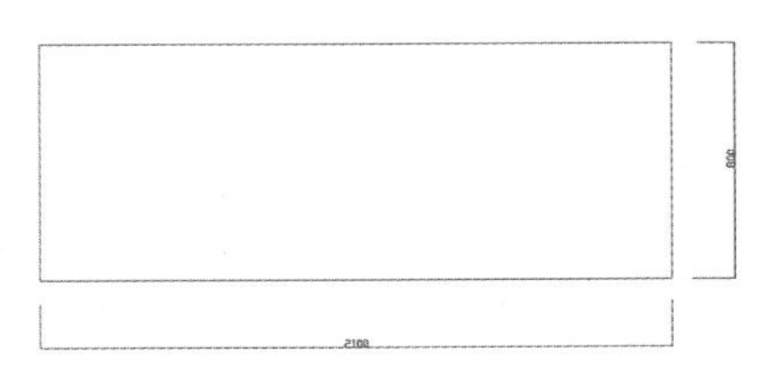

图 4-9

**02** 在命令行中输入"X"，执行"分解"命令，将矩形分解成直线段。并用"偏移"命令按150mm的尺寸创建靠背与扶手轮廓线，效果如图4-10所示。

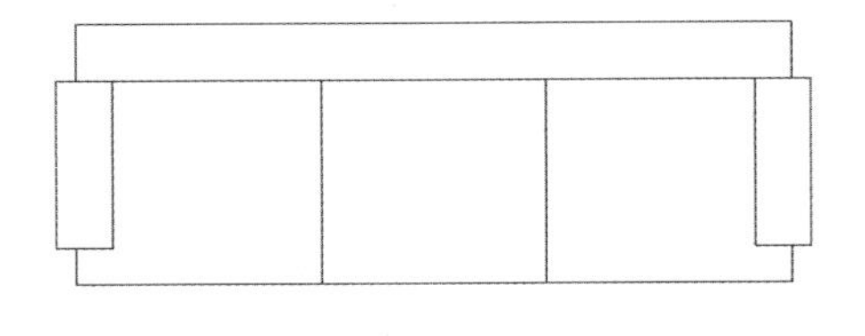

图 4-10

**03** 再用"直线"与"偏移"命令绘制3个坐垫与软靠背轮廓线，坐垫间距600mm，软靠背厚50mm。并将两侧扶手向内缩短200mm，用直线连接，效果如图4-11所示。

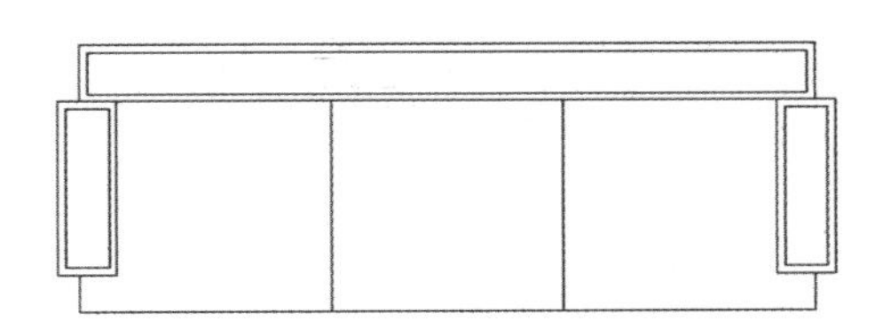

图 4-11

**04** 在命令行中输入"F"，执行"圆角"命令。以底座圆角为100mm、扶手圆角为50mm、坐垫圆角为25mm和软坐垫圆角为20mm的尺寸来处理沙发各个转角。最后用"修剪"命令去除多余部分线段，效果如图4-12所示。

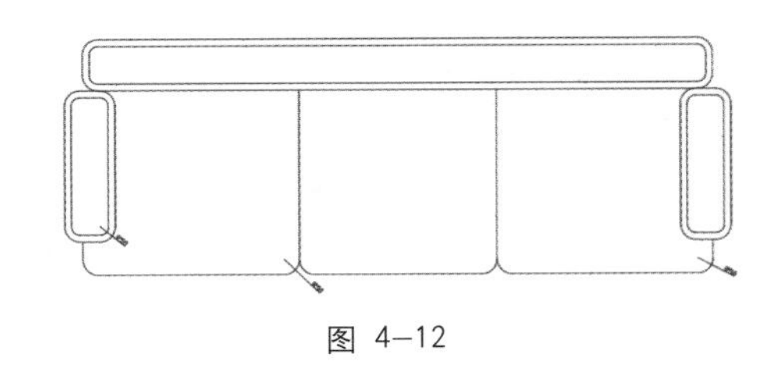

图 4-12

**技巧 提示**

在执行图形圆角时，同一直线可能要完成“两个方向”的圆角，这时要用修剪选项中的“不修剪”方式，命令行提示如图4–13所示，执行后效果如图4–14所示，再用单独的“修剪”命令来处理后续细节。

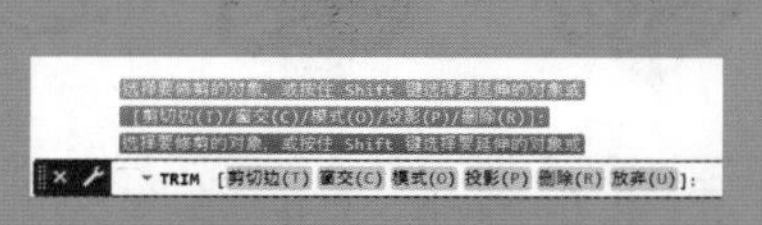


图4–13

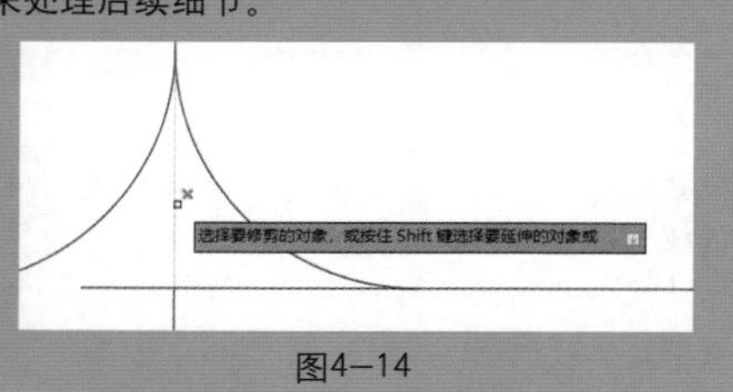


图4–14

**05** 在命令行中输入“A”，执行“圆弧”命令。按尺寸约为380mm×300mm的外框大小绘制多段连接的圆弧，如图4-15所示，完成“抱枕”绘制。并执行“复制”与“修剪”命令，移动好摆放位置，效果如图4-16所示。

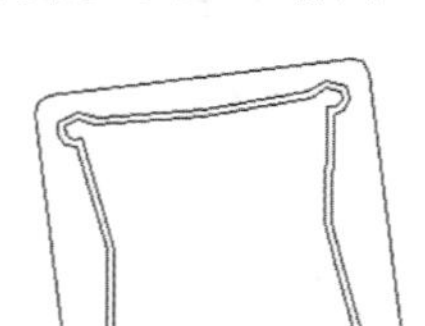

图4–15

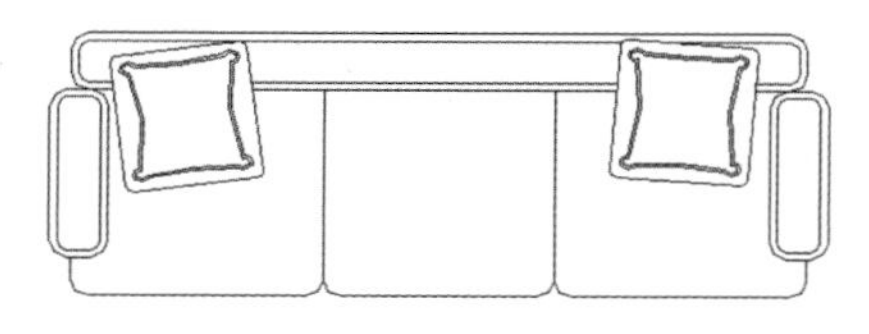

图4–16

**06** 在命令行中输入“REC”，执行“矩形”命令。按尺寸为600mm×600mm的大小创建两侧的方茶几，如图4-17所示。绘制直线以及直径为140mm和280mm的圆，再用“镜像”命令构造另一侧的方茶几与台灯平面图，效果如图4-18所示。

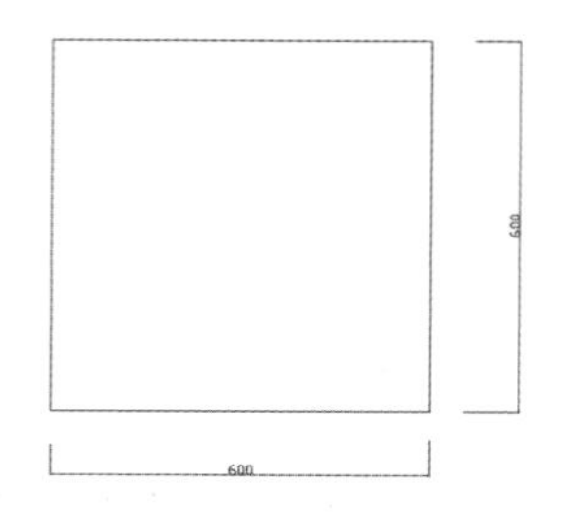


图4–17

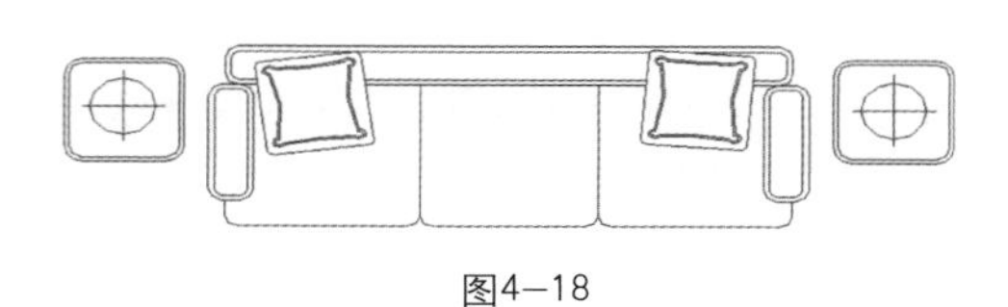

图4–18

**07** 将“三人”沙发复制后进行移动，并旋转90°，去除中间的坐垫，如图4-19所示。用“拉伸”命令将“三人”沙发变成“双人”沙发，如图4-20所示。

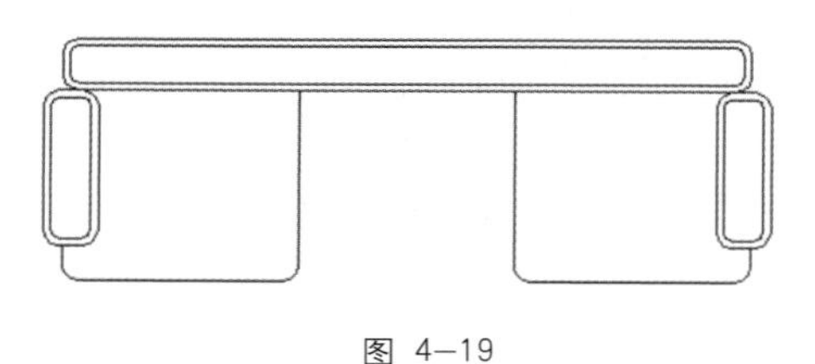

图 4–19

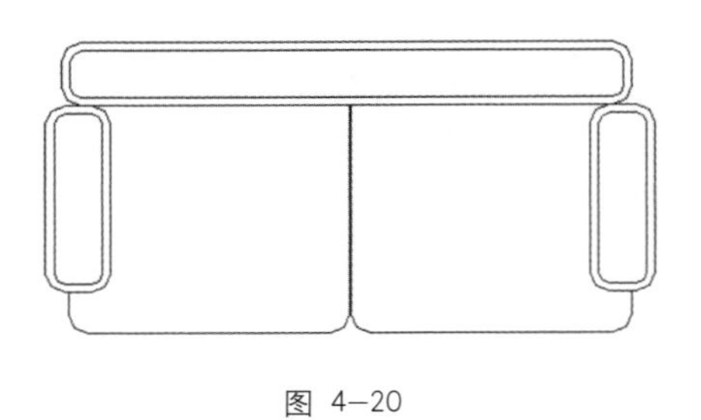

图 4–20

**08** 再用同样的方法将“双人”沙发变成“单人”沙发，尺寸为800mm×900mm，效果如图4-21所示。

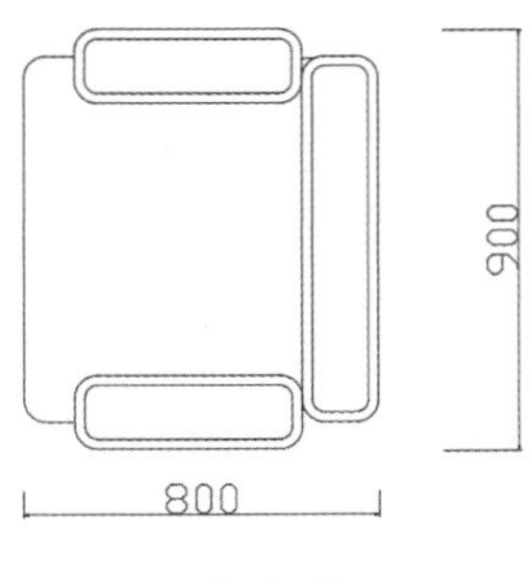


图 4-21

**09** 创建一个尺寸为1200mm×900mm的矩形作为中间茶几，并向内偏移20mm。再用“图案填充”命令创建内部材质纹理，如图4-22所示。

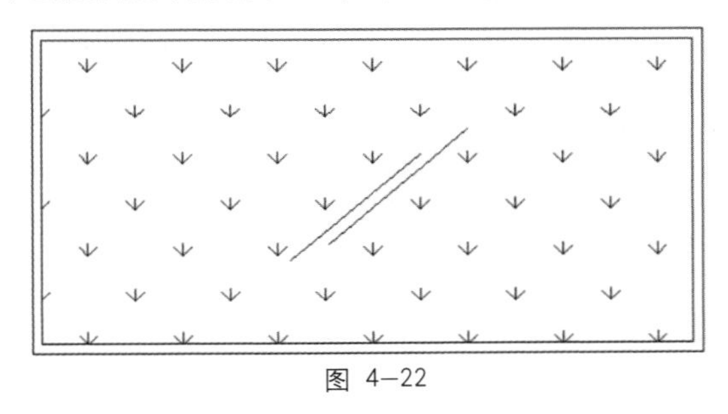

图 4-22

**10** 创建一个尺寸为2900mm×2200mm的矩形作为地毯轮廓，并依次向内偏移30mm、120mm、30mm，创建多重矩形的地毯条纹效果，如图4-23所示。用“修剪”命令去除被沙发遮挡的线段，并填充杂点图案到中间带状区，效果如图4-24所示。

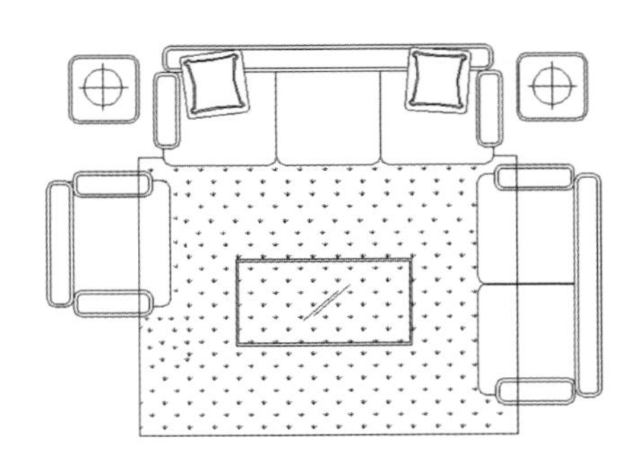

图 4-23

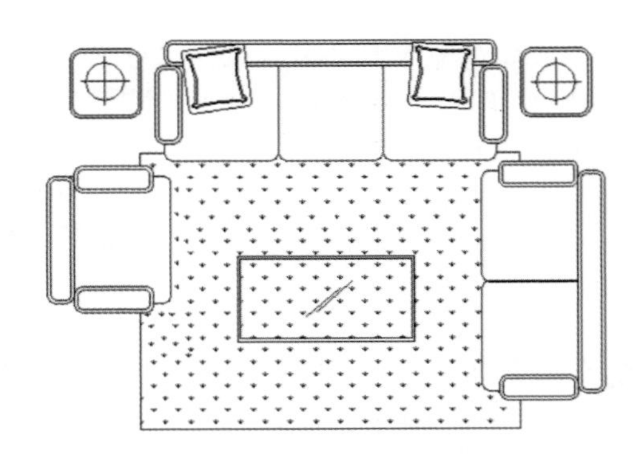

图 4-24

**11** 利用“直线”与“复制”命令，以“最近点”捕捉方式创建地毯边缘的线头，效果如图4-25所示。并多次复制、旋转、移动，完成最终的客厅组合沙发效果，如图4-26所示。

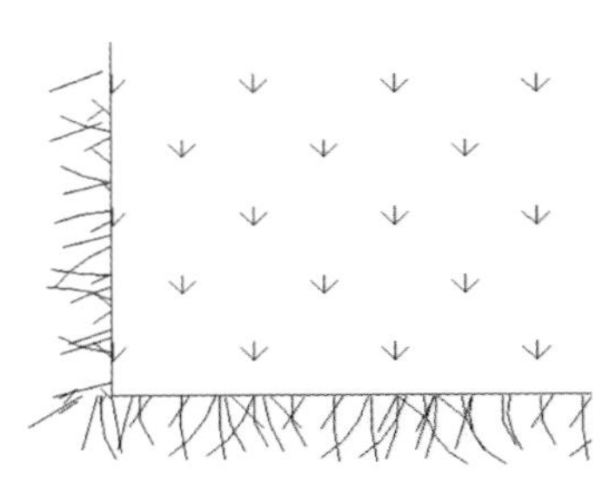

图 4-25

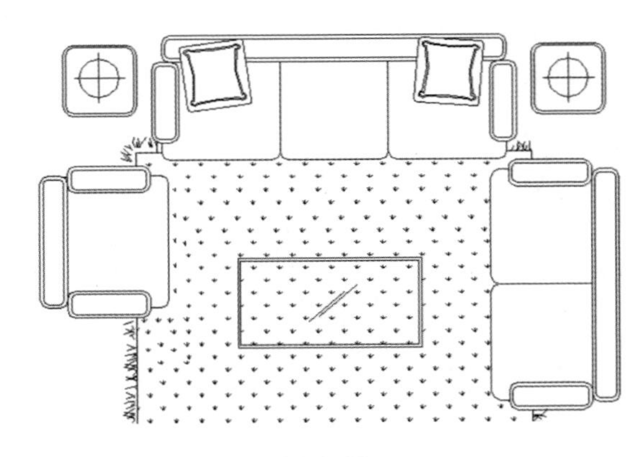

图 4-26

## 4.1.3 办公桌平面图

通常情况下，办公桌是办公家具中必不可少的一部分，在办公桌的设计中应考虑到功能区的合理划分及使用情况。具体操作步骤如下。

微课：
办公桌平面图

**01** 在命令行中输入“L”，执行“直线”命令，绘制尺寸为1600mm×40mm的矩形，效果如图4-27所示。

**02** 在命令行中输入“F”，执行“圆角”命令，圆角半径为5mm，进行圆角设置，效果如图4-28所示。

**03** 在命令行中输入“L”，执行“直线”命令，绘制尺寸为720mm×40mm的矩形，完成桌角的绘制，效果如图4-29所示。

**04** 在命令行中输入“MI”，执行“镜像”命令，绘制出另一侧桌角，效果如4-30所示。

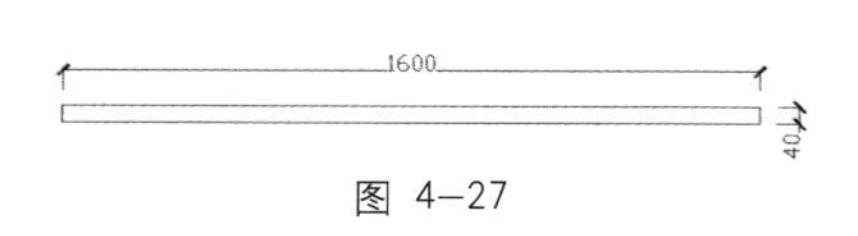


图 4—27

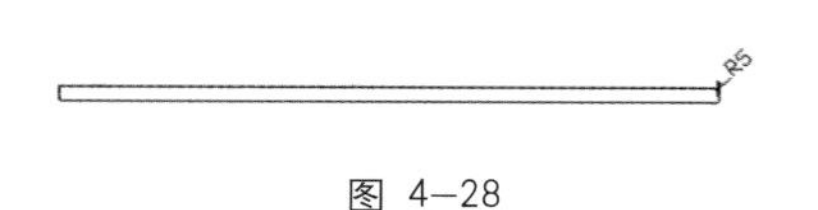


图 4—28

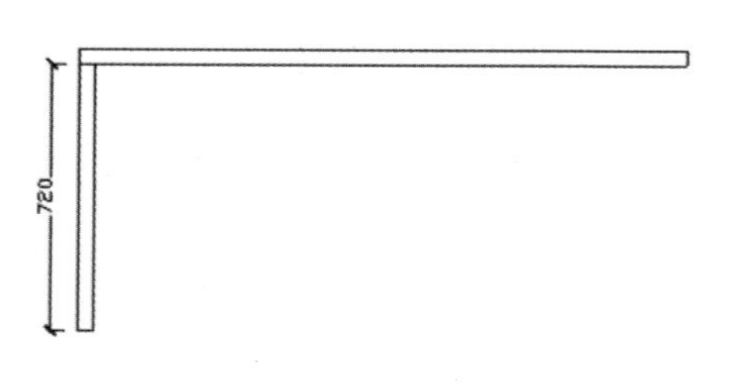


图 4—29

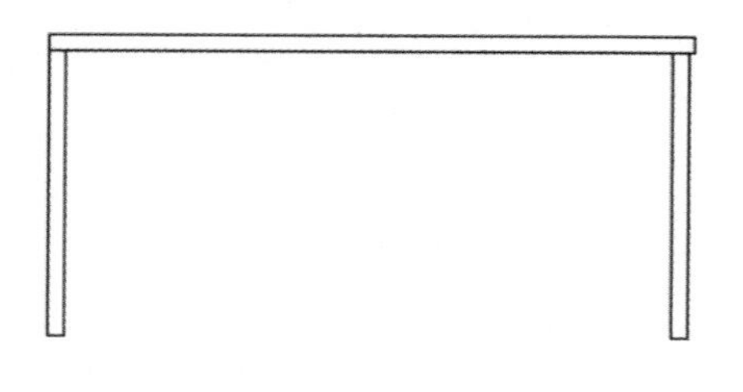

图 4—30

**05** 在命令行中输入“L”，执行“直线”命令，绘制出一侧储物空间，效果如4-31所示。

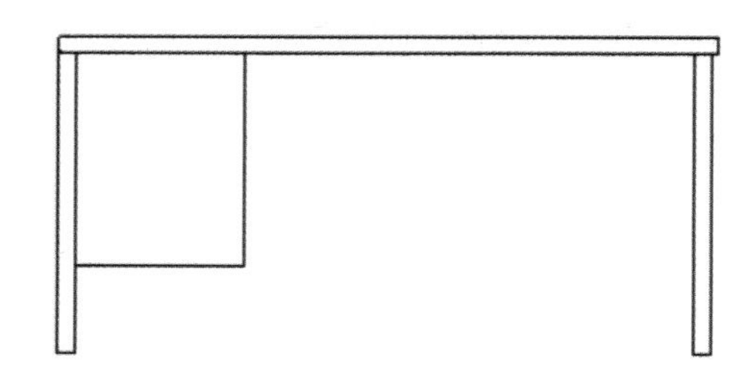

图 4—31

**06** 在命令行中输入“O”，执行“偏移”命令，绘制出一侧厚度，效果如4-32所示。

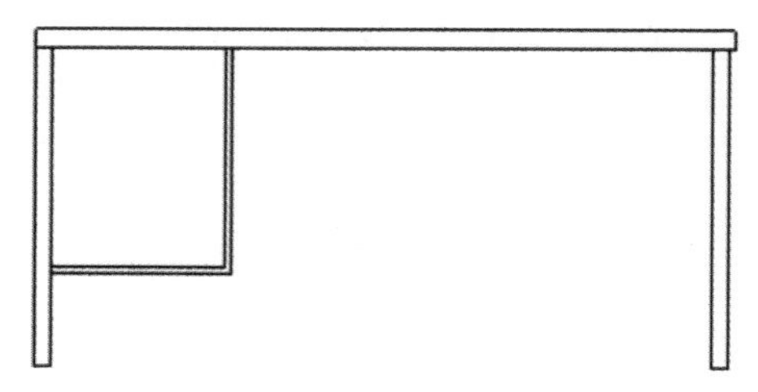

图 4—32

**07** 在命令行中输入“MI”，执行“镜像”命令，绘制出另一侧储物空间，效果如4-33所示。

**08** 在命令行中输入“L”，执行“直线”命令，划分出抽屉功能区，并在命令行中输入“REC”，执行“矩形”命令，绘制出抽屉提手，效果如4-34所示。

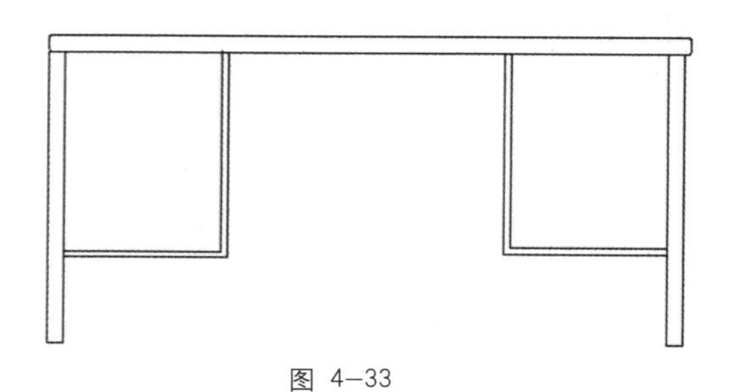

图 4—33

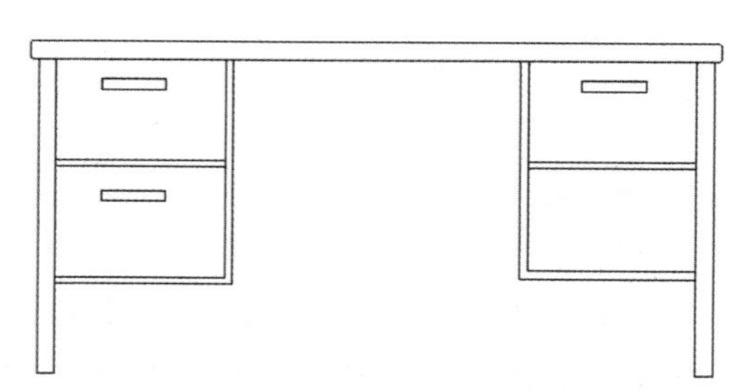

图 4—34

# 4.2 居家家具平面图

家具设计应优先考虑其使用功能的合理性和舒适性，朴实大方的实用性原则自始至终都是居家家具设计的基本出发点。

## 4.2.1 双人床平面图

**卧具影响人的休息，在设计卧具时，应考虑到人休息时的状态及需求，以使家具符合使用要求，达到人们优质的休息效果。具体操作步骤如下。**

**01** 在命令行中输入“REC”，执行“矩形”命令，绘制尺寸为1800mm×2000mm的矩形，作为双人床底座，效果如图4-35所示。

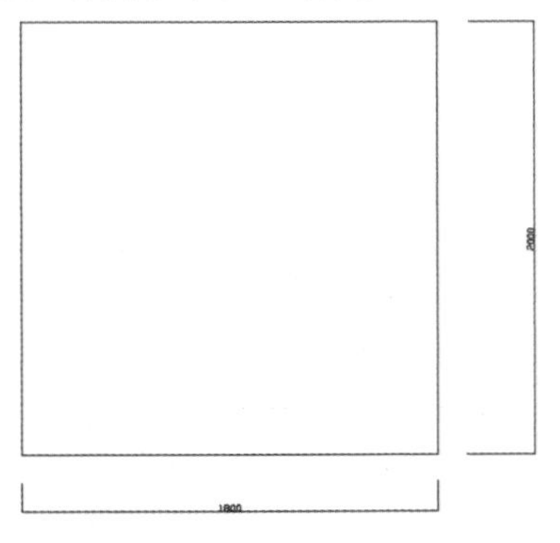


图 4-35

**02** 利用“矩形”命令绘制尺寸为600mm×500mm的床头柜，创建直线，以及直径为140mm和280mm的圆作为台灯。利用“镜像”命令完成另一侧台灯，效果如图4-36所示。

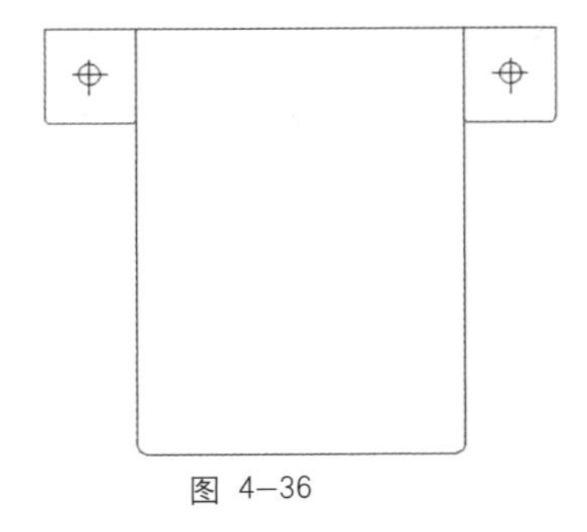

图 4-36

**03** 利用“偏移”命令从上向下依次偏移50mm、450mm、120mm、50mm、120mm、50mm、850mm、50mm多条直线，作为背板与被子条纹，效果如图4-37所示。

微课：双人床平面图

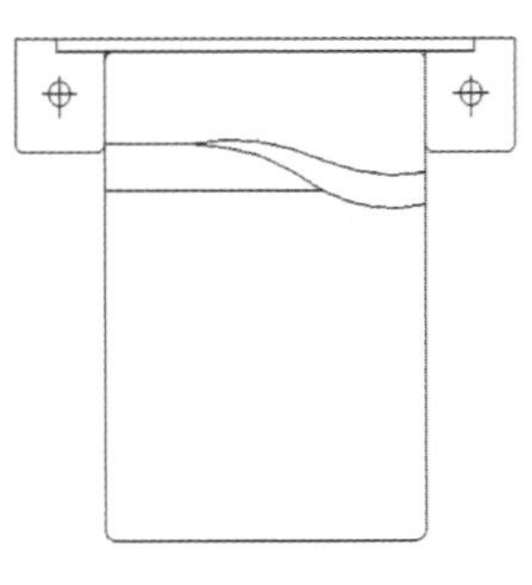

图 4-37

**04** 利用“直线”和“圆弧”命令绘制多条线段与轮廓曲线。并修剪多余的部分，创建被子下方边角与被子右上角“掀开”的轮廓，效果如图4-38所示。

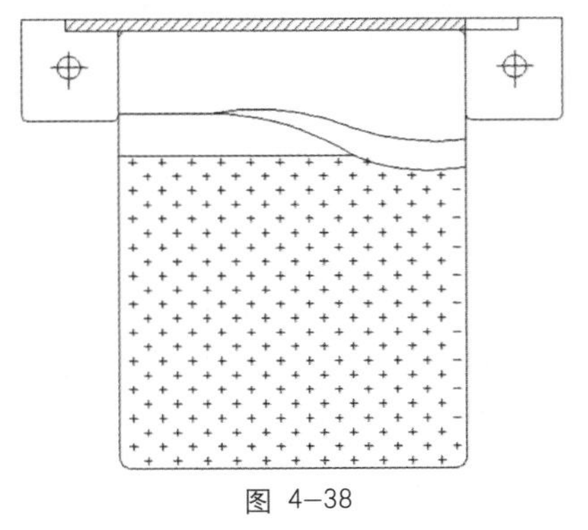

图 4-38

**05** 创建尺寸为650mm×400mm的矩形，作为枕头框架线，效果如图4-39所示。在矩形内部创建多段连续的弧线，作为枕头轮廓线并删除原矩形，如图4-40所示。然后“镜像”一份，使其成为双人床枕头，效果如图4-41所示。

图 4-39

图 4-40

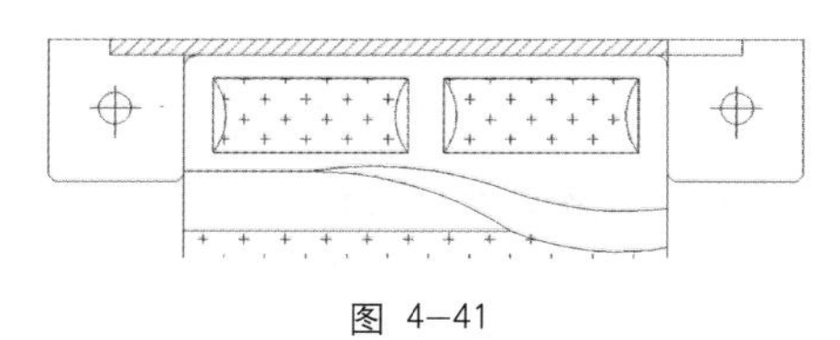

图 4-41

06 利用“矩形”与“偏移”命令创建地毯轮廓线，尺寸为2200mm×1100mm。向内偏移矩形35mm，移动到适当位置，再修剪多余线段，效果如图4-42所示。

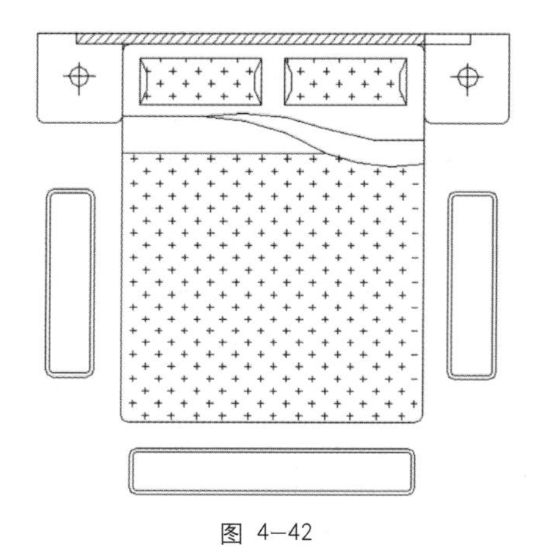

图 4-42

07 在地毯左侧利用“圆弧”命令创建多片叶子与花朵轮廓线，细节尺寸自定，效果如图4-43所示。利用“镜像”命令完成地毯左侧花朵的创建，效果如图4-44所示。

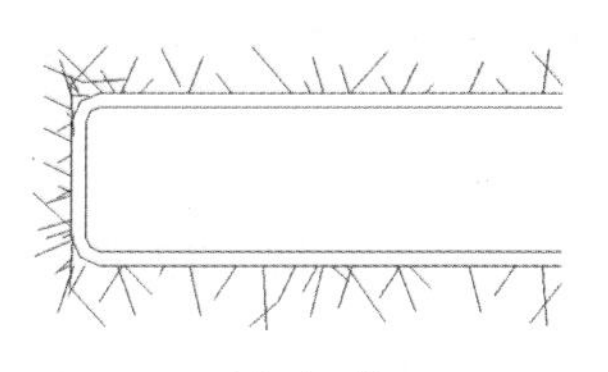

图 4-43

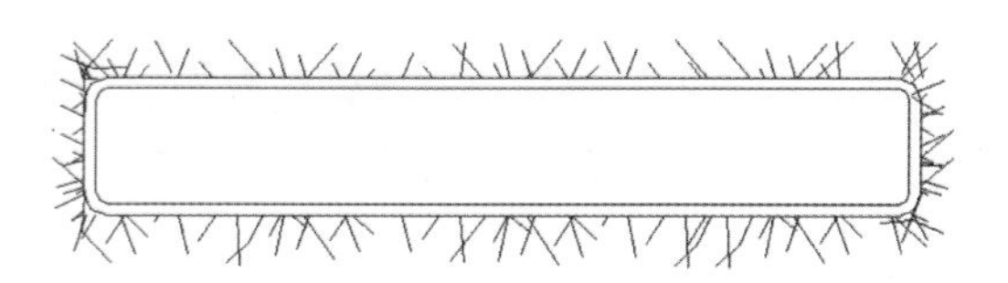

图 4-44

08 再次利用“镜像”命令，完成地毯右侧对称花朵图案的创建，整个双人床制作完成，效果如图4-45所示。

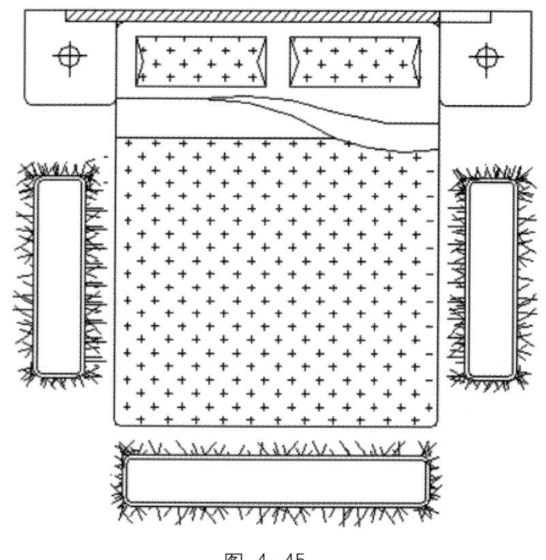

图 4-45

## 4.2.2 书柜平面图

**柜类家具主要有衣柜、壁橱、床头柜、书柜、玻璃柜、酒柜、橱柜等、下面以书柜为例进行讲解，具体操作步骤如下。**

微课：
书柜平面图

01 在命令行中输入“L”，执行“直线”命令，绘制尺寸为1500mm×800mm的矩形，效果如图4-46所示。

02 在命令行中输入“L”，执行“直线”命令，绘制出顶部与底部的厚度，效果如图4-47所示。

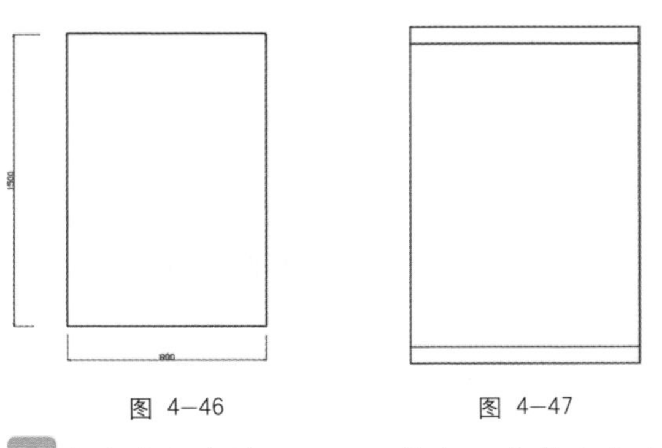

图 4-46　　图 4-47

**03** 在命令行中输入“L”，执行“直线”命令，划分出功能区，完成书柜整体布局的绘制，效果如图4-48所示。

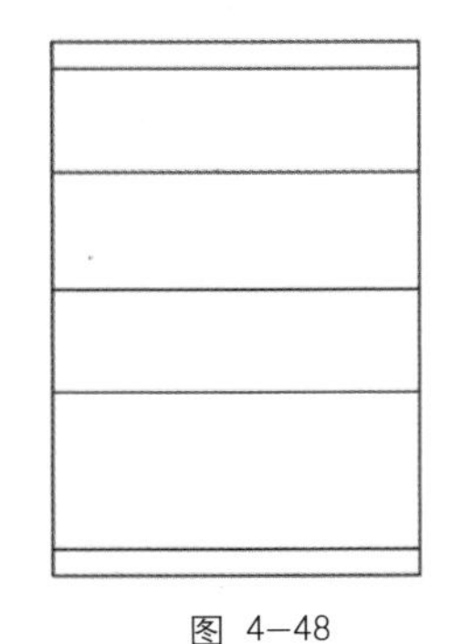

图 4-48

**04** 在命令行中输入“L”，执行“直线”命令，绘制出底部抽屉，效果如4-49所示。

**05** 在命令行中输入“REC”，执行“矩形”命令，绘制出抽屉提手，效果如4-50所示。

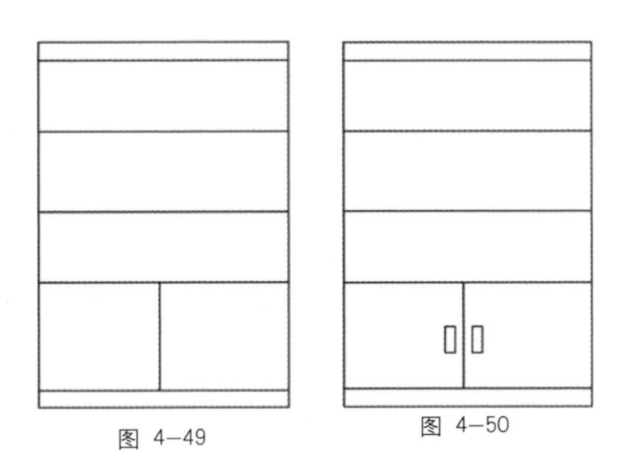

图 4-49　　图 4-50

**06** 在命令行中输入“REC”，执行“矩形”命令，绘制出书柜储物空间的书籍，完成整个书柜的绘制，效果如4-51所示。

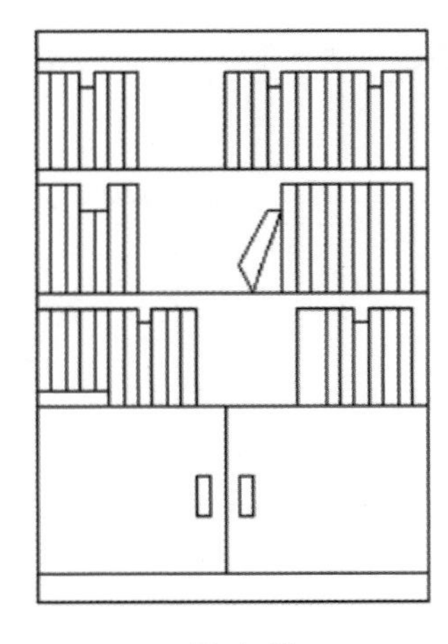

图 4-51

## 4.2.3 坐便器平面图

**坐便器是家庭装修中不可缺少的一种洁具，具体操作步骤如下。**

**01** 在命令行中输入“REC”，执行“矩形”命令，绘制尺寸为200mm×350mm的矩形，作为坐便器顶部的一部分，效果如图4-52所示。

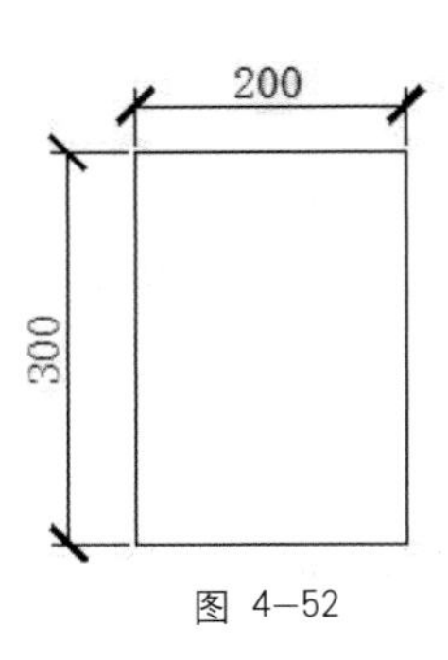


图 4-52

02 在命令行中输入“EL”，执行“椭圆”命令，绘制尺寸为500mm×400mm的矩形，作为坐便器顶部的一部分，效果如图4-53所示。

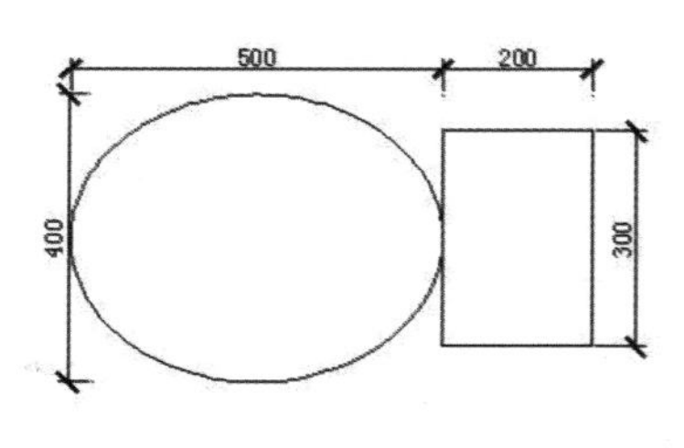


图 4-53

03 利用“移动”命令向右移动50mm，完成坐便器轮廓线的创建，效果如图4-54所示。

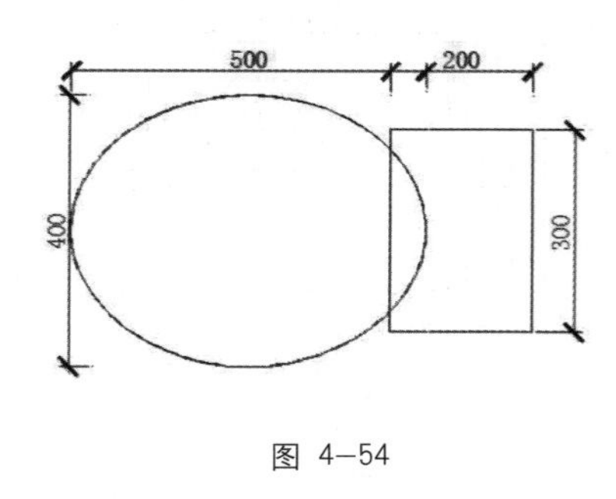


图 4-54

04 使用“修剪”命令修剪一些多余的轮廓线，效果如图4-55所示。

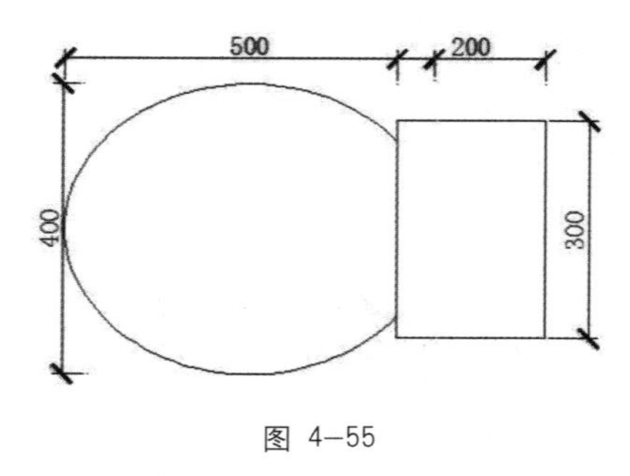


图 4-55

05 利用“画线”命令完善坐便器的边角线条，坐便器线条创建完成，效果如图4-56所示。

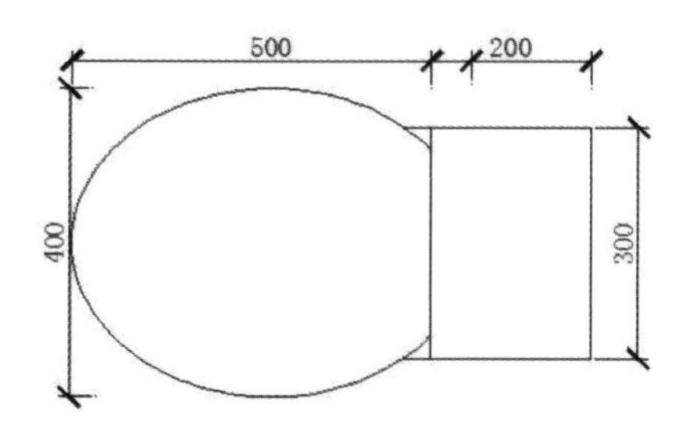


图 4-56

06 使用“修剪”命令调整坐便器两端需要修剪的轮廓线的创建，整个坐便器制作完成，效果如图4-57所示。

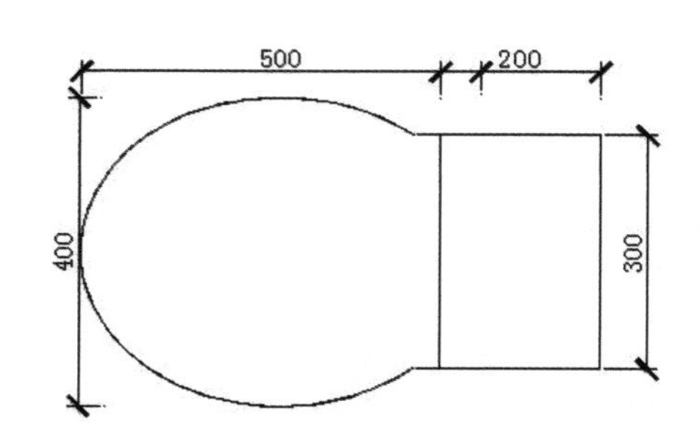


图 4-57

**技巧 提示**

用上面这样简单的图先了解一下修剪和延伸的基本操作，步骤如下。

① 输入“TR”，按Enter键。

② 点选上图中的边界对象后，按Enter键。

③ 在修剪对象的上半部分单击，完成修剪。

④ 按住Shift键，单击要延伸的对象，完成延伸。

## 4.2.4 植物平面图

**植物是家庭装修中一种重要的装饰，具体操作步骤如下。**

01 在命令行中输入“L”，执行“直线”命令，分别绘制尺寸为170mm、200mm的直线，效果如图4-58所示。

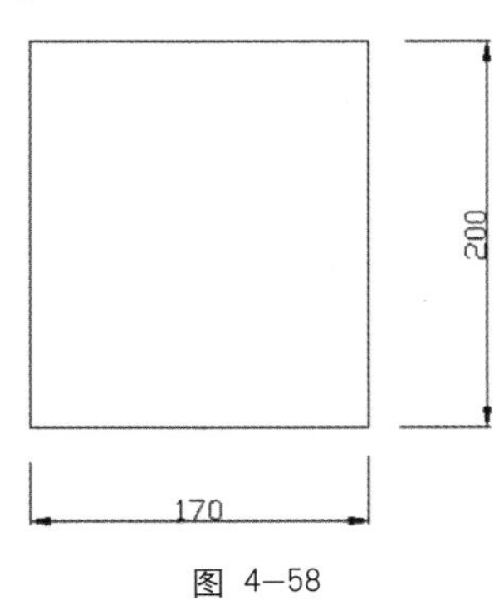

图 4-58

02 在命令行中输入“PL”，执行“多段线”命令，绘制植物的轮廓，效果如图4-59所示。

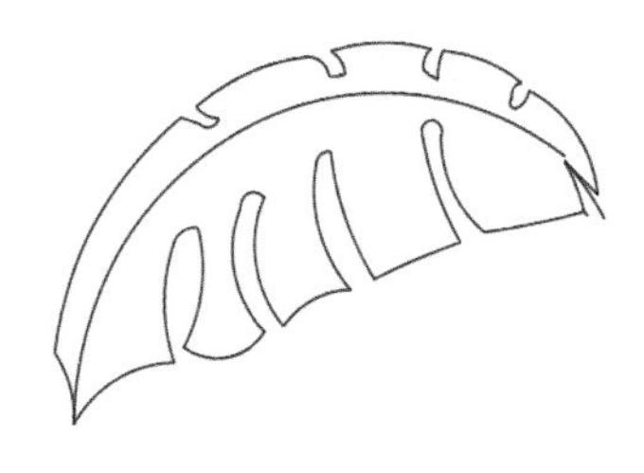
图 4-59

03 在命令行中输入“SPL”，执行“样条曲线”命令，继续绘制植物的轮廓，效果如图4-60所示。

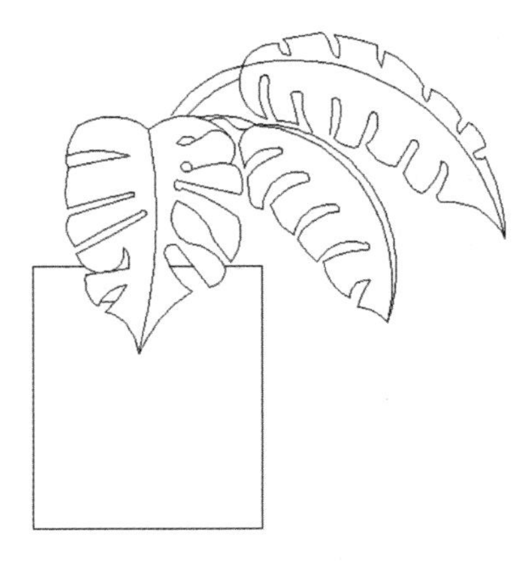
图 4-60

04 在命令行中输入“SPL”，执行“样条曲线”命令，绘制剩余植物的轮廓，并进行调整，效果如图4-61所示。

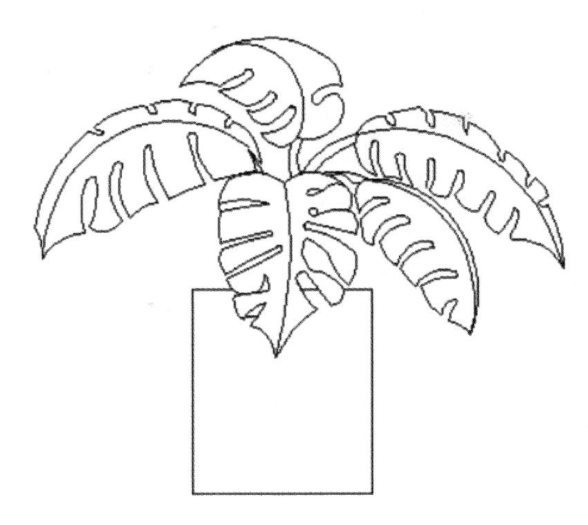
图 4-61

05 在命令行输入“H+空格”，执行“图案填充”命令，选择花盆进行图案填充，继续在命令行输入“TR”，执行“修剪”命令，修剪遮挡部分，效果如图4-62所示。

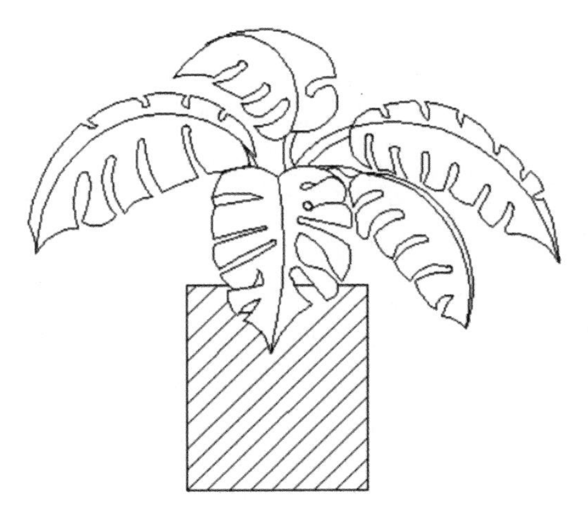
图 4-62

## 4.2.5 扇形窗平面图

窗户在家庭装修中起到至关重要的作用，本节以扇形窗为例讲解窗户的画法，具体操作步骤如下。

01 在命令行中输入“REC”，执行“矩形”命令，绘制尺寸为300mm×300mm的矩形，效果如图4-63所示。

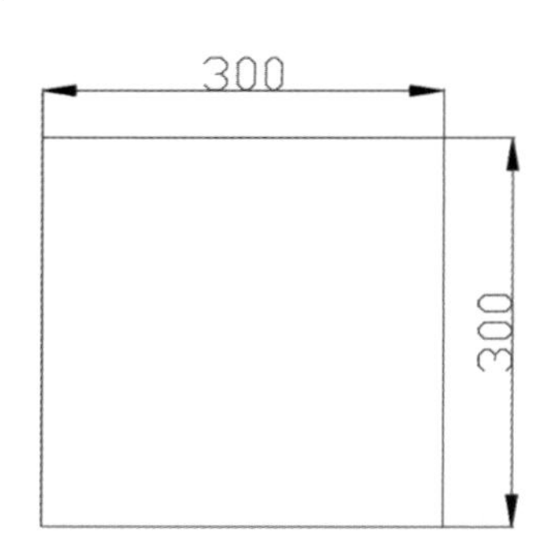


图 4-63

02 在命令行中输入“C”，执行“画圆”命令，绘制窗的圆框，设置圆的半径尺寸为150mm，效果如图4-64所示。

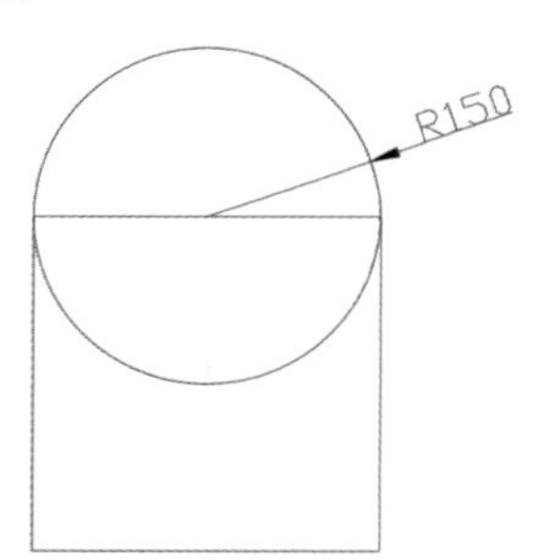


图 4-64

03 在命令行中输入“TR”，执行“修剪”命令，适当修剪圆框不需要的弧线，效果如图4-65所示。

图 4-65

04 在命令行中输入“O”，执行“偏移”命令，偏移尺寸分别为20mm、5mm，效果如图4-66所示。

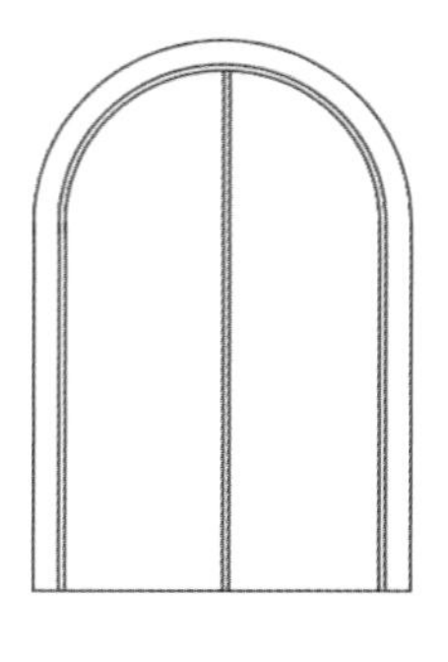

图 4-66

05 在命令行中输入“REC”，执行“矩形”命令，绘制窗框，效果如图4-67所示。

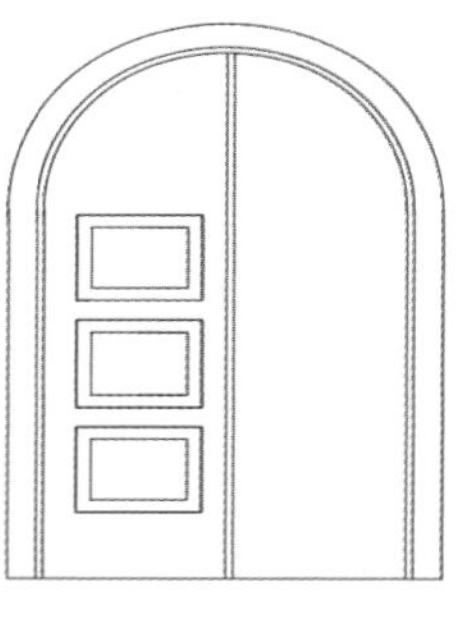

图 4-67

06 在命令行中输入“MI”，执行“镜像”命令，镜像出另一侧窗框，效果如图4-68所示。

图 4-68

## 4.2.6 吊灯平面图

**吊灯成为人们在选择灯具时的首选之一，本节以吊灯为例进行操作讲解，具体操作步骤如下。**

**01** 在命令行中输入“L”，执行“画线”命令，接着输入“REC”，执行“矩形”命令，创建吊灯的灯罩，效果如图4-69所示。

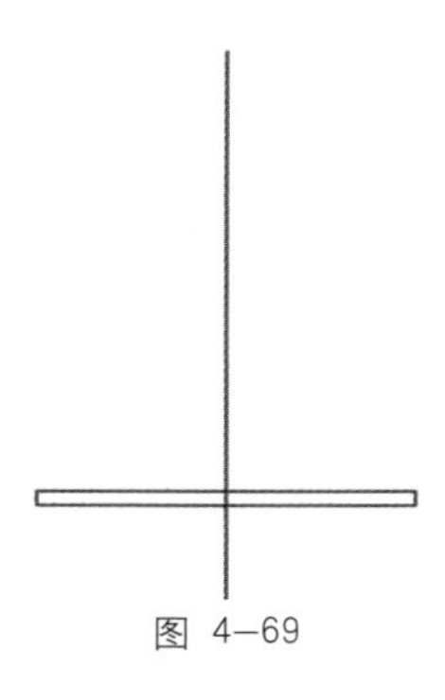

图 4-69

**02** 在命令行中输入“ARC”，执行“圆弧”命令，绘制吊灯的轮廓，效果如图4-70所示。

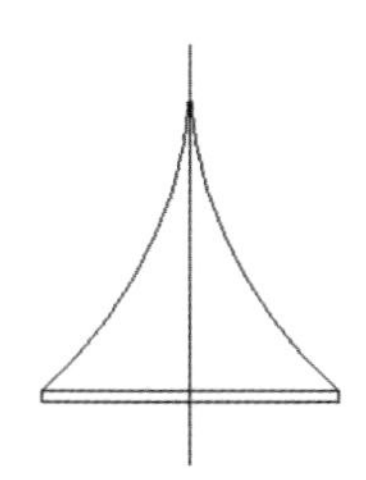

图 4-70

**03** 利用“圆弧”命令，绘制吊灯底座，效果如图4-71所示。

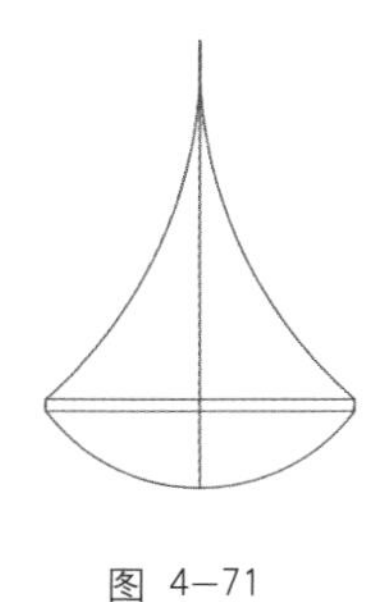

图 4-71

**04** 利用“圆弧”命令，绘制吊灯的形状，效果如图4-72所示

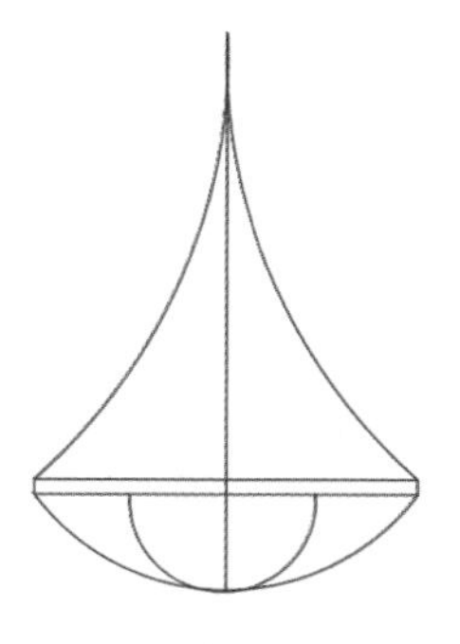

图 4-72

**05** 利用“圆弧”命令，绘制吊灯的具体形状，效果如图4-73所示。

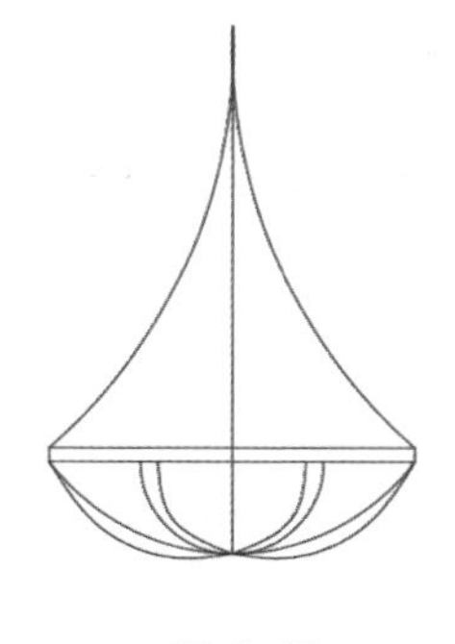

图 4-73

**06** 在命令行中输入“SPL”，执行“曲线”命令，绘制吊灯的装饰并加以调整，完成吊灯的制作，效果如图4-74所示。

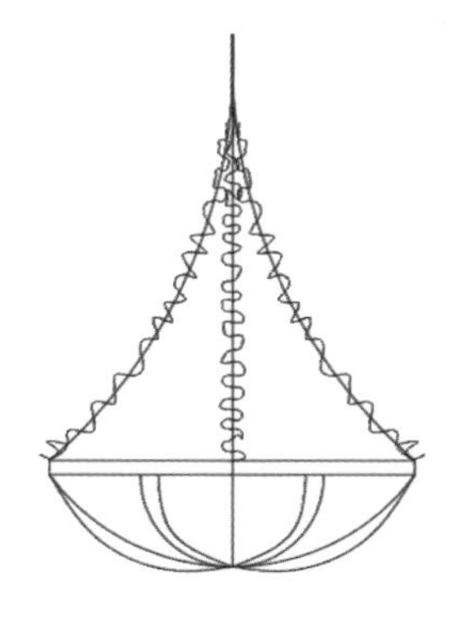

图 4-74

## 4.3 知识与技能要点

利用AutoCAD绘制室内家具时一定要先测量好尺寸，因为创建好的图块会直接插入到房屋平面图中。如果尺寸不对，那么摆放时比例就不协调。如果再进行缩放，那么具体尺寸就把握不准确。读者在进行室内设计前应多实地测量与观察，尽量减少重复修改工作。

- 重要工具：修剪工具、拉伸工具。
- 核心技术：对称构造。
- 实际运用：偏移、圆弧、图案填充。

## 4.4 课后练习

1．利用AutoCAD中的“直线”“偏移”“复制”“图案填充”等命令绘制如图4–75所示的衣柜图形。

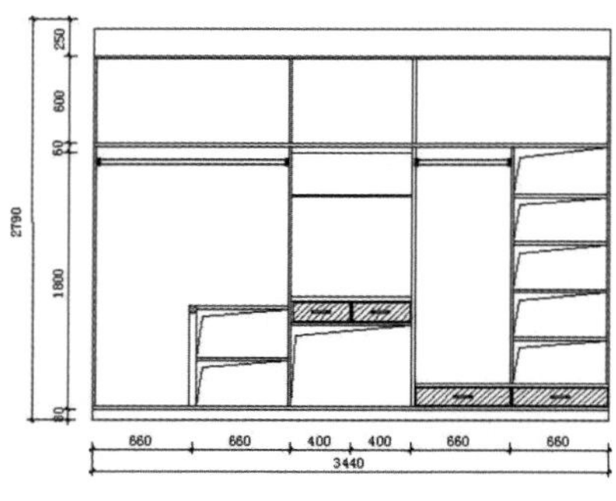


图 4–75

2．利用AutoCAD中的“矩形”“圆弧”“修剪”“镜像”“偏移”等命令绘制如图4–76所示的六人餐桌图形。

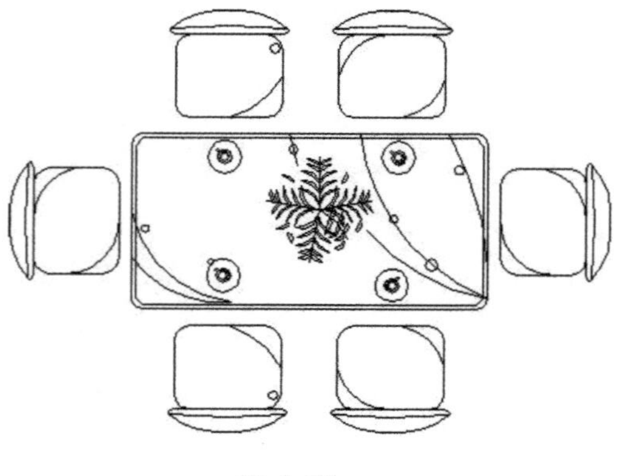

图 4–76

Chapter 5

# 室内设计的表达

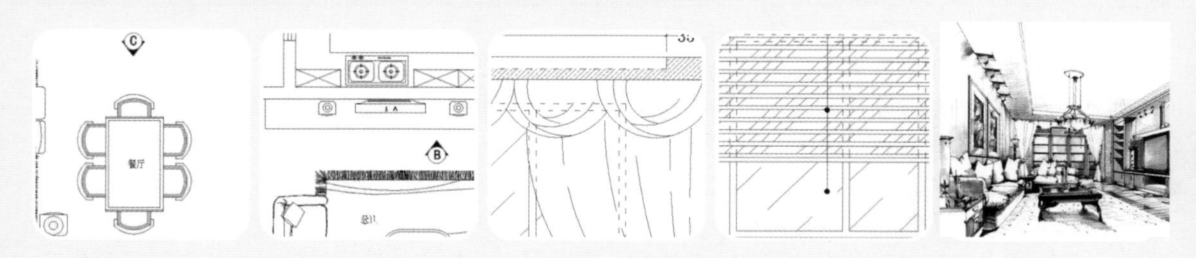

一套成熟的设计方案是设计师对整个室内设计综合表达的重要部分。施工方案就是设计师的“语言”，室内设计的表达主要包含各个阶段的设计与分析、后期的专业设计表达。例如，如何进行概念设计、如何完成方案的表达等。它是将设计工程中的抽象构想转化为具体视觉形象的一种技术，用来表达设计师的思维，是设计师重要的传递媒介，可供设计师自我沟通和与他人交换意见。

| | 知识点 \ 学习目标 | 了解 | 掌握 | 应用 | 重点知识 |
|---|---|---|---|---|---|
| 学习要求 | 室内设计方案的表达 | 🚩 | | | |
| | 室内平面图 | | | 🚩 | |
| | 室内顶棚天花图 | | | 🚩 | |
| | 室内立面图 | | | 🚩 | |
| | 构造详图 | | | 🚩 | |
| | 室内透视图 | | 🚩 | 🚩 | |
| | 给水排水施工图 | | 🚩 | | 🚩 |
| | 电气照明施工图 | | 🚩 | | 🚩 |

能力与素质目标

## 5.1 室内设计方案的表达

室内设计方案就是设计师的思维创意，最终都要在表达中体现，这也是与业主沟通的重要途径。方案设计是对设计对象的规模、生产等内容进行预想设计，目的在于对设计项目存在的或可能要发生的问题事先做好全盘计划，拟定解决这些问题的方法。方案的表达方式有多种，通常运用方案图册、实物模型及三维动画的方式来进行交流和沟通。下面根据设计进程的3个阶段（方案准备阶段、方案设计阶段、方案实施阶段）来讲解室内设计方案表达的内容。

### 5.1.1 方案准备阶段

方案准备阶段的主要工作包括接受委托任务书、签订合同，或者根据标书要求参加投标，明确设计期限并制订设计计划，考虑各有关工种的配合与协调。具体来说，方案准备阶段的主要工作包括了解建设方（业主）对设计的要求；根据设计任务收集设计基础资料，如项目所处的环境、自然条件、场地、土建施工图纸及土建施工情况等必要的信息；熟悉与设计有关的规范和定额标准，了解当地材料的行情、质量及价格，收集必要的信息，勘察现场，参观同类实例；在对建设方的意向及设计基础资料进行全面了解、分析之后确定设计计划；在签订合同或制作投标文件时，还需要考虑设计进度安排和设计费率标准。方案准备阶段表达的详细内容见表5–1。

表5–1

| 分　类 | 步骤 | 内　容 | 表达方式 |
|---|---|---|---|
| 调查分析：参与构思，了解实际条件 | 1 | 明确设计任务书，了解业主的功能需求、造价投资、工期计划等 | 制订规划计划、写调研记录等 |
| | 2 | 了解原建的结构、设施、消防、结构类型等 | 解读结构平面图、剖立面图，用不同的色彩标记梁位平面图，标记不同色彩梁的尺寸、相关消费、机电设施等 |
| | 3 | 现场勘测、调查 | 拍摄照片、现场测绘、注解 |
| 方案规划：提出设计方案 | 4 | 编制构思方案和流程图 | 绘制功能流程图 |
| | 5 | 查阅资料、进行相关的设计调研 | 写视觉笔记 |
| | 6 | 绘制草图并确定空间选型、分区规划 | 绘制草图，包括空间的结构关系；绘制初始空间的透视图；确定空间选型 |
| | 7 | 估算工程造价、制订设计计划书 | 整理装饰工程的预算表 |

### 5.1.2 方案设计阶段

方案设计阶段是在方案准备阶段的基础上进一步收集、分析、运用与设计任务有关的资料与信息，构思立意，深入设计，进行方案的分析与比较。方案设计阶段的主要内容包括方案构思、方案深化、绘制图纸及方案比较。方案设计阶段表达的详细内容见表5–2。这一阶段应与团队一起集思广益、进行创造性的思考，解决设计中的问题，并绘制一般的图版内容，包括项目名称、效果图、平面图、设计说明、创意分析和设计者姓名等。

表5-2

| 分　类 | 步骤 | 内　容 | 表达方式 |
| --- | --- | --- | --- |
| 设计初步规划 | 1 | 建立和梳理空间秩序，建构二维空间模型 | 手绘平面、立面概念图 |
| | 2 | 建立二次空间的关系，明确图幅、比例和分区安排，明确整套图纸的编制流程 | 手绘平面草图 |
| | 3 | 确立空间整体形象概念，强化空间、界面的风格定位 | 用文字描述空间造型概念，手绘透视图、轴测图等 |
| | 4 | 确定界面装饰画图 | 绘制装饰图形的草图（如透视图、立面图等） |
| | 5 | 确定色彩 | 使用文字描述色彩、色彩概念对比、相关图片说明和透视图 |
| | 6 | 确定装饰材料的大类别 | 说明材料的配置、文字描述材料 |
| | 7 | 空间照明 | 使用文字描述照明、概念设置 |
| | 8 | 提取主题 | 使用文字描述并进行视觉展示 |

## 5.1.3 方案实施阶段

方案实施阶段也是工程的施工阶段。在工程施工前，设计人员应向施工单位进行设计意图说明及图纸的技术交底；工程施工期间需按图纸要求核对施工实况，有时还需根据现场实况对图纸的局部进行修改或补充；施工结束时，会同质检部门和建设单位进行工程验收。

**技巧 提示**

对室内设计师来说，在进行室内设计工作时，首先需要了解哪些项目属于室内工程的工作。下面对其进行详细说明。

① 木结构的施工：如装饰工程中的木质顶棚、木隔墙、木墙裙、门窗、地板和家具的制作和安装等。

② 水泥施工：包括地面水池、撞墙、抹面等混凝土施工。

③ 电气施工：室内照明和设备的配线、蛇管、插座、电表、用电器的安装调试。

④ 卫生设备施工：马桶和各种洁具、水管、水龙头的辅助安装等。

⑤ 灯具安装施工：包括顶棚灯具、壁面灯具、桌灯等安装。

⑥ 窗帘施工：普通窗帘、防火窗帘、百叶帘等的安装。

⑦ 美化配饰：包括浮雕、壁画、盆景等的安装。

⑧ 拆除和清洁施工：打墙、清运、拆除等操作，以及完工验收前的地面、门窗等部位的清洁工作。

不同的装饰工程有着不同的设计顺序，只要按照合理的程序进行施工，才能高质量、高效率地完成工程。

方案实施阶段的整个流程如图5–1所示。

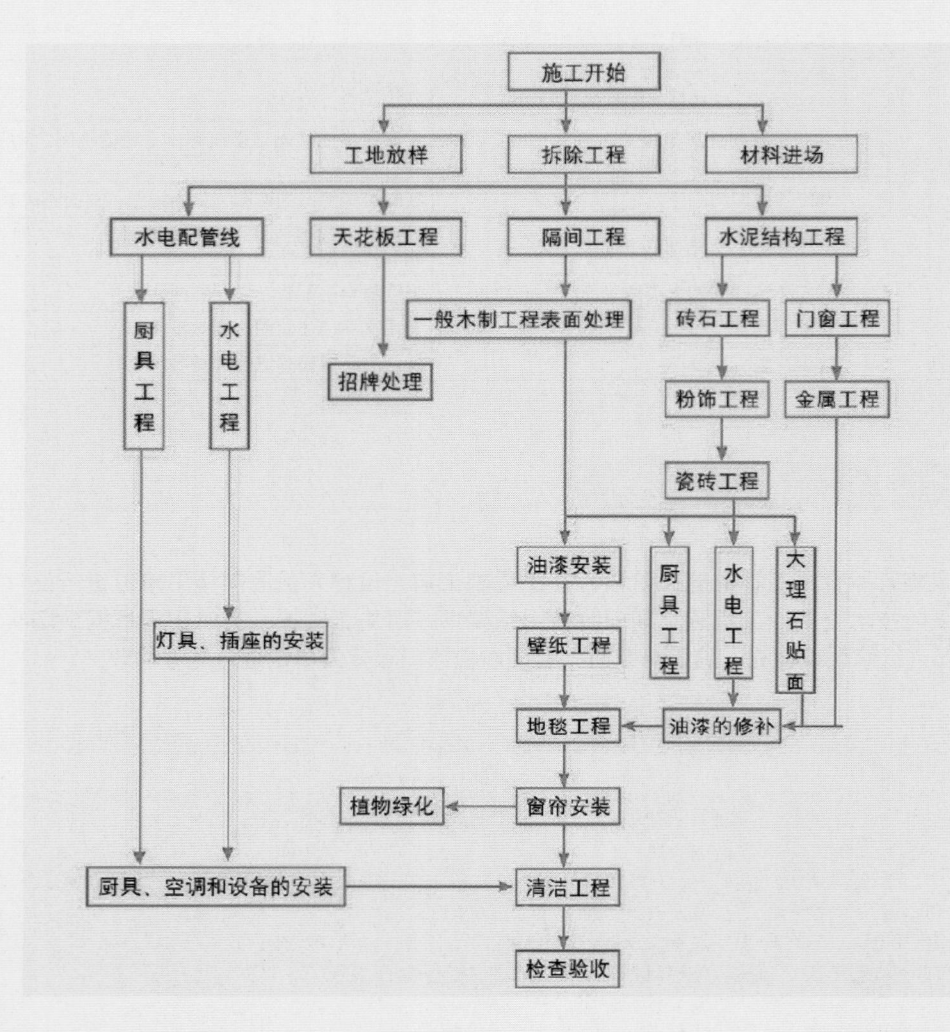


图 5–1

方案实施阶段表达的详细内容见表5-3。

表5-3

| 分　类 | 步骤 | 内　容 | 表达方式 |
| --- | --- | --- | --- |
| 监理<br>（发包、监理业务） | 1 | 设计意图的交底 | 制作工程联络文件 |
| | 2 | 现场管理体制 | 写监理报告 |
| | 3 | 造型的调整、材料的认定 | 制作竣工图纸和文件 |
| | 4 | 工程模型、样本的确定 | 制作设备的安装说明书 |
| | 5 | 工程费用的计算 | |
| | 6 | 检查、验收 | |
| | 7 | 编制竣工文件、使用手册 | |
| | 8 | 移交到用户 | |
| 使用<br>（使用、管理等后期，以及以后变更设计规划时的策划参考） | 9 | 移交业务、设备管理咨询 | 编制家具、设施资料 |
| | 10 | 设备管理数据的定期维护 | 制作环境调查报告 |
| | 11 | 更新计划等 | 制作更新计划书 |

## 5.1.4 室内设计的注意事项 

室内设计要用心体会，不断研究，这样才会有所创新。

在绘制设计室内方案时，可以参考如下方面。

① 根据原有建筑平面图或测量数据，绘制套房各功能区平面图。

② 根据绘制的套房平面图，绘制各功能区的平面布置图和地面材质图。

③ 根据套房平面布置图绘制各功能区的天花吊顶方案图，要注意各功能区的协调。

④ 根据套房平面布置图，绘制墙面的投影图，具体有墙面装饰轮廓的表达、立面构件的配置及文字尺寸的标注等内容。

# 5.2 室内设计施工图

室内设计施工图主要包括室内平面图、顶棚天花图、立面图（包括4个内墙的平面图）、室内的构造详图及透视图，部分还包括给水排水施工图和电气照明施工图等。

微课：
室内设计施工图

## 5.2.1 室内平面图

室内平面图是室内施工图的一种。室内平面图实际上是在平行于地面的距地面1.5mm左右的位置将上部切去而形成的正投影图（屋顶平面图除外），也就是假设使用一水平的剖切面沿门、窗洞的位置将房屋剖切后，对剖切面以下的部分使用正投影法得到的投影图，如图5-2所示。

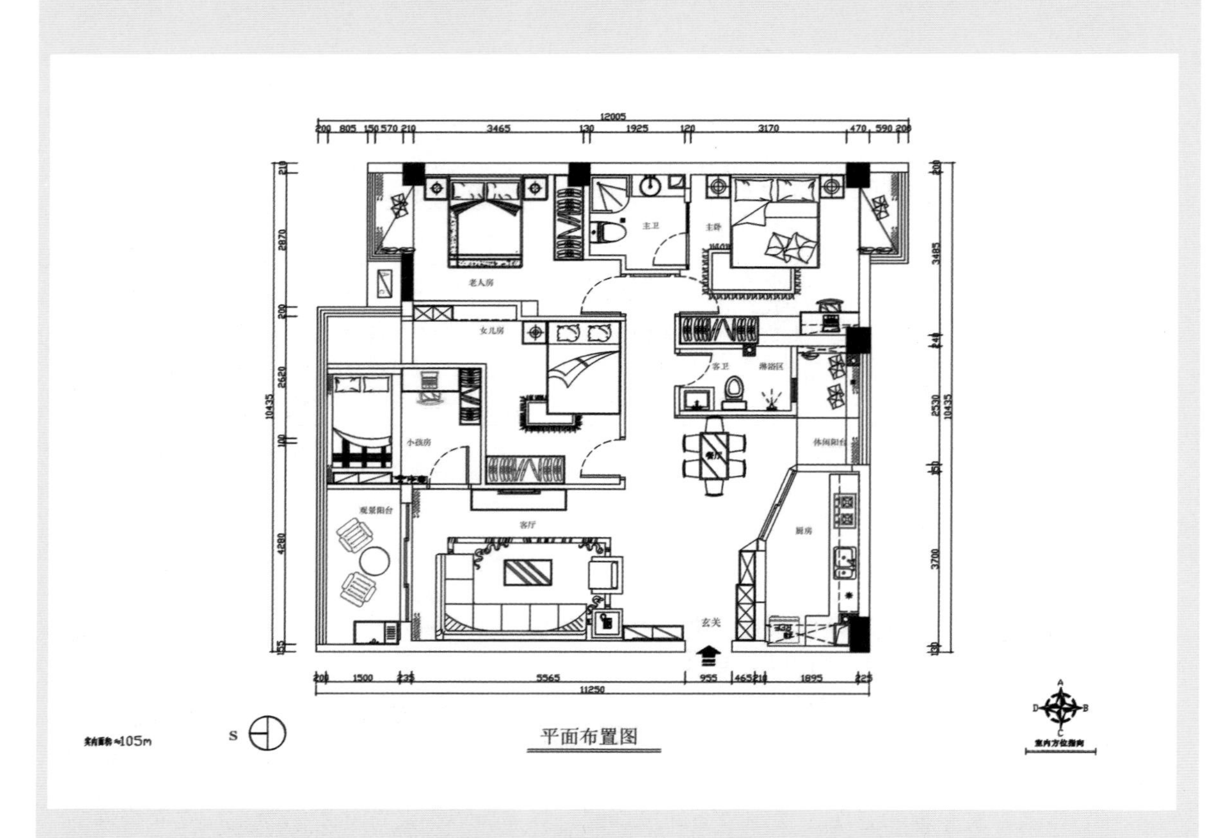


图 5-2

室内设计的中心是平面图。平面图可以很好地反映空间整体的平面形状、大小和房间位置，墙柱的位置、厚度和材料，门窗的类型和位置等。

正确地绘制平面图是绘制好整个室内设计施工图的关键，也是对每个设计人员的基本要求。正确地制图非常重要，它不但能增强平面图的表达能力，还能大大减少以后施工中的错误。

室内平面图是室内施工图的主要图样之一，主要反映了以下内容。

① 墙体、隔断及门窗、各空间的大小及布局，家具陈设，人流交通路线，室内绿化等。若没有单独绘制地面材料平面图，则应该在平面图中表示出地面材料。

② 标注各房间尺寸、家具陈设尺寸及布局尺寸。对于复杂的公共建筑，则应标注轴线编号。

③ 注明地面材料名称及规格。

④ 注明房间名称、家具名称。

⑤ 注明室内地坪标高。

⑥ 注明详图索引符号、图例及立面内视符号。

⑦ 注明图名和比例。

⑧ 需要辅助文字说明的平面图，还要注明文字说明及统计表格等。

**技巧 提示**

室内设计平面图中的部分内容在建筑施工图中一般都已经给出，如果室内设计平面图没有特殊的改动，直接套用即可。

1. 巧用命令

命令可以理解为快捷键。CAD有很多种命令调用方法，而且同一个命令往往又有好几种使用方式，如使用菜单、单击工具栏图标、输入命令、按Enter键、按空格键等方式。一些用户觉得用工具栏图标比较快，其实通过键盘输入命令是最快的。用户一定要记住常用的命令，如直线“L”、多段线“PL”、复制“CO”或“CP”、删除“E”、移动“M”、列表“LIST”、镜像“MI”等。掌握键盘输入命令有一个简便方法，那就是在使用菜单或单击图标时，命令行都会出现该命令的键盘命令全称，用户可以试着输入命令全称的前一至两个字母，一般就是该命令的缩写。

2. 良好习惯

养成良好的作图习惯，这样作品的可移植性和可读性会大大提高。良好习惯主要包括以下内容。

① 能用多段线(PLINE)作图就不要用直线(LINE)，因为多段线是一个对象，在以后选择或二次加工时会很方便。

② 用好图层(LAYER)功能，把不同类型的对象分配到不同的图层中，以便以后分类加工。

③ 灵活运用分组(GROUP)及块定义(BLOCK)功能，力求把同一组对象一次性选中，以防编辑时漏掉其中某一部分。

④ 常用的作图界限、尺寸、标注样式、文字样式等要做好模板，以便快速调用。

⑤ 不要轻易炸开(EXPLODE)系统生成的填充样式、标注等，这对用户以后编辑有帮助。

⑥ 尽量不要使用系统默认字体以外的字体，以防传输至其他计算机时产生乱码。

⑦ 模型空间只用来作图，图纸空间只用来放置图框。

## 5.2.2 室内顶棚天花图

室内顶棚天花图（也称为天花布置图）是在顶棚下方假想的水平镜面上进行正投影而绘制的镜像投影图，如图5-3所示。

室内顶棚天花图中应表达的内容如下。

① 顶棚的造型及材料说明。

② 顶棚灯具和电器的图例、名称规格等说明。

③ 顶棚造型尺寸标注、灯具和电器的安装位置标注。

④ 顶棚标高标注。

⑤ 顶棚细部做法的说明。

⑥ 详图索引符号、图名、比例等。

1
2
3
4
5
6
7
8
9
10
11
12

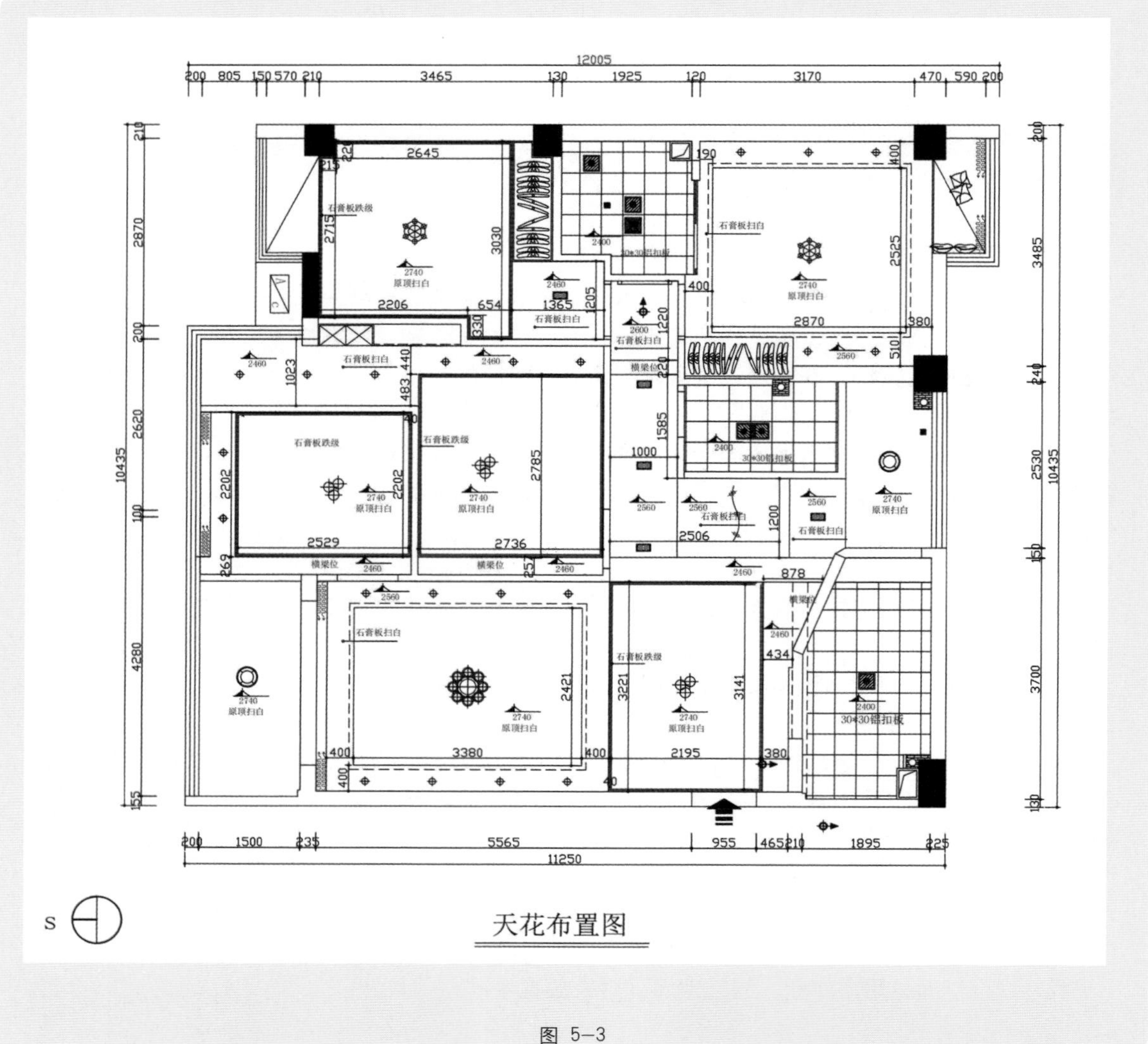


图 5-3

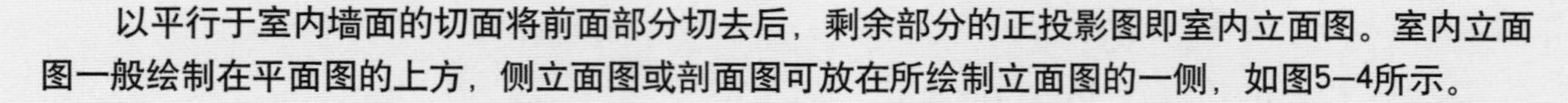

## 5.2.3 室内立面图

以平行于室内墙面的切面将前面部分切去后，剩余部分的正投影图即室内立面图。室内立面图一般绘制在平面图的上方，侧立面图或剖面图可放在所绘制立面图的一侧，如图5-4所示。

室内立面图的主要内容如下。

① 墙面造型、材质及家具陈设所在的立面上的正投影图。

② 门窗立面及其他装饰元素立面。

③ 立面各组成部分的尺寸、地坪吊顶标高。

④ 材料名称及细部做法说明。

⑤ 详图索引符号、图名、比例等，以及有关文字说明。

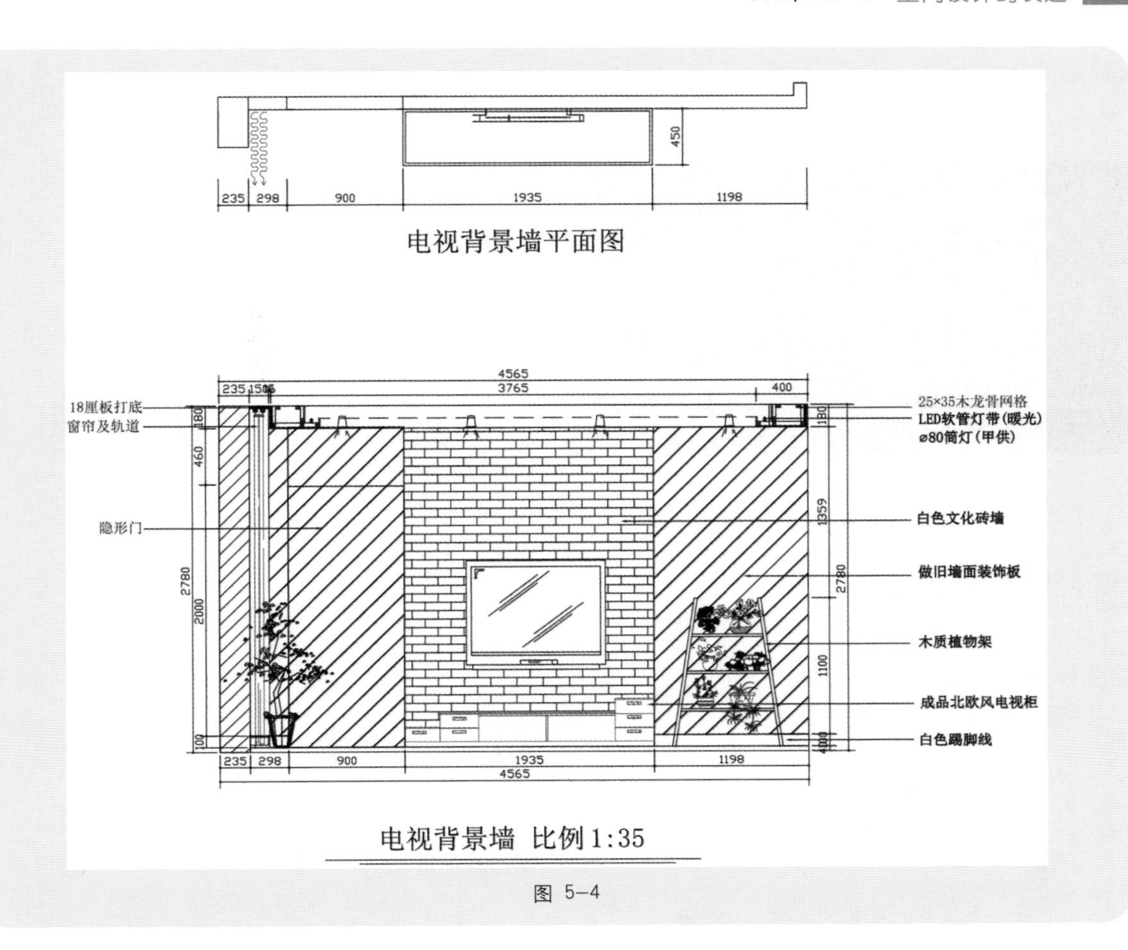


图 5-4

## 5.2.4 墙体拆除

随着社会的发展进步，越来越多的住户不满足于现有的房型结构，开始通过墙体拆装改造对房屋的结构进行改良，从而形成新房型结构。以墙体拆除为例，具体操作步骤如下。

**01** 打开AutoCAD 2021，打开CAD文件，找到原始墙体图，如图5-5所示。

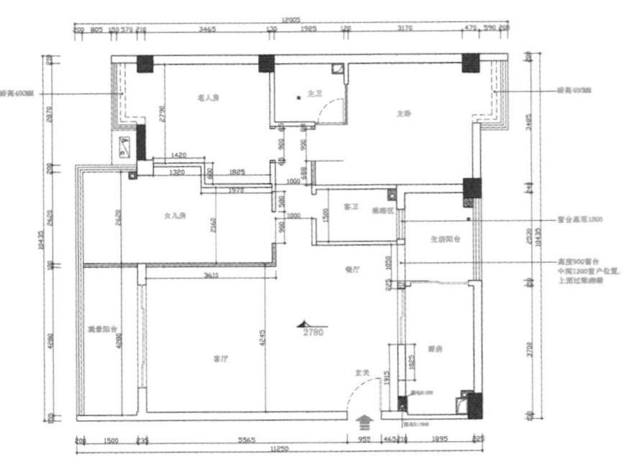

图 5-5

**02** 选择原始墙体图，删去文字注释及尺寸标注，只保留原始墙体，如图5-6所示。

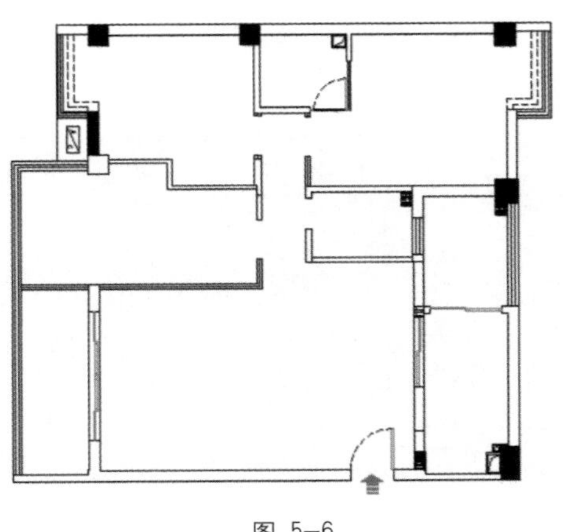

图 5-6

**03** 建立一个新图层“墙体拆除”，如图5-7所示。

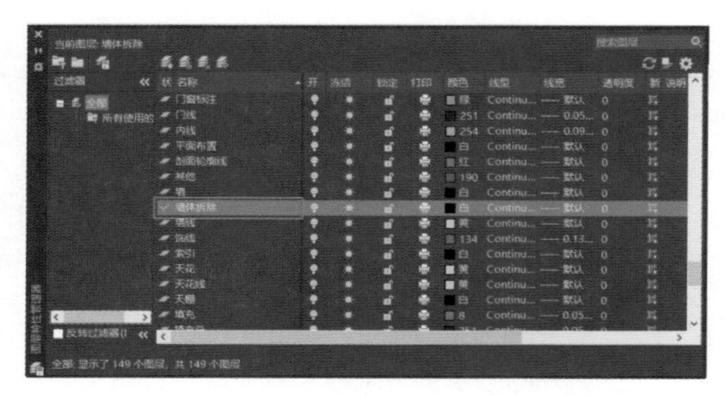

图 5-7

**04** 选择“墙体拆除”图层，在命令行中输入“REC”，执行“矩形”命令，结合需要的尺寸绘制墙体拆除部分的矩形，此矩形的大小可根据需要进行更改，如图5-8所示。

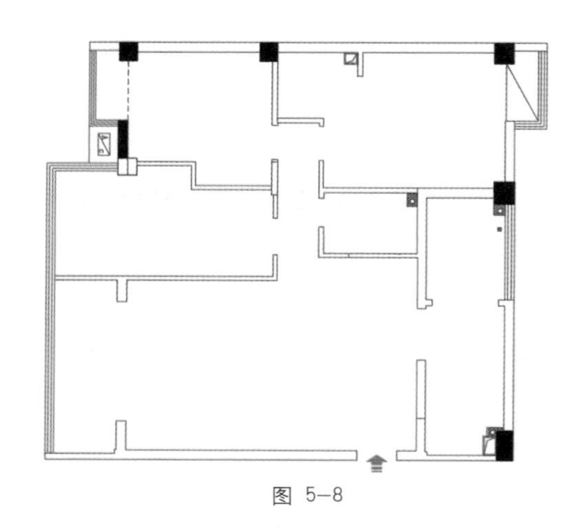

图 5-8

**05** 建立一个新图层“墙体拆除填充部分”，如图5-9所示。

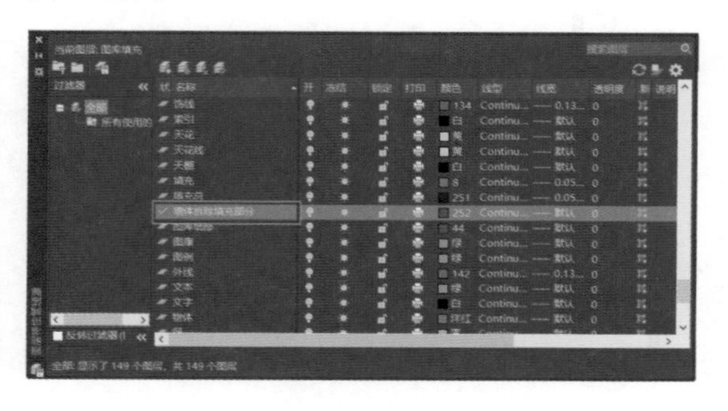

图 5-9

**06** 选择“墙体拆除填充部分”图层，在命令行中输入“H”，执行“图案填充”命令，对拆墙部分进行标注，在绘制的矩形中填充图案，表示墙体拆除部分，如图5-10所示。

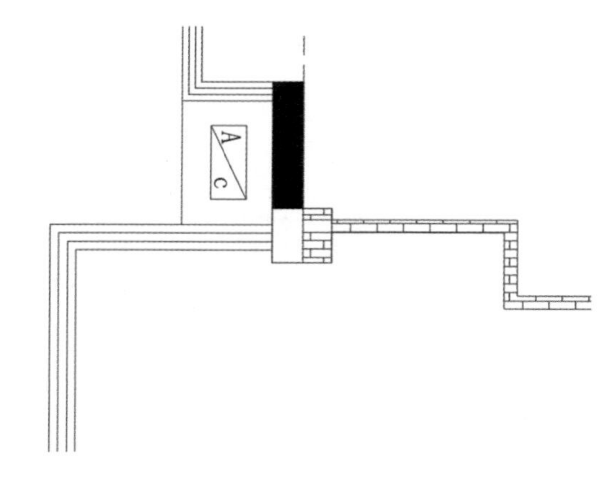

图 5-10

**07** 重复上述步骤，执行“图案填充”命令，对拆墙部分进行标注，如图5-11所示。

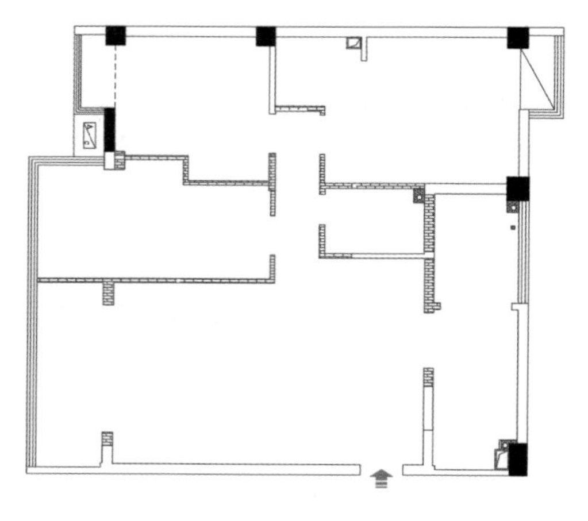

图 5-11

**08** 调整墙体拆除图以及图案填充部分，完成整个墙体拆除部分，如图5-12所示。

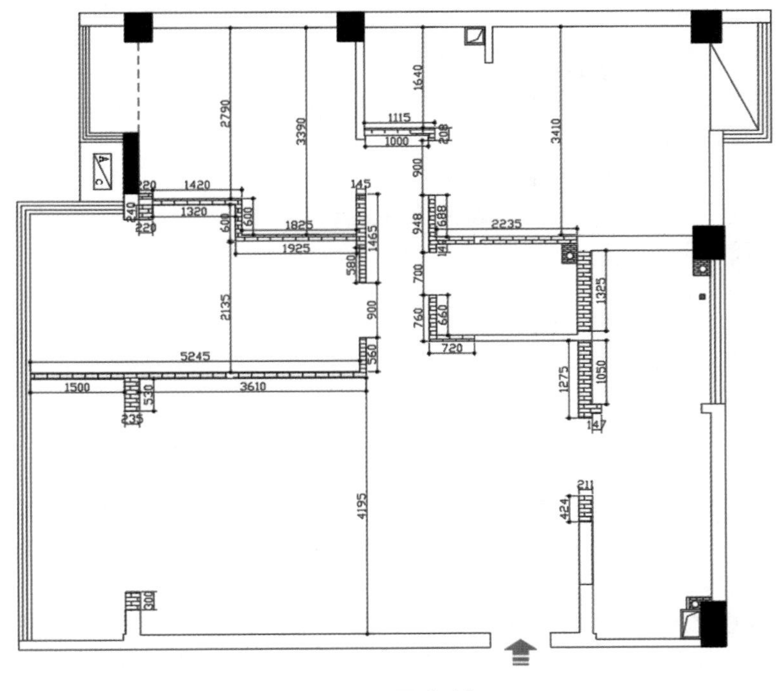

图 5—12

## 5.2.5 构造详图

为了放大个别设计内容和细部，多以剖面图的方式表达局部剖开后的情况，这就是构造详图，如图5—13所示。

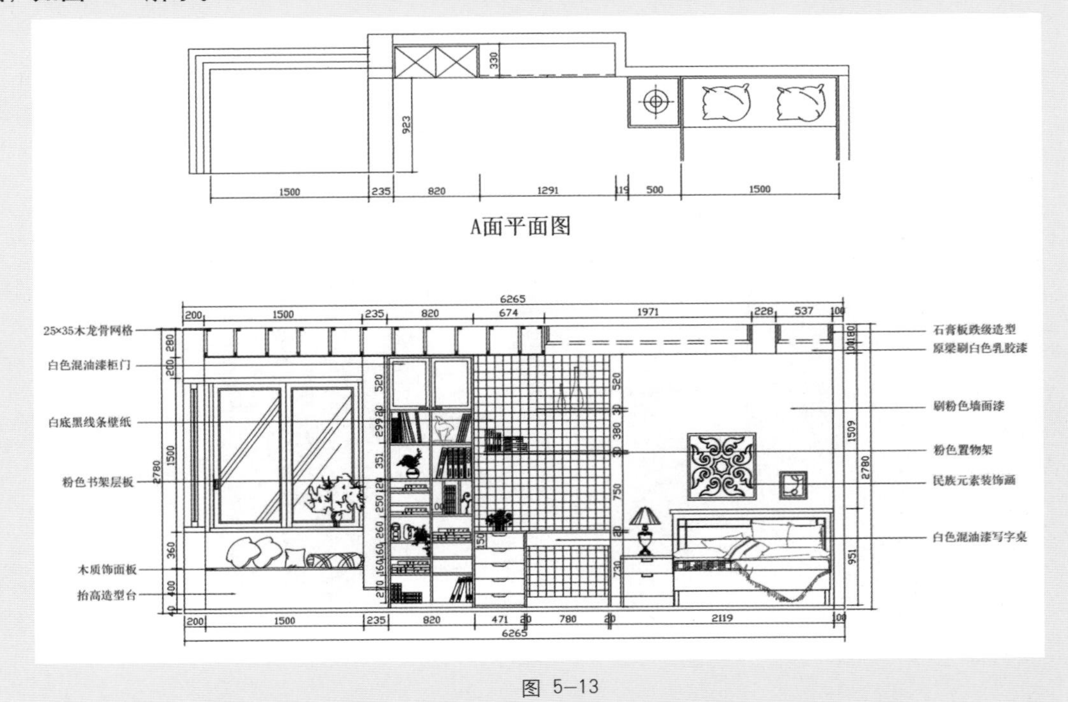


图 5—13

构造详图表达的内容如下。

① 以剖面图的绘制方法绘制出各材料断面、构件断面及其相互关系。

② 用细线表示出在剖视方向上看到的部位轮廓及相互关系。

③ 标出材料断面图例。

④ 用指引线标出构造层次的材料名称及做法。

⑤ 标出其他构造部分的用料、做法、颜色和施工要求等。

⑥ 标注各部分尺寸。

⑦ 标注详图编号和比例。按施工图要求加深图线，绘制材料图例，注写标高、尺寸图名、比例及有关文字说明。

## 5.2.6 室内透视图

透视图是把建筑物的平面、立面或室内的展开面，根据设计图资料，绘制成一幅尚未成实体的画面，将三维空间的形体，转换成具有立体感的二维空间画面的绘图技法，并能真实地再现设计师的构思，如图5–14和图5–15所示。

透视画不但要注意材质感对画面的色面构成、构图等问题的影响，还要注意透视画法技法在整个绘画技法上应起的作用，因为优秀的透视画超越表面的建筑物说明图，具有另一方面的优异绘画性格，具体如下。

① 逼真：能客观真实地表达设计意图，形象逼真，附有立体感和空间感，让人有身临其境的真实感。

② 快速：绘制在纸面上的透视图和立体模型具有相同的立体效果，且简单快速、经济实用，在有限的时间内能提供更多的设计方案，有利于最佳方案的产生，从而提高工作效率。

图 5–14

图 5–15

③ 广泛：由于透视图形象逼真、通俗易懂，人们无须经过专门训练就能看懂，比较大众化。

“透视”是一种绘画活动中的观察方法和研究视觉画面空间的专业术语，通过这种方法可以归纳出视觉空间的变化规律。用笔准确地将三维空间的景物描绘到二维空间的平面上，这个过程就是透视过程。用这种方法可以在平面上得到相对稳定的立体特征的画面空间，即“透视图”。

## 5.2.7 给水排水施工图

室内给水排水工程就是在保证水质、水压、水量的前提下，将净水经室外给水总管引入室内，并分别送到各用水点。给水排水施工图如图5–16所示。

室内给水系统根据供水对象的不同，一般分为以下几种。

① 生活给水系统：供日常生活饮用、洗涤等用水。

② 生产给水系统：供生产及冷却设备等用水。

③ 消防给水系统：专供各消防灭火装置用水。

室内给水系统的组成部分一般如下。

① 引入管：自室外给水管引至室内的管道。

② 水表节点：位于引水管中间，设有水表井，在水表井的前后端分别设有泄水口等。

③ 给水管网：由给水干管、立管、支管组成的室内给水管道网。

④ 控水、配水器材或用水设备：如管道中部的阀门端部的龙头及卫生设备等。

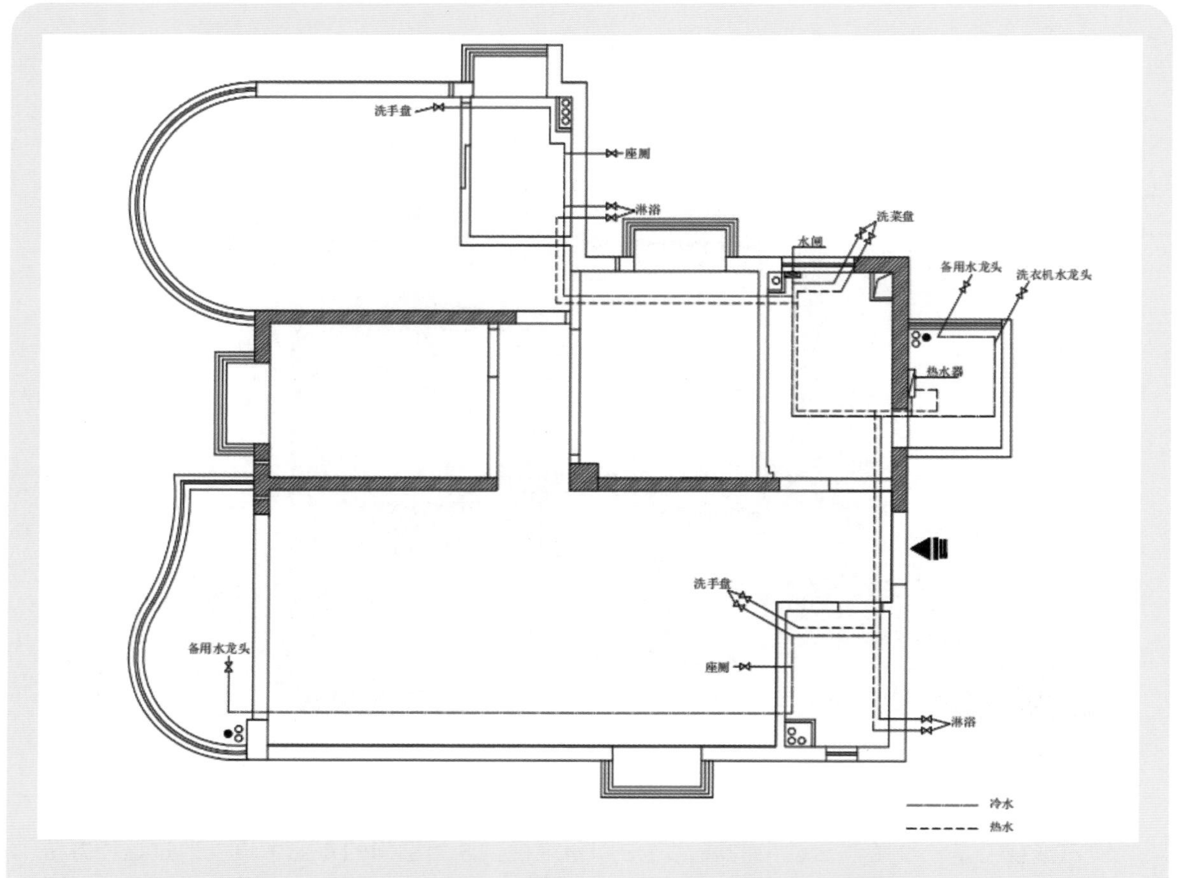


图 5-16

除以上基本组成部分外，有时还要在室内给水系统中附加一些水泵、加压塔、水箱、储水池等。室内排水施工图主要包括排水平面图、排水系统图、节点详图及说明等。对于简单的建筑，其排水平面图、说明等可与室内给水施工图放在一起表达。

## 5.2.8 电气照明施工图

室内电气照明施工图是以建筑施工图为基础（室内平面图用细线绘制），结合电气接线原理而绘制，主要表现建筑物室内相应配套电气照明设施的技术要求。

电气照明施工图是在室内平面图的基础上绘制而成，主要包括以下内容。

① 电源进户线的位置、导线规格、型号根数、引入方法。

② 配电箱的位置。

③ 各用电器材设备的平面位置、安装高度、安装方法、用电功率等。

④ 线路的敷设方法，穿线器材的名称、管径，导线名称、规格、根数等。

⑤ 从各配电箱引出回路的编号。

⑥ 屋顶防雷平面图及室外接地平面图，并反映防雷带布置平面，以及选用材料、名称、规格等。

如图5-17所示为某室内设计中的照明线路图。

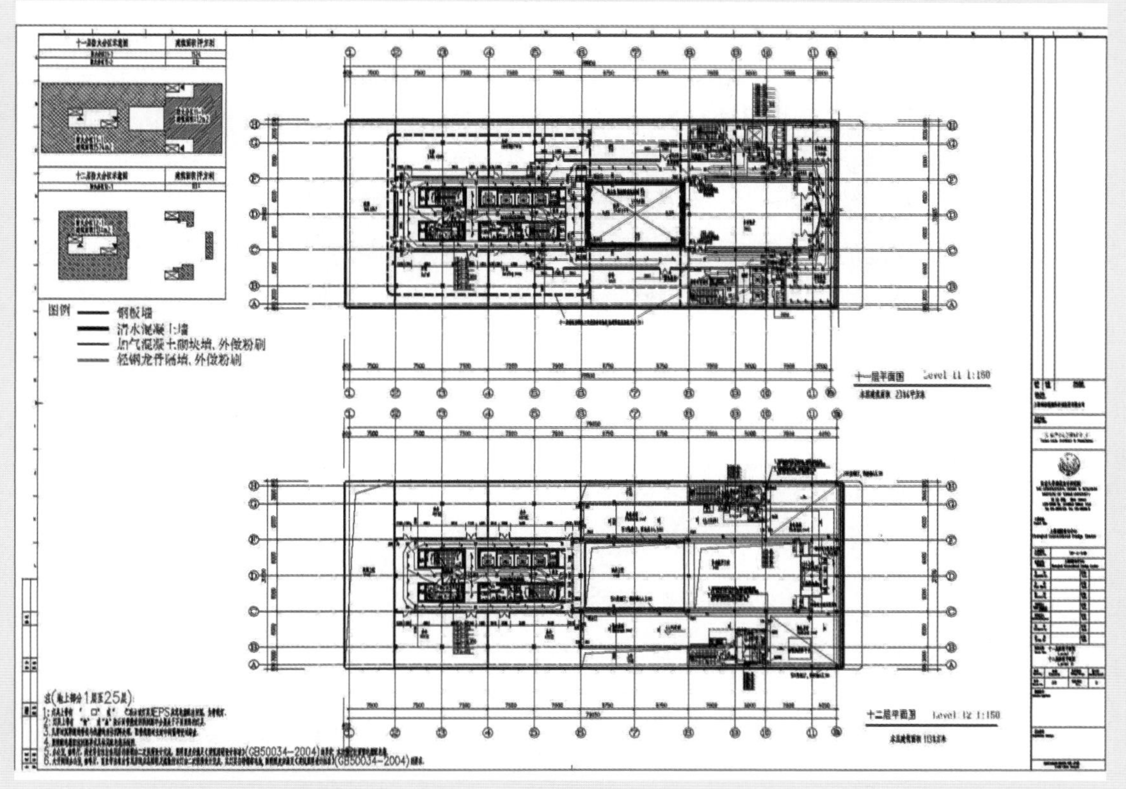


图 5—17

电气照明施工图中还应包括以下内容。

（1）电气系统图

电气系统图主要表明以下内容。

① 建筑物内配电系统的组成和连接的原理。

② 各回路配电装置的组成、用电容量值。

③ 导线和器材的型号、规格、根数、敷设方法，穿线管的名称、管径等。

④ 各回路的去向。

⑤ 线路中设备、器材的接地方式。

（2）电气安装详图

电气安装详图是用于表明电气工程某一部位的具体安装节点或安装要求的图样，通常见于安装手册。除特殊情况外，图纸中一般不予画出。

（3）目录及设计说明

目录用于表明电气照明施工图的编制顺序及图名，便于查阅。

设计说明主要用于说明电源来路、线路材料及敷设方法，材料及设备规格、数量、技术参数、供货厂家，以及施工中的技术要求等，如图5—18所示。

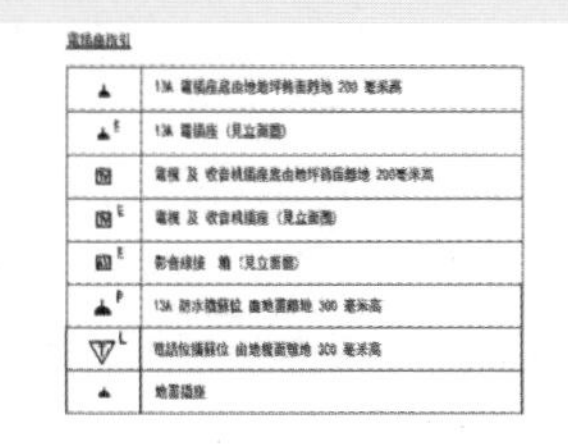

图 5—18

## 5.2.9 施工现场平面布置图 

如图5–19所示，施工现场平面布置图应包括以下基本内容。

① 工程施工场地状况。

② 拟建建（构）筑物的位置、轮廓尺寸、层数等。

③ 工程施工现场的加工设施、存储设施、办公和生活用房等的位置和面积。

④ 布置在工程施工现场的垂直运输设施、供电设施、供水供热设施、排水排污设施和临时施工道路等。

⑤ 施工现场必备的安全、消防、保卫和环境保护等设施。

⑥ 相邻的地上、地下既有建（构）筑物及相关环境。

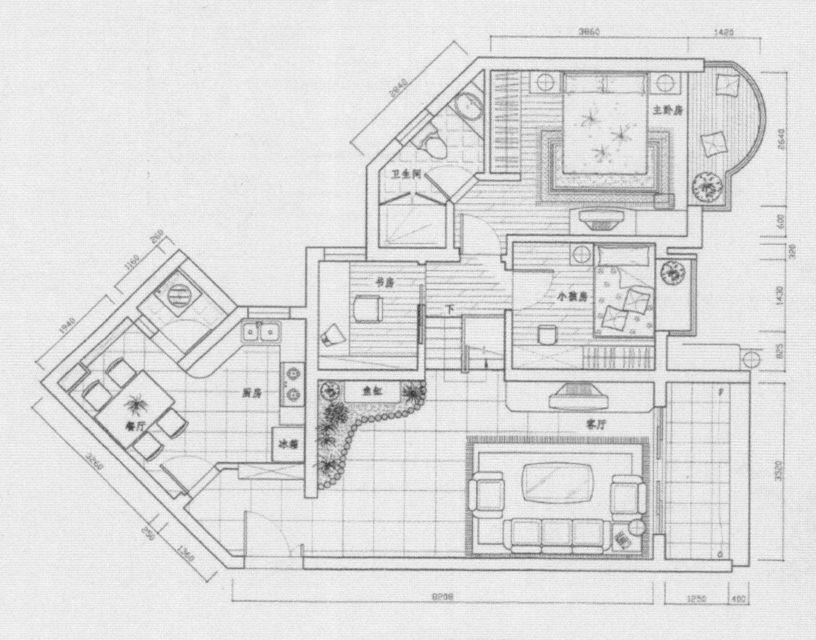


图 5–19

## 5.3　知识与技能要点

本章详细介绍了室内设计方案表达的各个阶段的内容及注意事项，以及各种室内设计施工图的概念，使读者对这一行业有进一步的了解。

➲ 重要概念：室内平面图、室内顶棚天花图、室内立面图、构造详图、室内透视图、给水排水施工图、电气照明施工图、施工现场平面布置。

➲ 核心内容：室内设计制图要表达的内容及施工图的概念。

➲ 实际运用：施工图的绘制。

## 5.4　课后练习

**一、选择题（请扫描二维码进入即测即评）**

**1．室内立面图表达的主要内容不包含（　　）。**

A．墙面造型、材质及家具陈设在立面上的正投影图

B．门窗立面及其他装饰元素立面

C．立面各组成部分尺寸、地坪吊顶标高

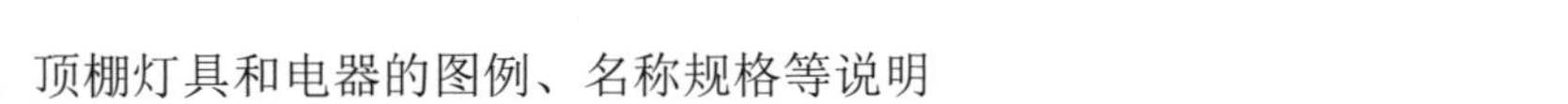

D．顶棚灯具和电器的图例、名称规格等说明

5.4　课后练习

**2．室内给水系统不包含（　　）。**

A．生活给水系统，供日常生活饮用、洗涤等用水

B．生产给水系统，供生产及冷却设备等用水

C．排水管道系统，由器具排水管、排水横支管、排水立管和排水出管等组成

D．消防给水系统，专供各消防灭火装置用水

**二、简答题**

**1．简要说明室内设计各阶段的注意事项。**

**2．简要说明设计实施阶段的流程。**

**3．绘制如图5-20所示的室内平面图。**

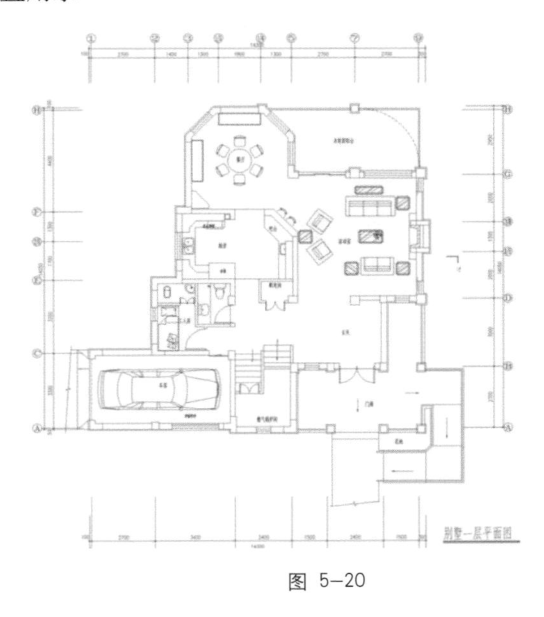

图 5-20

Chapter 6

# 室内平面布置图绘制

室内装饰设计不是简单地绘图，而是将设计者的意图表达出来。室内装饰是指在建筑内部固定的表面进行装饰及能搬动的物体的布置方式（不仅包括门窗、墙面、顶棚、地板等不能移动的部分，也包括家具、窗帘陈设物等可以移动的部分）。

| | 知识点 \ 学习目标 | 了解 | 掌握 | 应用 | 重点知识 |
|---|---|---|---|---|---|
| 学习要求 | 室内设计的基本原则 | 🚩 | | | |
| | 平面尺寸布置图绘制 | | 🚩 | | |
| | 设置图层、颜色和线型 | | 🚩 | | |
| | 绘制轴网 | | 🚩 | | |
| | 绘制墙体 | | | 🚩 | |
| | 门与窗绘制 | | 🚩 | 🚩 | |
| | 家具与绿植绘制 | | 🚩 | 🚩 | |
| | 文字与符号注释 | | 🚩 | | 🚩 |

能力与素质目标

# 6.1 室内设计的基本原则及设计要点

室内设计是空间的组合与设计过程，也是设计师创新思维表达的过程。现代计算机图形学的发展为计算机辅助设计软件的开发提供了技术支撑，本节基于室内设计的基本原则及设计要点，探讨AutoCAD软件在室内设计中的应用与开发。

## 6.1.1 室内装饰设计原则

### 1. 室内装饰设计要满足现代技术要求

建筑空间的创新和结构造型的创新有着密切的联系，二者应协调统一，充分考虑结构造型中美的形象，把艺术和技术融合在一起。这就要求室内设计者必须具备相应的结构类型知识，熟悉和掌握结构体系的性能、特点。现代室内装饰设计属于现代科学技术的范畴，要使室内设计更好地满足精神功能的要求，就必须最大限度地利用现代科学技术的最新成果。

### 2. 室内装饰设计要符合地区特点与民族风格要求

由于人们所处的地区、地理、气候条件的差异，以及各民族生活习惯与文化传统也不一样，因此在建筑风格上存在着很大的差别。我国是多民族的国家，各个民族的地区特点、民族性格、风俗习惯都不同，设计时要综合考虑。

### 3. 室内装饰设计要满足使用功能要求

室内设计是以创造良好的室内空间环境为宗旨，把满足人们在室内进行生产、生活、工作、休息的要求置于首位，所以在室内设计时要充分考虑使用功能要求，使室内环境合理化、舒适化、科学化；要通过考虑人们的活动规律来处理好空间关系、空间尺寸、空间比例；合理配置陈设与家具，妥善解决室内通风，采光与照明，注意室内色调的总体效果，如图6–1所示。

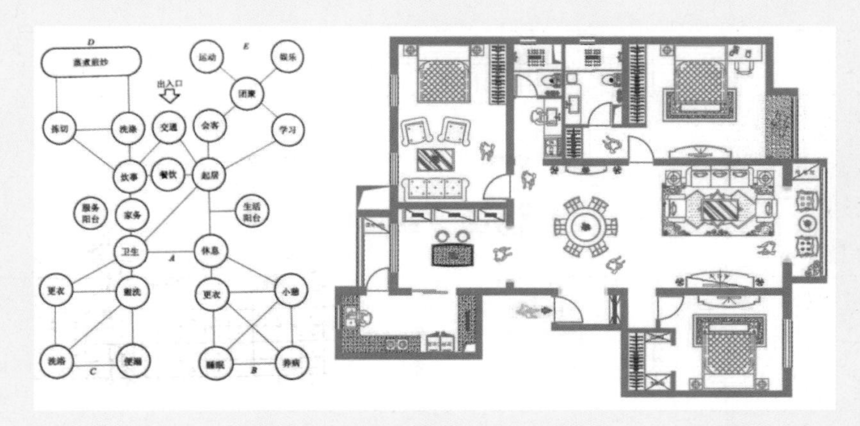


图 6–1

### 4. 室内装饰设计要满足精神功能要求

室内设计在考虑使用功能要求的同时，还必须考虑精神功能的要求（视觉反映心理感受、艺术感染等）。室内设计的精神就是要影响人们的情感，乃至影响人们的意志和行动，所以要研究人们的认识特征和规律，研究人的情感与意志，研究人和环境的相互作用。设计者要运用各种理论和手段去冲击并影响人的情感，使其升华以达到预期的设计效果。室内环境如果能突出地表明某种构思和意境，那么，它将会产生强烈的艺术感染力，更好地发挥其在精神功能方面的作用。

## 6.1.2 室内装饰设计要点

1．注意地面图案色彩和质地特征等

地面图案设计大致可分为3种情况。第1种是强调图案本身的独立完整性，如会议室，采用内聚性的图案，以显示会议的重要性。色彩要和会议空间相协调，达到安静的效果；第2种是强调图案的连续性和韵律感，具有一定的导向性和规律性，多用于门厅、走道及常用的空间；第3种是强调图案的抽象性，自由多变、活泼，常用于不规则或布局自由的空间。

2．满足楼地面结构、施工及物理性能的需要

基面装饰时要注意楼地面的结构情况，在保证安全的前提下，给予构造、施工上的方便，不能只是片面追求图案效果，同时要考虑如防潮、防水、保温、隔热等物理性能的需要。

3．基面要和整体环境协调一致，取长补短，衬托气氛

从空间的总体环境效果来看，基面要和顶棚、墙面装饰相协调，同时要和室内家具、陈设等起到相互衬托的作用。

# 6.2 平面尺寸布置图绘制

设计师在确定一个房屋的设计方案前，需要对房屋结构和各部分尺寸有一个详细的了解。如图6-2所示为将要进行设计的房屋平面尺寸布置图。

微课：
平面布置图（1）

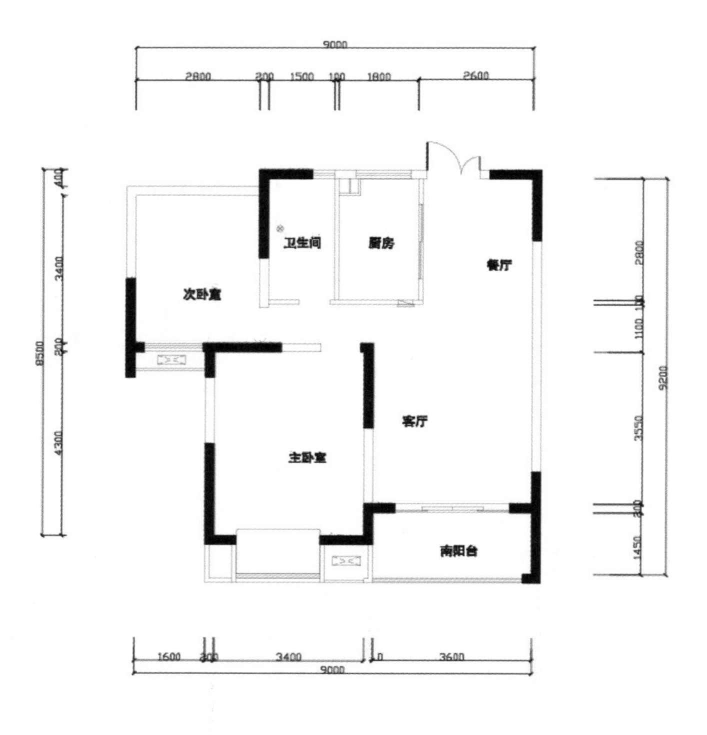


图 6-2

## 6.2.1 设置单位、图形界限 

1．绘图单位设置

在命令行中输入“UN”或“UNITS”，按空格键或Enter键执行单位设置，打开如图6–3所示的“图形单位”对话框，从中设置长度“类型”为“小数”、“精度”为0.00，设置“用于缩放插入内容的单位”为“毫米”，其他保持默认即可，单击“确定”按钮。

2．图形界限设置

图6–2所示房间尺寸的最长和最宽是9000mm和9200mm，所以应该设定一个大一点的图形界限。打开AutoCAD 2021，选择“文件”→“新建”菜单命令，打开“创建新图形”对话框，单击“使用向导”按钮，在打开的“快速设置”对话框中创建一个29700mm×42000mm的绘图界面，如图6–4所示。观察并设置视图范围，让图形界限进行全部显示。

图形单位
长度
类型(T)：
小数
精度(P)：
0.00
角度
类型(Y)：
十进制度数
精度(N)：
0
顺时针(C)
插入时的缩放单位
用于缩放插入内容的单位：
毫米
输出样例
1.5,2,0
3<45,0
光源
用于指定光源强度的单位：
国际
确定
取消
方向(D)...
帮助(H)

图 6–3

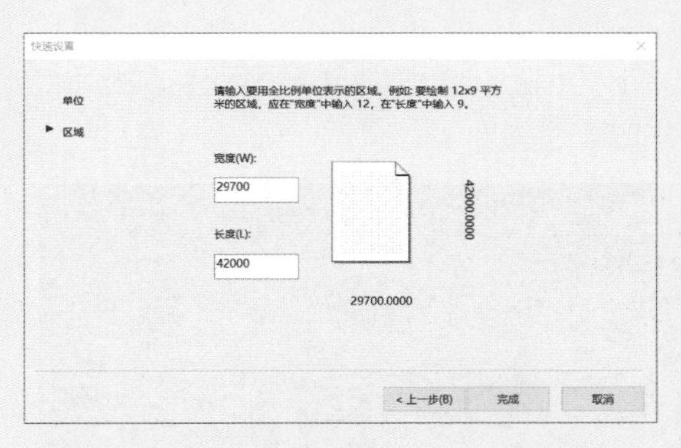


图 6–4

## 6.2.2 设置图层、颜色和线型

在绘制建筑平面图时，为了方便管理和修改图形，需要将特性相似的对象绘制在同一图层中。AutoCAD中的图层如同手工绘图中使用的透明纸，用户可以使用图层来组织不同类型的信息。在AutoCAD中，图形的所有对象都位于一个图层上。在绘制对象时，对象创建在当前图层上。AutoCAD图形中的图层数量是不受限制的，每个图层有自己的名称，用户除了决定如何使用图层组织图形信息外，还要仔细考虑为图层设置什么名称。

1．设置图层

在使用AutoCAD绘制各种图形时，不管繁简与否，都会使用图层。图形越复杂，所涉及的图层就越多。图层虽说是AutoCAD中较简单的工具，但也是最有效的工具之一。深入理解图层的概念，合理运用图层的各项操作，都将会直接影响图形绘制的质量，同时，也可使烦琐的工作变得简单而有趣。创建图层的操作步骤如下。

**01** 在“工作空间”工具栏下拉菜单中选择 “草图与注释”命令，将当前工作空间设置为草图与注释，如图6-5所示。

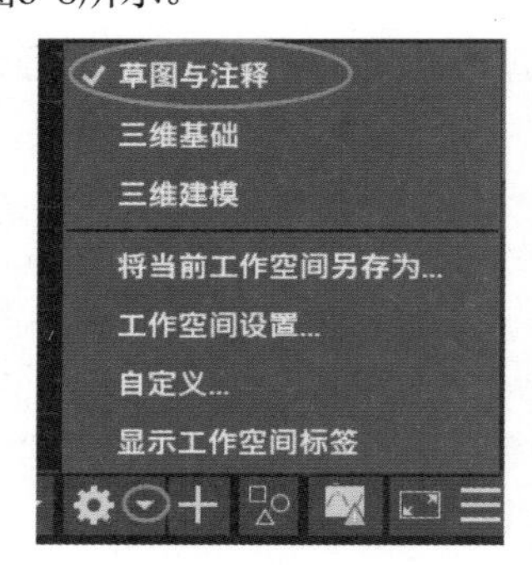


图 6-5

**02** 选择“格式”→“图层”菜单命令，弹出“图层特性管理器”面板，如图6-6所示。调用“图层”命令的方法如下。

单击“图层”选项栏中的“图层特性”按钮，在命令行中输入“LA”或者“LAYER”，按空格键或Enter键确认。

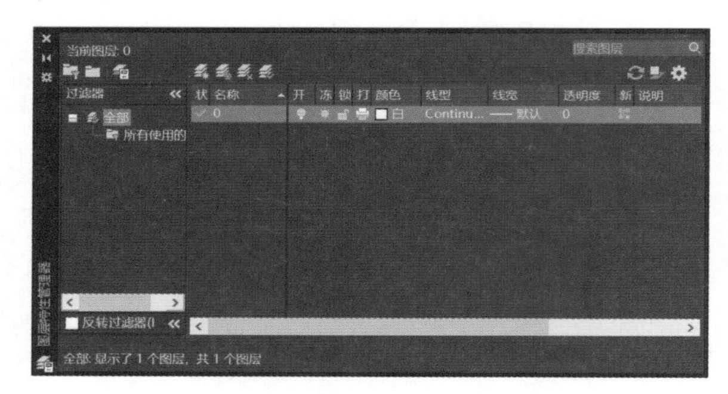


图 6-6

## 技巧 提示

在“图层特性管理器”面板中可以对图层进行设置和管理，也可以设置显示图层的列表及其特性，也可以添加、删除和重命名图层，还可以修改图层特性或添加说明。

**03** 在“图层特性管理器”面板中，单击“新建图层”按钮，系统将自动在图层列表中添加新图层，其默认名称为“图层1”，并高亮显示，如图6-7所示。

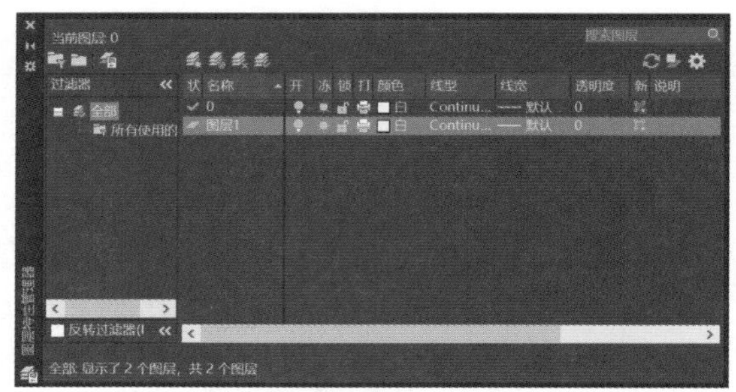


图 6-7

**04** 在“名称”栏中输入图层的名称，按Enter键确定。使用相同的方法建立更多的图层，如图6-8所示。

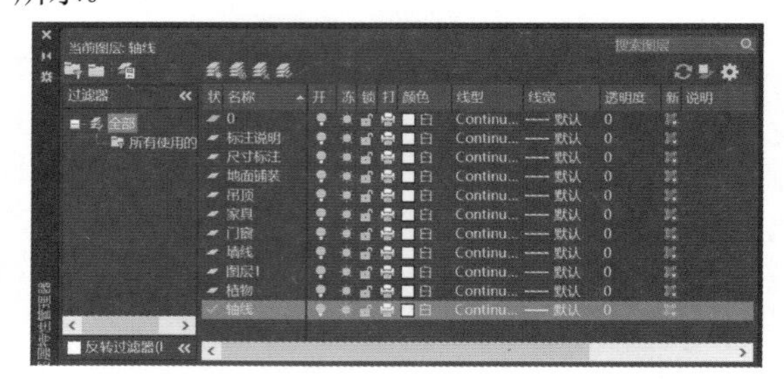


图 6-8

## 技巧 提示

图层的名称最多可以有255个字符，可以是数字、汉字、字母等。有些符号不能使用，如“,”“>”等。为了区别不同的图层，应该为它们设置不同的名称。

## 技巧 提示

为了便于用户对图层进行操作，AutoCAD提供了几种控制图层状态的方法，即开/关、锁定/解锁、冻结/解冻这6种状态。开、解冻和解锁；对象可见，且可选取，需要刷新时间；关和冻结；对象既不可见，也不可选取，不需要刷新时间；锁定；对象可见但不可选取，需要刷新时间。控制好图层状态，将会使复杂操作变得简单。在绘制复杂图形时，往往某一特定位置的线条比较集中，图形混乱，不易区分，在绘制或修改过程中容易产生误操作，这时可以关闭或锁定某些图层，使其成为不可见或不可选，绘制完成后，再将其恢复，如图6-9所示。

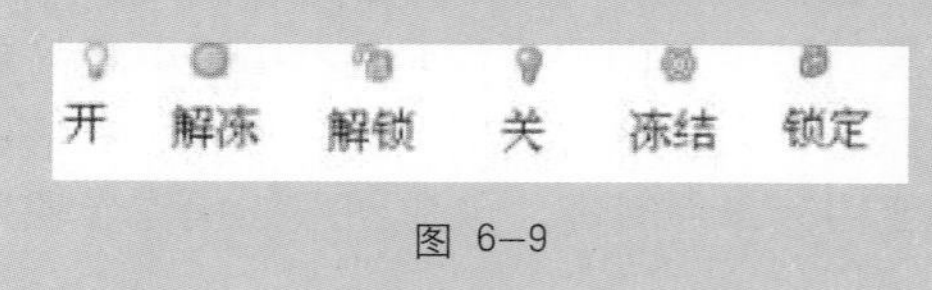


图 6-9

### 2. 设置颜色

**图层默认的颜色为白色，为了区别图层，应该为不同图层设置不同的颜色。在绘图时可以通过设置图层的颜色来区分不同种类的图形对象。在打印图形时，针对某种颜色指定一种线宽，则该颜色的所有图形对象都会以同一线宽进行打印。设置颜色的操作步骤如下。**

**01** 在“图层特性管理器”面板中单击“颜色”列中的颜色块，即可打开“选择颜色”对话框，如图 6-10所示。

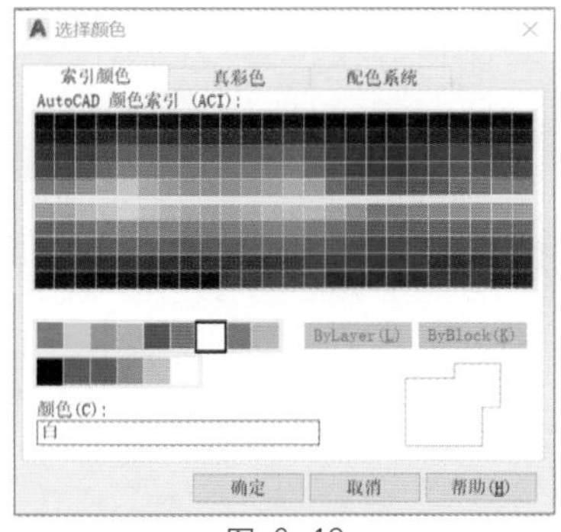


图 6-10

**02** 从该对话框中选择合适的颜色，此时“颜色”文本框中将显示颜色的名称。单击“确定”按钮，完成颜色设置，此时自动关闭“选择颜色”对话框，返回“图层特性管理器”面板。按同样的方法为各图层设置颜色，如图6-11所示。

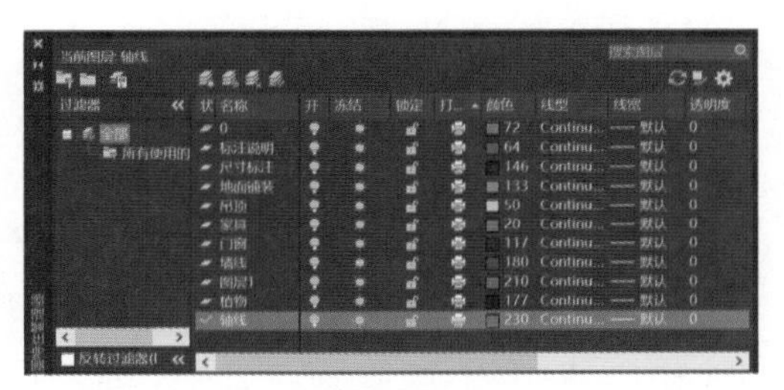

图 6-11

**技巧 提示**

为图层指定颜色，可使管理图层变得十分容易，因为为图层指定颜色可以快速改变一个图层上所有对象的颜色。为使不同的图层使用不同的颜色，AutoCAD提供了一个直观的工具，以帮助用户确定一些特殊的对象绘制在哪一个图层中。在某些情况下，给对象指定颜色对后续工作十分有帮助。例如，为每一个对象指定颜色可以避免为了绘制几个对象而不得不创建一个新图层，并为图层指定不同的颜色，特别是这些对象被作为一个组绘制在已经存在的图层中时。

### 3. 设置线型

**图层的线型可表示图层中线条的特性，通过设置线型可以区分不同对象所代表的含义和作用。默认的线型为Continuous。设置线型的操作步骤如下。**

**01** 这里，“轴线”图层使用的线型是点画线，与其他图层不同。单击“轴线”图层对应的“线型”列，即可打开“选择线型”对话框，如图6-12所示。

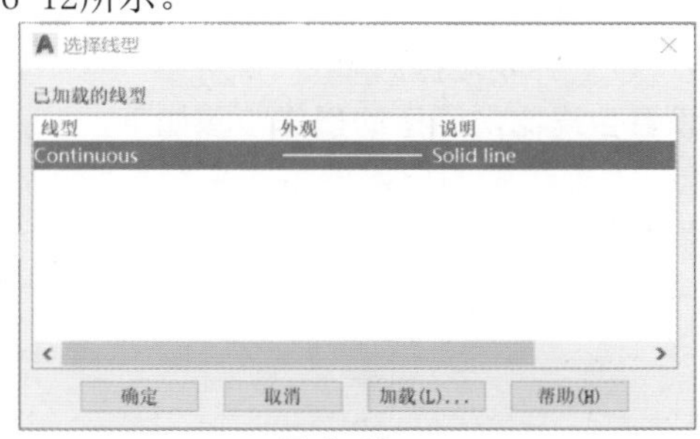


图 6-12

**02** 在“选择线型”对话框中，出现的线型仅为正在使用的Continuous线型，而这里需要使用其他线型，此时可以单击“加载”按钮，在弹出的“加载或重载线型”对话框中选择CENTER线型，如图6-13所示。

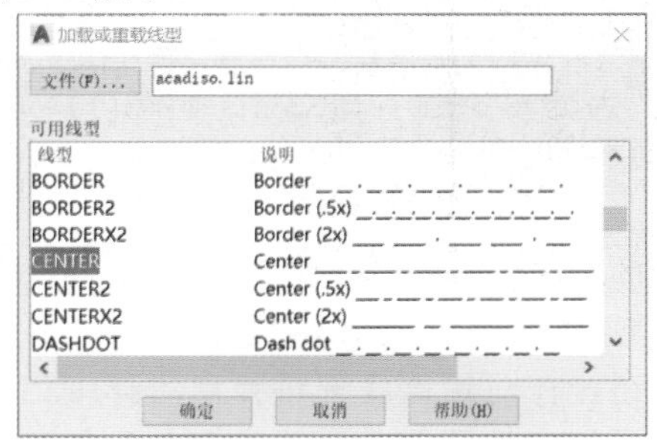


图 6-13

**03** 单击“确定”按钮，返回“选择线型”对话框，所选择的线型就显示在“已加载的线型”列表框中，如图 6-14所示。

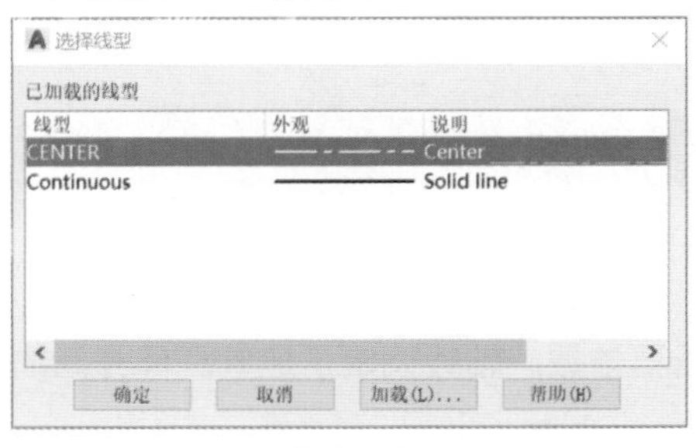


图 6-14

**04** 单击“确定”按钮，返回“图层特性管理器”面板，此时图层列表中将显示新设置的线型，如图6-15所示。

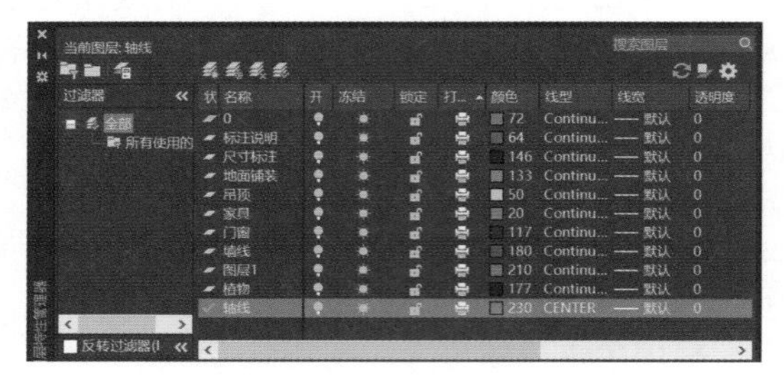

图 6—15

4. 设置全局比例因子

**设置全局比例因子的操作步骤如下。**

**01** 选择“轴线”图层，调用“直线”命令，绘制一条长度为18600mm的直线，如图6-16所示。

18600mm

图 6—16

> **技巧 提示**
>
> 从图6–16可以观察到，绘制的直线并非CENTER点画线效果。非连续线是由短横线、空格线等元素重复构成的，其外观可以由线型的比例因子来控制，如短横线的长短、空格的大小等。当绘制的点画线、虚线等非连续线看上去与连续线一样时，可以通过改变比例因子来调节非连续线的外观。

**02** 选择“格式”→“线型”菜单命令，在打开的“线型管理器”对话框中单击“显示细节”按钮，在对话框底部将弹出“详细信息”选项组，同时按钮变为“隐藏细节”按钮，如图6-17所示。

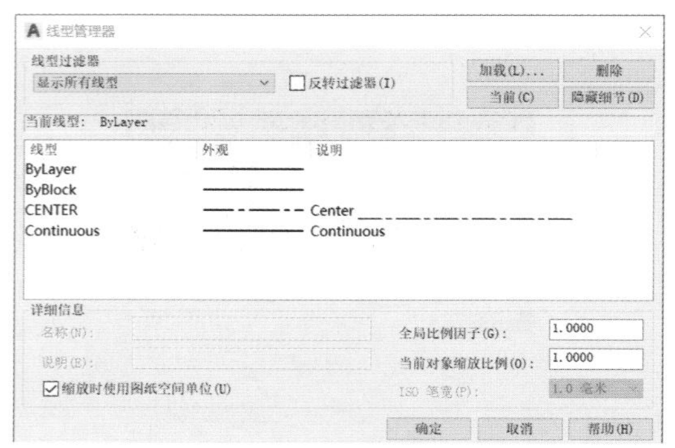


图 6—17

**03** 在“全局比例因子”文本框中输入新的比例因子，这里设置为50，单击“确定”按钮。如图6-18所示为更改比例因子前后的直线效果。

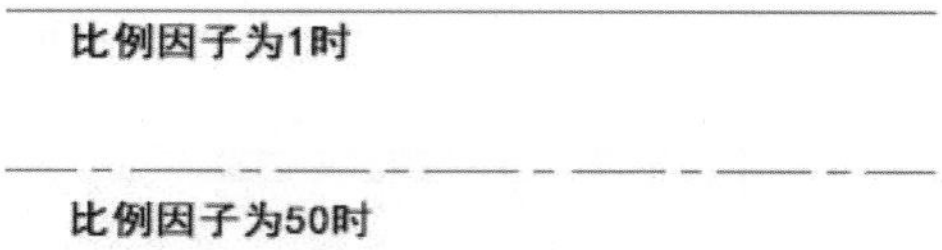

比例因子为1时

比例因子为50时

图 6—18

> **技巧 提示**
>
> 设置全局比例因子的命令为ITS（ITSCALE）。当系统变量LTSCALE的值增加时，非连续的短横线及空格加长，反之则缩短。

## 6.2.3 绘制轴网

**轴网由纵横交错的轴线和轴号组成。轴线又称为基准线，是用来定位施工、放线的重要依据。轴线确定了建筑房间开间的深度及楼板柱网等细部的布置。**

微课：平面布置图（2）

**绘制轴线的操作步骤如下。**

01 在图层下拉列表框中选择“轴线”图层，这样“轴线”图层就转换为当前图层，如图6-19所示。

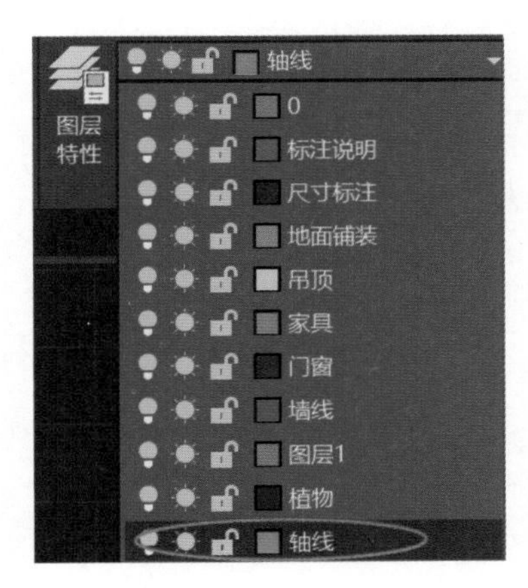


图 6-19

02 执行“直线”命令，打开正交模式，在绘图区域左下方选择适当的点作为轴线的基点，绘制一条长度为16 000mm的垂直直线，如图6-20所示。

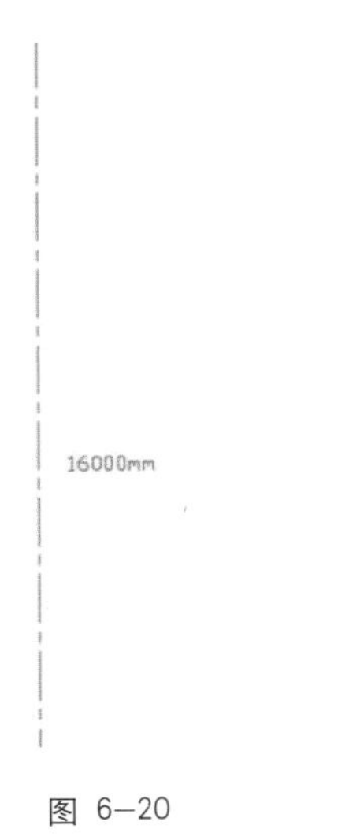


图 6-20

03 执行“偏移”命令，将直线向右进行多次偏移操作，如图6-21所示。

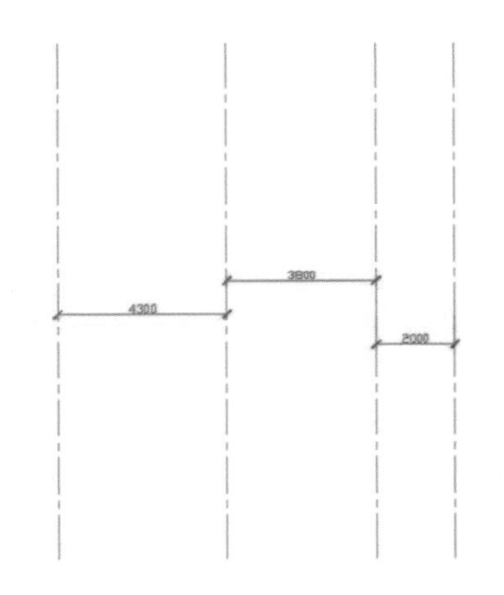


图 6-21

04 执行“直线”命令，在绘图区域左下方选择适当的点作为轴线的基点，绘制一条长度为14 000mm的水平直线，如图6-22所示。

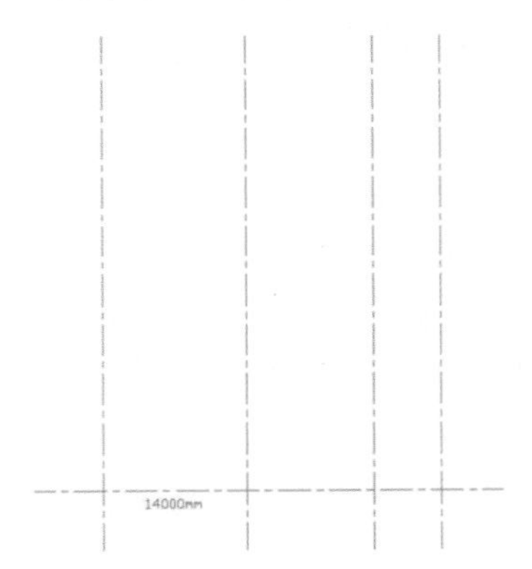


图 6-22

05 执行“偏移”命令，参照水平方向右侧轴线间的距离将直线向上进行多次偏移操作，如图6-23所示。

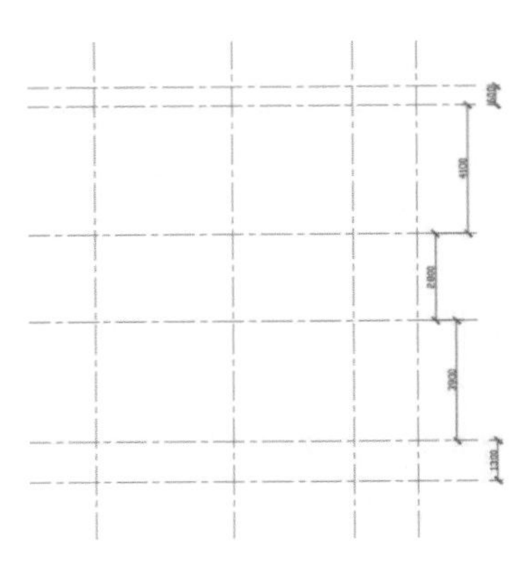

图 6-23

**06** 重新执行“偏移”命令，参考对应的尺寸完成非“主轴线”的绘制。为了便于查看，可以在偏移完成后将后绘制的轴缩短，效果如图6-24所示。

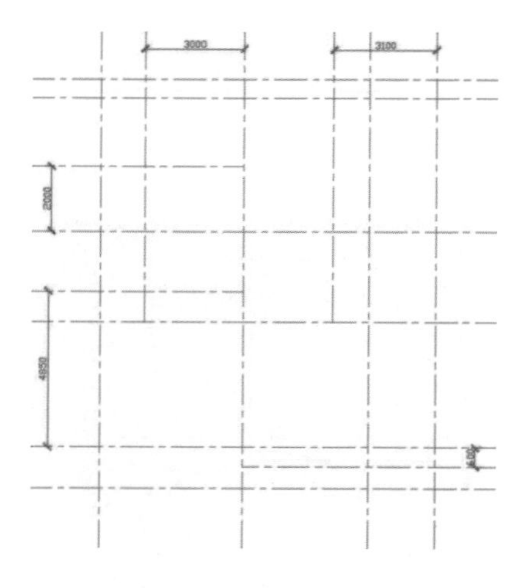


图 6-24

## 6.2.4 绘制墙体

**室内的墙体是室内基本结构中最主要的部分，可以使用“多线”命令来进行绘制。**

### 1．绘制外部墙体

**一般情况下，室内的墙体由承重墙和非承重墙构成。承重墙属于外墙，一般厚度为360mm，非承重墙属于砖混结构内墙，厚度为240mm，另外还有120mm的隔墙等。绘制墙体的操作步骤如下。**

**01** 选择“格式”→“多线样式”菜单命令，打开“多线样式”对话框，单击“新建”按钮，打开“创建新的多线样式”对话框，在“新样式名”文本框中输入“墙体”，如图6-25所示。

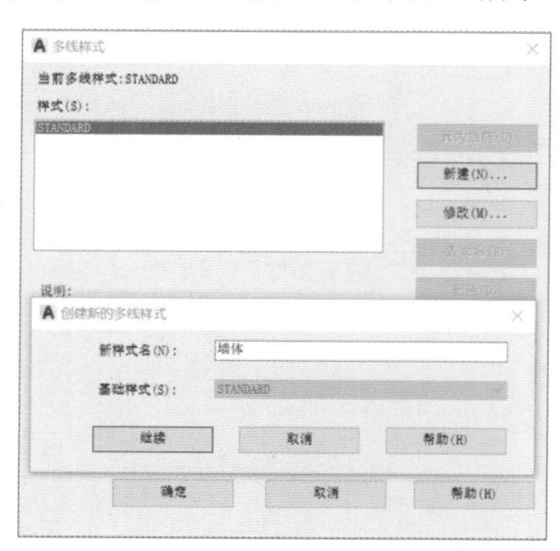


图 6-25

**02** 单击“继续”按钮，打开“新建多线样式：墙体”对话框，设置“封口”方式为“直线”，如图6-26所示。

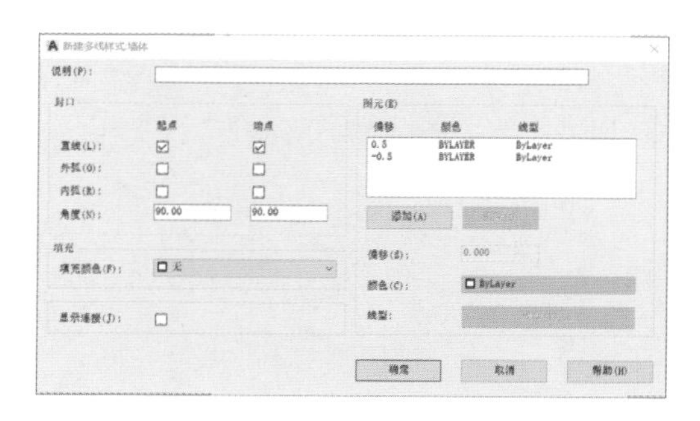


图 6-26

**03** 单击“确定”按钮，并在“多线样式”对话框中单击“置为当前”按钮，应用设置的墙体样式，如图6-27所示。

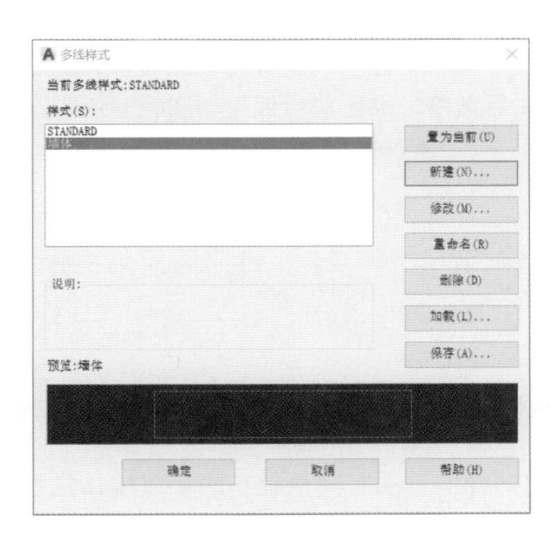


图 6–27

> **技巧 提示**
>
> “多线样式”命令为MLSTYLE，用户可以使用命令来完成多线样式的设置。另外，在寒冷的北方，外墙的厚度为370mm，如果房屋为框架结构，则内墙厚度为200mm，外墙厚度为250mm。本例的墙体结构使用的是框架结构墙体厚度。

**04** 将“墙体”图层设置为当前层，调用“多线”命令，将多线比例设置为250mm，将“对正”方式设置为“无”，捕捉轴线和交点，沿轴线绘制外墙墙体，如图6-28所示。

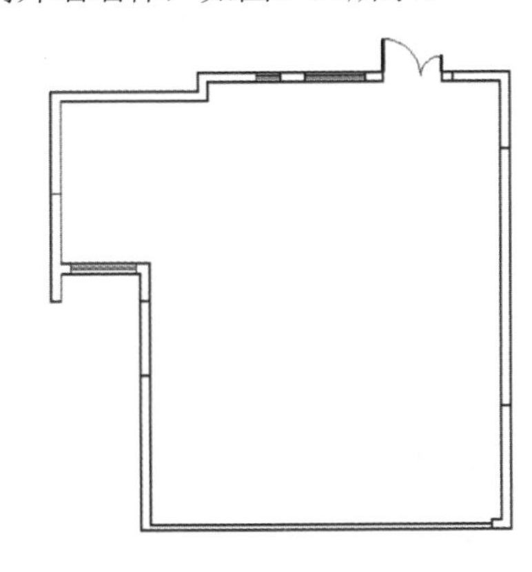

图 6–28

**05** 重新调用“多线”命令，绘制阳台墙体，距离为3400mm，绘制飘窗墙体，距离为3240mm，效果如图 6-29所示。

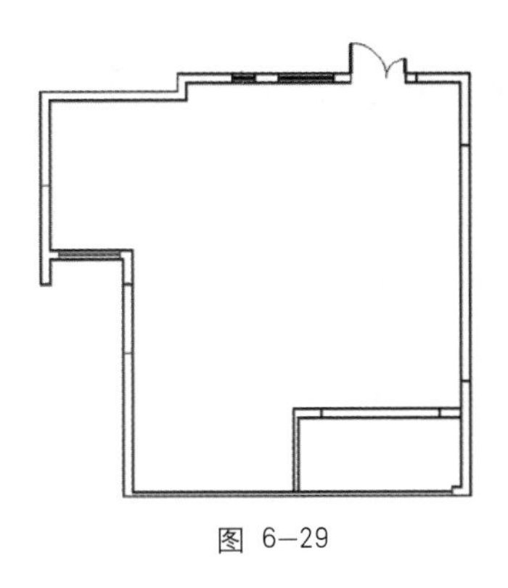

图 6–29

### 2. 绘制内墙体

**绘制内墙体的操作步骤如下。**

**01** 调用“多线”命令，将多线比例设置为200mm，在对应轴线交叉点处绘制内部墙体。其中，有两段墙轴线与其旁边轴线距离为700mm、350mm，完成的最终效果如图6-30所示。

图 6–30

**02** 执行“多线”命令，将多线比例设置为120mm，按所标尺寸绘制“卫生间”墙体，效果如图6-31所示。

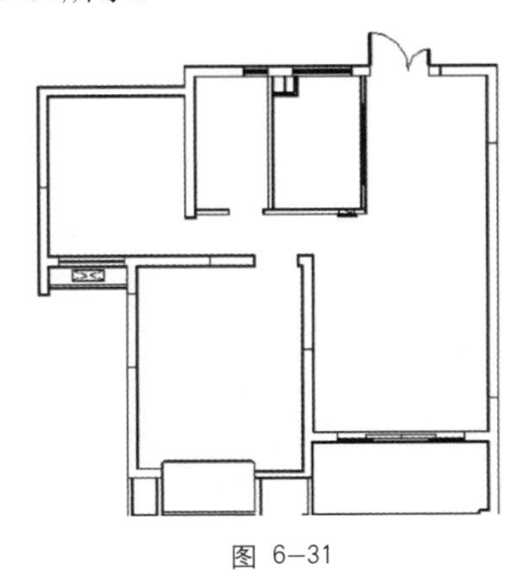

图 6–31

3. 编辑多线墙体

**可以通过多线编辑工具对墙体进行整体的编辑，达到自然接合的效果，其操作过程如下。**

**01** 选择“修改”→“对象”→“多线”菜单命令， 打开“多线编辑工具”对话框；或者在命令行中输入“MLEDIT”，按空格键或Enter键执行“多线编辑”命令，如图6-32所示。

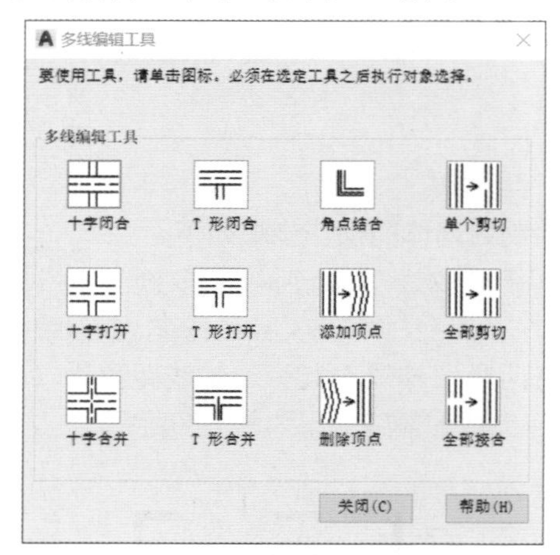


图 6—32

**02** 从对话框中选择“T形打开”选项，返回绘图界面，对多线进行T形打开操作。如图6-33所示为编辑前后的效果。

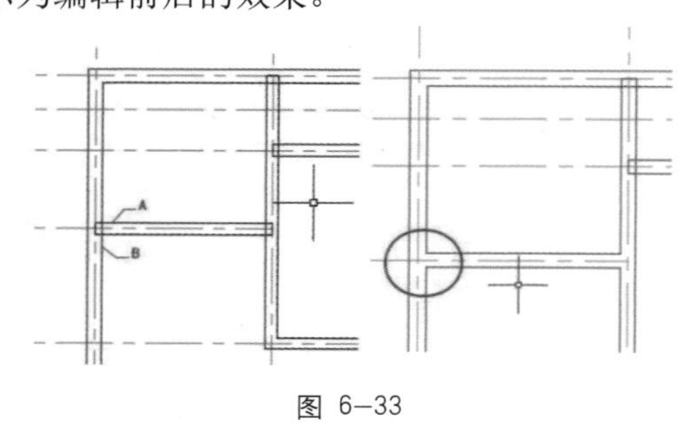


图 6—33

**03** 从对话框中选择“角点结合”选项，返回绘图界面，对左下角多线进行角点结合操作。选择没有先后顺序，操作前后效果如图6-34所示。

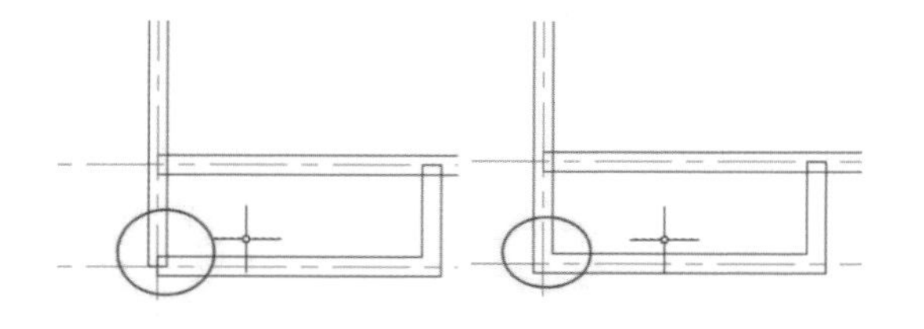

图 6—34

**04** 用同样的方法对其他位置的多线墙体进行操作，并关闭“轴线”图层，最终得到如图6-35所示的墙体效果。

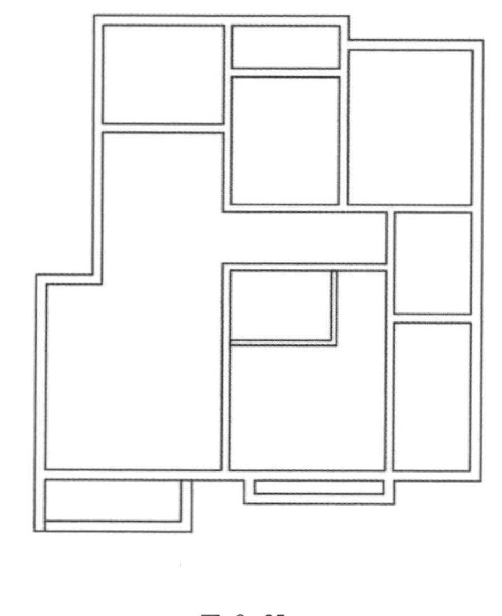

图 6—35

## 6.2.5 门与窗绘制

窗户设计主要由建筑的采光、通风条件来确定。一般根据采光等级确定窗洞面积与地面面积的比值（1/8左右）。同时还需要考虑其功能，以及美观和经济条件等。

采光：窗户位置可影响光线的照度是否均匀、有无暗角和眩光。窗户的位置应使进入房间的光线通畅，并使内部家具布置方便。通常，打开房间两侧相对应的窗户或门窗会产生穿堂风，门窗的相对位置采用对面通直布置时，室内气流最通畅。

门有实木门、钢木门、免漆门等。室内门的宽度为700～900mm，高度为1 900mm、2 000mm、2 100mm、2 200mm、2 400mm。厕所门的宽度为800～900mm，高度为1 900mm、2 000mm、2 100mm。

1. 开门洞

**本例中，卧室门的尺寸为900mm，卫生间门的尺寸为800mm，入户门的尺寸为1200mm。创建完墙体后，在墙体上开门洞的操作步骤如下。**

**01** 在命令行中输入“X”或“EXPLODE”，按空格键或Enter键执行“分解”命令。

**02** 选择所有的墙体多线，按Enter键完成分解操作。

**03** 按对应的墙垛距离在墙体一侧绘制直线，并偏移门的宽度，成为双线，如图6-36所示。

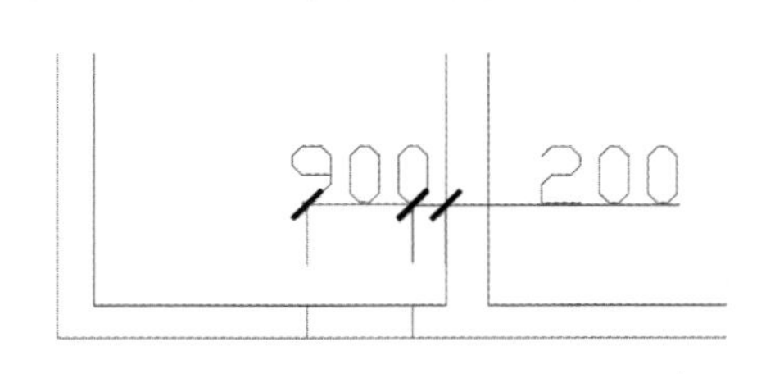


图 6-36

**04** 执行“修剪”命令，将门洞对应的中间墙线修剪掉，完成的效果如图6-37所示。

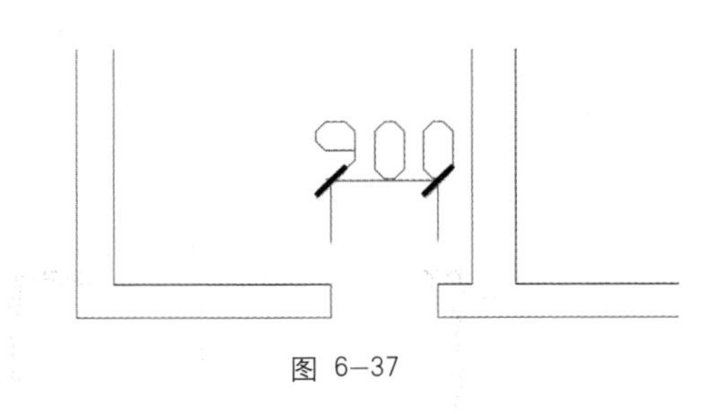


图 6-37

2. 开窗洞

**在房屋建筑中，一般窗户的宽度都是以300mm为倍数的尺寸，如600mm、900mm、1 200mm、1 800mm等。窗户的位置一般在墙体中间，在墙体上开窗洞的操作步骤如下。**

**01** 执行“直线”命令，以捕捉中点方式创建窗户的中间线。

**02** 执行“偏移”命令，将直线向两侧偏移一定的距离，如750mm，如图6-38所示。

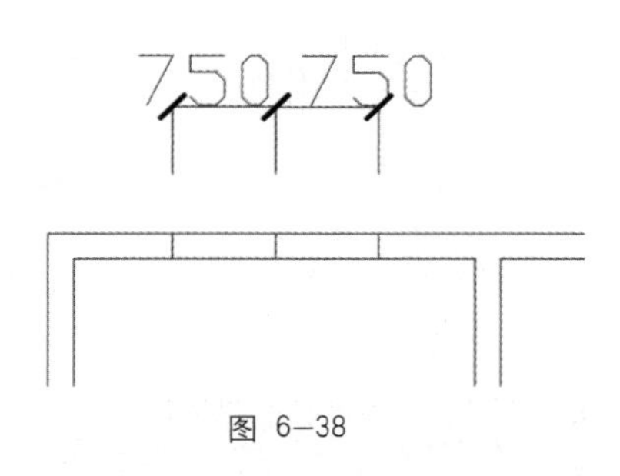


图 6-38

**03** 删除中间线，并执行“修剪”命令，得到对应的窗洞，效果如图6-39所示

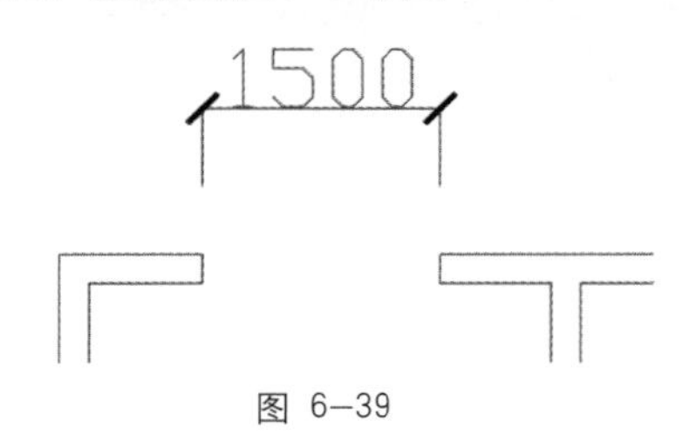


图 6-39

3. 绘制门

**绘制门的操作步骤如下。**

**01** 将“门窗”图层设置为当前层，捕捉门垛位置墙处的中点，绘制大小为900mm×40mm的矩形， 如图6-40所示。

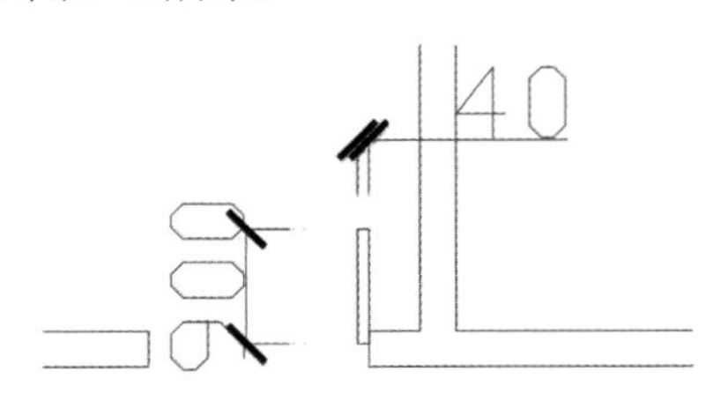


图 6-40

**02** 选择“绘图”→“圆弧”→“起点、端点、角度”菜单命令，捕捉起点和端点，绘制一个角度为90°的圆弧，表示门的开启方向，如图6-41所示。

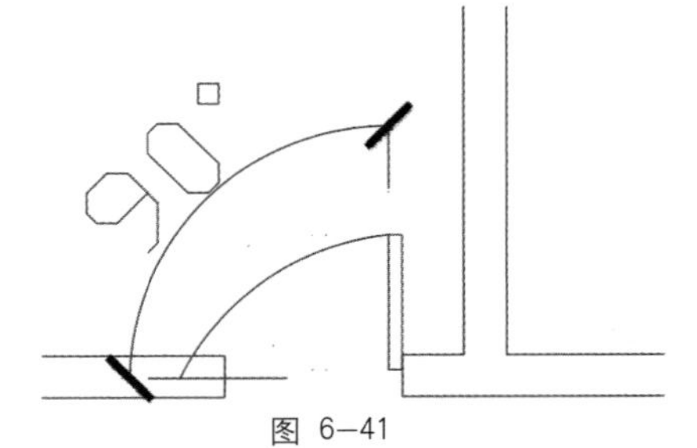

图 6-41

1
2
3
4
5
6
7
8
9
10
11
12

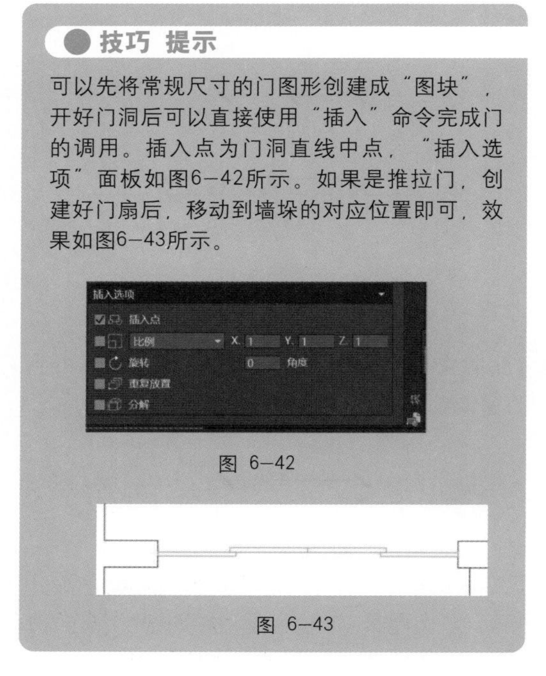


**技巧 提示**

可以先将常规尺寸的门图形创建成“图块”，开好门洞后可以直接使用“插入”命令完成门的调用。插入点为门洞直线中点，“插入选项”面板如图6-42所示。如果是推拉门，创建好门扇后，移动到墙垛的对应位置即可，效果如图6-43所示。

图 6-42

图 6-43

4．绘制窗

**绘制窗户的操作步骤如下。**

**01** 选择“格式”→“多线样式”菜单命令，打开“多线样式”对话框，单击“新建”按钮，打开“创建新的多线样式”对话框，在“新样式名”文本框中输入“窗户”，如图6-44所示

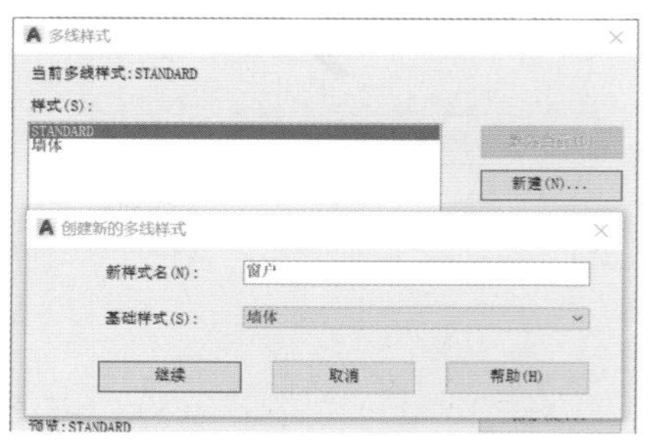


图 6-44

**02** 单击“继续”按钮，进入“新建多线样式：窗户”对话框，设置“图元”选项组中的“偏移”参数，如图6-45所示。

图 6-45

**03** 单击“确定”按钮，将“窗户”图层设置为当前层，如图6-46所示。

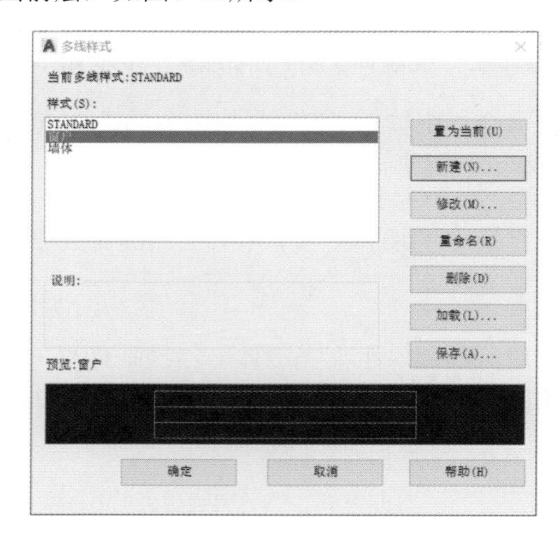


图 6-46

**04** 将“门窗”层设置为当前层，调用“多线”命令，绘制窗户形状，如图6-47所示。

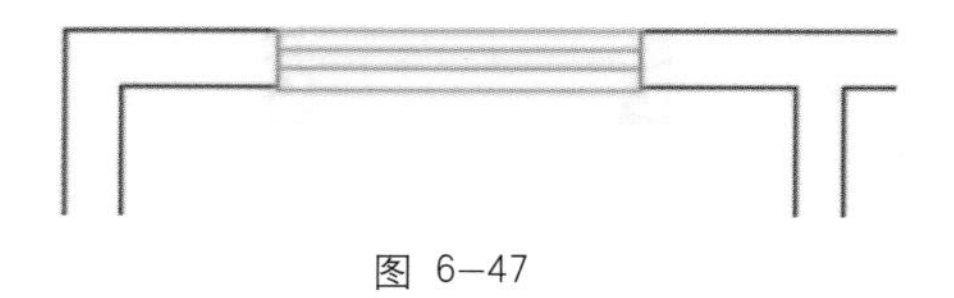

图 6-47

**05** 按照以上方式，创建整个房屋的门窗，完成后的效果如图6-48所示。

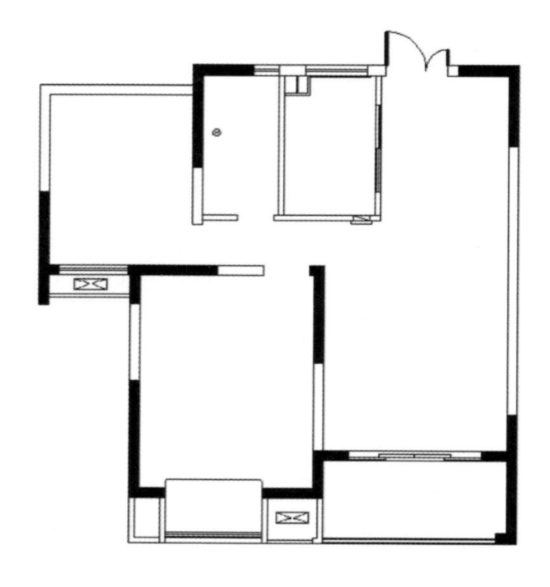

图 6-48

● 技巧 提示

室内大门的宽度为1200mm，由大小两个门扇组成，属于三防门，即通常所说的“入户门”。所谓三防门，就是防盗、防火、防寒。防盗是门的基本功能，门体能够防撬，使用一般手工工具15分钟内不能撬开；门锁能够防钻，有一定的科技含量。防火指门体由金属材料制成，在发生火灾后的一定时间内，能够防止明火和烟气扩散，防止火灾蔓延。防寒指门体内有保温材料。安装上三防门，就可以不再装普通门，如图6-49所示。

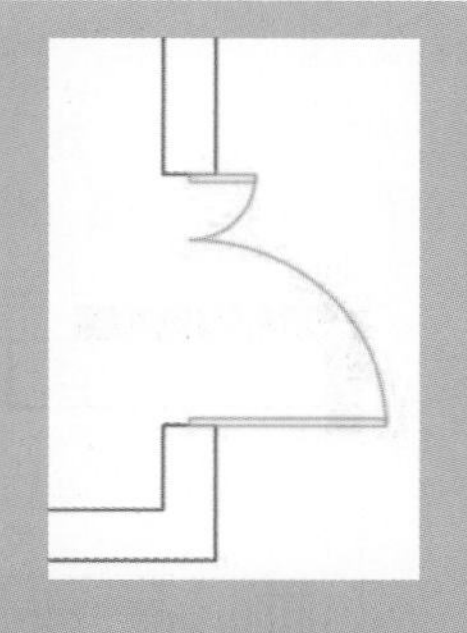
图 6-49

## 6.2.6 家具与绿植绘制

**前面的章节介绍了室内常用家具模型等的绘制方法。在实际绘图过程中，家具模型不需要设计师每次都重复制作，可以通过将相应的文件制作成块文件，然后通过“插入”命令插入到相应的位置，还可以通过AutoCAD的“设计中心”来创建自己的“工具选项”面板，再调入相应的图形。**

### 1. 绘制家具

**绘制家具的操作步骤如下。**

微课：
平面布置图（3）

**01** 将“家具”层指定为当前层，按Ctrl+3组合键显示“工具选项”面板。

**02** 选择要插入的图块，如双人床，拖到对应的卧室位置，可以是对应背景墙线的中点，如图6-50所示。

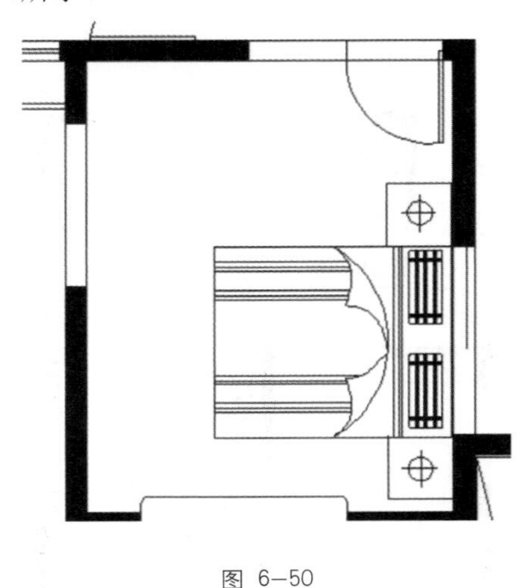
图 6-50

**03** 在命令行中输入“RO”，执行“图形旋转”命令，将“双人床”旋转90°，效果如图6-51所示。

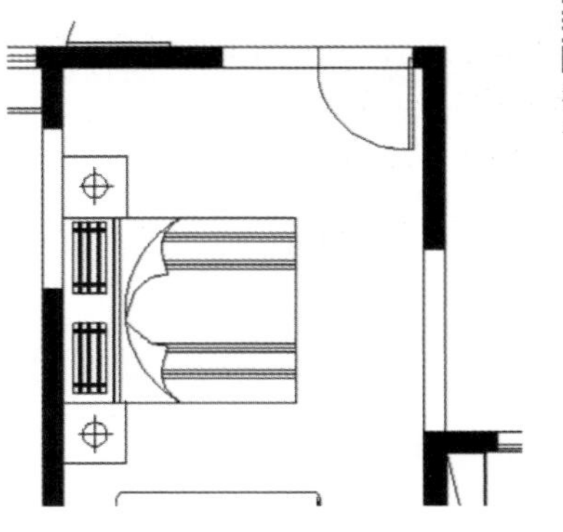
图 6-51

**04** 为了在图中卧室下方放置衣柜，向上移动双人床200mm，并绘制一个1 800mm×600mm的矩形，如图6-52所示。

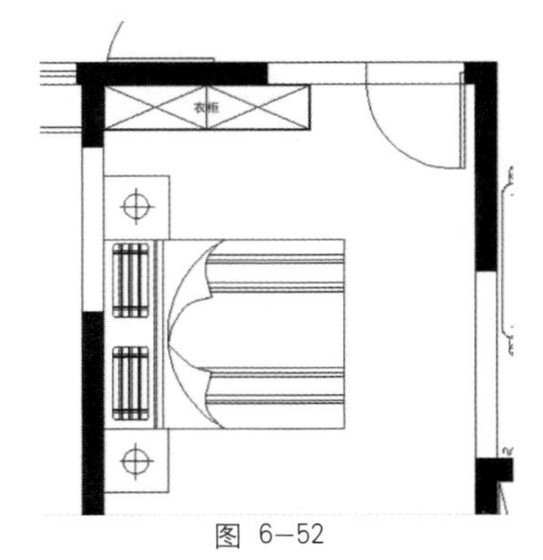

图 6-52

**05** 将“衣架”从工具选项中拖入到衣柜竖边中点，并旋转90°。

**06** 重复图块的插入工作，将“电视机”插入到双人床对面的墙，效果如图6-53所示。

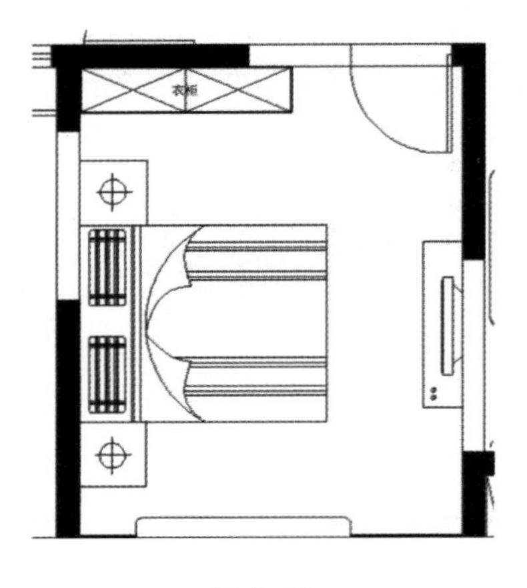

图 6-53

2. 绘制植物

**绿化植物的绘制步骤如下。**

**01** 将“植物”图层指定为当前层，并将阳台作为植物放置的主要位置。

**02** 用“圆弧”命令创建一片叶子的轮廓，如图6-54所示。

图 6-54

**03** 继续绘制一片叶子，并加上水滴，效果如图6-55所示。

图 6-55

**04** 利用“阵列”命令构造圆形的植物图形，如图6-56所示。

**05** 从工具选项栏中拖入其他植物，放置到阳台，效果如图6-57所示。

图 6-56

图 6-57

**完成所有家具与绿化植物绘制的平面效果如图6-58所示。**

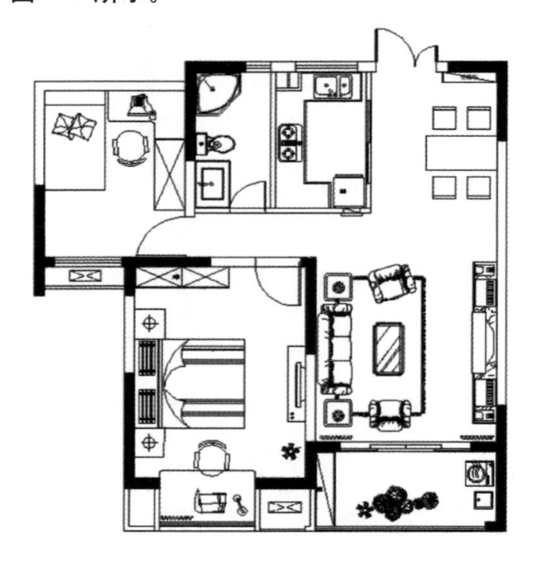

图 6-58

## 6.2.7 尺寸标注

尺寸标注是绘图设计中的一项重要内容，它反映了对象之间的距离和对象的角度等。在为一个对象标注尺寸时，系统会自动计算对象的长度或指定某两点的距离。AutoCAD的尺寸标注功能提供了极大的灵活性，它可以为不同的对象标注，这在实际绘制图形的过程中是必不可少的。

在AutoCAD中，对绘制图形进行标注时应注意下面一些问题。所有通过尺寸表达的信息都是至关重要的，所以必须使用实际尺寸。所绘制的对象不一定与对象实际制造的尺寸相同，但是所标注的尺寸必须是正确的。不正确的尺寸会导致错误的制造。

图样中的尺寸通常以毫米（mm）为单位，如采用其他单位必须注明。对象的尺寸一般只标注一次，且必须标注在清晰的位置。一个完整的尺寸标注由标注文字、尺寸线、尺寸界限和端符构成，如图6–59所示。

标注文字：用于指定测量值的字符串。文字还可以包含前缀、后缀和公差，用户可以对其进行编辑。

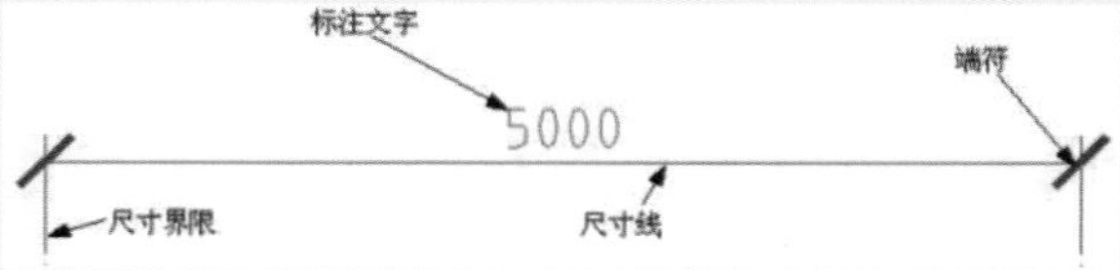

尺寸线：用于指示标注的方向和范围。尺寸线通常为直线，但对于角度和弧长标注，尺寸线是一段圆弧。

图 6–59

尺寸界限：是指被标注的对象端点延伸的尺寸线的线段，它指定了尺寸线的起始点与结束点。

端符：用于显示尺寸线两端，用户可以为端符指定不同的形状，在建筑制图中通常采用斜线形式。

1．设置标注样式

在绘图过程中，不同的行业标准需要不同的标注样式。使用标注样式可以控制尺寸标注的格式外观，通过标注样式可对格式及用途进行修改。设置标注样式的操作步骤如下。

**01** 选择“格式”→“标注样式”菜单命令，打开“标注样式管理器”对话框，如图6-60所示。调用“标注样式”命令的方法有以下两种。

①选择“格式”→“标注样式”菜单命令。

②在命令行中输入“D”或“DST”，按空格键或Enter键确认。

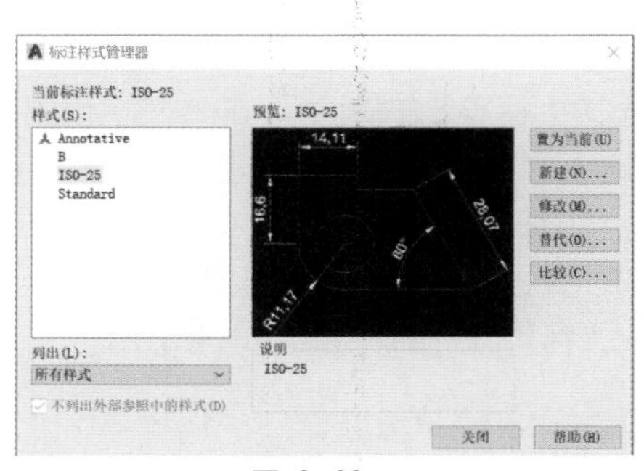


图 6–60

**02** 单击“新建”按钮，打开“创建新标注样式”对话框，在“新样式名”文本框中输入“装饰设计平面图”，如图6-61所示。

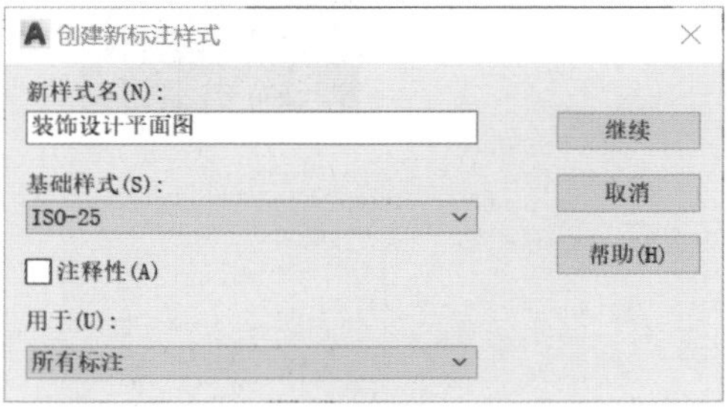

图 6–61

1
2
3
4
5
6
7
8
9
10
11
12

**03** 单击“继续”按钮，打开“新建标注样式：装饰设计平面图”对话框，如图6-62所示。

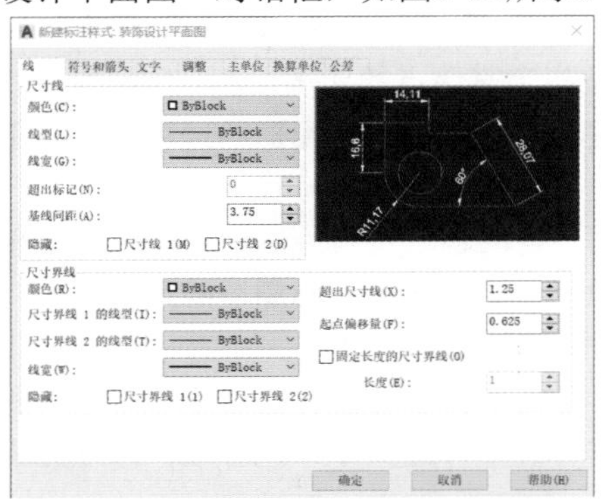

图 6-62

**04** 选择“符号和箭头”选项卡，在“箭头”选项组中，在“第一个”和“第二个”选项的下拉列表框中分别选择“建筑标记”选项，如图6-63所示。

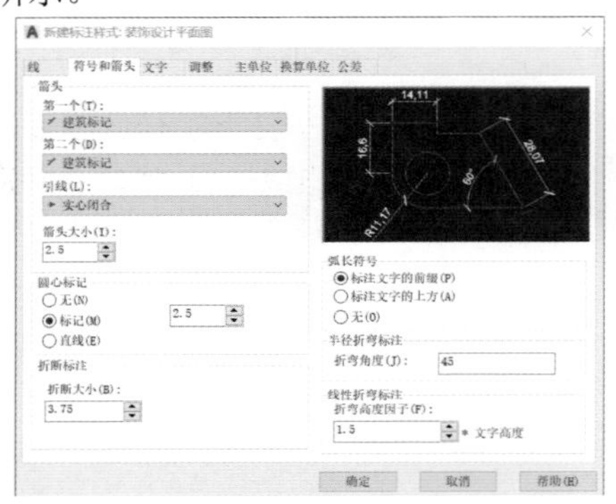

图 6-63

**05** 选择“调整”选项卡，在“文字位置”选项组中选中“尺寸线上方，带引线”单选按钮，在“标注特征比例”选项组中选中“使用全局比例”单选按钮，并设置比例为100，表示当前图样的比例尺为1:100，如图6-64所示。

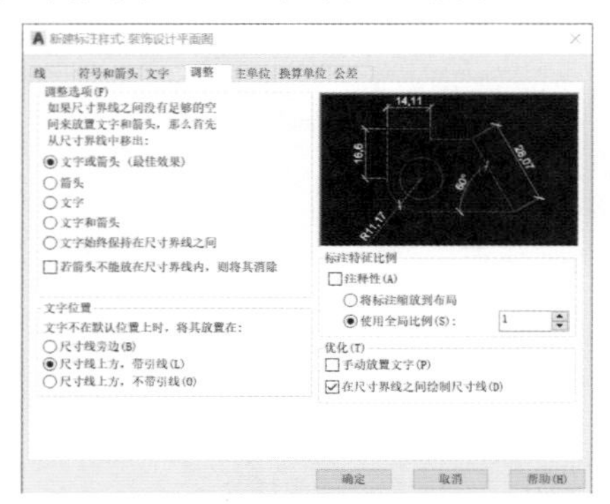

图 6-64

**06** 选择“主单位”选项卡，将标注的精度设置为0（精确到毫米），如图6-65所示。

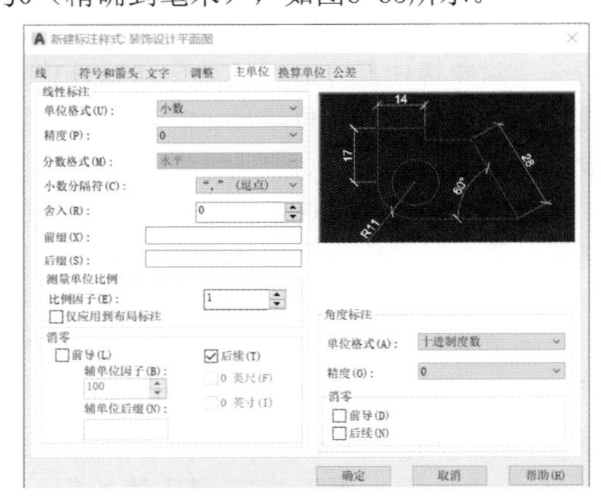

图 6-65

**07** 单击“确定”按钮，返回“标注样式管理器”对话框，在“样式”列表框中选择“装饰设计平面图”选项，单击“置为当前”按钮，如图6-66所示。单击“关闭”按钮，完成标注样式的设置。

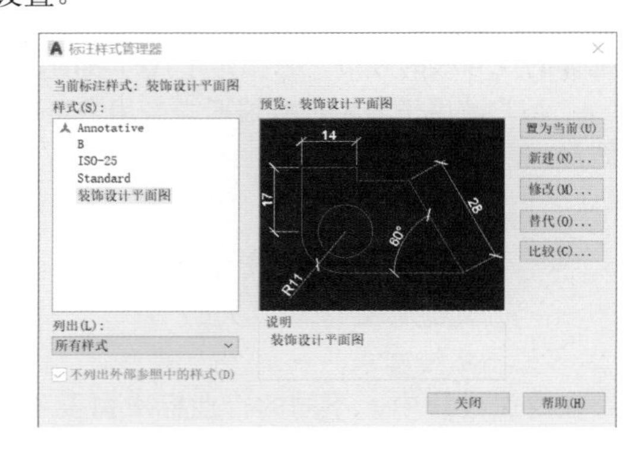

图 6-66

### 2. 对图形进行标注

**标注过程主要使用“线性”工具和“连续”工具对尺寸进行标注。当然，在AutoCAD中还有一个强大的标注命令就是“快速标注”。对图形进行标注的操作步骤如下。**

**01** 在命令行中输入“QDIM”，按空格键或Enter键执行“快速标注”命令。

**02** 选择对象时，以窗口交叉方式选择下方的轴线，如图6-67所示。

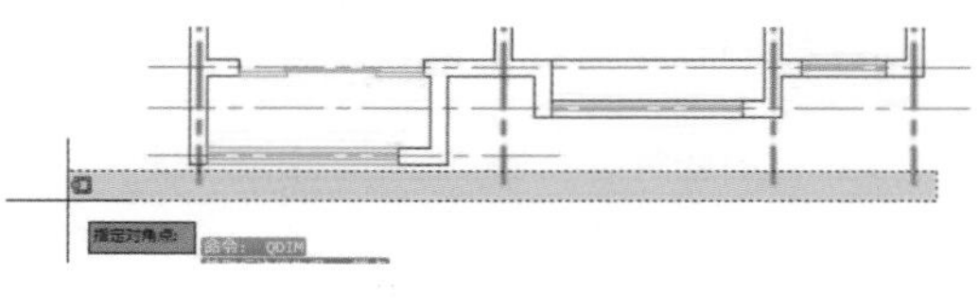


图 6-67

**03** 指定尺寸线位置，单击即可完成标注，标注效果如图6-68所示。

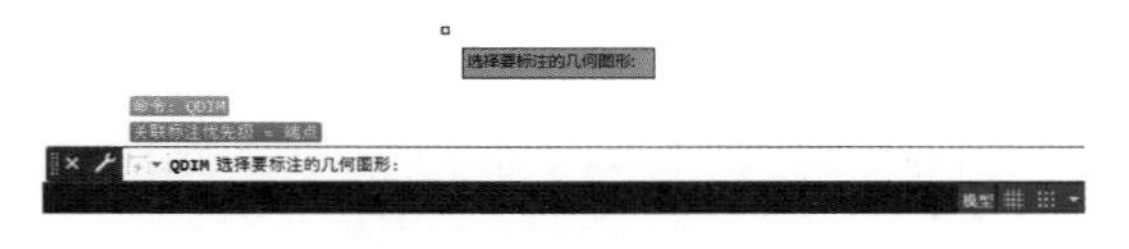


图 6-68

**04** 继续执行“快速标注”命令，完成其他轴线的标注。再用“线性标注”命令，标出外墙总体尺寸，效果如图6-69所示。

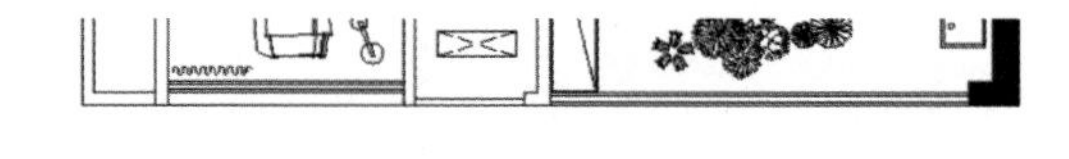

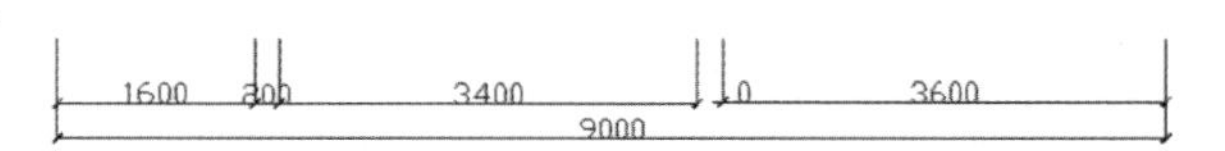


图 6-69

## 6.2.8 文字与符号注释

**在AutoCAD中绘图时，不仅要对图形进行绘制，而且还需要进行一些文字注释，如图形的说明、技术要求及施工规范等。文字注释可以使用户直观地理解图形所要表达的信息，并提供对象特征的描绘。**

### 1. 创建文字注释

**创建文字注释的操作步骤如下。**

**01** 调用“文字样式”命令，在打开的“文字样式”对话框中，单击“新建”按钮，在打开的“新建文字样式”对话框“样式名”文本框中输入 “文字注释”，建立一个新的文字样式，如图 6-70所示。

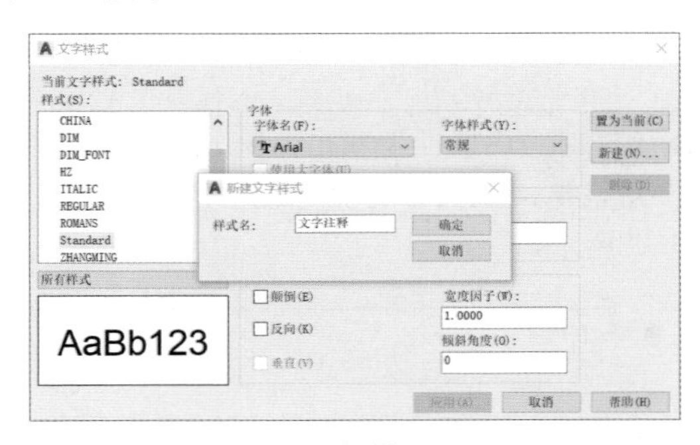


图 6-70

**02** 单击“确定”按钮，返回“文字样式”对话框，选择“文字注释”样式，单击“置为当前”按钮，参数设置如图6-71所示。

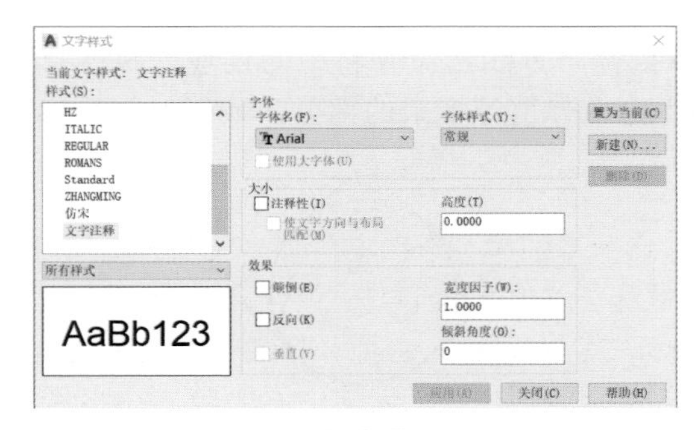


图 6-71

**03** 执行“单行文字”命令，对图形中的文字进行注释，如图6-72所示。

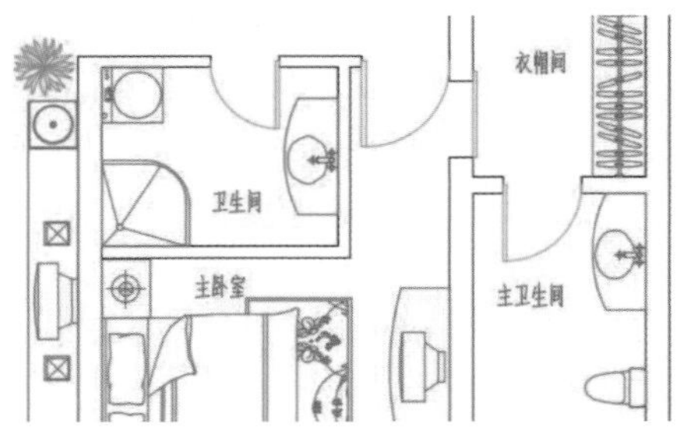


图 6-72

### 2. 绘制内视符图块

**在场景中需要绘制索引图形中表明立面图样位置的注释图块。内视符注释图块主要通过块的定义属性功能来实现。绘制内视符图块的操作步骤如下。**

**01** 执行“圆”命令，在客厅位置绘制一个半径为100mm的圆。

**02** 执行“多边形”命令，绘制一个外切于半径为100mm的圆的正四边形（输入半径时可用极坐标方式@100<45），如图6-73所示。

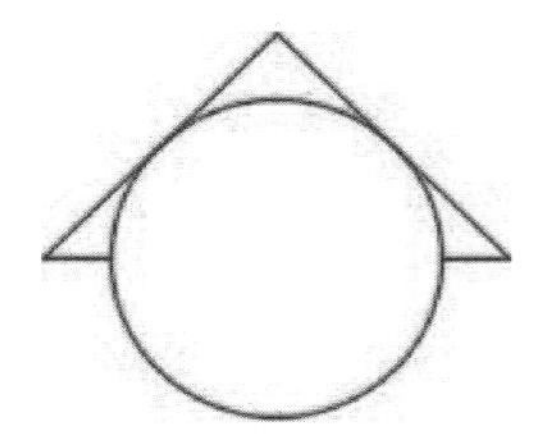

图 6-73

**调用“多边形”命令的方法有以下两种。**

①选择“绘图”→“多边形”菜单命令。

②在命令行中输入“POL”或“POLYGON”，按空格键或Enter键确认。

**03** 执行“直线”命令将中间连线，执行“修剪”命令修剪掉多余的部分，效果如图6-74所示。

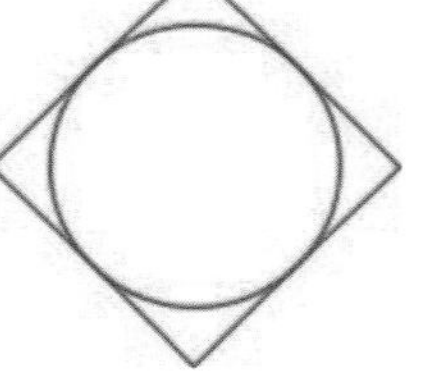

图 6-74

**04** 在命令行中输入“-AR”，执行“阵列”命令，以环形阵列方式完成4个图形的拼贴，效果如图6-75所示。

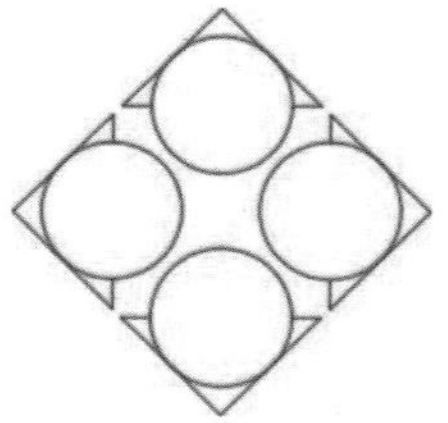

图 6-75

### 3. 创建和编辑块属性

**创建和编辑块属性的操作步骤如下。**

**01** 选择“绘图”→“块”→“定义属性”菜单命令，打开“属性定义”对话框，在“文字设置”选项组中设置文字的“对正”方式为“正中”、“文字高度”为150mm，如图6-76所示。

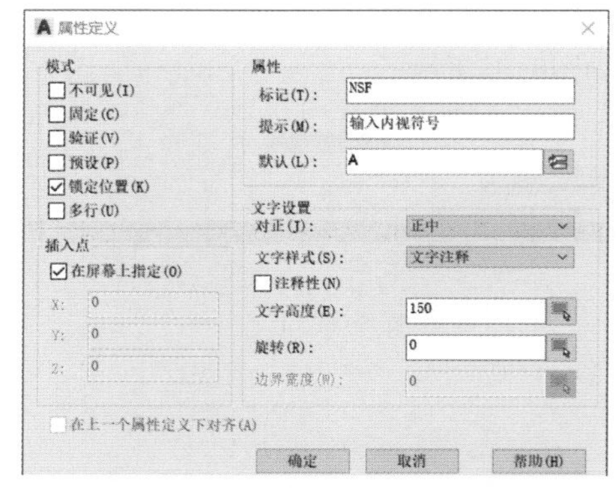


图 6-76

**02** 单击“确定”按钮，在绘图区域单击上一个圆的圆心作为插入点。

**03** 执行“复制”命令，将定义的块属性内容复制到其他位置，得到如图6-77所示的效果。

图 6-77

**04** 在复制的块属性上双击，打开“编辑属性定义”对话框，在其中将“标记”改成“A”，如图6-78所示。

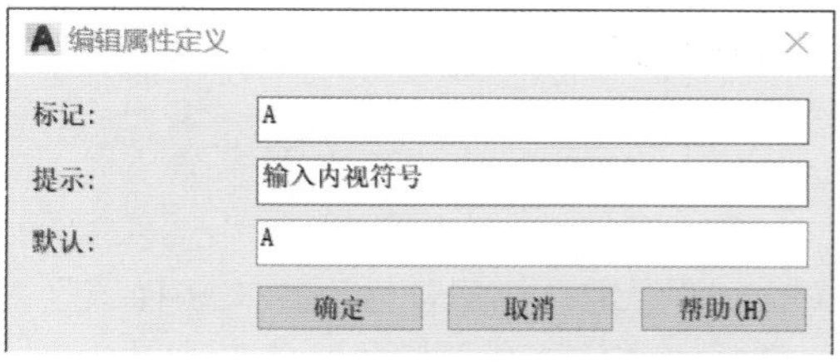

编辑属性定义

标记：A

提示：输入内视符号

默认：A

确定　取消　帮助(H)

图 6-78

**05** 依次双击其他块属性，在各自打开的对话框中将对应的“标记”分别修改为B、C、D，移动位置后的效果如图6-79所示。

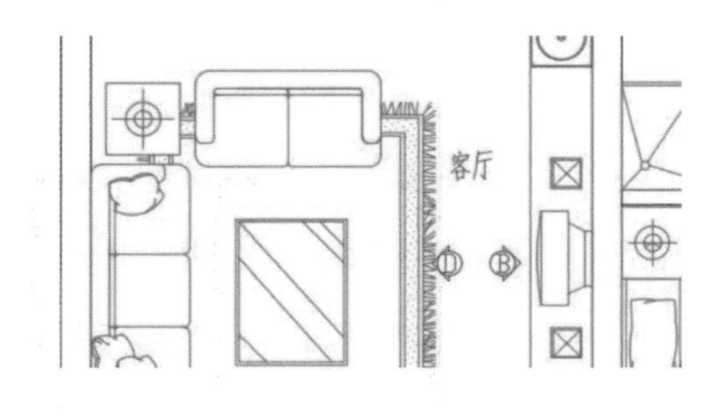


图 6-79

## 6.3 知识与技能要点

用户在使用AutoCAD 2021绘图时，为了便于修改时查看，需要先设置图层。绘制时要注意墙体轴线的位置，并注意墙体的承重。一般情况下，承重墙体的厚度为360mm，非承重墙体的厚度为240mm。

- 重要工具：绘图工具、修改工具、标注工具、文字注释工具、图层工具。
- 核心技术：建立图层，并设置图层的线型，绘制时先确定轴线的位置，再绘制轴网。
- 实际运用：室内平面图的绘制。

## 6.4 课后练习

1. 运用本章所学的知识，绘制如图6-80所示的室内平面布置图。

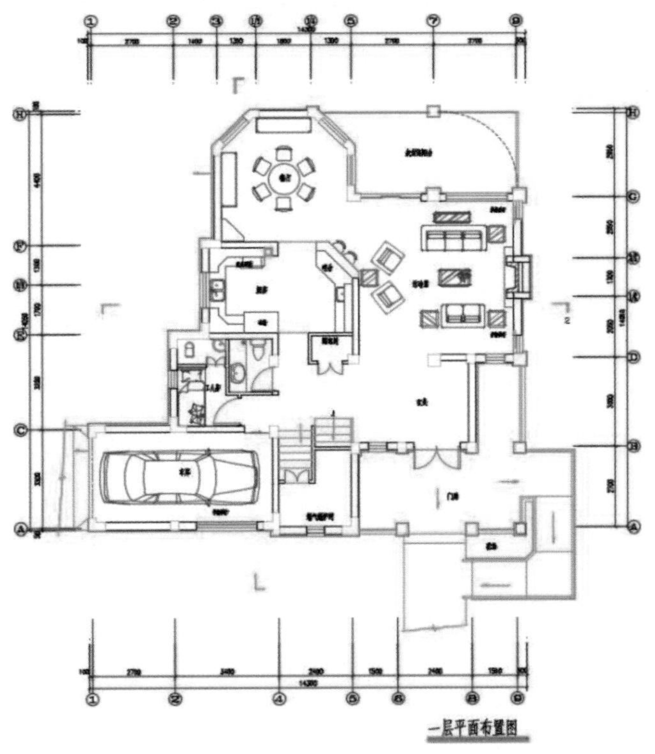


图 6-80

2．运用本章所学的知识，绘制如图6-81所示的室内平面布置图。

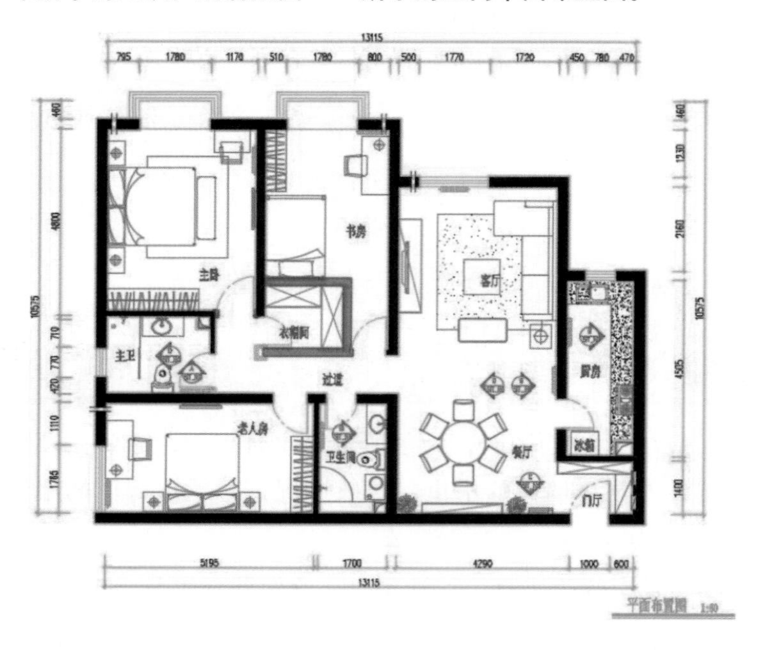


图 6-81

Chapter 7

# 地面铺装图与顶棚图绘制

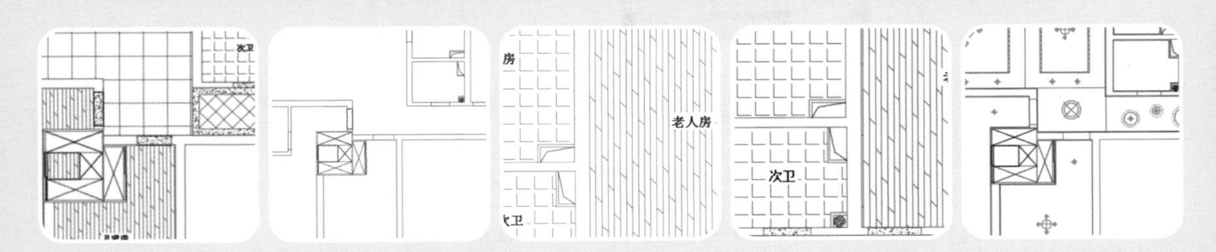


如同手工绘图一样，用户在使用AutoCAD进行绘制之前，需要对图形比例、图纸大小等进行设置。只有做好了这些准备工作，才能保证绘图的效率。

在AutoCAD中，使用样板图技术可以让用户在以后的每一张新图纸上使用相同的绘图环境，无须重新定义，而且可以很好地规范整个公司内部的设计图纸，不需要像手工绘图那样，每绘制一张图纸都需要重新定义。

| 学习要求 | 知识点 \ 学习目标 | 了解 | 掌握 | 应用 | 重点知识 |
|---|---|---|---|---|---|
| 学习要求 | 地面铺装图绘制 | | 🚩 | | |
| | 平面布置图修改 | | 🚩 | | |
| | 图形区域图案填充 | | 🚩 | | |
| | 顶棚平面图绘制 | | | 🚩 | |
| | 天花和墙体的分界线绘制 | | | 🚩 | |
| | 吊顶造型绘制 | | | 🚩 | |
| | 顶部灯具绘制 | | | | 🚩 |
| | 顶部材质填充 | | | | 🚩 |

能力与素质目标

# 7.1 地面铺装图绘制

地面材质铺装图主要使用填充命令来表示地面的材料及铺设方法，如图7-1所示。

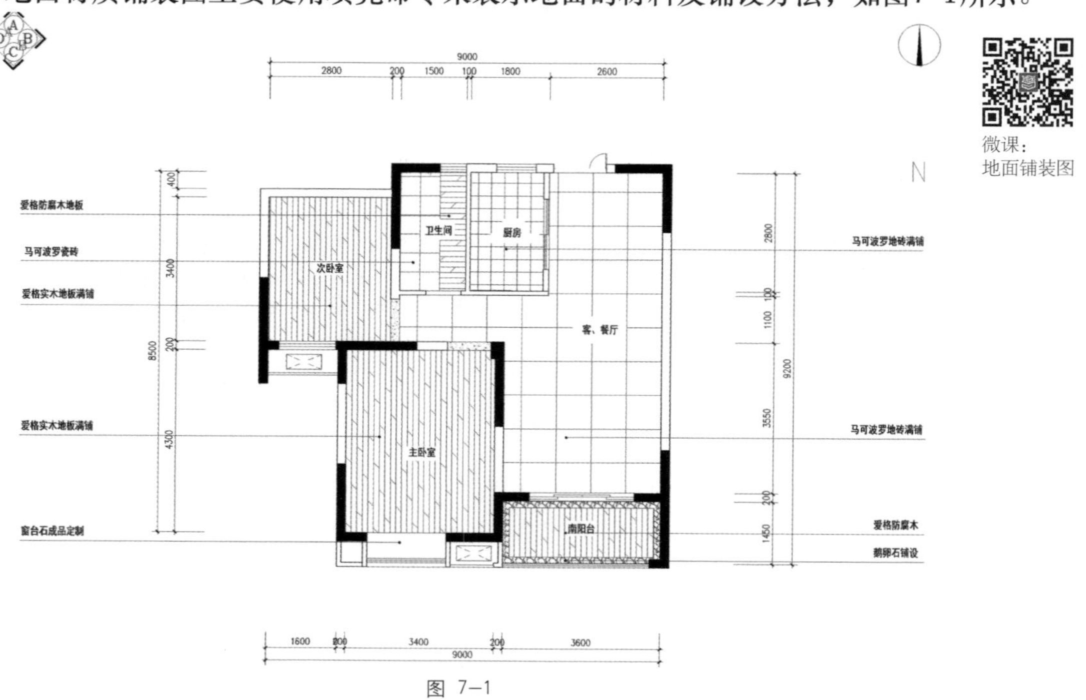


图 7—1

地面材质铺设主要包括地砖、木地板的铺设。该工程具体可划分为基层处理、选材、辅料、施工方法、收尾处理。

① 基层处理：现在的施工项目，基层可分为毛面基层、光面基层、拆除后基层3种情况。毛面基层不需进行其他处理，只需在铺贴前用水将基层浸泡一段时间即可；光面基层在施工前需对原面进行凿毛处理，浸水后才可贴砖；拆除后基层因其拆除时遗留原结构层，所以应尽量清理干净，浸水后才可施工。

② 选材：首先是对瓷砖的选择，要使用的材料花色和规格应一致，边角无损伤，表面平整完好，这样才符合施工要求。

③ 辅料：包括水泥、沙子、勾缝剂等材料。水泥应使用目前国家公布的标准325#水泥，沙子应经过筛选并过水，水泥沙浆应按照1:2.5的配比施工。

④ 施工方法：对选好的砖应进行预排，以便砖缝能够均匀。在同一墙面上进行横竖排列时，不应有非整砖，非整砖应放在次要部位及阴角处。贴好每一块砖后，应使四边平整、缝隙一致。对于贴完后的砖，对于空鼓砖应敲下来重新更换。

⑤ 收尾处理：在铺贴室内大地砖前，应首先浸泡地面，放墙面水平线，定十字水平线，之后才可以施工。在墙地砖铺贴完后，应使用白水泥或专业勾缝剂将砖缝勾好。

## 7.1.1 平面布置图修改

**用户可以根据绘制的平面布置图得到地面铺装图的基本墙体和设备。修改平面布置图的操作步骤如下。**

**01** 打开一张原有的平面布置图文件，删除室内家具等模型，只保留在施工过程中用于地板铺设的设备，如图7-2所示，然后另存为“地面铺装图.dwg”文件。

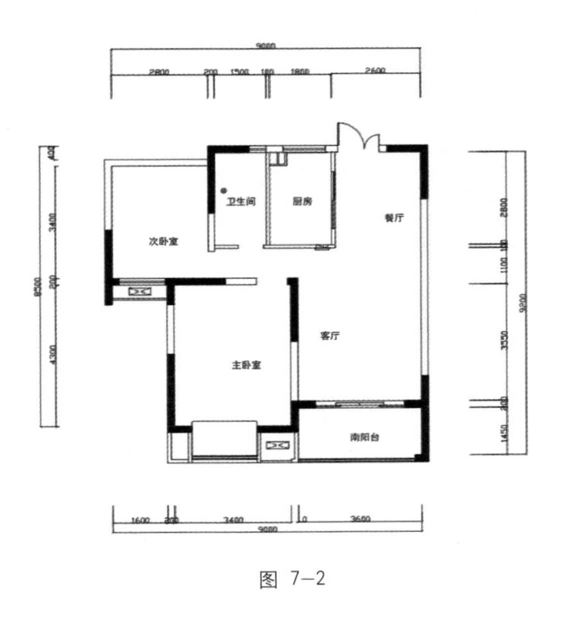


图 7-2

**02** 选择“文件”→“绘图实用程序”→“清理”菜单命令（可在命令行中输入“PURGE”），打开“清理”对话框，选中“确认要清理的每个项目”和“清理嵌套项目”复选框，如图7-3所示。

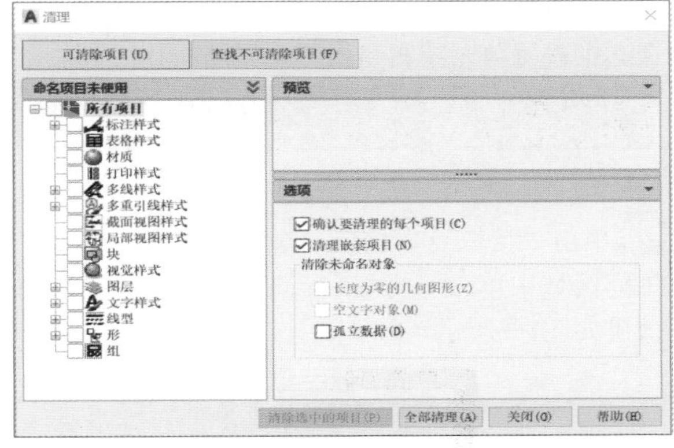


图 7-3

**03** 单击“全部清理”按钮，在打开的“清理-确认清理”对话框中单击“清理所有选中项”按钮即可，如图7-4所示。

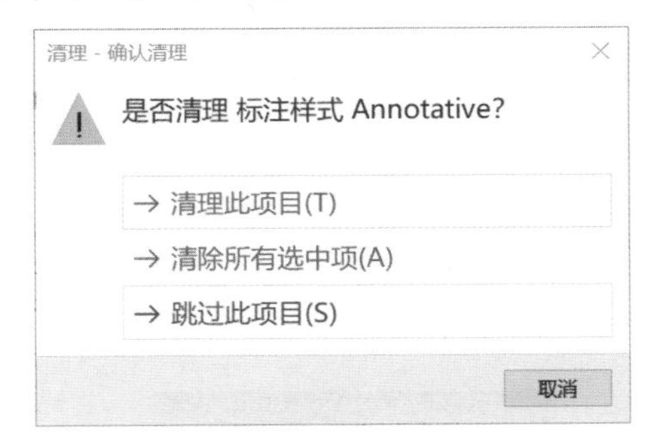


图 7-4

**技巧 提示**

“清理”命令用于清除图像中没有命名的对象，以释放磁盘空间。

## 7.1.2 图形区域图案填充

在AutoCAD中，图案填充是指用图案去填充图形中的某个区域，以表达该区域的特征。图案填充是用实心颜色和重复的直线图案填充某一区域。例如，制作机械零件或结构部件的机械工程图时，可以用图案填充来表达一个剖面的区域；在室内外装饰设计中，可以用填充图案来表示施工中用的材料和材料的大致规格。

1 2 3 4 5 6 7 8 9 10 11 12

1．填充卫生间

**填充卫生间的操作步骤如下。**

01 将“填充”图层设置为当前层，先对上方的卫生间区域进行填充。一般情况下，卫生间使用300mm×300mm的防滑砖。执行“图案填充”命令，选项栏面板弹出“图案填充选项栏”面板，在其中设置填充图案和比例，如图7-5所示。

图 7-5

02 单击“拾取点”按钮，进入图形中，在主卫生间区域中单击，再按Enter键确认，填充后的效果如图7-6所示。

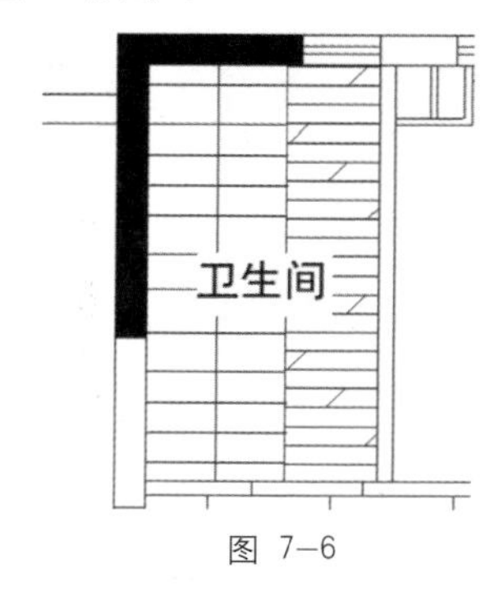


图 7-6

03 选择刚填充的图案，在选项面板中单击“设定原点”按钮，在下拉列表中选择“左下”选项，面板如图7-7所示。调整后的填充图案效果如图7-8所示。

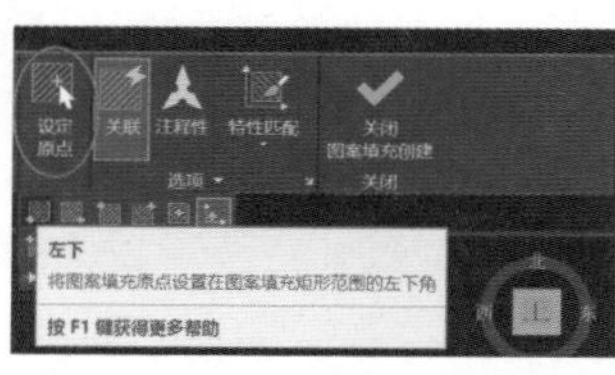


图 7-7

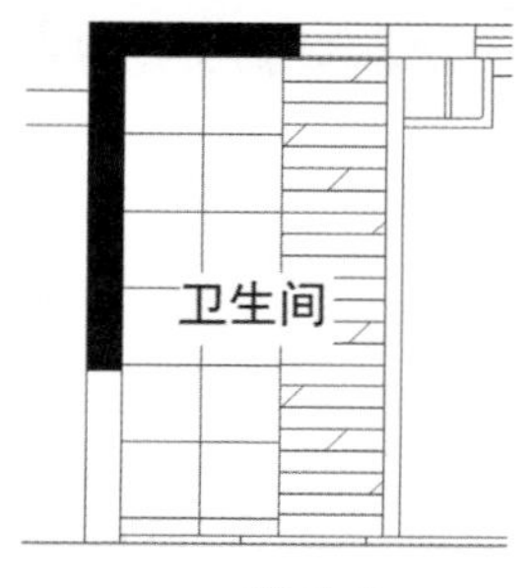


图 7-8

04 用同样的方法填充另一个卫生间与厨房。

2．填充卧室

**卧室常用的材料是实木地板，目前市场上供应的实木地板有长板（900mm×90mm×18mm）和短板（600mm×75mm×18mm）。选地板的规格时会涉及地板的抗变形能力。其他条件相同时，较小规格的地板更不易变形，因此地板尺寸宜短不宜长，宜窄不宜宽。此外，地板尺寸还涉及价格和房间的大小，大尺寸的地板价格较高，面积小的房间也不适宜铺装大尺寸的地板。**

**填充卧室的操作步骤如下。**

01 执行“图案填充”命令，弹出“图案填充选项栏”面板，设置“图案”为DOLMIT、“比例”为16、角度为90，如图7-9所示 。

图 7-9

02 单击“拾取点”按钮，在老人房区域内拾取一点，按Enter键确认，得到卧室木地板的填充效果，如图7-10所示。

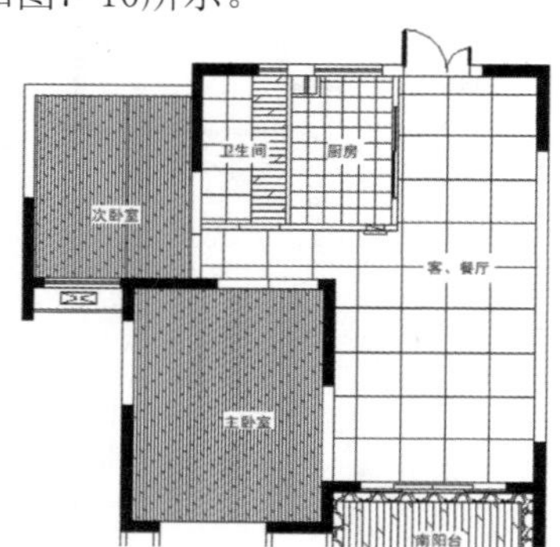


图 7-10

03 用同样的材质填充主卧室和儿童房，角度方向以“光照方向”为参照，或者以房间的长与宽的比例协调为准，填充后效果如图7-11所示。

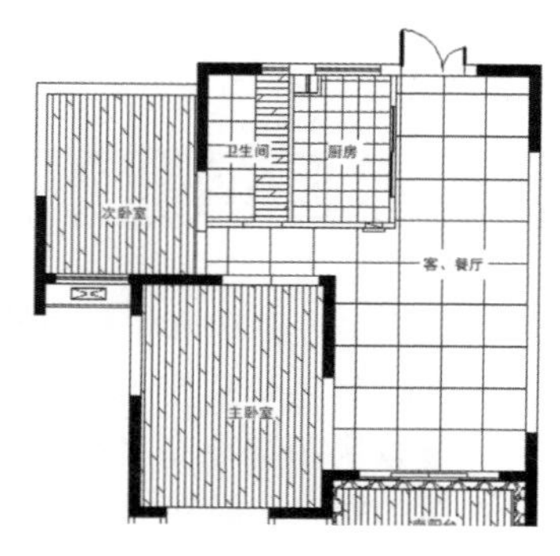


图 7-11

### 3. 填充客厅、厨房

**客厅和厨房常用的材质是600mm×600mm的地砖。如果空间比较大，可以铺设800mm×800mm的地砖。本例使用600mm×600mm的地砖作为客厅的材质，用300mm×300mm的地砖作为厨房的材质。**

**01** 执行“图案填充”命令，弹出“图案填充选项栏”面板，展开图案填充类型列表，选择“用户定义”方式，操作面板如图7-12所示。

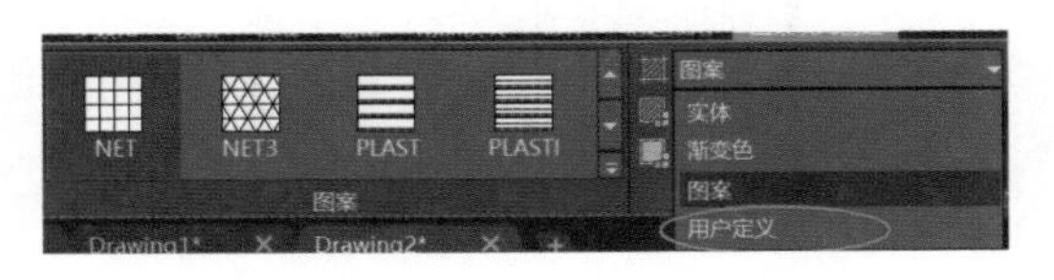


图 7-12

**02** 展开“图案填充选项栏”面板中的“特性”列表，选择交叉线为“双”，设置图案填充间距为600，操作面板如图7-13所示。

图 7-13

**03** 单击“拾取点”按钮，在客厅空间区域内部单击，并指定好新原点，填充后效果如图7-14所示。

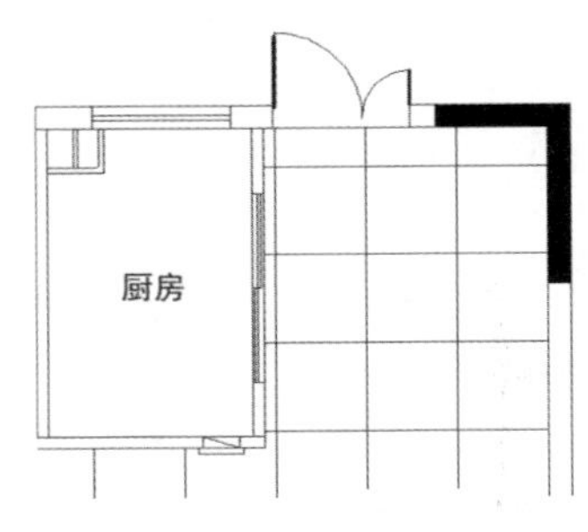


图 7-14

**04** 用同样的方法填充厨房，并指定左下角为新原点，得到地面材质铺装图的完成效果，如图7-15所示。

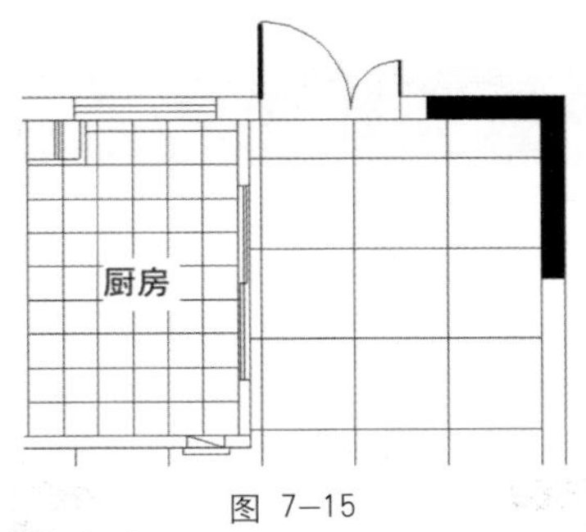


图 7-15

### 4. 填充阳台

**阳台常用的材质是600mmX600mm的地砖。如果空间比较大，可选择铺设800mmX800mm的地砖。本例使用300mmX300mm的地砖作为阳台的材质。具体的操作步骤如下。**

**01** 执行“矩形”与“偏移”命令，创建阳台填充的基本区域分割，效果如图7-16所示。

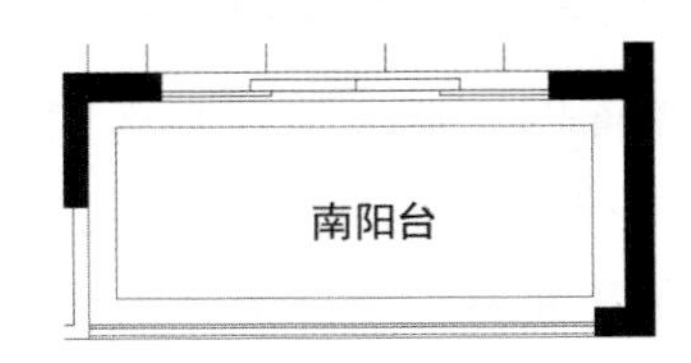


图 7-16

**02** 执行“图案填充”命令，弹出“图案填充选项栏”面板，还是选择“用户定义”类型，并设置角度为45°，操作面板如图7-17所示。

图 7-17

**03** 单击“拾取点”按钮，在阳台内部矩形区单击，并将新原点设为竖边中点，确认后的填充效果如图7-18所示。

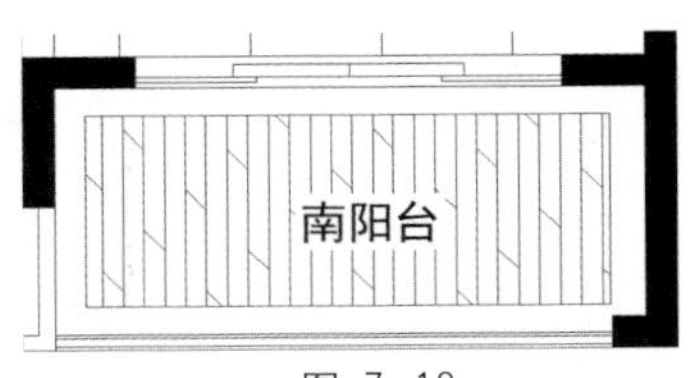


图 7-18

**04** 继续执行“图案填充”命令，选择填充类型为默认的图案，再选择“AR-CONC”作为波打线的填充材质，设置角度为0°、比例为1即可，操作面板如图7-19所示。

图 7—19

**05** 单击“拾取点”按钮，在阳台波打线矩形区内单击，确认后的填充效果如图7-20的所示。

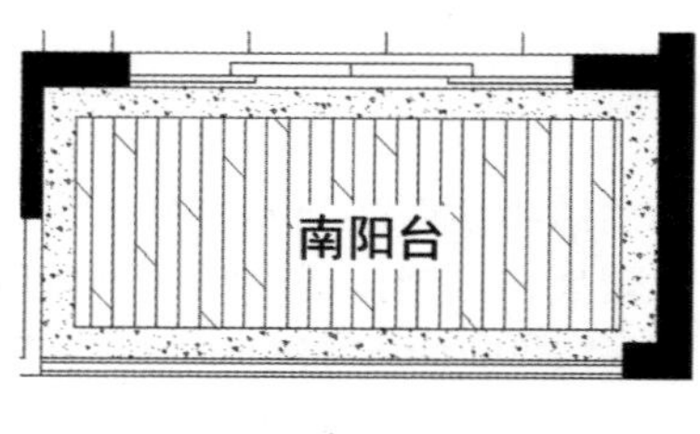


图 7—20

**06** 用同样的“图案”与方法在本例空间的“过门石”区域进行图案填充，填充完成后效果如图7-21所示。

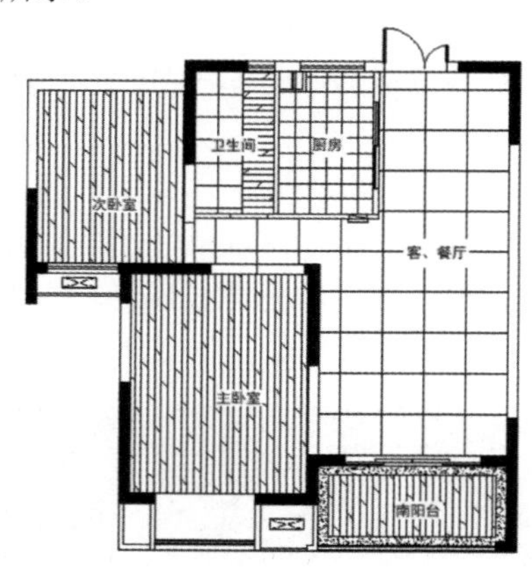


图 7—21

## 7.2 顶棚平面图绘制

顶棚平面图又称为天花平面图，通过镜像投影法得到，即将地面作为镜面，对天花板进行投影面而生成。顶棚平面图包括天花装饰的平面形式、尺寸、材料、灯具和其他各种顶部的室内设施，如图7-22所示。

微课：
天花布置图

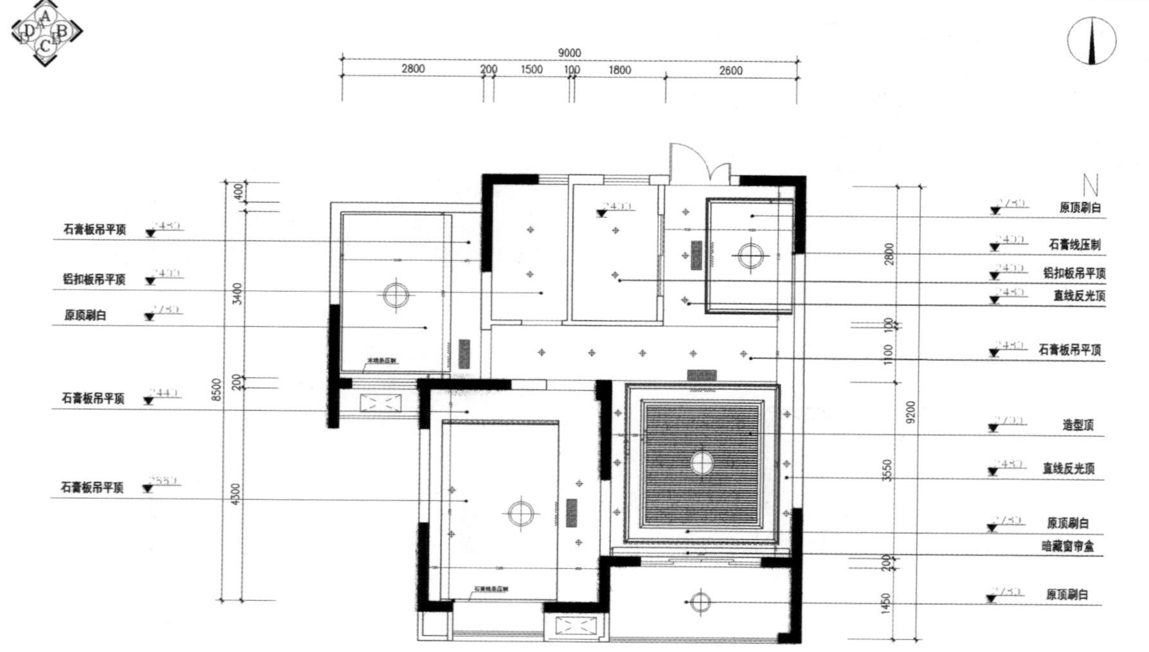


图 7—22

## 7.2.1 设计基础知识

对于室内不同的区域，在进行吊顶设计时有不同的原则和要求。

① 客厅一般可在天花的周边做吊顶，但层高较矮时不宜做吊顶。

② 餐厅的天花吊顶造型应小巧精致，一般以餐桌为中心做成与之相对应的吊顶，造型可以依据桌面的造型做成方形或圆形，大小要大于桌面，也可自成体系做成其他形状的吊顶。

③ 厨房和卫生间的吊顶应考虑防水和易清洗，并且要考虑管道检修方便，一般使用PVC扣板或铝合金扣板等。另外，为了卫生间通风，应当在顶部安装排气扇，使卫生间内形成负压，以使气流由居室流入卫生间。

## 7.2.2 创建顶棚平面图墙体

一般情况下，顶棚平面图可以通过修改平面图得到。创建顶棚平面图基本墙体的操作步骤如下。

01 打开一张原有的平面布置图文件，删除墙体、阳台、衣柜和壁橱以外的图层，得到的效果如图7-23所示。

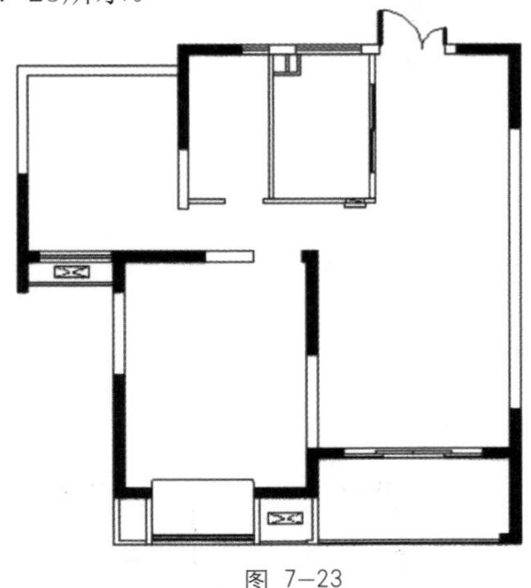

图 7—23

02 延伸墙体线，在墙体断开的缺口处进行连接封闭。在空命令的状态下，选中要延伸的直线，这时出现3个点，称为夹点。单击最左边的控制点，将其拖动到另一条直线的端点处，可以将缺口封闭，如图7-24所示。

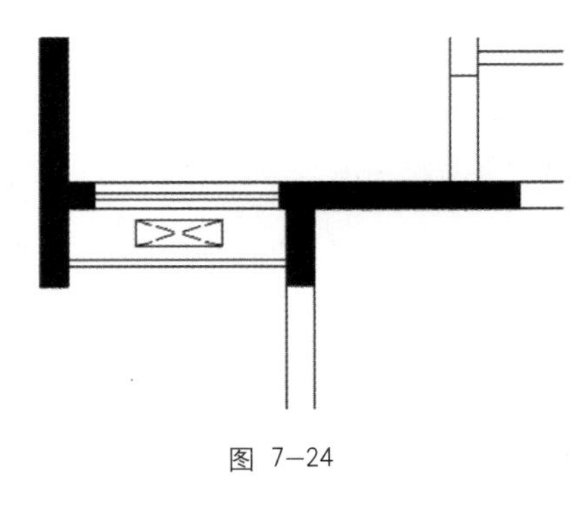

图 7—24

03 使用同样的方法封闭其他缺口，得到的顶棚平面图墙体效果如图7-25所示。

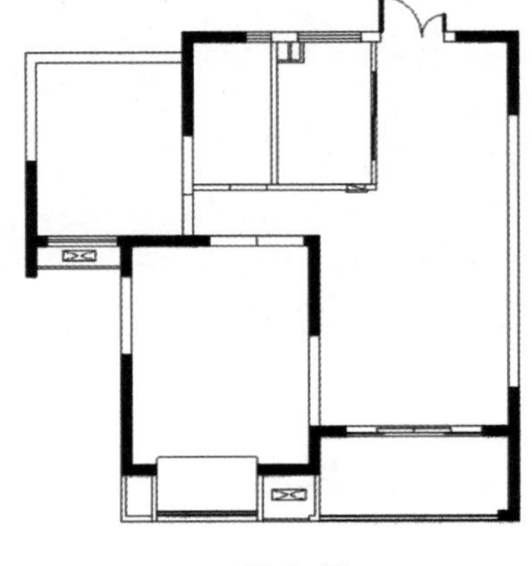

图 7—25

## 7.2.3 绘制天花和墙体的分界线

**可以使用“多线”命令绘制天花和墙体的分界线，其操作步骤如下。**

**01** 选择“文件”→“绘图实用程序”→“清理”菜单命令（或在命令行中输入“PURGE”），打开“清理”对话框，选择“确认要清理的每个项目”和“清理嵌套项目”复选框，如图7-26所示。

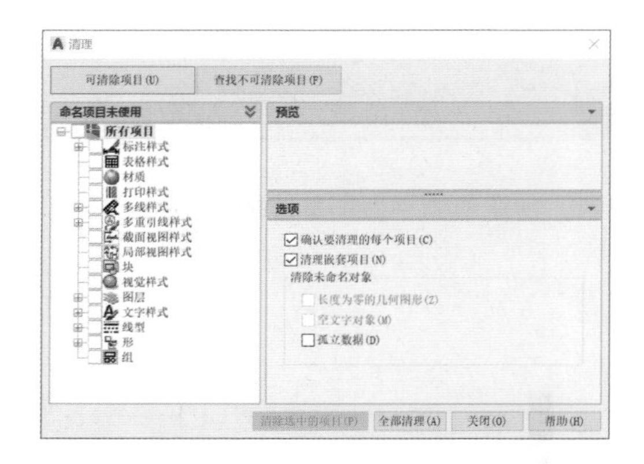


图 7-26

**02** 单击“全部清理”按钮，在弹出的“清理-确认清理”对话框中单击“清理所有选中项”按钮即可。

**03** 调用“图层”命令，打开“图层特性管理器”面板，单击“新建”按钮，新建3个图层，分别命名为“天花”“吊顶”和“灯具”，如图7-27所示。

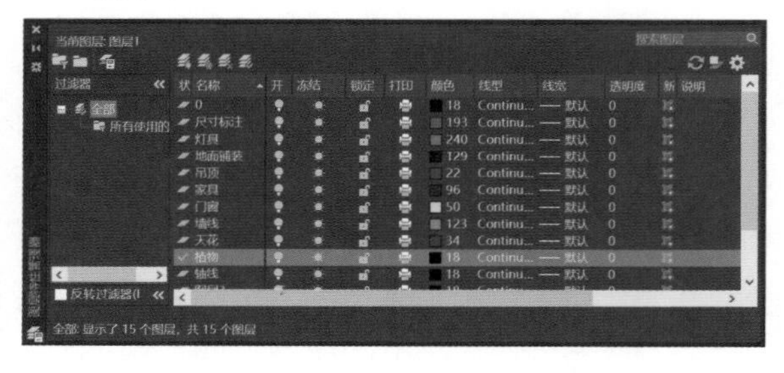

图 7-27

**04** 单击“当前”按钮，将“天花”图层设置为当前层，单击“关闭”按钮，完成新建图层的操作。打开“端点”对象捕捉模式，调用“多线”命令，设置多线样式为“墙体”，在厨房空间内沿室内的墙体线绘制，如图7-28所示。

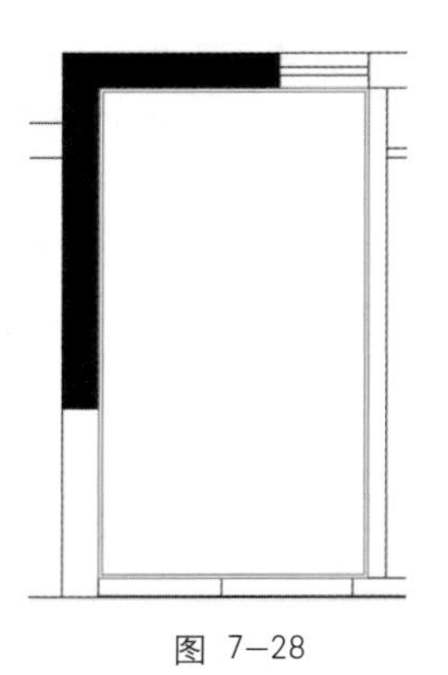

图 7-28

**05** 执行“分解”命令，对多线进行分解操作，并删除与墙体重合的线，如图7-29所示。

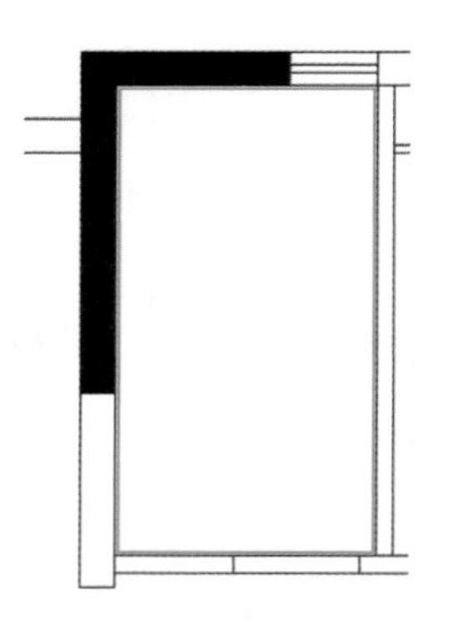

图 7-29

**06** 相同的方法绘制其他位置的天花和墙体分界线，效果如图7-30所示。

图 7-30

## 7.2.4 吊顶造型绘制

**在本例中，顶部的造型主要集中在进门的门厅、卧室、餐厅、电视背景墙和通往主卧的过道位置。**

### 1. 绘制暗藏灯带

**绘制暗藏灯带的操作步骤如下。**

**01** 将“吊顶”图层设置为当前层，执行“矩形”命令，单击“对象捕捉”工具栏上的“捕捉自”按钮，自基点向下偏移（500mm，500mm），绘制一个大小为2870mm×2905mm的矩形，如图7-31所示。

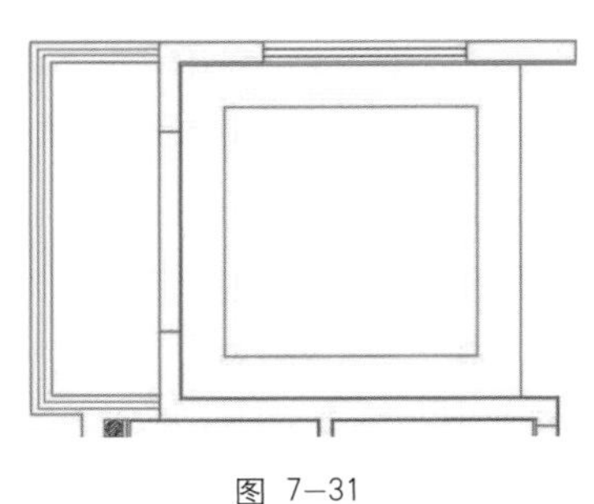

图 7-31

**02** 执行“偏移”命令，将矩形向外偏移50mm，如图7-32所示。

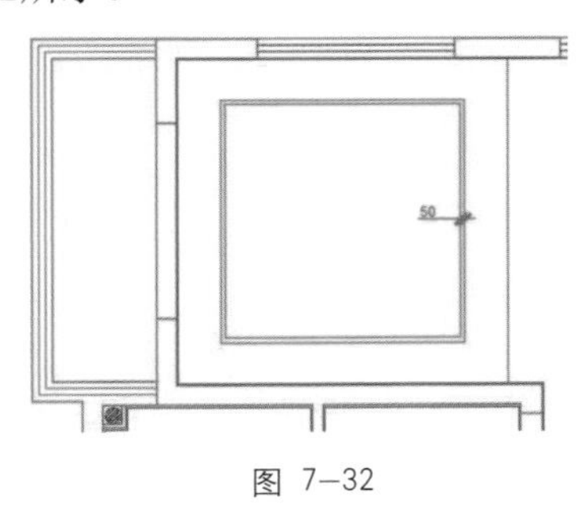


图 7-32

**03** 执行“偏移”命令，将外侧矩形向内偏移20mm，并在“图层”下拉列表框中选择“灯具”图层，如图7-33所示，制作暗藏灯带的效果。

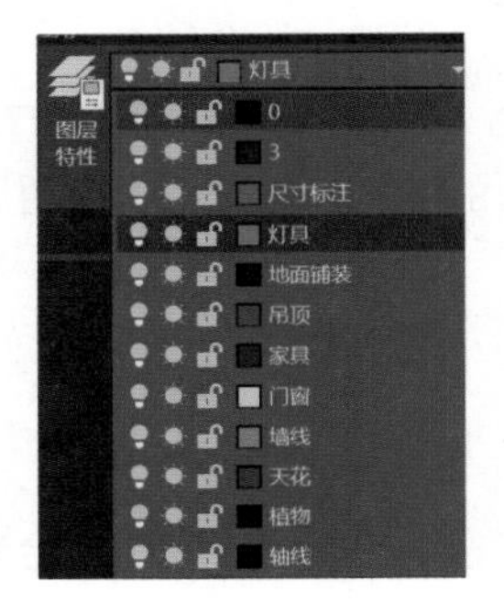


图 7-33

**04** 在“特性”选项栏的下拉列表框中选择“其他”选项，如图7-34所示。

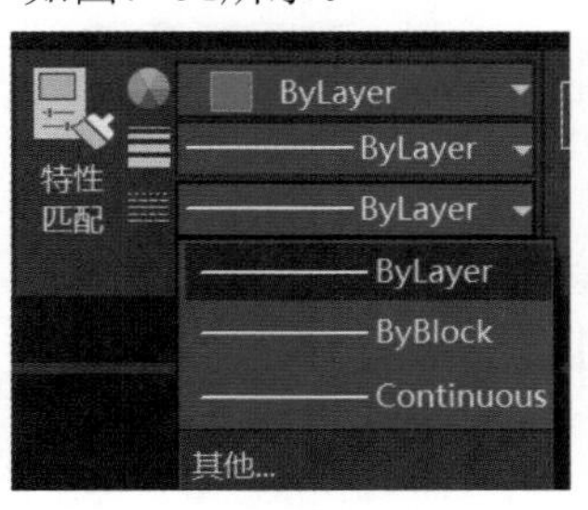


图 7-34

**05** 此时打开“线型管理器”对话框，单击“加载”按钮，在打开的“加载或重载线型”对话框中选择ACAD_ISO003W100线型，单击“确定”按钮后的“线型管理器”对话框如图7-35所示。

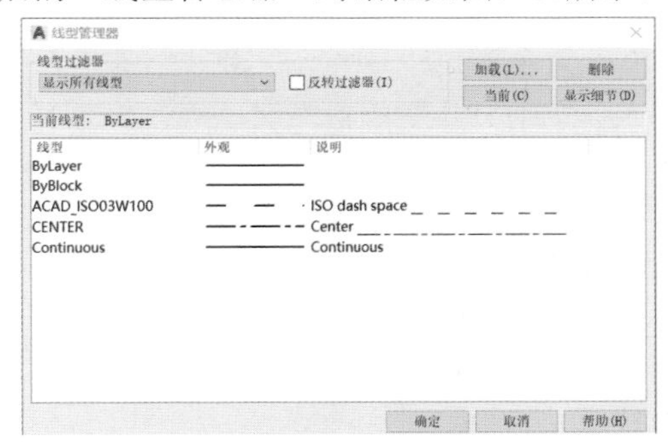


图 7-35

**06** 在“线性管理器”对话框，选择刚加载的线型，并将“全局比例因子”设置为5，如图7-36所示。

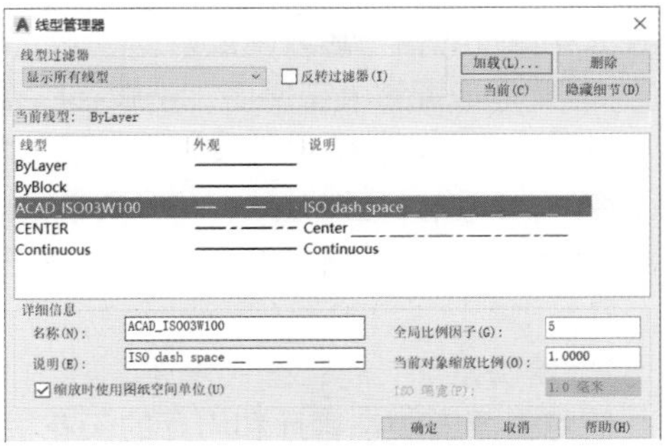

图 7-36

**07** 单击“确定”按钮，得到暗藏灯带的效果，如图7-37所示。

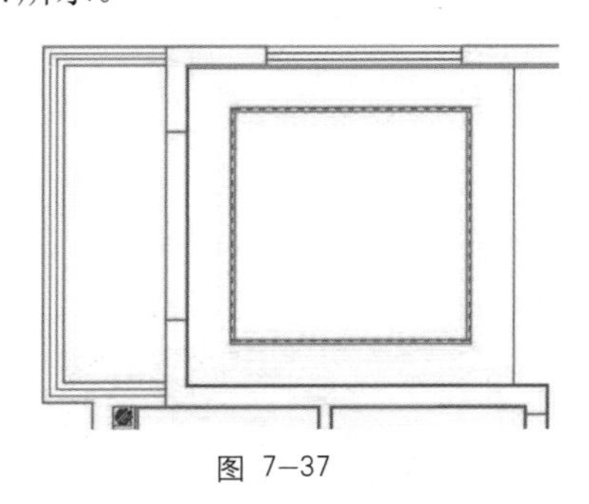

图 7-37

2．绘制门厅吊顶

**绘制门厅吊顶的操作步骤如下。**

**01** 执行“圆”命令，单击“对象捕捉”工具栏上的“捕捉自”按钮，自基点向下偏移（800mm，450mm），绘制一个半径为210mm的圆，如图7-38所示。

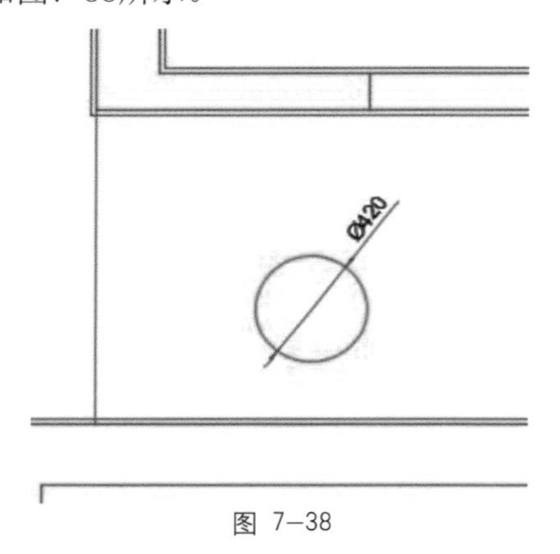


图 7-38

**02** 调用“偏移”命令，将圆向外偏移80mm，并转换到“灯具”图层，将线型设置为ACAD_ISO003W100，如图7-39所示。

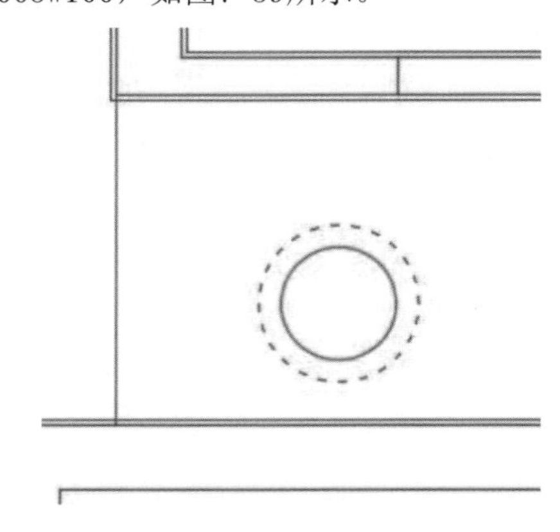

图 7-39

**03** 用同样的方法绘制其他圆形造型，完成后的门厅吊顶效果如图7-40所示。

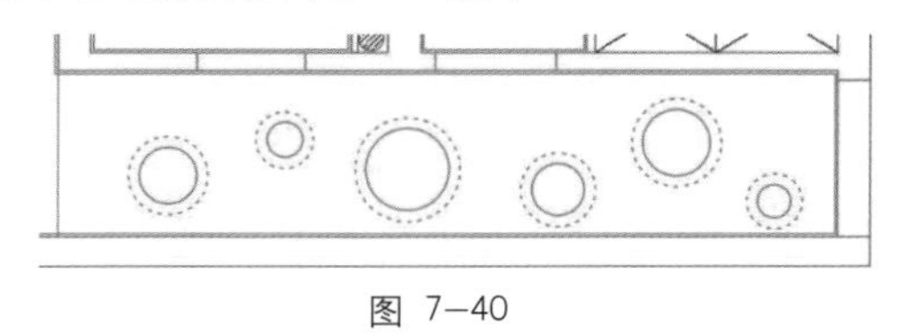

图 7-40

## 7.2.5 顶部灯具绘制 

对于室内不同位置的灯具有不同的要求，主要有以下几方面。

① 客厅的主体照明位置应在高处，以天花为发光基础。除吊灯、吸顶灯等外露灯具外，可在天花做反光槽，形成漫反射。

② 餐厅应配置人工照明，一般在以餐桌为中心上方设置主体照明，大多采用吊灯。

③ 卫生间应该使用具有防水、防潮功能的灯具。一般使用具有取暖、照明、通风于一体的浴霸，为了增强光照效果，可安装镜前灯。

④ 卧室属于私密性的空间，不宜过于强烈，顶部使用小吊灯即可。

1．绘制筒灯

筒灯主要安装在客厅和门厅的天花板上，本例使用的是半径为50mm的筒灯。绘制筒灯的操作步骤如下。

**01** 执行“圆”命令，单击“对象捕捉”工具栏上的“捕捉自”按钮，在客厅吊顶下自基点向左方偏移（900mm，210mm），绘制一个半径为50mm的圆，如图7-41所示。

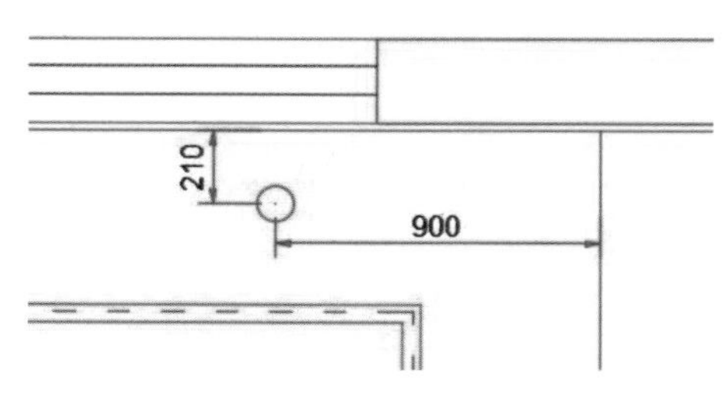


图 7—41

**02** 执行“偏移”命令，将圆向外侧偏移50mm，如图7-42所示。

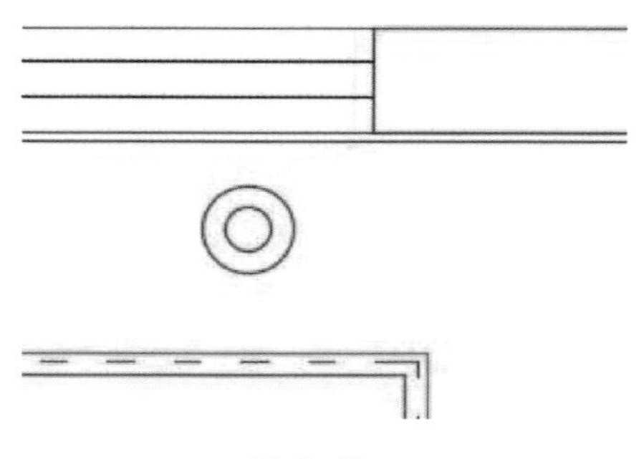

图 7—42

**03** 执行“直线”命令，捕捉最内侧圆的象限点，将水平和垂直方向的4个象限点进行连接。执行“旋转”命令，将水平和垂直连接线旋转45°，如图7-43所示。

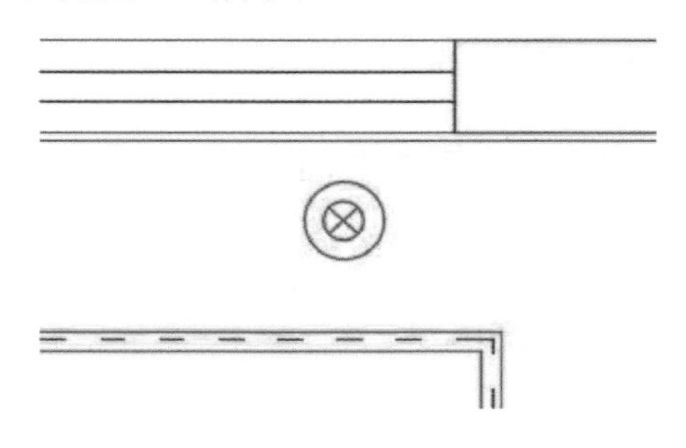

图 7—43

**04** 重新执行“直线”命令，连接水平和垂直方向的象限点，并选择最外侧的大圆，按Delete键删除，得到筒灯效果，如图7-44所示。

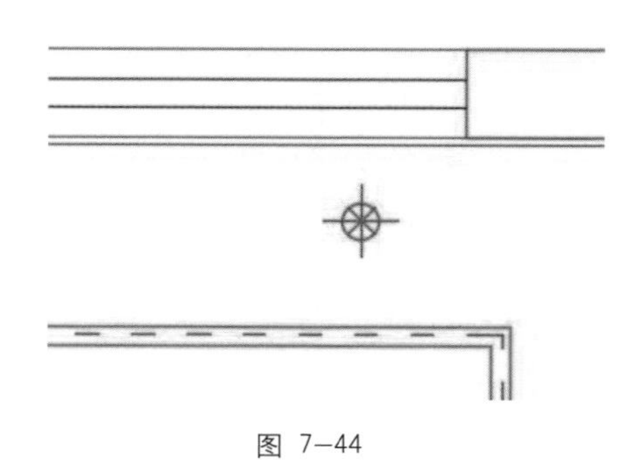

图 7—44

2. 绘制吸顶灯

**吸顶灯的造型和筒灯类似，只是图形表示比筒灯更大一些，常用于厨房、客厅及各个卧室。绘制吸顶灯的操作步骤如下。**

**01** 执行“圆”命令，在门厅与客厅交接区域顶部中间的位置绘制一个半径为230mm的圆，如图7-45所示。

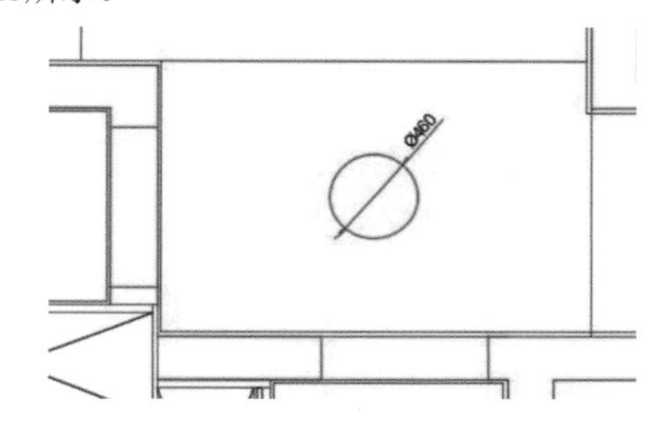

图 7—45

**02** 执行“偏移”命令，将圆向外偏移80mm和50mm。调用“直线”命令，捕捉最外侧圆的象限点，并进行水平和垂直方向4个象限点的连接，如图7-46所示。

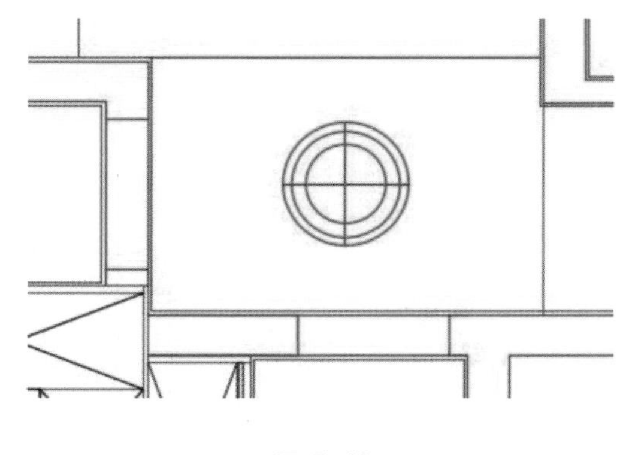

图 7—46

1
2
3
4
5
6
7
8
9
10
11
12

**03** 调用“旋转”命令，将连接象限点的线旋转45°，选择最外侧圆并按Delete键删除，得到吸顶灯效果，如图7-47所示。

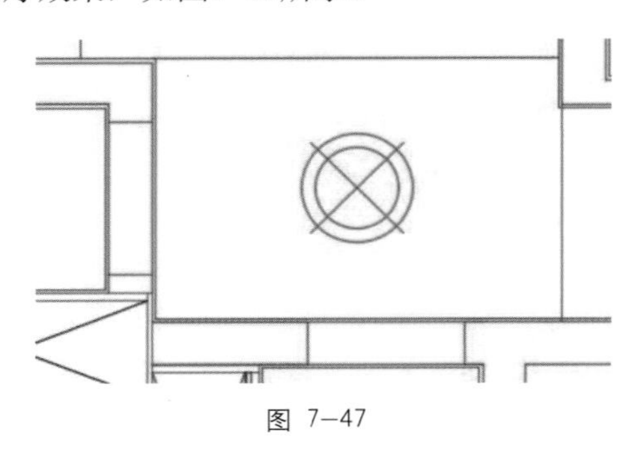

图 7-47

### 3. 绘制花枝吊灯

**客厅视听区顶部是一个花枝吊灯。绘制花枝吊灯的操作步骤如下。**

**01** 执行“圆”命令，打开对象跟踪模式，跟踪客厅吊顶区域中点的交点，绘制一个半径为260mm的圆，如图7-48所示。

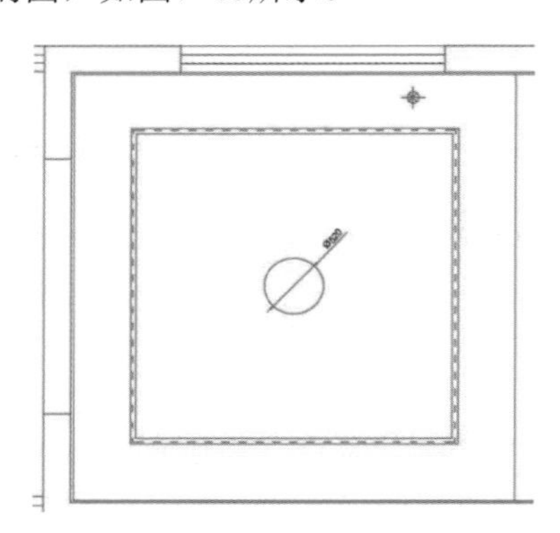

图 7-48

**02** 执行“偏移”命令，将圆向外偏移80mm，并执行“直线”命令，连接象限点，按Delete键删除偏移的大圆，如图7-49所示。

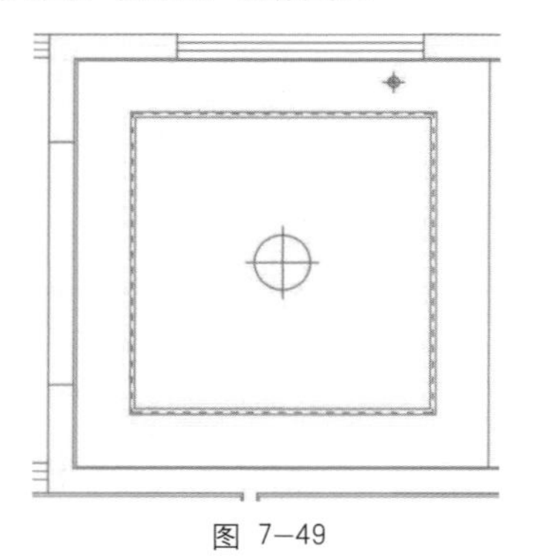

图 7-49

**03** 执行“圆”命令，单击“对象捕捉”工具栏上的“捕捉自”按钮，自基点向上偏移80mm，绘制一个半径为80mm的圆，并将圆向外偏移30mm，如图7-50所示。

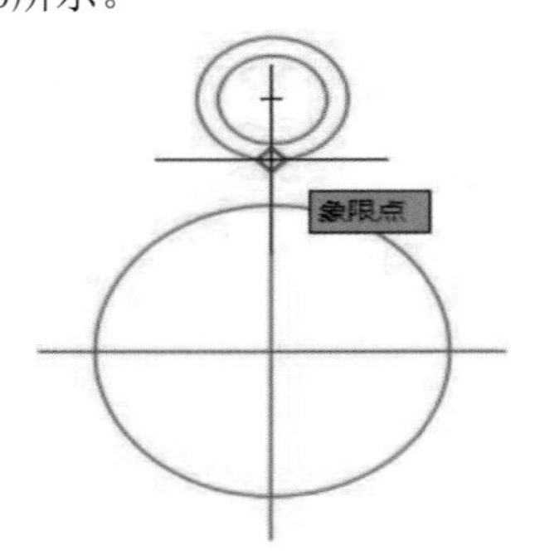


图 7-50

**04** 执行“直线”命令，连接象限点，并删除外侧的圆，效果如图7-51所示。

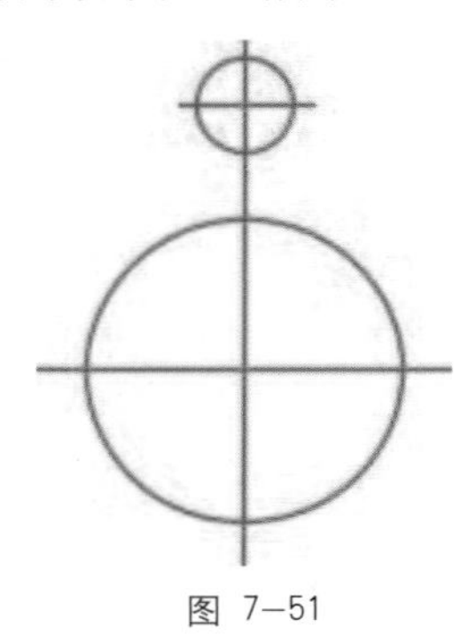

图 7-51

**05** 执行“阵列”命令，以“环形阵列”方式，并以大圆圆心为中心，阵列数目为4，完成的花枝吊灯效果如图7-52所示。

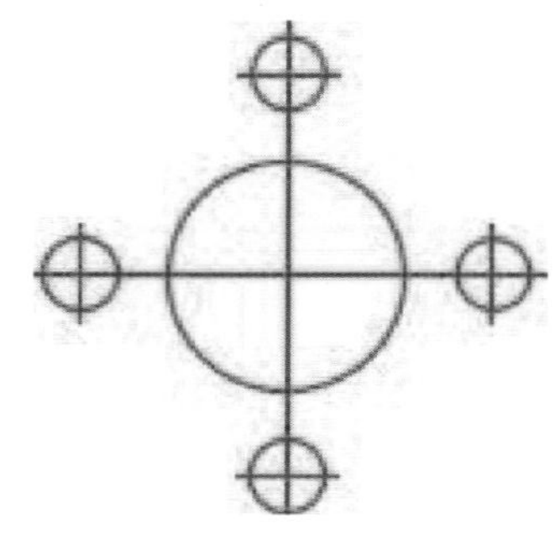

图 7-52

**06** 将绘制的灯具复制到房间天花的各个位置，完成后的效果如图7-53所示。

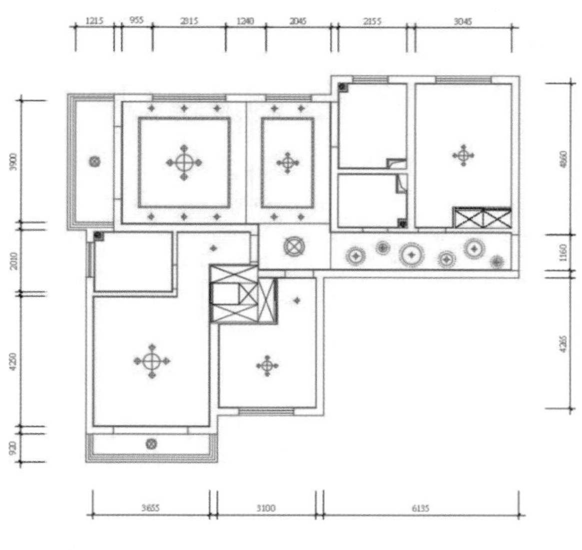

图 7-53

## 7.2.6　顶部材质填充

**在本例中，卫生间和厨房的天花安装的是银白色铝扣板，尺寸为300mm×300mm，可以通过“图案填充”命令来实现。对顶部进行材质填充的操作步骤如下。**

**01** 切换到“吊顶”图层，执行“图案填充”命令，弹出“图案填充选项栏”面板，以用户定义的双向交叉线来填充，设置间距为300，操作的面板参数如图7-54所示。

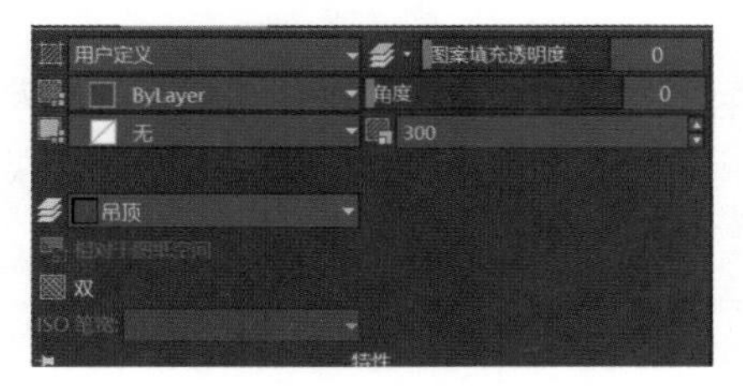


图 7-54

**02** 单击“拾取点”按钮，在卫生间区域单击，形成铝扣板的填充效果，如图7-55所示。

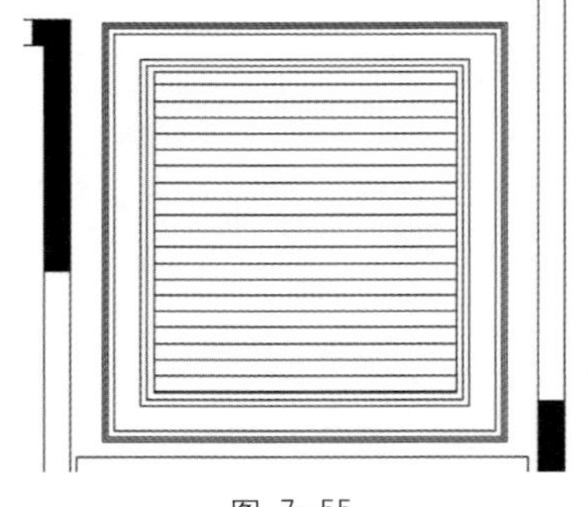

图 7-55

**03** 选择“设定原点”按钮，将卫生间左下角点设置为新原点，确认后的效果如图7-56所示。

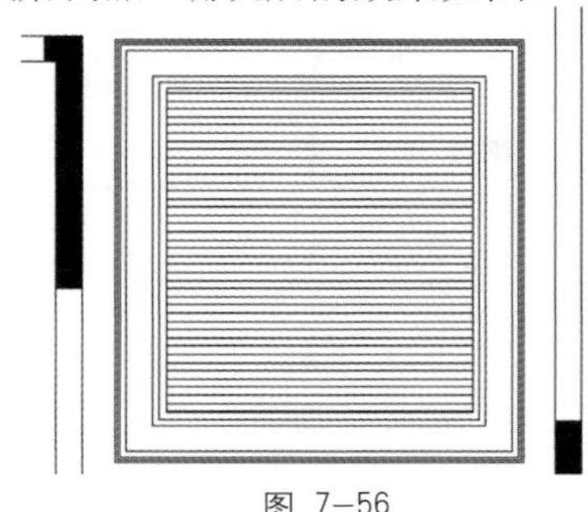

图 7-56

**技巧 提示**

在对卫生间顶部进行材料的图案填充时，可以先将集成的“浴霸”图块先插入卫生间顶部的正中位置，然后执行图案的填充，效果如图7-57所示。

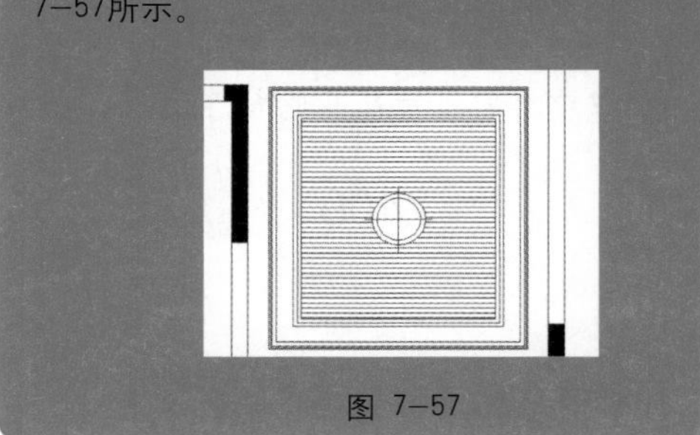

图 7-57

## 7.2.7 文字注释

**对顶部进行文字注释可对顶部物体及材料有一个明确的认识。**

### 1．对天花进行文字注释

**具体操作步骤如下。**

**01** 执行“快速引线”命令（或在命令行中输入“LE”），然后对文字进行注释，如图7-58所示。

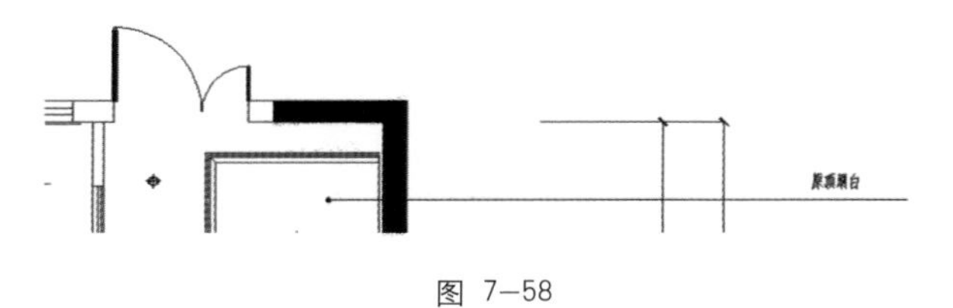

图 7-58

**02** 用同样的方法对天花其他部分进行文字注释，效果如图7-59所示。

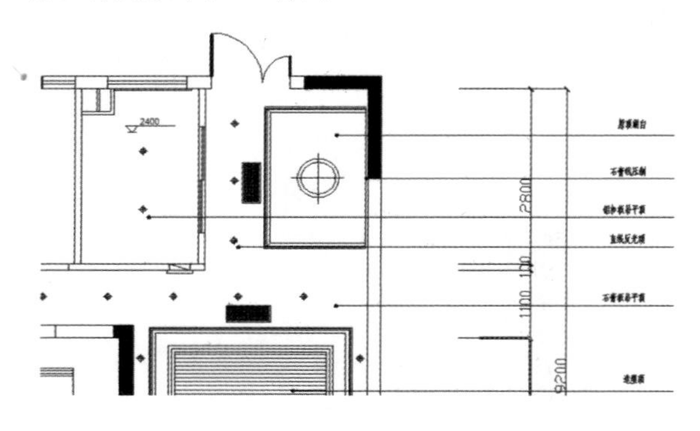

图 7-59

### 2．绘制室内的标高

标高是建筑制作中常用的符号，标高的单位为米（m），标高的符号用细实线绘制。如图7-60所示，标高为一个等腰三角形，三角形的高为2~3mm，三角形的顶角要指向要标注的部位，长的横线上有标高数字。

由于本例中的比例为1:100，所以要绘制200mm的标高符号，具体步骤如下。

图 7-60

**01** 执行“草图设置”（或在命令行输入“OS”）命令，打开的对话框如图7-61所示，在“极轴追踪”选项卡中将“增量角”设为45°，单击“确定”按钮。

图 7-61

**02** 执行“直线”命令，绘制一段直线，并“偏移”200mm，效果如图7-62所示。

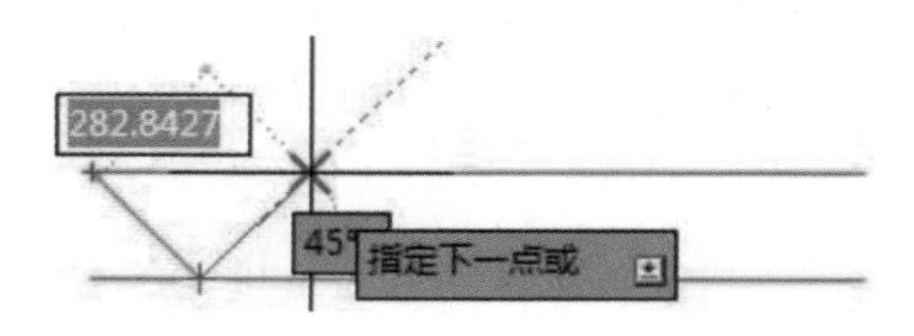

图 7-62

**03** 继执行“直线”命令，从上端直线的左侧端点处开始绘制45°方式的两段斜线，效果如图7-63所示。



图 7-63

**04** 删除下方直线，执行“单行文本”（或在命令行输入“DT”），以高度为200mm、角度为0°的方式，在直线上方输入对应的文本内容，如图7-64所示。

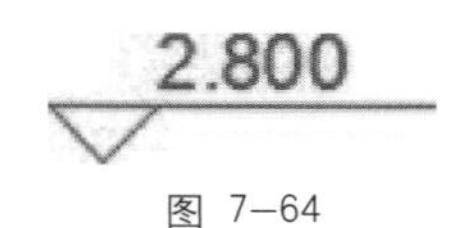


图 7-64

05 对天花吊顶的其他位置进行标高标注，得到天花平面图注释效果，如图7-65所示。

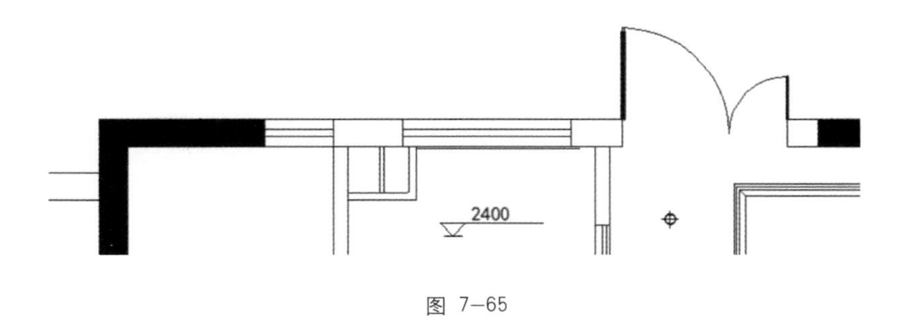


图 7-65

## 7.3 知识与技能要点

在使用AutoCAD绘制图形的过程中，可以通过图案填充来区别地面的材质。天花平面图用于表现天花顶部的造型。

- 重要工具：绘图工具、修改工具、填充工具、标注工具、文字注释工具、图层工具。
- 核心技术：在平面图的基础上删除家具等来制作地面材质铺装图。天花平面图包括天花装饰的平面形式、尺寸、材料、灯具和其他各种顶部的室内设施。
- 实际运用：地面材质铺装图和天花平面图的绘制。

## 7.4 课后练习

1. 运用本章所学的知识绘制地面材质铺装图，如图7-66所示。

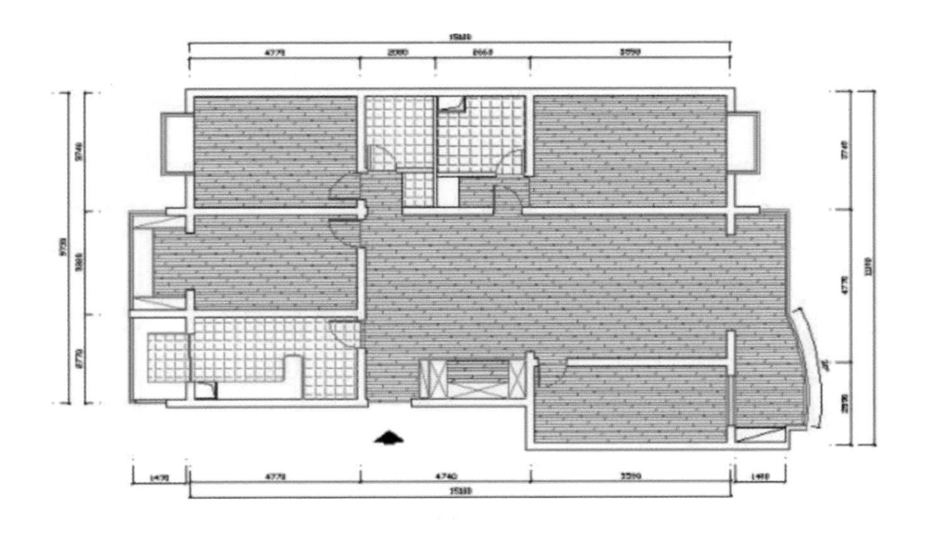

图 7-66

2．运用本章所学的知识绘制天花平面图，如图7–67所示。

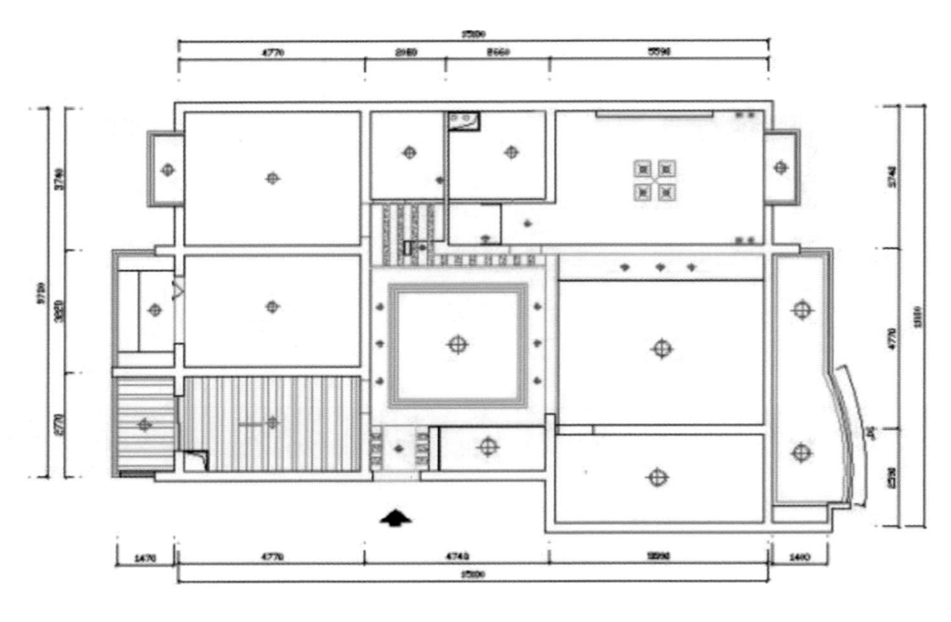

图 7–67

Chapter 8

# 电气系统平面图绘制

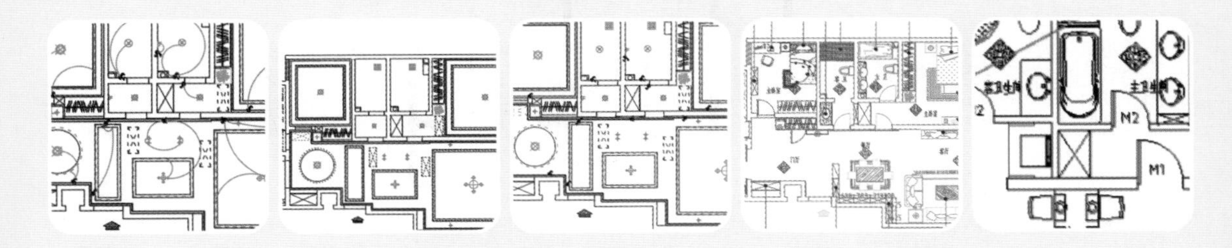

电气系统包括强电系统和弱电系统两类，其中电视、空调、冰箱、洗衣机等属于强电系统，电话、有线电视及上网的宽带属于弱电系统。

| 学习要求 | 知识点 \ 学习目标 | 了解 | 掌握 | 应用 | 重点知识 |
|---|---|---|---|---|---|
| | 照明系统线路图绘制 | | | ✓ | |
| | 插座系统线路图绘制 | | ✓ | | |
| | 配电系统图绘制 | | ✓ | | |
| | 弱电系统线路图绘制 | | | ✓ | |

能力与素质目标

# 8.1 照明系统线路图绘制

强电系统电路图主要分为照明系统图和插座系统图，包括照明开关、照明灯具、照明线路、插座及插座线路等。在强电系统电路图中，需要绘制各类灯具的具体布置，包括灯具类型、位置和数量，电线的走向，开关的位置及用途。如图8-1所示为要制作的室内照明系统线路图。

图 8—1

微课：
照明系统

## 8.1.1 电气系统基础知识 

什么叫电力系统的静态稳定？电力系统运行的静态稳定性也称微变稳定性，是指当正常运行的电力系统受到很小的扰动时，将自动恢复到原来运行状态的能力。

什么叫电力系统的动态稳定？电力系统运行的动态稳定性是指当正常运行的电力系统受到较大的扰动，其功率平衡受到相当大的波动时，将过渡到一种新的运行状态或回到原来的运行状态，继续保持同步运行的能力。

1．图线图例

电气工程中常用的图线图例见表8—1。

表 8—1

| 图线名称 | 图线形式 | 用　　途 |
|---|---|---|
| 粗实线 | | 电气线路（主回路、干线、母线等） |
| 细实线 | | 一般线路、控制线 |
| 虚线 | | 屏蔽线、事故照明线、电气暗敷线 |
| 点画线 | | 控制线、信号线、图框线 |
| 双点画线 | | 辅助围框线、36V以下线路 |
| 加粗实线 | | 汇流线 |
| 较细实线 | | 尺寸线、尺寸界线 |
| 波浪线 | | 断裂处的边界线、视图与剖视的分界线 |
| 双折线 | | 断裂处的边界线或剖切线 |

**技巧 提示**

在建筑电气平面布置图中，常用实线表示屋顶暗敷线、虚线表示地面暗敷线。在图线上加限定符号或文字可表示用途，形成新的图形符号，见表8-2。

表 8-2

| 增加符号的图线 | 含　义 | 增加文字的图线 | 含　义 |
| --- | --- | --- | --- |
|  | 避雷线 | —F— | 电话线 |
|  | 接地线 | —V— | 电视线 |

电气平面布置图中的箭头包括两种，如图8-2所示。开口箭头用于信号线或连接线，表示信号及能量流向；实心箭头表示力、运动、可变性方向，以及指引线、尺寸线。

图 8-2

## 2. 电气工程图中常用的图例

电气工程图涉及的制图规范及规定非常复杂，常用的图例如图8-3所示。

**图例说明：**

1. 暗装单联开关
2. 暗装双联开关
3. 暗装三联开关
4. 暗装四联开关
5. 暗装双控开关
6. 暗装电源插座
7. 暗装防水电源插座
8. 暗装空调电源插座
9. 电视插孔
10. 电话插孔
11. 宽带网插孔
12. 普通花灯
13. 吸顶灯
14. 浴霸
15. 餐厅吊灯
16. 筒灯
17. 射灯
18. 牛眼灯
19. 装饰壁灯
20. 镜前灯
21. 侧放筒灯
22. 软管灯
23. 日光灯
24. 防水防尘灯
25. 防爆灯
26. 配电箱
27. 空调电源插座
28. 洗衣机电源插座
29. 电冰箱电源插座
30. 电饭煲电源插座

图 8-3

## 3. 电路系统施工规范

在室内装饰过程中，电路系统施工的规范如下。

① 电线必须采用PVC套管敷设，电线及用电器的质量必须符合现行国家标准。

② 如果吊平顶时为电器配管，则不得将配管固定在平顶的吊筋或龙骨上。

③ 开关、插座要有暗盒。暗盒表面应平整，外观应完好，安装应牢固。

④ 插座离地面一般为300mm，不应低于200mm。开关一般距地1300mm，安装时应考虑使用方便。

⑤ 穿管敷线的导线截面积之和不应超过管内面积的40%，管内不能有接头，不能扭接。

⑥ 电源线与暖气管、热水管、煤气管的平行间距应大于300mm，交叉间距应大于100mm。

⑦ 电源线的火线、零线、地线应分别使用两根一色线和一根双色线，禁止使用花线作为火线。当电源线需进行分支时，应使用分线盒。

⑧ PVC管作为阻燃管，其穿线数量是一定的，即20mm的PVC管内可穿入4根电源线，16mm的PVC管内可穿入3根电源线，多穿会影响电源线路的正常工作。PVC管应连接牢固，无缝隙存在。房屋顶部布置PVC管时，应将PVC管与墙顶固定；PVC管入线时，应与线盒用锁扣连接。

⑨ 强、弱电线不可在同一PVC管内布置，以减少它们之间的电源干扰。尤其是通信线、信号线，其布线线型应流畅，取向距离要短，暗管水平敷设不宜超过30m，否则应加装过路盒。与电力线、金属给水管的距离不小于500mm，与金属排水管、热水管的平行间距不小于1000mm。

## 8.1.2 修改顶棚平面图

本例调用一张“顶棚平面图”，在其基础上进行修改。修改顶棚平面图的操作步骤如下。

**01** 打开本章配套素材文件夹中的“顶棚平面图.dwg”，如图8-4所示。

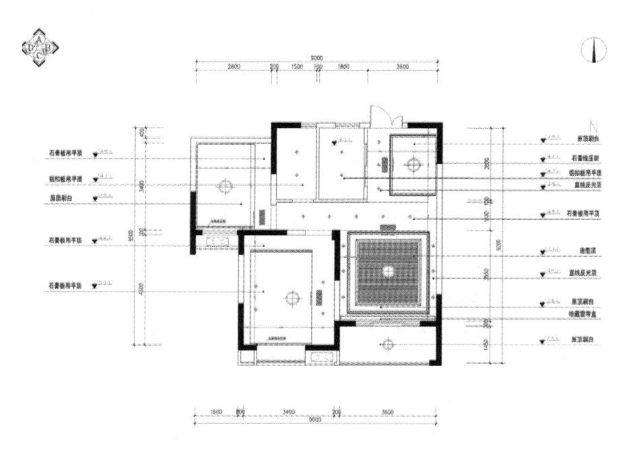

图 8-4

**02** 删除标高和文字注释，如图8-5所示。选择“文件”→“另存为”菜单命令，将新文件命名为“照明系统图.dwg”文件。

**03** 调用“图层”命令，打开“图层特性管理器”面板，单击“新建”按钮，新建两个图层，将图层分别命名为“开关”和“照明线路”，如图8-6所示。

图 8-5

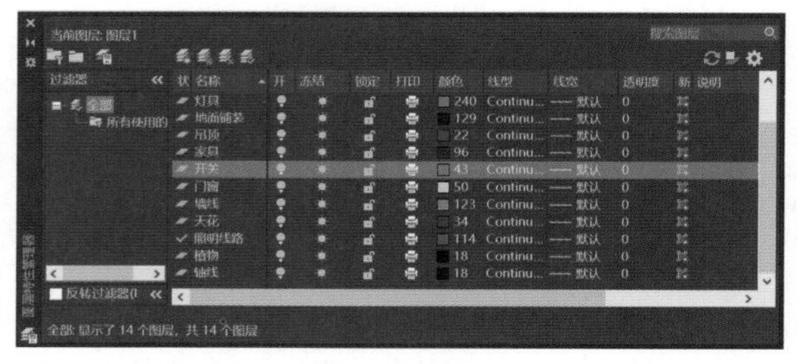


图 8-6

## 8.1.3 照明灯具绘制

常用的室内照明灯具有筒灯、防水防尘灯、普通花灯、吸顶灯、射灯、镜前灯、浴霸等，如图8-7所示。

图 8-7

在绘制顶棚平面图时，讲解了普通花灯、吸顶灯的绘制方法，这里着重讲解防水防尘灯和牛眼灯的绘制。

### 1. 绘制防水防尘灯

防水防尘灯主要用于卫生间和厨房等比较潮湿的房间，操作步骤如下。

**01** 将“灯具”图层设置为当前层，执行“圆”命令，在卫生间绘制一个半径为150mm的圆。执行“直线”命令，捕捉象限点并连接，如图8-8所示。

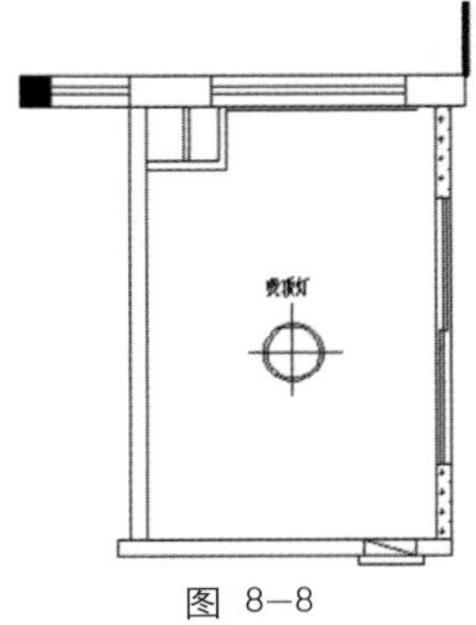

图 8-8

**02** 执行“旋转”命令，将连接象限点的线旋转45°，效果如图8-9所示。

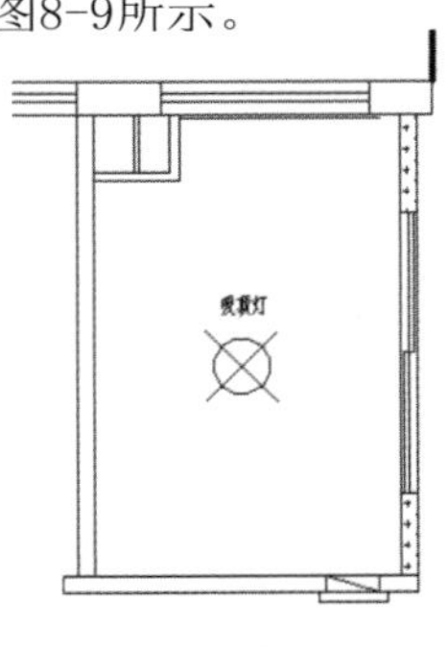

图 8-9

**03** 执行“圆环”命令，设置圆的内径为0、外径为50mm，绘制圆环，并将灯复制到卫生间，效果如图8-10所示。

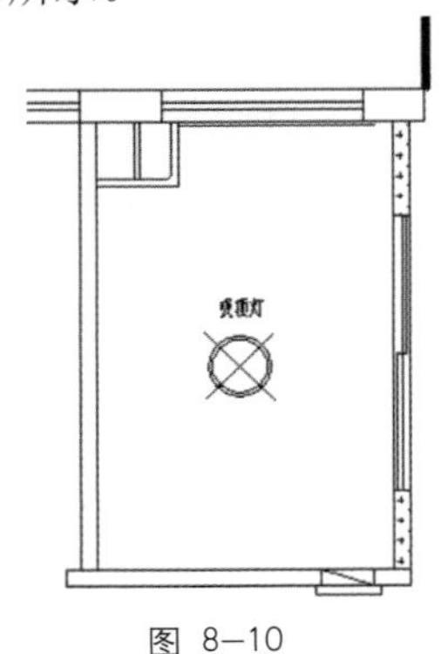

图 8-10

### 2. 绘制牛眼灯

牛眼灯属于筒灯的一种，相比普通筒灯的灯光效果，它可以产生灯光层次感。绘制牛眼灯的操作步骤如下。

**01** 执行“圆”命令，在主卧室吊筒灯的位置绘制一个半径为50mm的圆，然后向外侧偏移20mm，连接象限点，如图8-11所示。

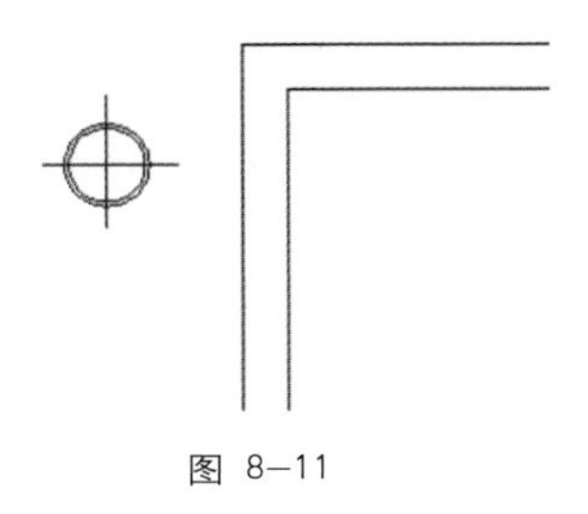

图 8-11

**02** 选择最外侧的大圆，按Delete键删除，将图形旋转45°，效果如图8-12所示。

图 8-12

**03** 执行“圆”命令，捕捉交点，绘制半径为20mm的圆，效果如图8-13所示。

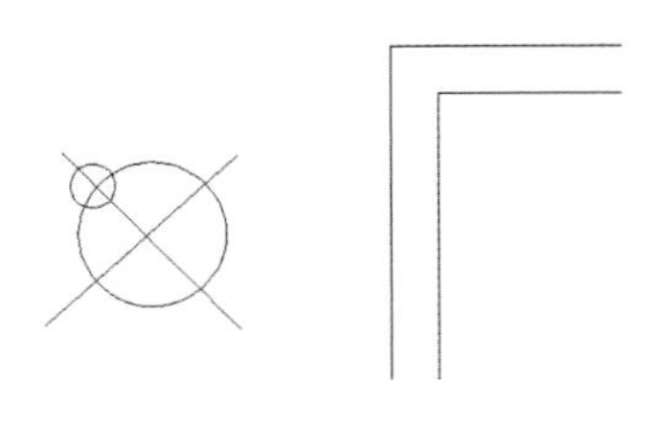

图 8-13

**04** 执行“阵列”命令，以环形“阵列”方式选择小圆和连接线，拾取圆心作为阵列中心，完成阵列。并执行“修剪”命令，将图形修剪为如图8-14所示效果。

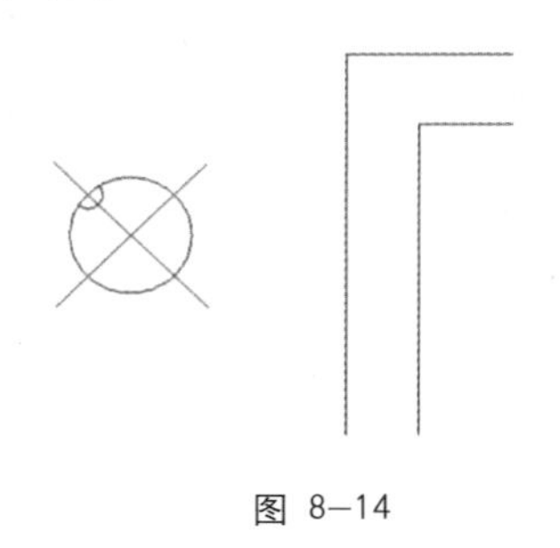

图 8-14

**05** 执行“填充”命令，显示“图案填充选项栏”面板，并进行参数设置，如图8-15所示。

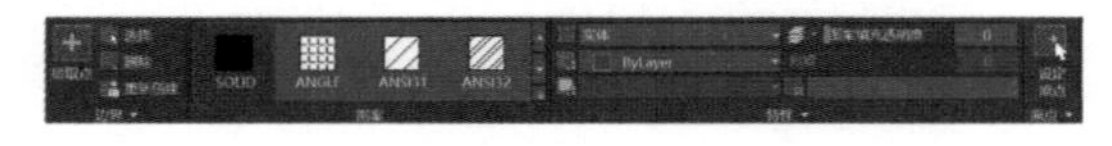

图 8-15

**06** 按空格键或Enter键确认，得到牛眼灯的绘制效果，如图8-16示。

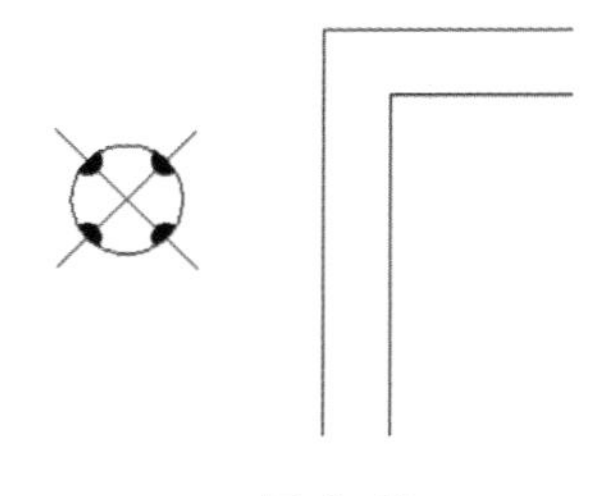

图 8-16

**07** 将绘制的灯具插入室内的各个位置，得到绘制照明灯具的完成效果，如图8-17所示。

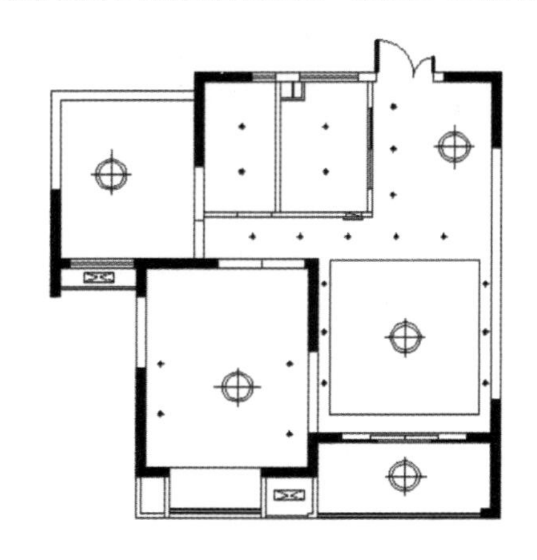

图 8-17

## 8.1.4 开关绘制

**开关是用来切断和接通电源的，种类很多。家庭中最常见的开关就是单控开关，也就是一个开关控制一件或多件电器。根据所接电器的数量又可以分为单联、双联、三联、四联等形式。**

双控开关：**这种开关可以同时控制一件或多件电器，根据所连电器的数量还可以分为双联单开、双联双开等形式。双控开关会给家居生活带来很多便利。如卧室的顶灯，一般在进门位置有一个开关控制，如果在床头旁再接一个能同时控制这个顶灯的开关，那么，进门时就可以用门旁的开关打开灯，关灯时直接用床头的开关即可，不必再下床去关。**

转换开关：**如客厅的顶灯，一般灯泡数量都不少，全部打开太浪费电，装上一个转换开关就很方便。按一下开关，只有一半灯亮；再按一下，另一半灯亮；再按一下，全部灯都亮。这样，需要时可以全亮，平常亮一半即可，很方便。**

延时开关：**卫生间里的灯和排气扇通常合用一个开关，有时很不方便，如果关上灯，排气扇也会关上，而污气还没排完。除了安装转换开关可以解决问题外，还可以安装延时开关，即关上灯，排气扇还会再转3分钟，这很实用。**

荧光显示开关：**如果安装荧光显示开关，就可以根据其发出的荧光在黑暗中准确找到。此外，还有声控开关、光控开关等，一般用于楼梯、公共通道等公共场所，家庭中很少使用。**

**表8-3列出了家庭中常用的开关图例。**

表 8-3

| 图　　例 | 名　　称 | 图　　例 | 名　　称 |
|---|---|---|---|
|  | 单联单控开关 | 2 | 双联单控开关 |
| 3 | 三联单控开关 | 4 | 四联单控开关 |
| W | 防潮防溅单联单控开关 | 2W | 防潮防溅单联双控开关 |
|  | 单联双控开关 | 2 | 双联双控开关 |

绘制开关的操作步骤如下。

**01** 执行“多段线”命令，设定线宽为5mm，打开正交模式。绘制两条水平方向的长度为50mm的线段，再绘制一条垂直方向的长度为400mm的线段，如图8-18所示。

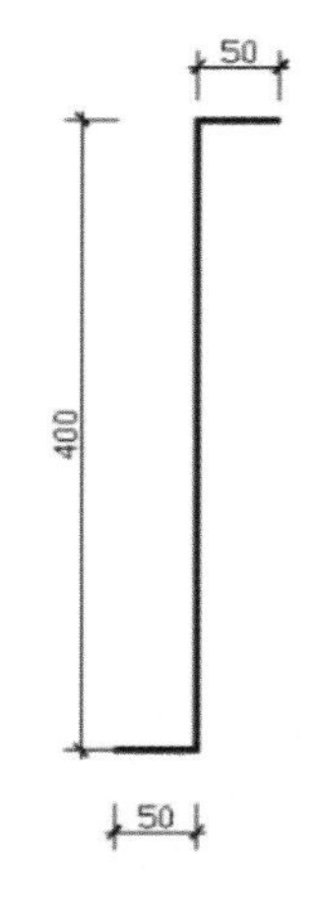


图 8-18

**02** 执行“旋转”命令，将绘制的图形旋转45°，效果如图8-19所示。

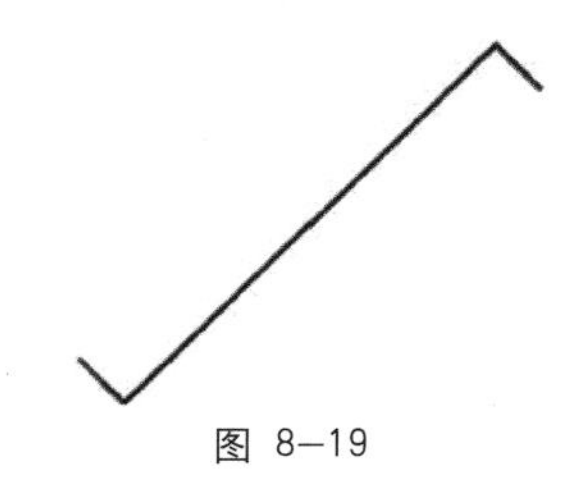

图 8-19

**03** 执行“圆环”命令，捕捉直线的中点，绘制一个外半径为60mm、内半径为0mm的实心圆，效果如图8-20所示。

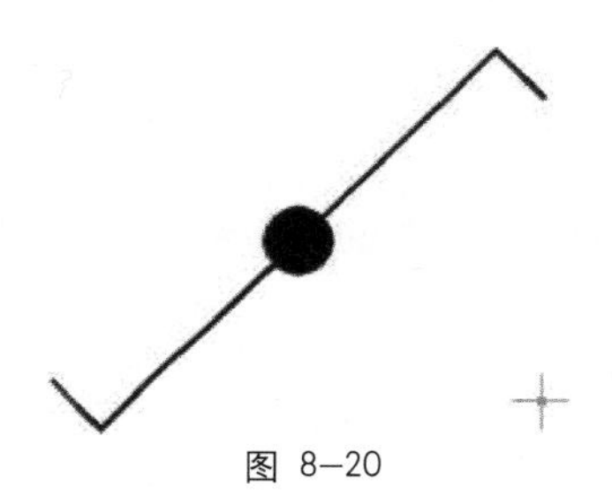

图 8-20

**04** 调用“单行文字”命令，在旁边输入数字“2”，该图形代表的是双联双控开关，如图8-21所示。

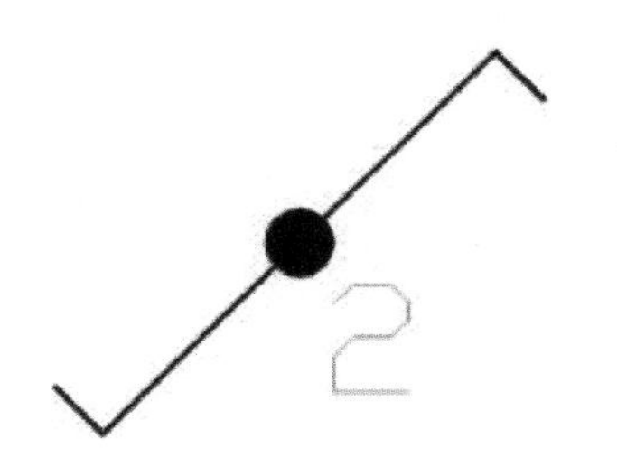


图 8-21

**05** 如果要得到单联双控开关，只需要将实心圆下面的部分进行修剪或删除即可。如图8-22所示为单联双控开关的图形符号。

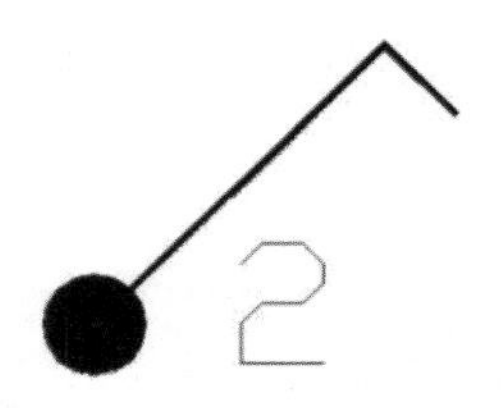


图 8-22

06 将各种开关插入合适位置，如图8-23所示。

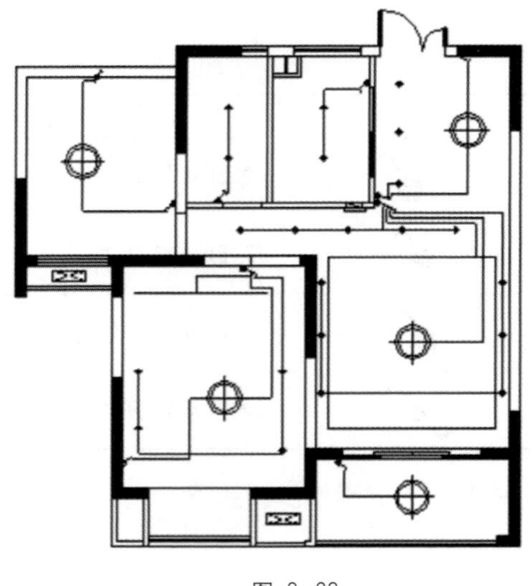

图 8-23

## 8.1.5 照明线路图绘制

**绘制照明线路的操作步骤如下。**

01 将“电气系统”图层设置为当前层，执行“圆弧”命令，通过绘制圆弧连接门厅的开关和灯具，如图8-24所示。

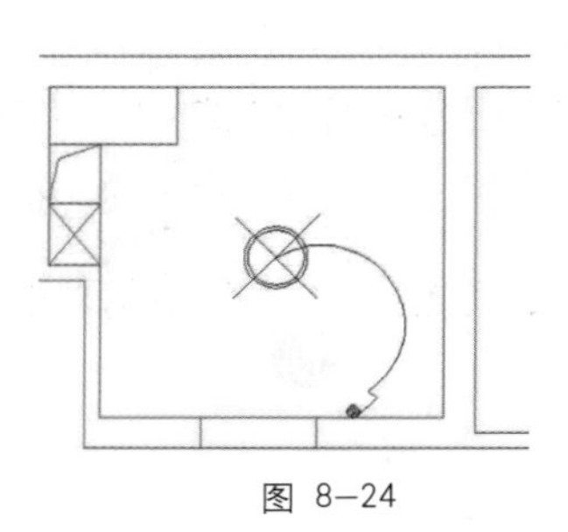

图 8-24

02 重新执行“圆弧”命令，通过绘制圆弧连接门厅的双控开关和餐厅的筒灯，效果如图8-25所示。

03 用同样的方法连接其他开关和灯具，得到开关和灯具连接的强电系统照明线路图，如图8-26所示。

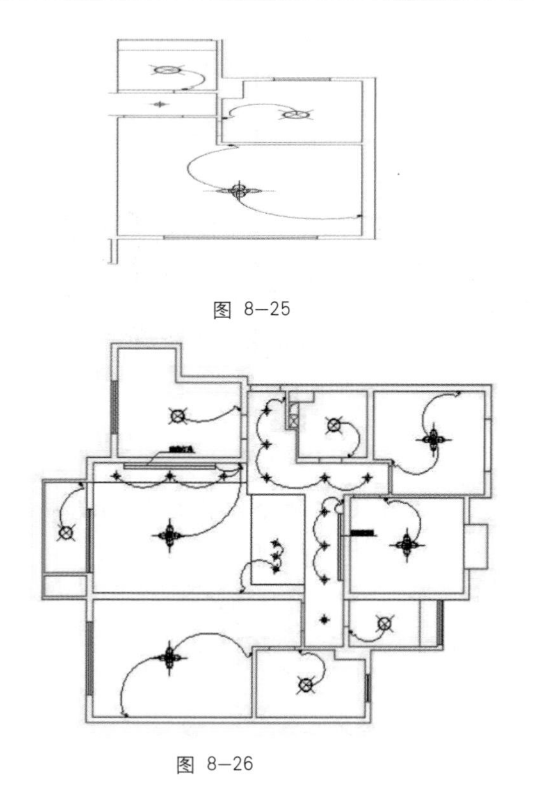

图 8-25

图 8-26

# 8.2 插座系统线路图绘制

**插座的种类很多，家庭中最常见的插座有单联插座、双联插座、三孔空调插座、卫生间的防溅插座等。**

## 8.2.1 修改平面布置图 

**01** 打开素材源文件“平面布置图.dwg”，将图形另存为“插座布置图.dwg”，如图8-27所示。

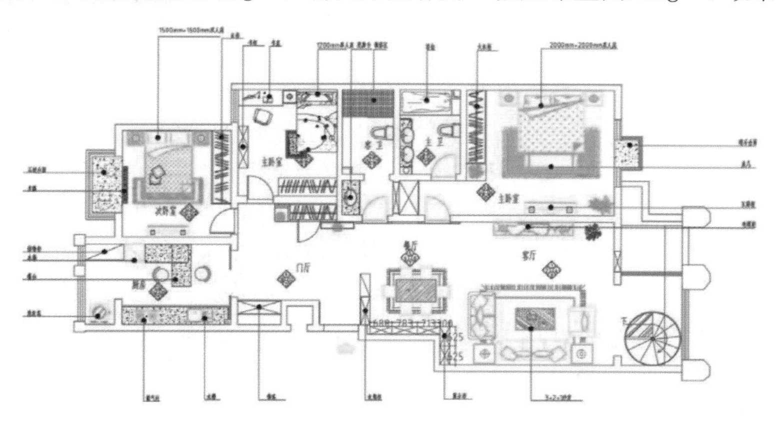

图 8-27

**02** 选择“格式”→“图层”菜单命令，打开“图层特性管理器”面板，将除了“墙体”和“门窗”图层以外的图层合并到新创建的“室内布置”图层中，然后删除其他图层，如图8-28所示。

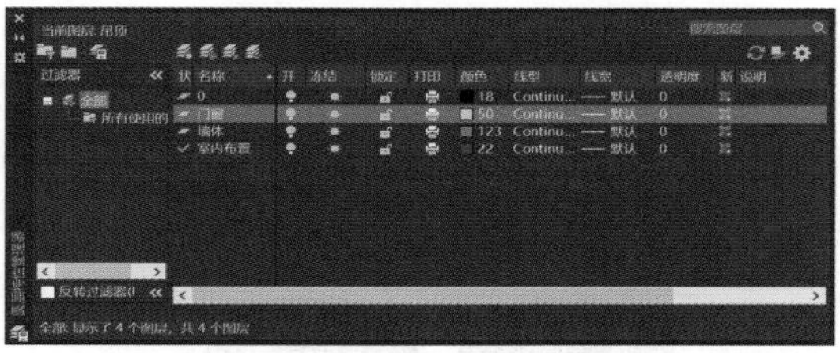

图 8-28

**03** 单击“新建”按钮，新建两个图层，分别命名为“插座设备”和“插座线路”，如图8-29所示。

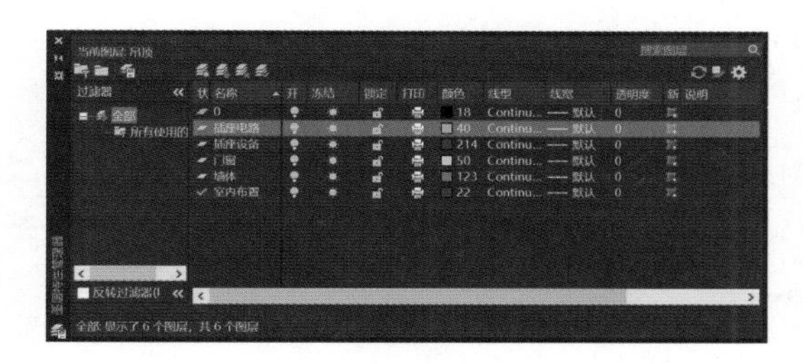

图 8-29

## 8.2.2 插座绘制 

**表8-4列出了家庭常用的插座图例。**

表 8-4

| 图 例 | 名 称 | 图 例 | 名 称 |
| --- | --- | --- | --- |
|   | 单联二极插座 |  2 | 双联三极插座 |
|   | 单联三极插座 |   | 双联二极、三极扁圆两用插座 |
| 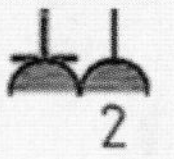 2 | 三联三极，扁圆两用插座 | 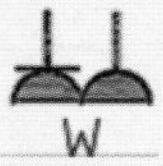 W | 防溅双联二极、三极扁圆两用插座 |
|  W | 防溅三极插座 |  K | 三孔空调插座 |

1
2
3
4
5
6
7
8
9
10
11
12

**绘制插座的操作步骤如下。**

**01** 将“插座设备”图层设置为当前层，调用“圆”命令，绘制一个半径为80mm的圆。用直线对象限点进行水平方向的连接，如图8-30所示。

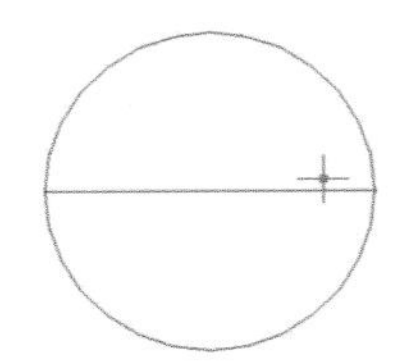

图 8-30

**02** 执行“修剪”命令，对图形进行修剪操作，将下面的半圆剪除，如图8-31所示。

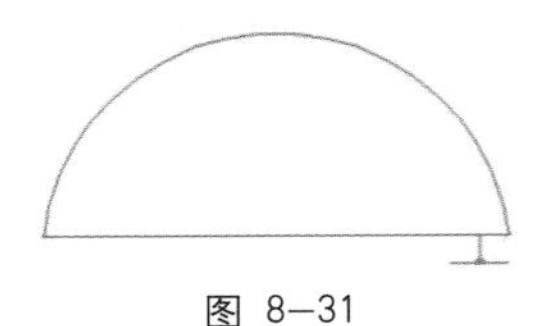

图 8-31

**03** 将水平方向的直线，向上移动100mm，效果如图8-32所示。

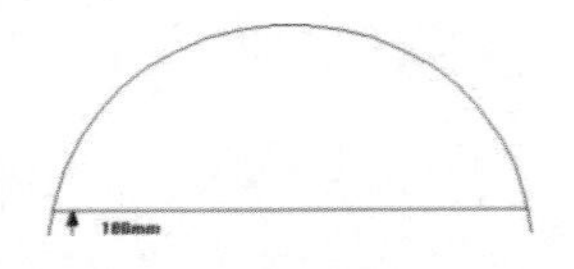

图 8-32

**04** 执行“图案填充”命令，显示“图案填充选项栏”面板，参数设置如图8-33所示。

图 8-33

**05** 单击“拾取点”按钮，在绘图区域中拾取填充区域，按空格键或Enter键确认，得到填充完成的插座效果，如图8-34所示。

图 8-34

**06** 执行“多段线”命令，捕捉圆最上方的象限点，设定线宽为3mm，打开正交模式。沿水平和垂直方向各绘制一条长度为180mm的多段线，并将水平方向直线的中点移动到象限点上，得到单联三极插座的图形符号，如图8-35所示。

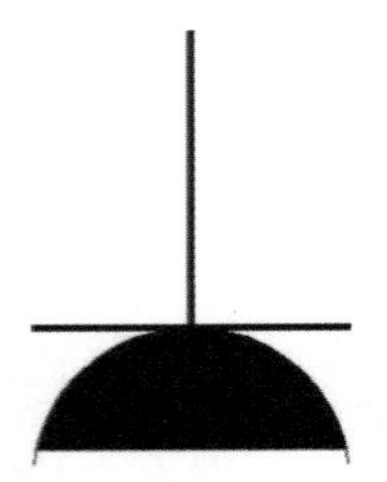

图 8-35

**07** 执行“复制”命令，将制作好的单联三极插座复制一个，并删除水平方向的直线，得到三极扁圆两用插座的图形符号，如图8-36所示。

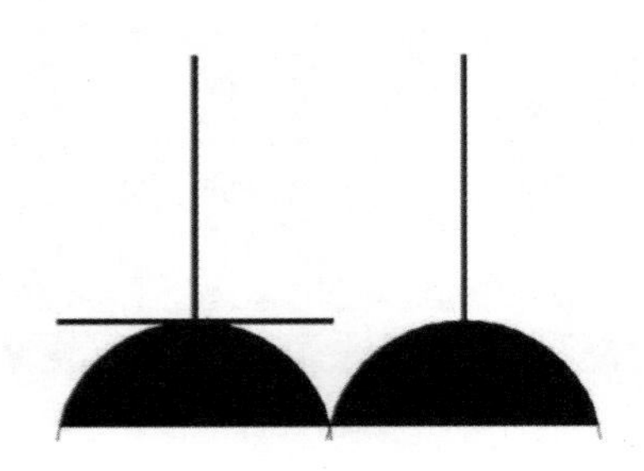

图 8-36

**08** 绘制其他类型的插座，并将插座插入相应位置，如图8-37所示。

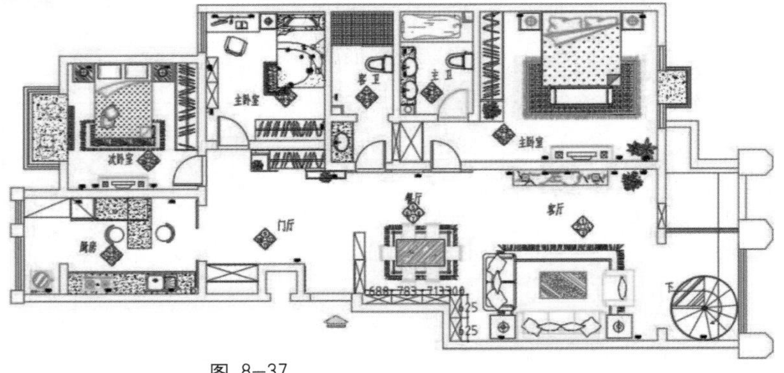

图 8-37

### 8.2.3 连接插座电路

**可以通过“多段线”命令对插座进行连接。连接插座电路的操作步骤如下。**

**01** 调用“图层”命令，将“室内布置”图层关闭，效果如图8-38所示。

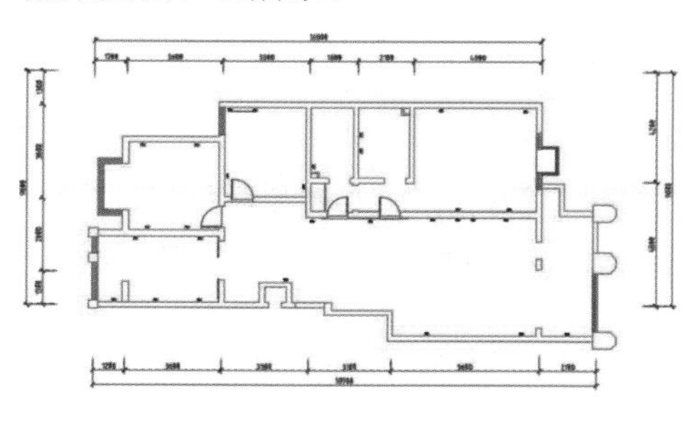

图 8-38

**02** 将“插座电路”图层设置为当前层，执行“多段线”命令，将多段线宽度设置为10mm，对厨房插座进行连接，效果如图8-39所示。

**03** 重新执行“多段线”命令，连接房间其他位置的插座，并最终连接到门口的配电箱，效果如图8-40所示。

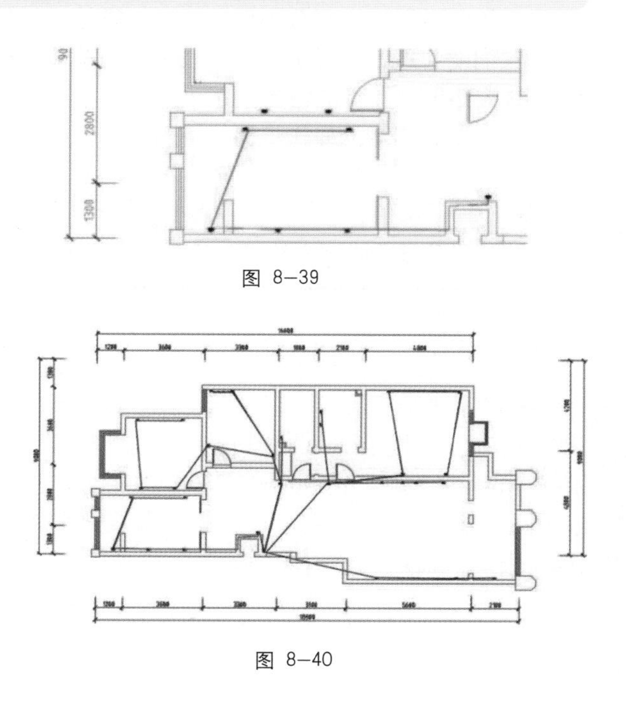

图 8-39

图 8-40

## 8.3 配电系统图绘制

配电系统图可表明电气的供电方式、电能输送、分配控制关系和设备运行情况。如图8-41所示为本例的配电系统图。

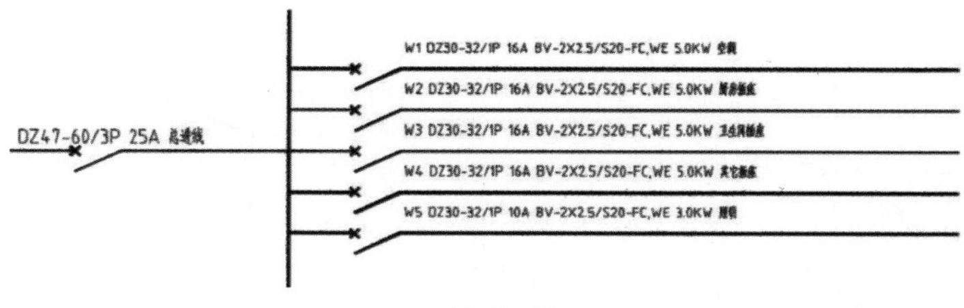


图 8-41

图中各项文字标识的含义如下。

W1：表示线路的代号。

DZ30-32/1P：表示开关的型号。

16A：表示额定电流。

BV-2×2.5：表示电线的线径。

S20：表示电线为穿管保护，所用的是直径为20mm的管线。

FC，WE：表示线路沿墙、地面暗敷。

5.0kW：表示线路的负载。

空调：表示该线路的用电设备。

1
2
3
4
5
6
7
8
9
10
11
12

## 8.3.1 断路器绘制

断路器又称自动开关，它是一种既有手动开关作用，又能自动进行失压、欠压、过载和短路保护的电器。它可分配电能，不频繁地启动异步电动机，对电源线路及电动机等实行保护。当它们发生严重的过载、短路及欠电压等故障时能自动切断电路，其功能相当于熔断器式开关与过欠热继电器等的组合。

绘制断路器的操作步骤如下。

**01** 执行“多段线”命令，绘制一条长度为6000mm、宽度为20mm的多段线，如图8-42所示。

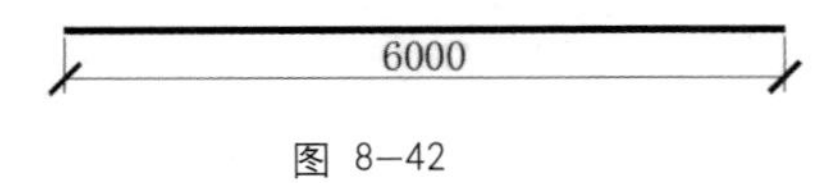


图 8-42

**02** 执行“矩形”命令，在直线附近单击“对象捕捉”工具栏上的“捕捉自”按钮，自基点向右偏移并绘制一个500mm×250mm的矩形，然后用多段线连接对角点，绘制一条斜线，如图8-43所示。

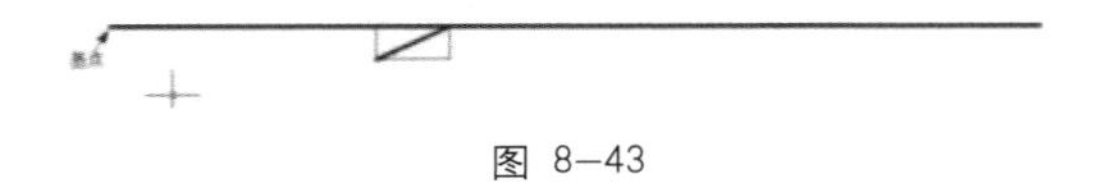

图 8-43

**03** 调用“修剪”命令，修剪并删除多余的直线，如图8-44所示。

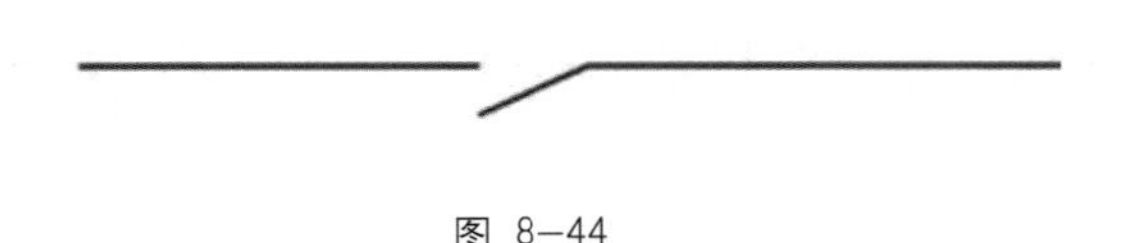

图 8-44

**04** 执行“多段线”命令，捕捉到相应的端点，绘制一条长度为150mm的多段线，如图8-45所示。

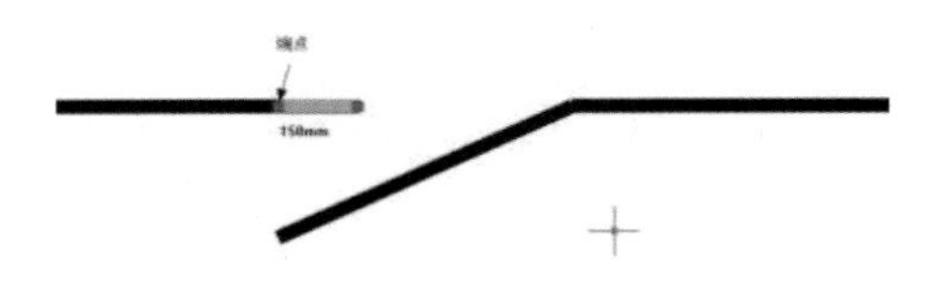

图 8-45

**05** 执行“旋转”命令，捕捉绘制的多段线的中点，将多段线旋转45°，并运用“移动”工具将旋转后多段线的中点移动到水平多段线的端点上，如图8-46所示。

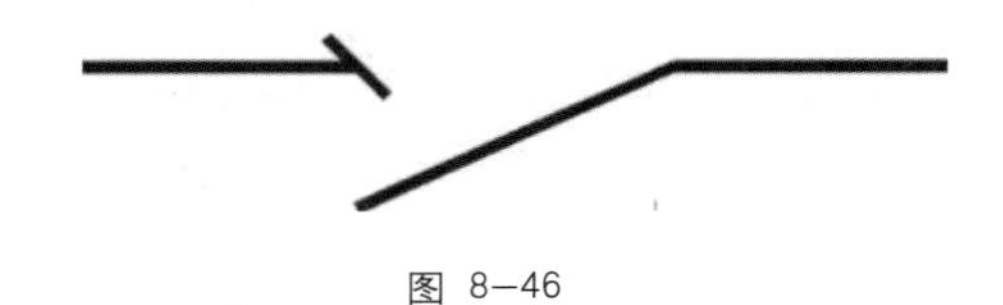

图 8-46

**06** 执行“复制”命令，复制一条多线段，再执行“旋转”命令，捕捉多段线的中点，将绘制的多段线向与上一步骤相反的方向旋转45°，并使用“移动”工具将旋转后多段线的中点移动到水平多段线的端点上，如图8-47所示。

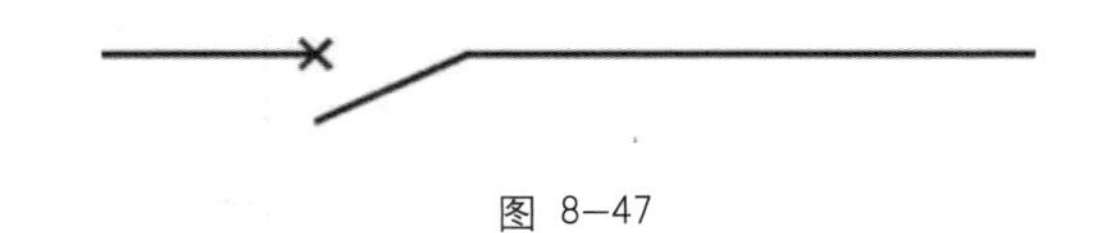

图 8-47

## 8.3.2 绘制配电说明图

绘制配电说明图的操作步骤如下。

**01** 执行“多行文字”命令，在需要输入文字的区域拾取一个矩形区域，在弹出的文字编辑器中，输入如图8-48所示的文字。

图 8-48

**02** 执行“阵列”命令，以矩形方式执行5行1列的阵列，间距为-500mm，完成阵列效果。再双击对应的文本，更改内容后如图8-49所示。

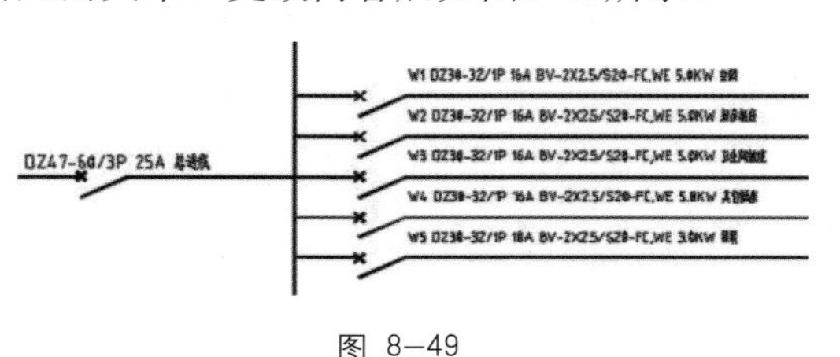

图 8-49

**03** 执行“多行文字”工具，在需要输入文字的区域拾取一个矩形区域，在弹出的文字编辑器中将高度设置为250mm，输入电气系统施工说明文字，如图8-50所示。

**04** 关闭文字编辑器，调用图框，得到配电系统图的最终效果，如图8-51所示。

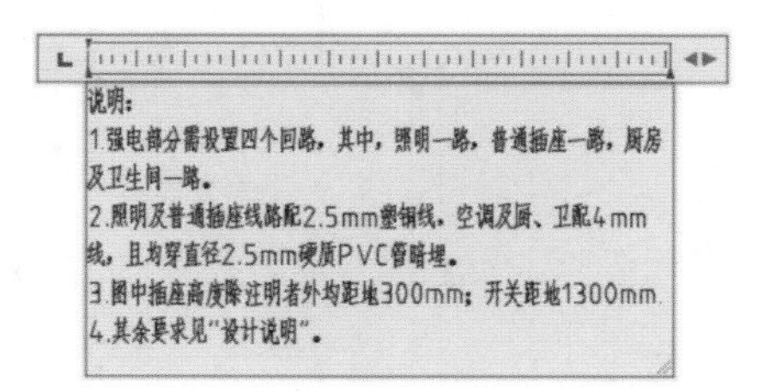


图 8-50

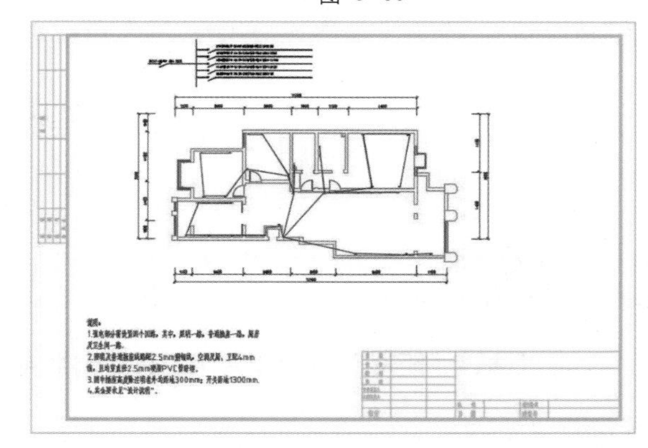

图 8-51

# 8.4 弱电系统线路图绘制

**弱电设备主要包括电话、有线电视及上网的宽带等，弱电图例如图8-52所示。**

| WN | 宽带网插孔 | TV | 电视插孔 |
|---|---|---|---|
| TP | 电话插座 | | |

图 8-52

## 8.4.1 插座布置图修改

**可以根据上面制作的“插座布置图.dwg”文件来绘制弱电布置图。修改插座布置图的操作步骤如下。**

**01** 打开“插座布置图.dwg”，另存为“弱电布置图.dwg”。选择“格式”→“图层”菜单命令，单击“新建”按钮，新建两个图层，分别命名为“弱电设备”和“弱电线路”，如图8-53所示。

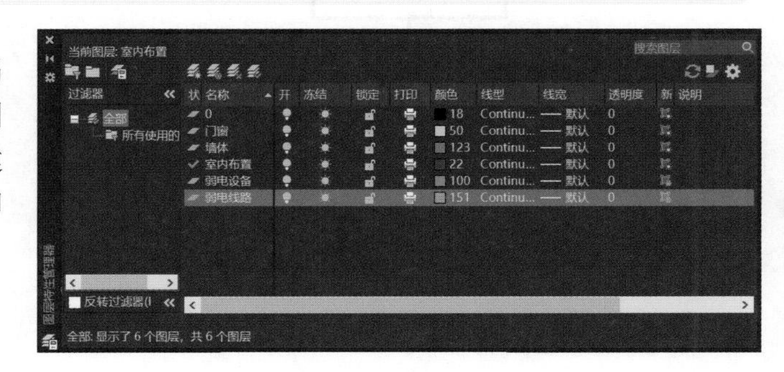


图 8-53

**02** 删除“插座设备”和“插座线路”两个图层的物体模型，如图8-54所示。

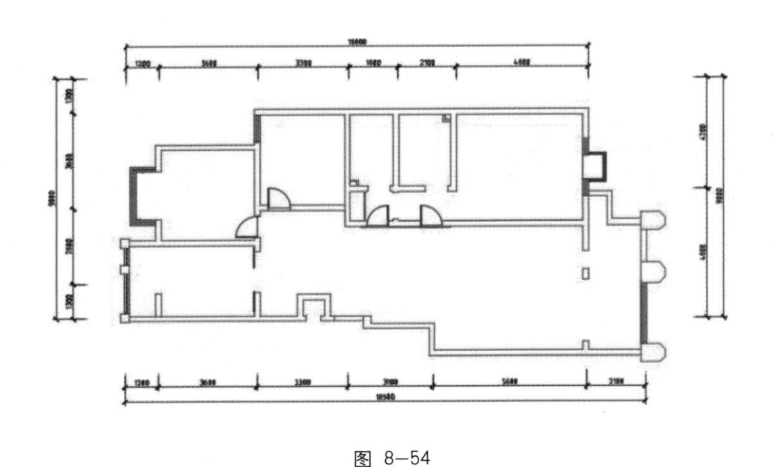

图 8-54

## 8.4.2 弱电设备图绘制 

**可以通过“矩形”命令和文字工具绘制弱电设备图。绘制弱电设备图的操作步骤如下。**

**01** 将“弱电设备”图层设置为当前层，执行“矩形”命令，绘制一个线宽为5mm、大小为200mm×80mm的矩形，如图8-55所示。

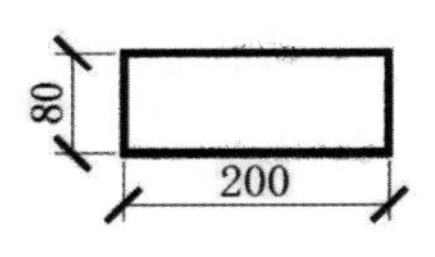


图 8-55

**02** 执行“修剪”命令，将上方的边剪除，调用“多段线”命令，捕捉中点，绘制垂直方向的多段线，如图8-56所示。

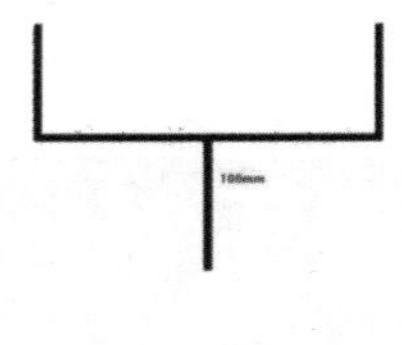

图 8-56

**03** 选择“格式”→“文字样式”菜单命令，打开“文字样式”对话框，如图8-57所示。

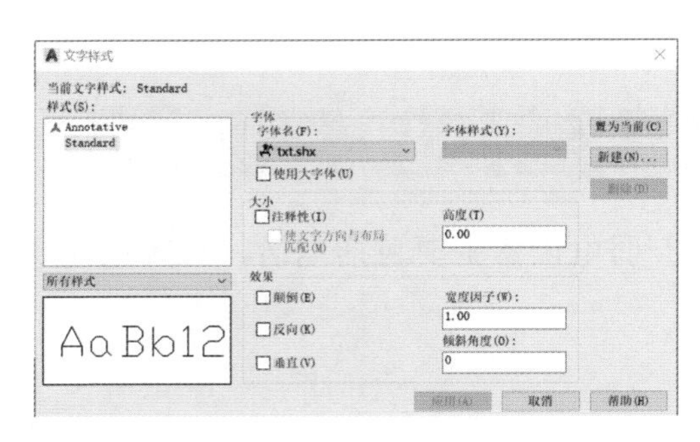


图 8-57

**04** 单击“新建”按钮，新建一个名称为“设备”的文字样式，取消选中“使用大字体”复选框，将字体设置为“T仿宋”，单击“置为当前”按钮，如图8-58所示。

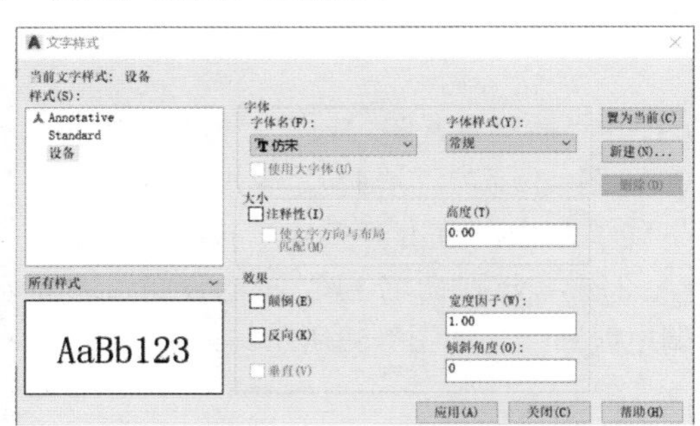


图 8-58

**05** 执行“单行文字”命令，对弱电设备进行文字注释，得到的电视插孔图形符号如图8-59所示。

图 8-59

**06** 使用同样的方法绘制电话插座和宽带网插孔的图形符号，如图8-60所示。

**07** 将弱电设备制作成图块，并插入相应的位置，如图8-61所示。

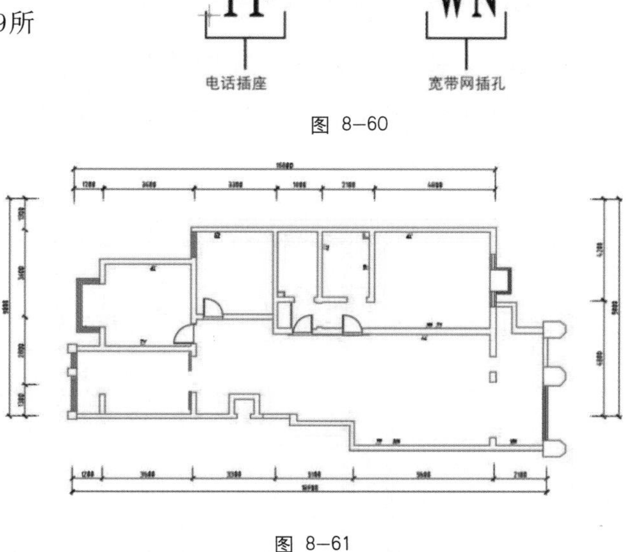


图 8-60

图 8-61

## 8.4.3 连接弱电设备 

**可通过“多段线”命令将各种弱电设备连接到门口的弱电箱。连接弱电设备的操作步骤如下。**

**01** 将“弱电电路”图层设置为当前层，调用“多段线”命令，将线宽设置为10mm，将电话线连接到门口的弱电箱，如图8-62所示。

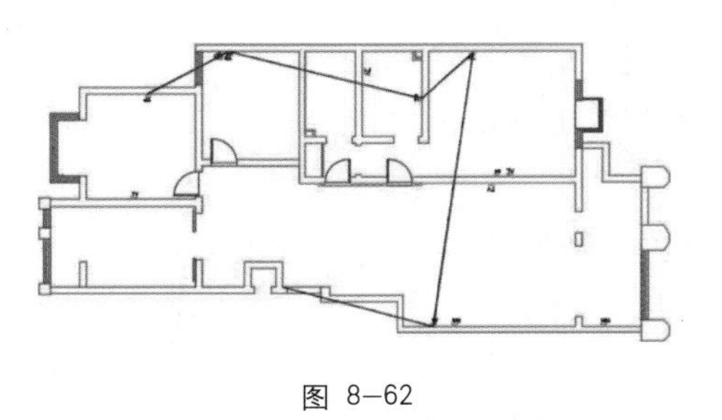

图 8-62

**02** 用同样的方法连接宽带线和电视线，得到弱电布置图，如图8-63所示。

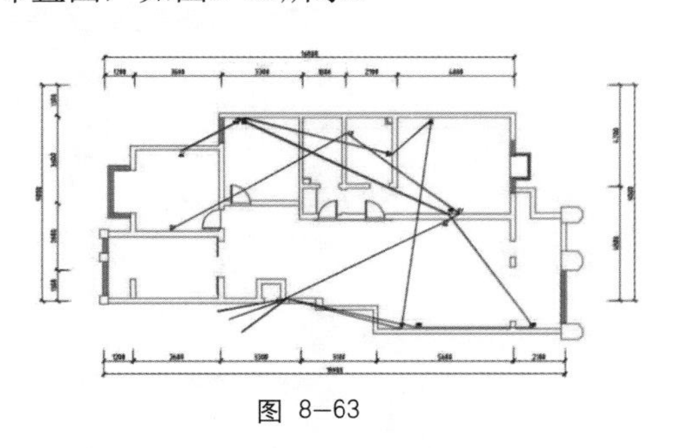

图 8-63

# 8.5 知识与技能要点

在使用AutoCAD绘制图形的过程中，电路系统包括由开关、插座等组成的强电系统和由电话、宽带、音响等组成的弱电系统。

- 重要工具：绘图工具、修改工具、填充工具、标注工具、文字注释工具、图层工具。
- 核心技术：绘制强电系统图和弱电系统图要注意灯具、开关、插座以及网线、电话线、音响等的位置，并考虑使用的便利性。
- 实际运用：强电系统图和弱电系统图的绘制。

## 8.6 课后练习

1. 运用本章所学的知识，绘制如图8−64所示的强电系统图。

2. 运用本章所学的知识，绘制如图8−65所示的弱电系统图。

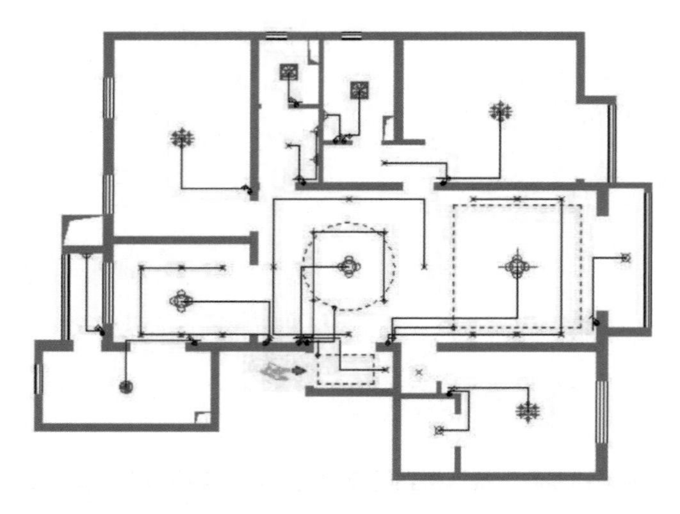

图 8−64

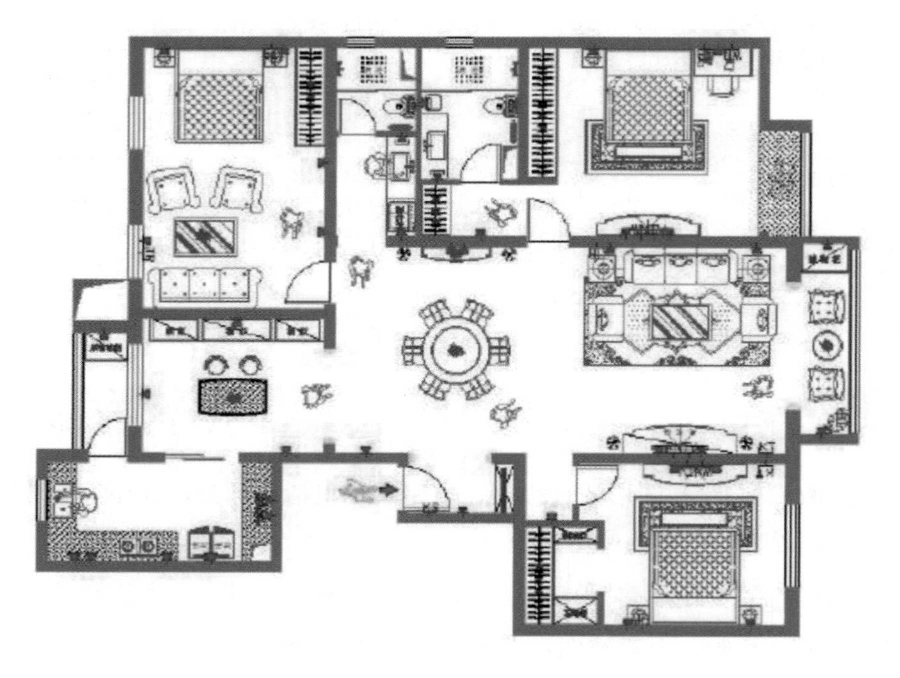

图 8−65

# 室内设计立面图绘制

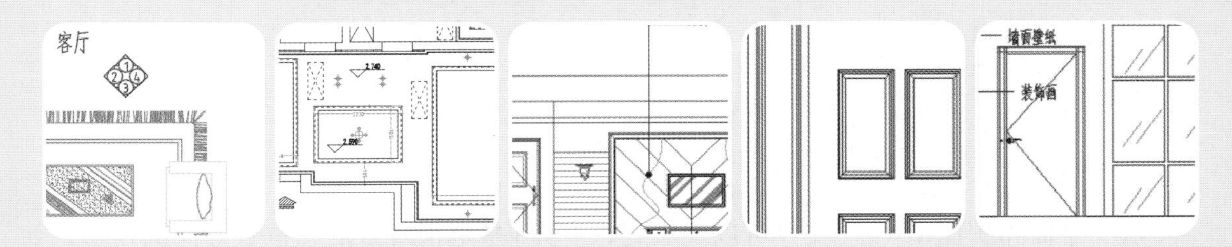


室内立面图包括投影方向可见的室内轮廓线和装修构造、门窗、构配件、墙面作法、固定家具、灯具、必要尺寸和标高，以及需要表现的非固定家具、灯具、装饰物件等。

| 学习要求 | 知识点 \ 学习目标 | 了解 | 掌握 | 应用 | 重点知识 |
| --- | --- | --- | --- | --- | --- |
| | 客厅立面图绘制 | 🚩 | | | |
| | 划分主要区域 | 🚩 | | | |
| | 绘制客厅阳台储物柜 | | 🚩 | | |
| | 绘制更衣柜 | | 🚩 | | |

能力与素质目标

# 9.1 客厅立面图1绘制

建筑物室内立面图的名称可根据平面图中内视符号的编号或字母确定，打开本章素材“平面布置图.dwg”文件，观察客厅1、2、3、4立面的位置，如图9-1所示。

微课：
立面图制作

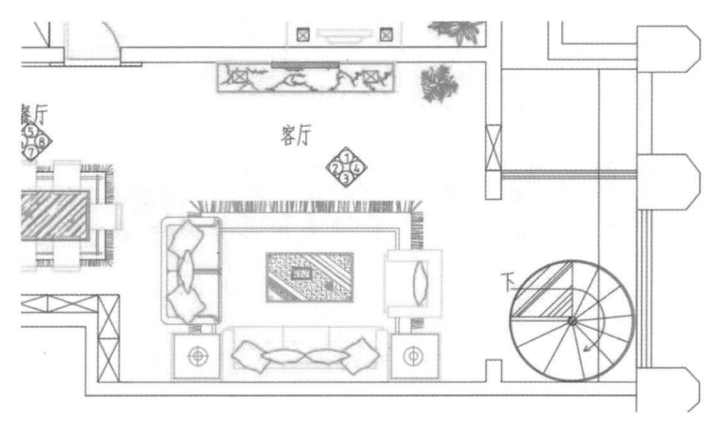


图 9-1

从“平面布置图.dwg”文件可以观察到，立面1是电视背景墙和位置方向的投影，如图9-2所示。

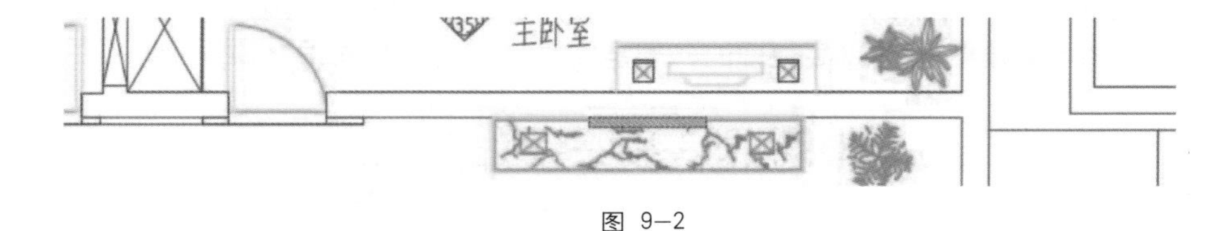


图 9-2

## 9.1.1 准备工作

在一般情况下，绘制立面图所采用的设置与平面图相同，如标注样式、文字样式、单位等。可以将平面图另存为“立面图.dwg”文件，然后删除平面图的内容。准备过程的操作步骤如下。

**01** 打开AutoCAD 2021，选择“文件”→“新建”菜单命令，打开“快速设置”对话框，创建一个42000mm×29700mm的绘图界面，如图9-3所示。

图 9-3

**02** 设置并观察视图范围，让图形界限全部显示。

**03** 选择“工具”→“选项板”→“设计中心”菜单命令，在“设计中心”面板中打开“平面布置图.dwg”文件，如图9-4所示。

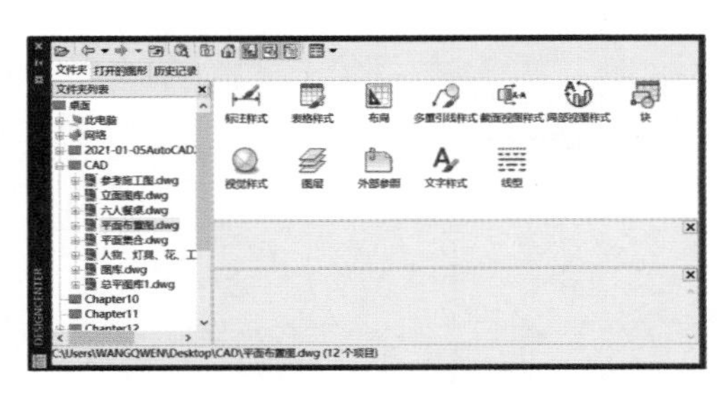

图 9-4

**04** 在右窗格中双击“图层”选项，打开图层选项列表，显示“平面布置图.dwg”所包含的图层，如图9-5所示。

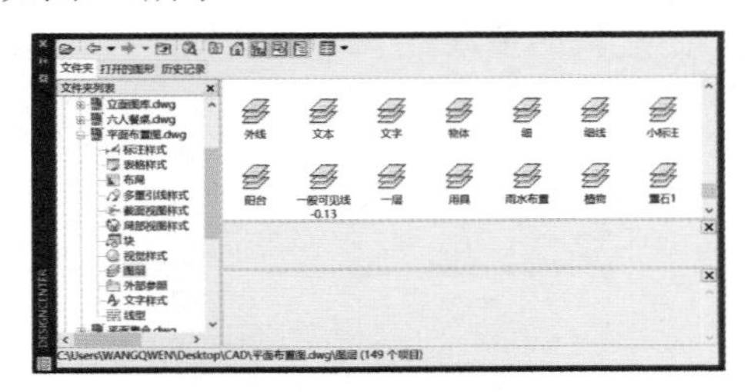

图 9-5

**05** 将“墙体”“文字标注”和“家具”图层直接拖动到绘图区域。选择“格式”→“图层”菜单命令，打开“图层特性管理器”面板，得到添加图层效果，如图9-6所示。

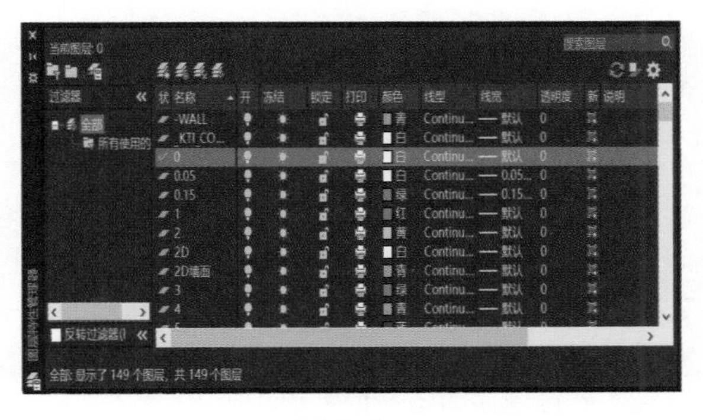

图 9-6

**06** 添加“文字样式”和“标注样式”到当前对象。

## 9.1.2 案例实现

**在绘制客厅立面1的详图之前，先绘制其主要布置及主要区域。**

### 1. 划分区域

**根据“平面图.dwg”文件可以知道客厅立面1的宽度为11950mm，通过室内标高可以知道房屋层高是2740mm。**

**01** 将“墙体”图层设置为当前层，执行“矩形”命令，绘制一个大小为11950mm×2740mm的矩形，如图9-7所示。

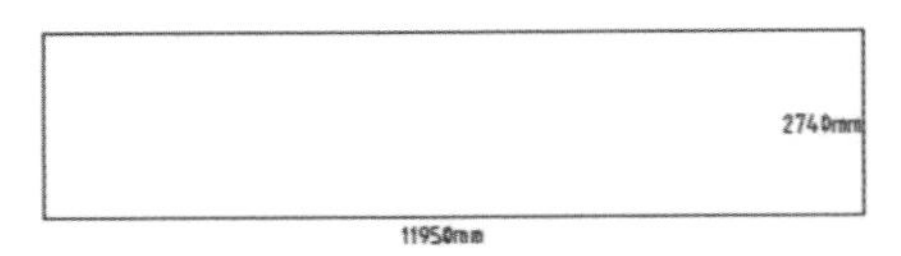


图 9-7

**02** 将“标注文字”图层设置为当前层，单击“线性”按钮，打开端点的对象捕捉，对水平和垂直方向进行标注，如图9-8所示。

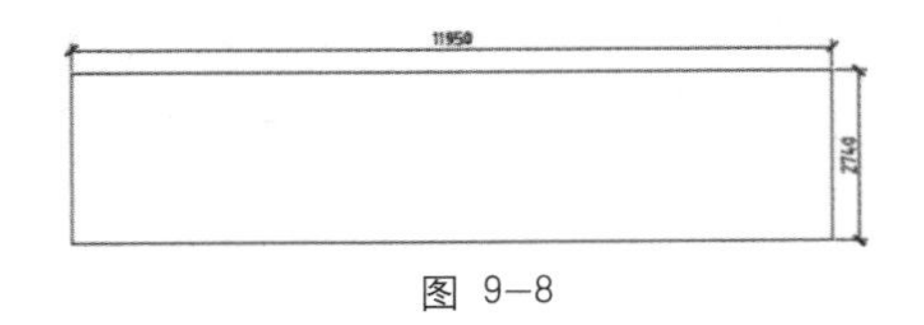


图 9-8

**03** 观察客厅位置的天花平面图，如图9-9所示。

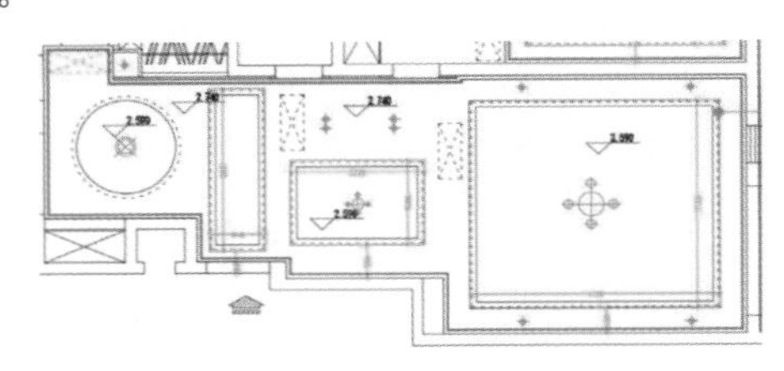

图 9-9

**04** 执行“分解”命令，对绘制的矩形进行分解操作。执行“偏移”命令，将上方的直线依次向下偏移300mm和100mm，如图9-10所示。

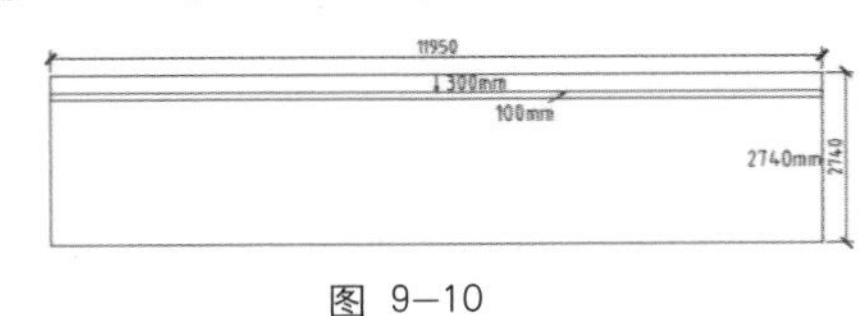


图 9-10

**05** 执行“直线”命令，绘制吊顶的造型线，如图9-11所示。

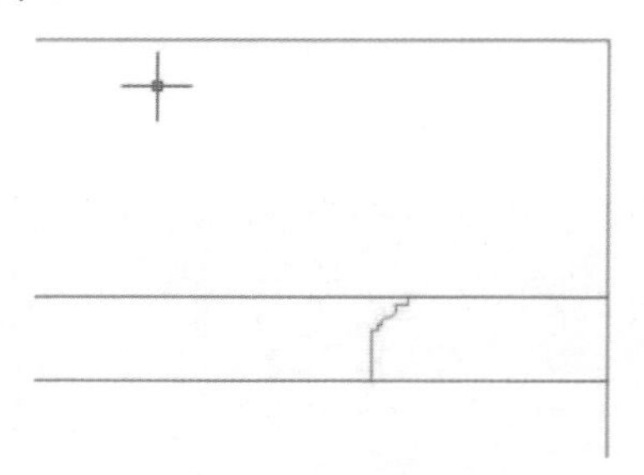

图 9-11

**06** 执行“偏移”命令，将矩形左侧的边向右依次偏移1130mm和5860mm，划分出门厅、餐厅和客厅的大致区域，如图9-12所示。

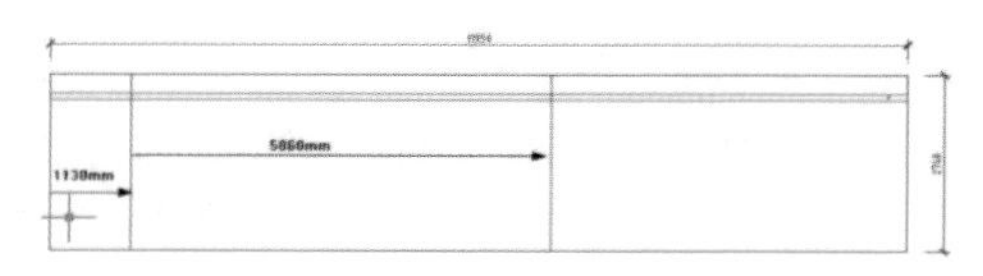


图 9-12

### 2．绘制门的造型

**在本例中，客厅立面1造型共有3个门，绘制步骤如下。**

**01** 将“门窗”图层设置为当前层，执行“矩形”命令，单击“对象捕捉”工具栏上的“捕捉自”按钮，自基点向右偏移200mm的距离，绘制一个大小为2100mm×850mm的矩形，作为通向儿童房门的区域，如图9-13所示。

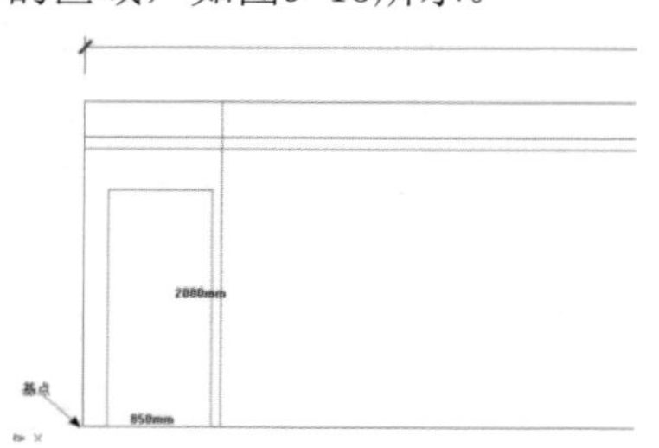


图 9-13

**02** 执行“分解”命令，对门的矩形进行分解操作，并对门套的造型矩形进行分解操作。执行“偏移”命令，将上、左、右这3条边合并为多段线，并向外依次偏移10mm、30mm和10mm，如图9-14所示。

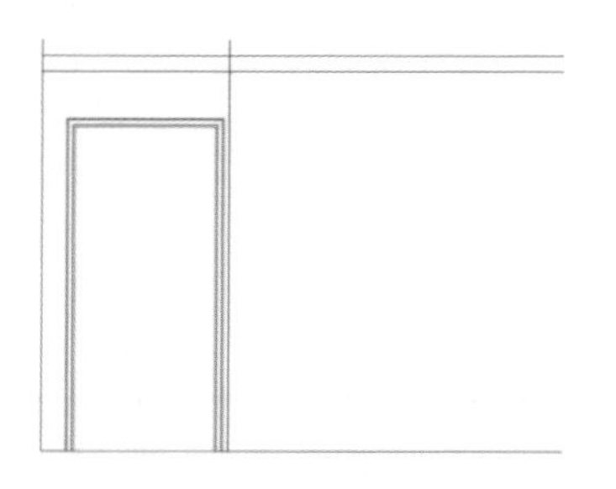

图 9-14

**03** 选择“格式”→“多线样式”菜单命令，打开“多线样式”对话框，单击“新建”按钮，打开“创建新的多线样式”对话框，在“新样式名”文本框中输入“门造型”，如图9-15所示。

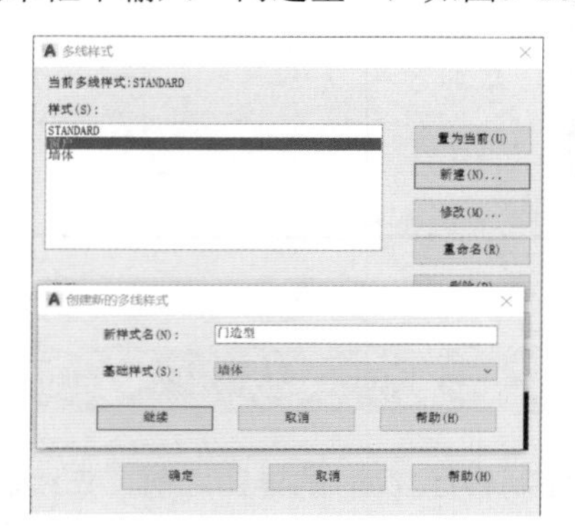


图 9-15

**04** 单击“继续”按钮，打开“新建多线样式：门造型”对话框，选中“显示连接”复选框，在“图元”列表框中设置“偏移”参数，如图9-16所示。

图 9-16

**05** 单击“确定”按钮，并在“多线样式”对话框中单击“置为当前”按钮，应用设置的门造型样式，如图9-17所示。

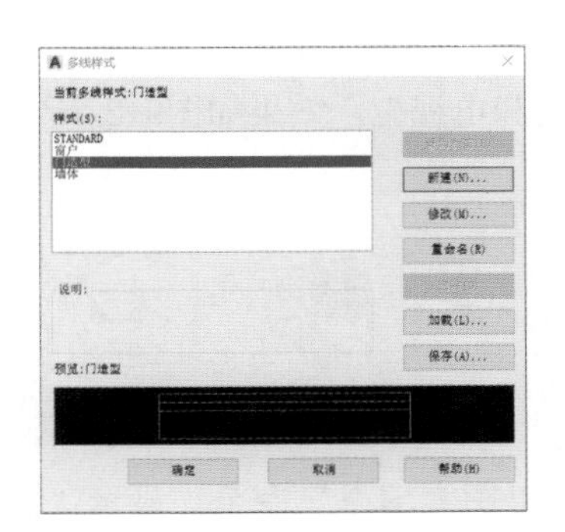

图 9-17

**06** 将“门造型”图层设置为当前层，执行“多线”命令，设置多线比例为1、“对正”方式为“上”，单击“对象捕捉”工具栏上的“捕捉自”按钮，自基点向右偏移（150mm，190mm），绘制的多线如图9-18所示。

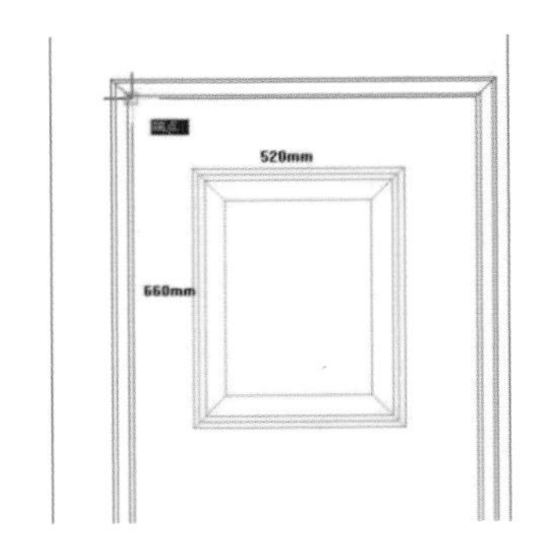


图 9-18

**07** 打开“中点”对象捕捉模式，将绘制的门造型镜像到门的下方，如图9-19所示。

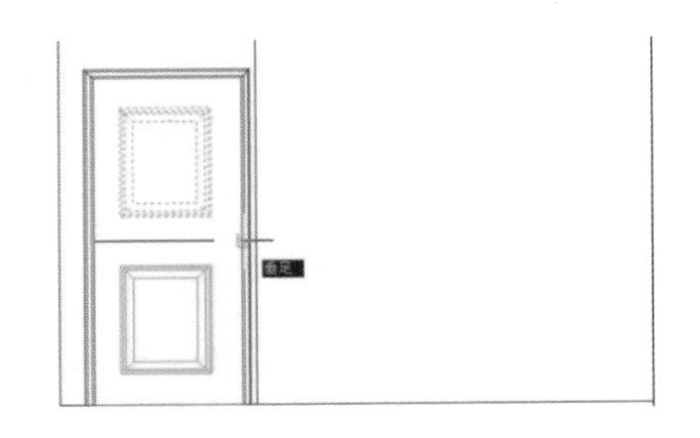

图 9-19

**08** 执行“直线”命令，绘制门的开启方向，得到的门效果如图9-20所示。

**09** 执行“复制”命令，将门的造型复制到相应的区域，如图9-21所示。

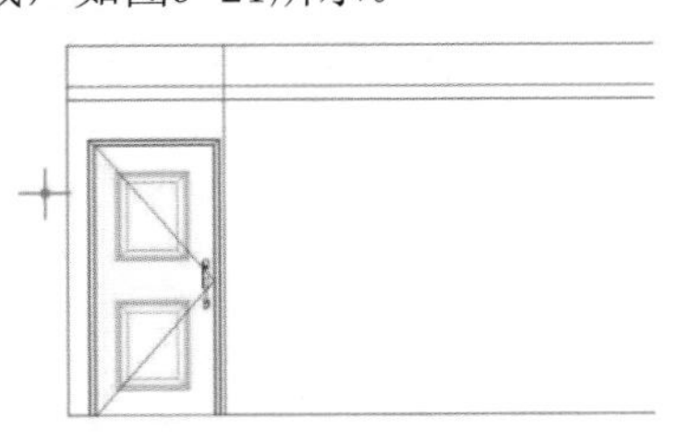

图 9-20

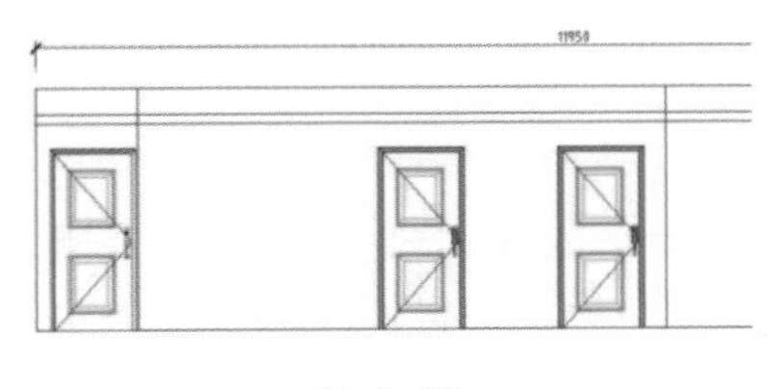

图 9-21

### 3. 绘制电视背景墙和墙面装饰

**绘制电视背景墙和墙面装饰的操作步骤如下。**

**01** 将立面图底边依次向上偏移120mm和15mm，并执行“修剪”命令，剪除与门相交的线，制作踢脚线的效果，如图9-22所示。

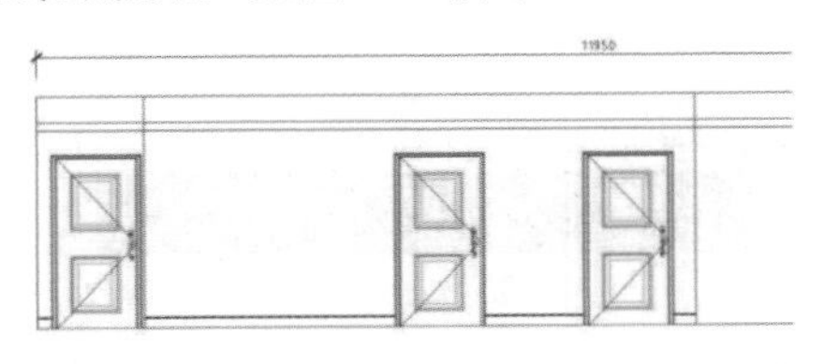

图 9-22

**02** 选择“格式”→“多线样式”菜单命令，打开“多线样式”对话框，单击“新建”按钮，打开“创建新的多线样式”对话框，在“新样式名”文本框中输入“背景墙造型”，如图9-23所示。

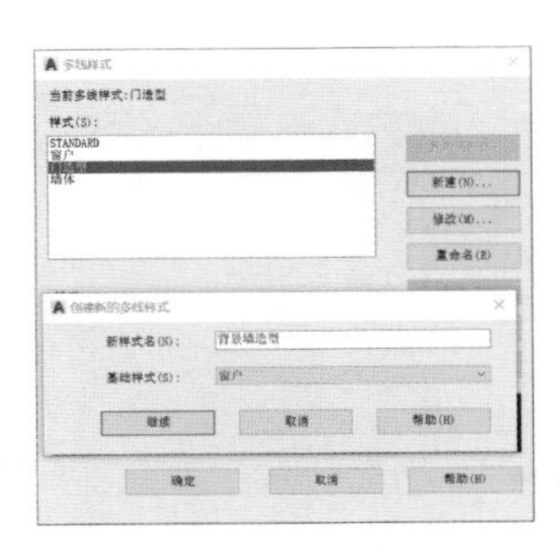

图 9-23

**03** 单击“继续”按钮，打开“新建多线样式：背景墙造型”对话框，选中“显示连接”复选框，在“图元”列表中设置“偏移”参数，如图9-24所示。

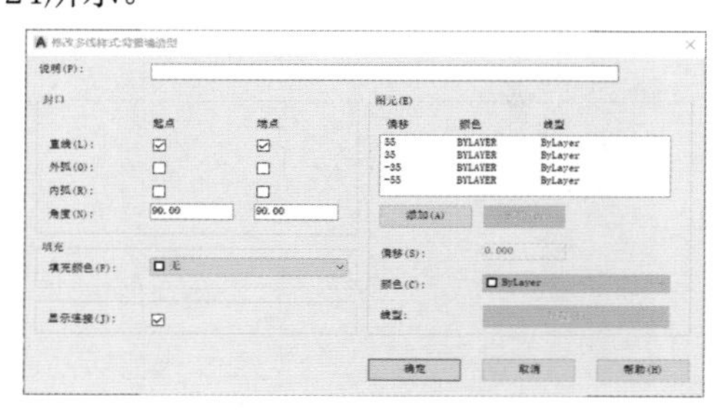

图 9-24

**04** 单击“确定”按钮，并在“多线样式”对话框中单击“置为当前”按钮，应用设置的背景墙造型样式，如图9-25所示。

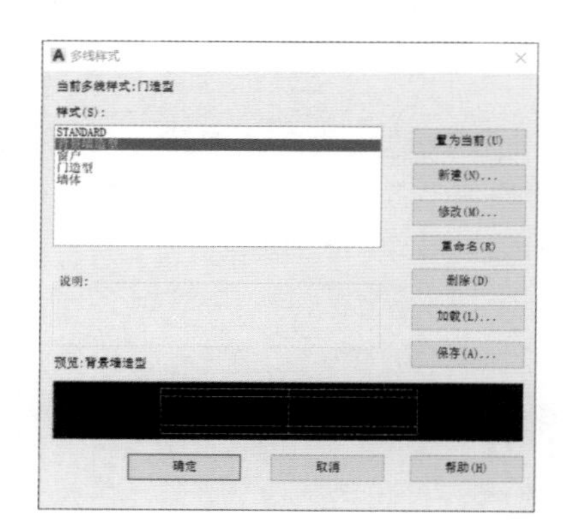

图 9-25

**05** 将“门造型”图层设置为当前层，执行“多线”命令，设置多线比例为1、“对正”方式为“上”，单击“对象捕捉”工具栏上的“捕捉自”按钮，自基点向右偏移1000mm，绘制的多线如图9-26所示。

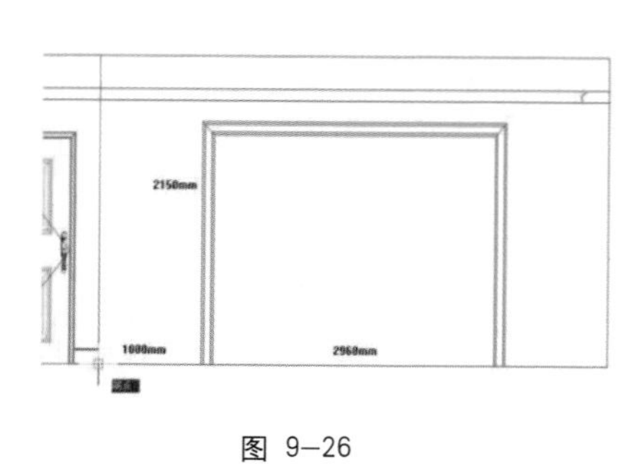


图 9-26

**06** 执行“插入块”命令，插入画框、家具、电视装饰物和电视柜，效果如图9-27所示。

图 9-27

**07** 执行“图案填充”命令，显示“图案填充选项栏”面板，对填充“样例”“比例”和“角度”参数进行设置，如图9-28所示。

图 9-28

**08** 单击“拾取点”按钮，在填充区域中通过单击拾取一点，按空格键或Enter键确认，并指定填充原点，效果如图9-29所示。

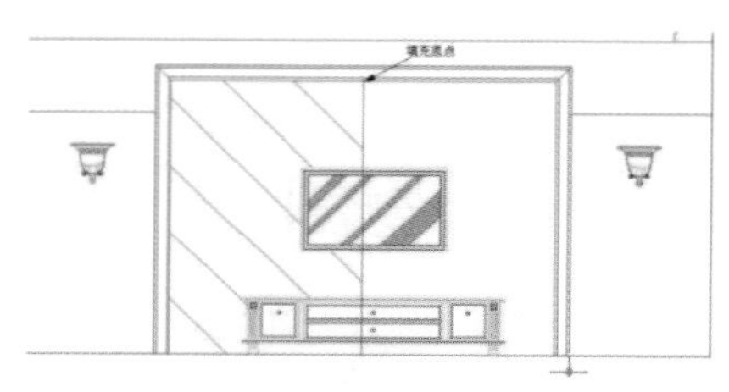

图 9-29

**09** 将填充角度设置为0，并填充右侧的区域。执行“样条曲线”命令，绘制曲线，得到大理石斜拼的效果，如图9-30所示。

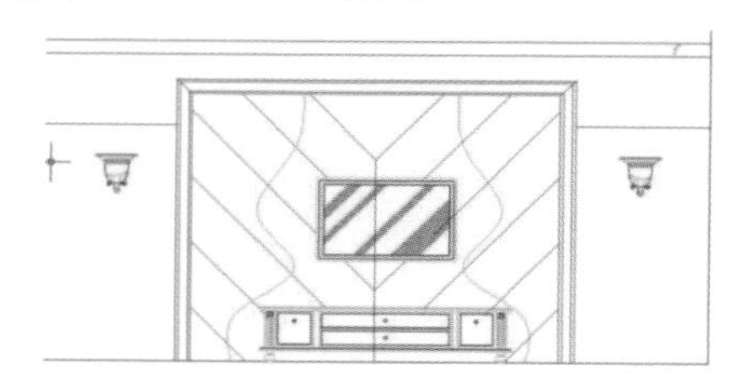

图 9-30

**10** 执行“图案填充”命令，显示“图案填充选项栏”面板，对填充“样例”“比例”和“角度”参数进行设置，如图9-31所示。

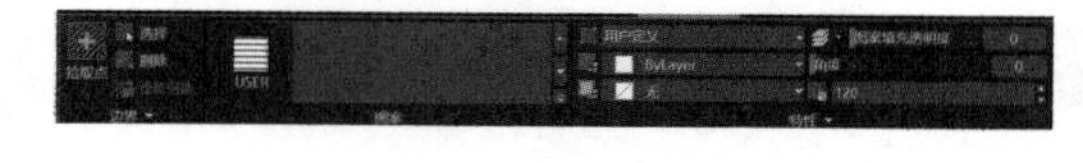

图 9-31

**11** 单击"拾取点"按钮，在填充区域中通过单击拾取一点，单击"确定"按钮，并指定填充原点，效果如图9-32所示。

图 9-32

4. 标注文字

**客厅立面1的大致形状已绘制好，接下来可以使用"快速引线"命令进行文字标注。标注文字的操作步骤如下。**

**01** 执行"快速引线"命令（或在命令行中输入"LE"），对文字进行注释，如图9-33所示。

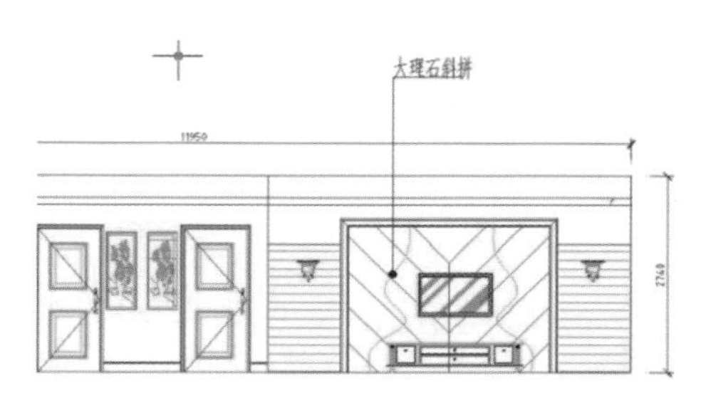


图 9-33

**02** 重复执行"快速引线"命令，注释其他文字，得到立面1的注释效果，如图9-34所示。

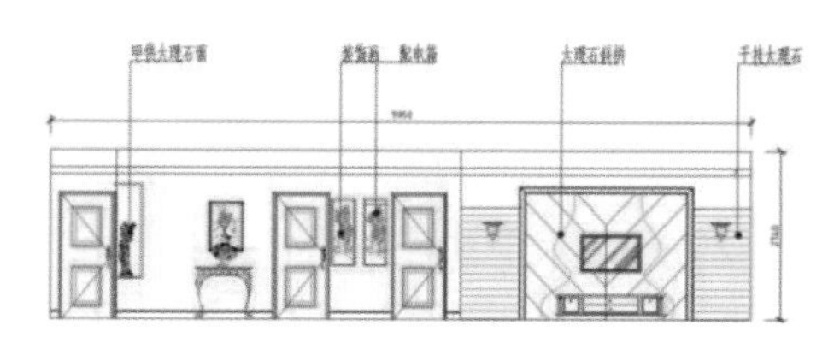

图 9-34

**03** 单击"线性"按钮，打开"端点"对象捕捉设置，对图形进行尺寸标注，得到立面1的标注效果，如图9-35所示。

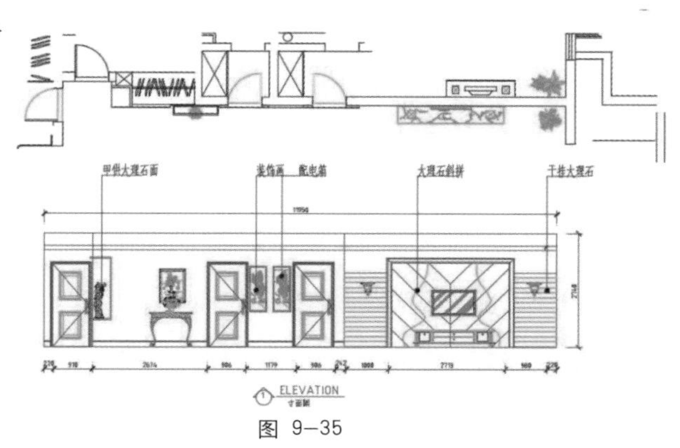


图 9-35

# 9.2 客厅立面图3绘制

从"平面布置图.dwg"文件可以观察到，客厅立面3是沙发背景墙和门厅展示柜投影，如图9-36所示。

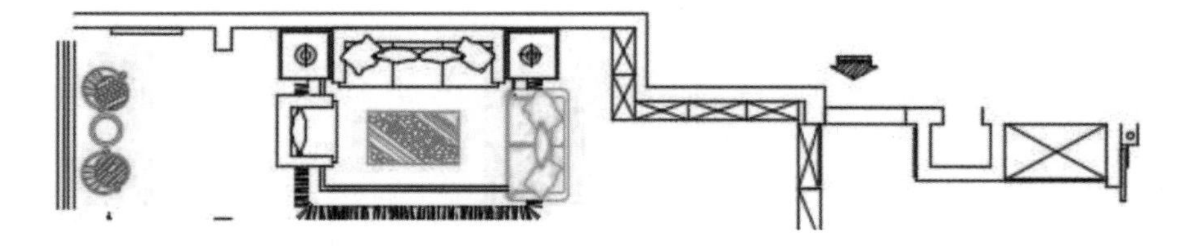

图 9-36

## 9.2.1 划分主要功能区域

**绘制立面3和绘制立面1的方法类似。立面3要划分出沙发、展示柜和衣帽柜的区域，具体操作步骤如下。**

01 根据“平面布置图.dwg”可以知道立面3的宽度为14050mm、高度为2740mm。执行“矩形”命令，将“墙体”图层设置为当前层，绘制大小为14050mm×2740mm矩形，如图9-37所示。

图 9-37

02 执行“分解”命令，对矩形进行操作。执行“偏移”命令，对左侧的边向右依次偏移1890mm、220mm和5124mm，将右侧的边向左偏移200mm，如图9-38所示。

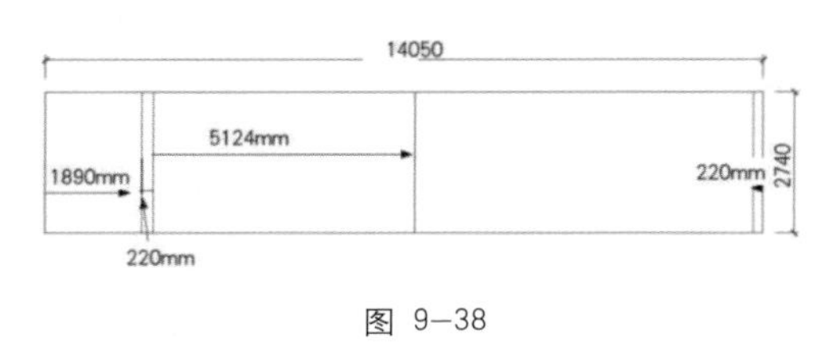


图 9-38

03 执行“偏移”命令，将矩形上方的边向下偏移150mm，并执行“修剪”命令，进行修剪操作，制作客厅阳台的吊顶，如图9-39所示。

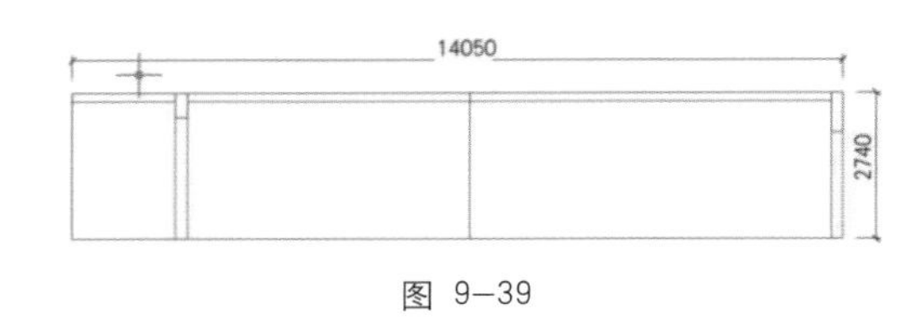


图 9-39

04 执行“偏移”命令，将客厅和门厅位置顶部的线向下依次偏移150mm、40mm和60mm，制作客厅和门厅吊顶，如图9-40所示。

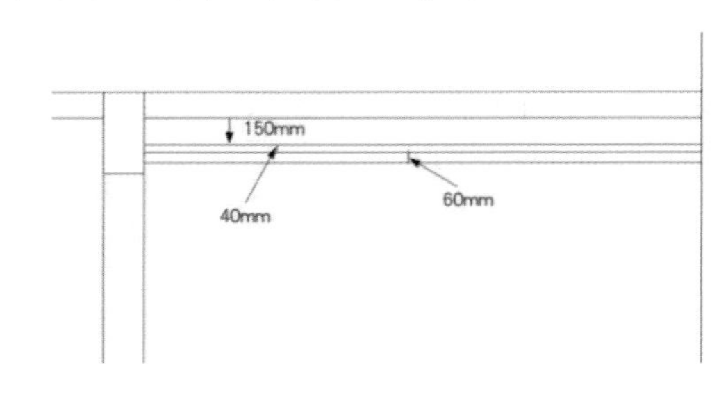


图 9-40

## 9.2.2 客厅阳台储物柜绘制 

**客厅阳台储物柜分为上柜和下柜，中间是大理石材料。绘制客厅阳台储物柜的操作步骤如下。**

01 执行“矩形”命令，绘制储物柜的尺寸图，如图9-41所示。

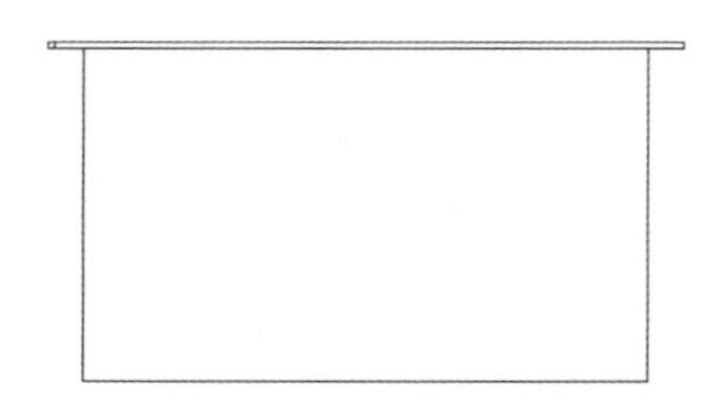

图 9-41

02 执行“直线”命令，划分出储物柜的功能区，如图9-42所示。

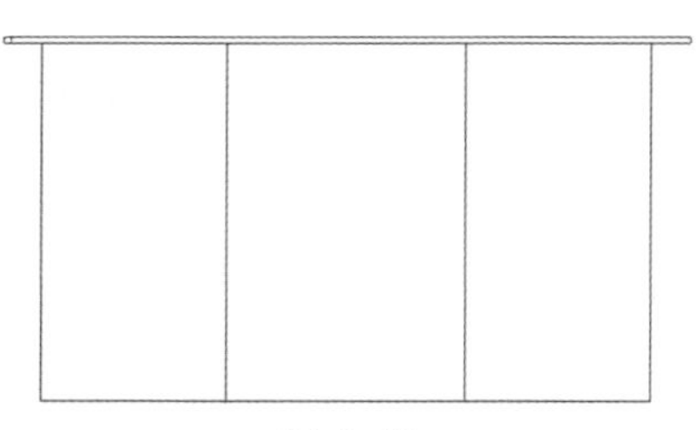

图 9-42

03 执行“直线”命令，划分出储物柜的功能区，并对抽屉部分进行绘制，效果如图9-43所示。

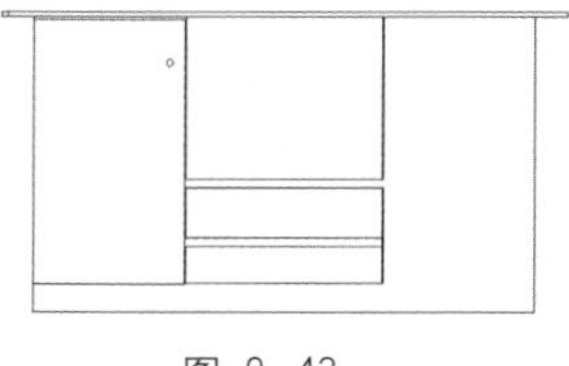

图 9-43

04 绘制矩形区域，作为抽屉部分，并划分出储物柜与功能区的抽屉，效果如图9-44所示。

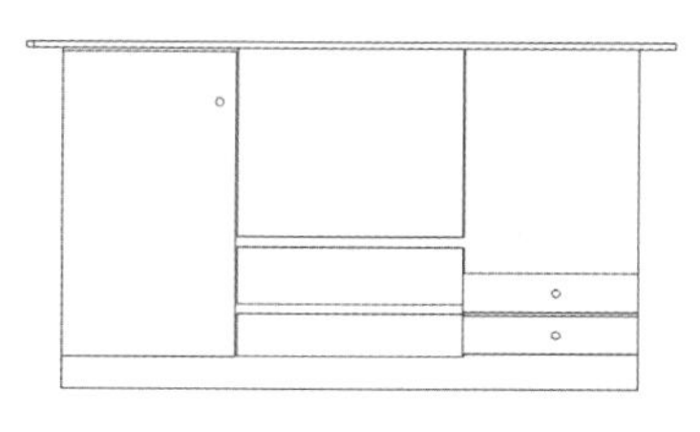

图 9-44

05 划分抽屉与储物柜的区域，用同样的方法绘制储物柜，得到储物柜效果，如图9-45所示。

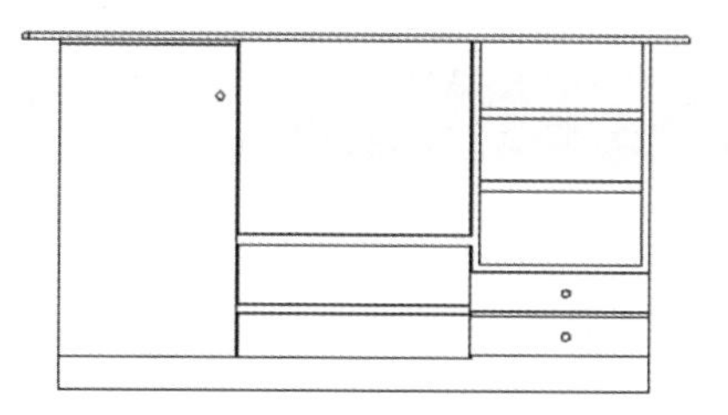

图 9-45

## 9.2.3 更衣柜绘制

**本例要制作的是一个白色混油的百叶门衣柜，百叶门效果可以通过“图案填充”命令来实现。具体操作步骤如下。**

01 执行“矩形”命令，绘制更衣柜的尺寸图，效果如图9-46所示。

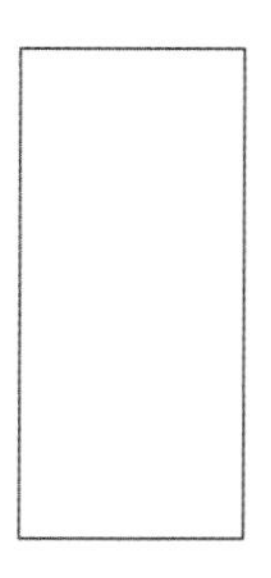

图 9-46

02 执行“直线”命令，划分更衣柜的功能区，并进行功能区的绘制，如图9-47所示。

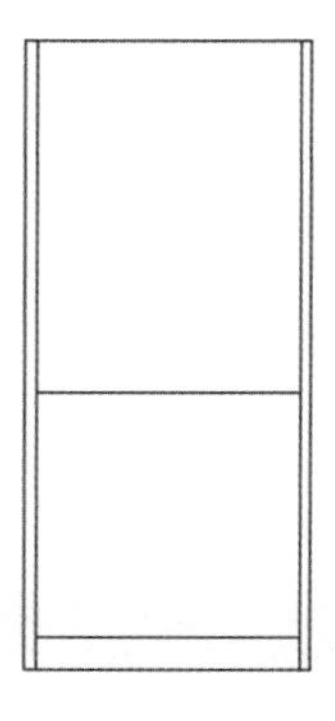

图 9-47

03 重新执行“直线”命令，绘制更衣柜的门，效果如图9-48所示。

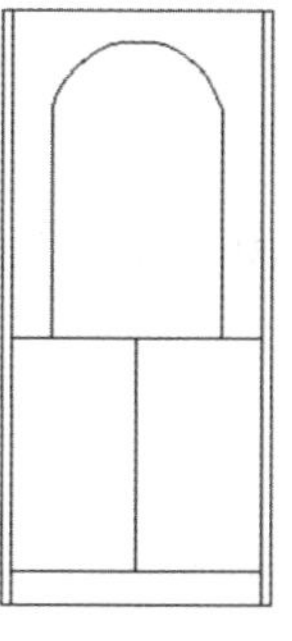

图 9-48

04 执行“直线”命令，对绘制的更衣柜门进行把手及门上方衣柜门的绘制，效果如图9-49所示。

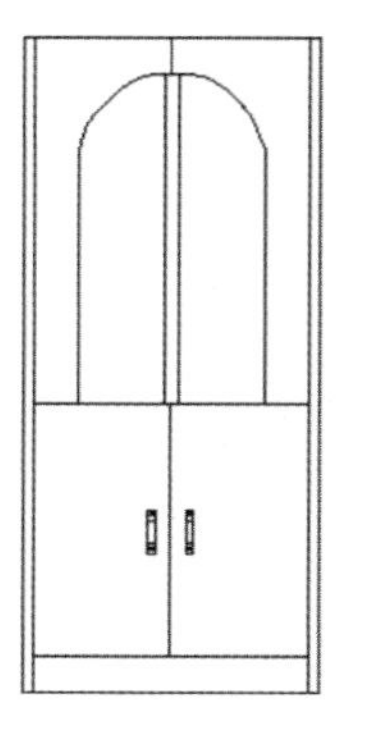

图 9-49

05 执行“图案填充”命令，显示“图案填充选项栏”面板，对填充“样例”“比例”和“角度”参数进行设置，如图9-50所示。

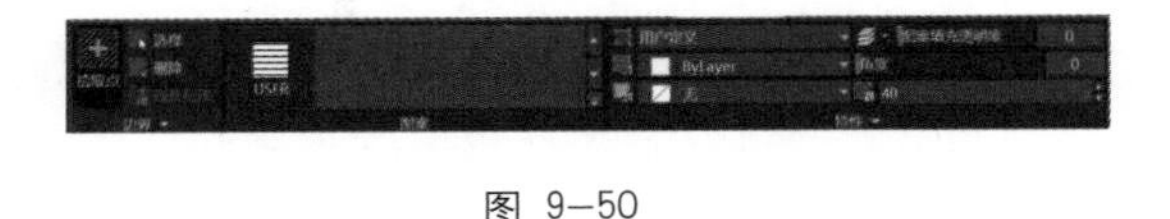

图 9-50

06 单击“拾取点”按钮，在填充区域中通过单击拾取一点，单击“确定”按钮，得到更衣柜百叶填充效果，如图9-51所示。

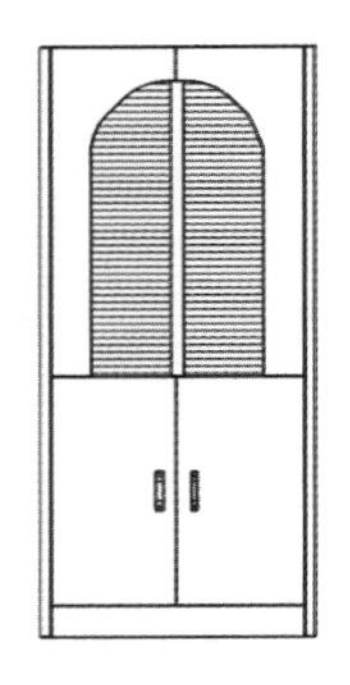

图 9-51

## 9.2.4 入户门绘制 

**入户门属于三防门，绘制入户门的操作步骤如下。**

01 执行“矩形”命令，单击“对象捕捉”工具栏上的“捕捉自”按钮，自基点向左偏移1300mm，绘制一个大小为1320mm×2060mm的矩形，如图9-52所示。

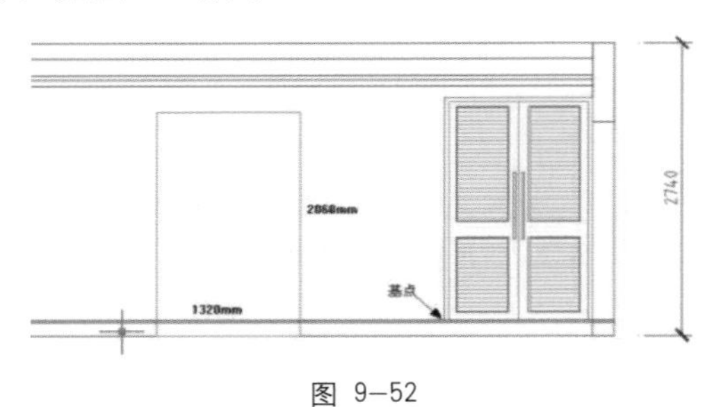


图 9-52

02 执行“矩形”命令，自基点向右偏移（60mm，60mm），绘制一个大小为2000mm×300mm矩形，如图9-53所示。

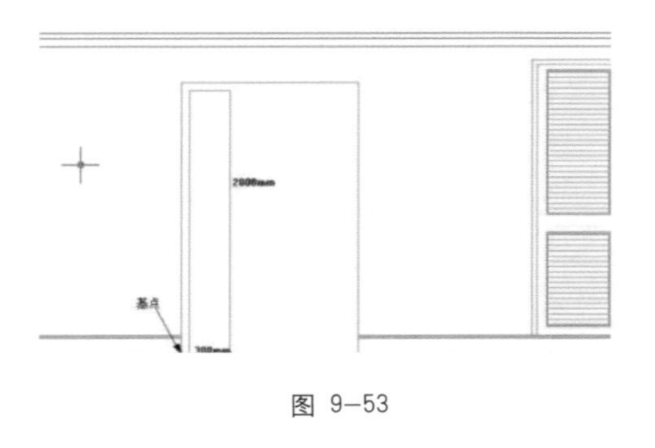


图 9-53

03 捕捉新绘制矩形的右上角点，绘制一个大小为2000mm×900mm的矩形，作为右侧门的区域，如图9-54所示。

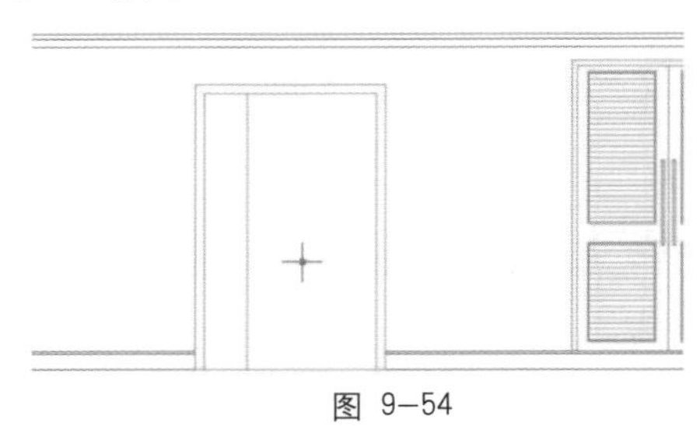

图 9-54

04 选择“格式”→“多线样式”菜单命令，打开“多线样式”对话框，单击“新建”按钮，打开“创建新的多线样式”对话框，在“新样式名”文本框中输入“三防门造型”，如图9-55所示。

图 9-55

**05** 单击“继续”按钮，打开“新建多线样式：三防门造型”对话框，选中“显示连接”复选框，在“图元”列表框中设置“偏移”参数，如图9-56所示。

图 9-56

**06** 单击“确定”按钮，并在“多线样式”对话框中单击“置为当前”按钮，应用设置的样式，如图9-57所示。

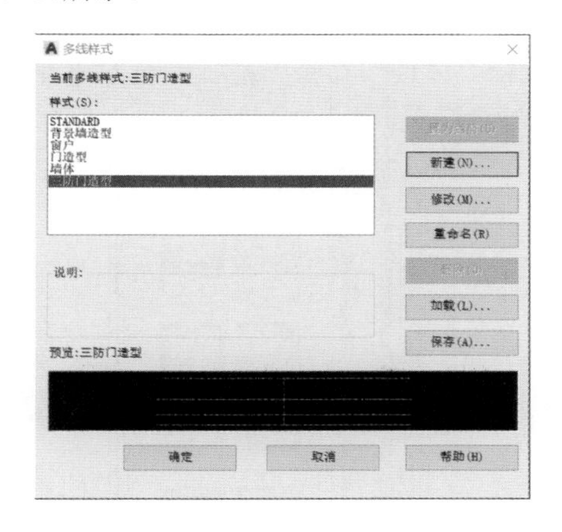


图 9-57

**07** 执行“多线”命令，单击“对象捕捉”工具栏上的“捕捉自”按钮，自基点偏移（114mm，100mm），绘制多线，如图9-58所示。

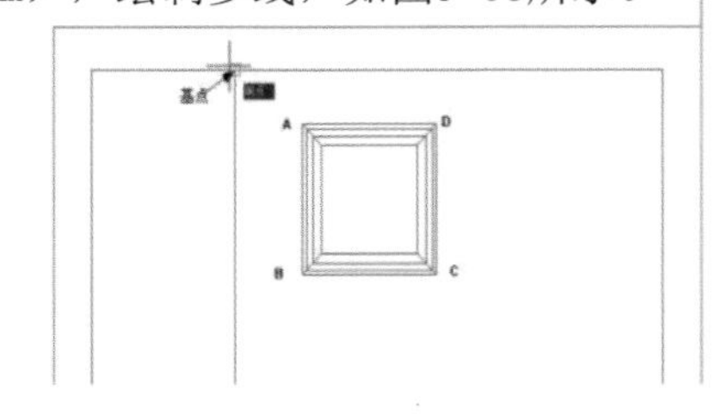


图 9-58

**08** 执行“复制”命令，将多线造型向右侧332mm的距离进行复制，效果如图9-59所示。

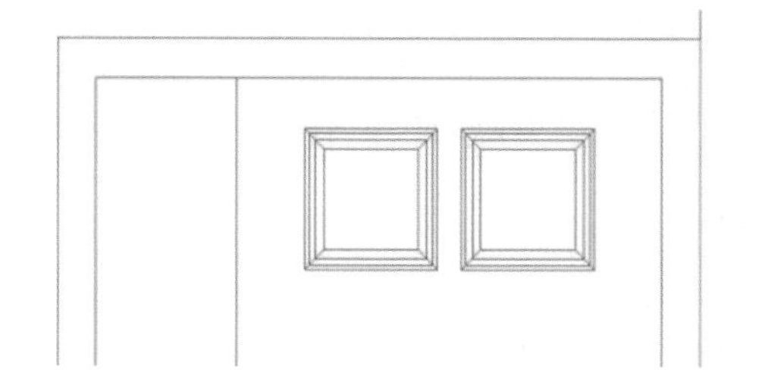

图 9-59

**09** 执行“多线”命令，单击“对象捕捉”工具栏上的“捕捉自”按钮，自基点偏移（114mm，620mm），绘制多线，如图9-60所示。

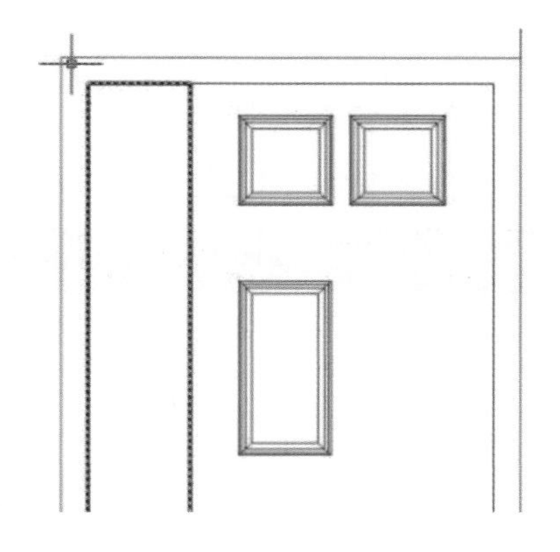

图 9-60

**10** 执行“阵列”命令，设置2行2列的矩形“阵列”，行间距为725mm、列间距为332mm，效果如图9-61所示。

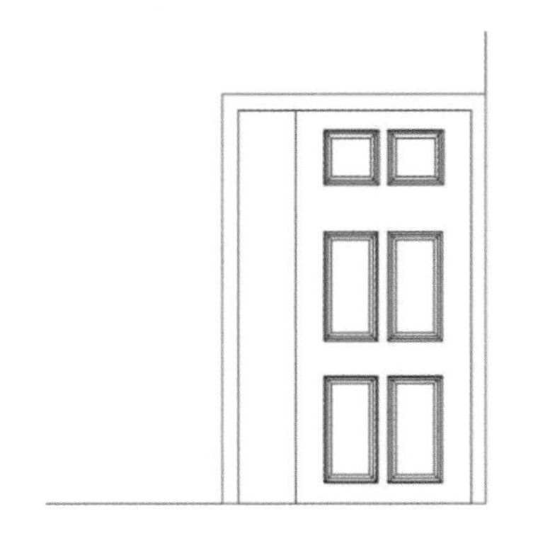

图 9-61

## 9.2.5 门套造型绘制

**门套造型可以通过“多线”命令来实现。绘制门套造型的操作步骤如下。**

**01** 选择“格式”→“多线样式”菜单命令，打开“多线样式”对话框，单击“新建”按钮，打开“创建新的多线样式”对话框，在“新样式名”文本框中输入“门套造型”，如图9-62所示。

图 9-62

**02** 单击“继续”按钮，进入“新建多线样式：门套造型”对话框，选中“显示连接”复选框，在“图元”列表框中设置“偏移”参数，如图9-63所示。

图 9-63

**03** 单击“确定”按钮，并在“多线样式”对话框的“样式”列表框中选择“门套造型”样式，单击“置为当前”按钮，应用设置的样式，如图9-64所示。

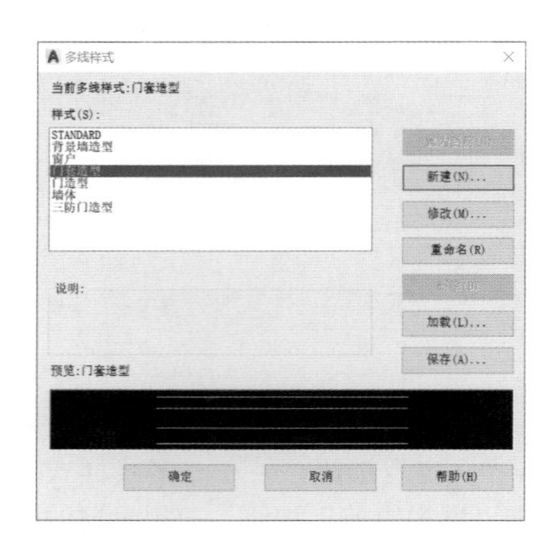


图 9-64

**04** 执行“多线”命令，捕捉门框左下角，沿门框的位置绘制门套造型，效果如图9-65所示。

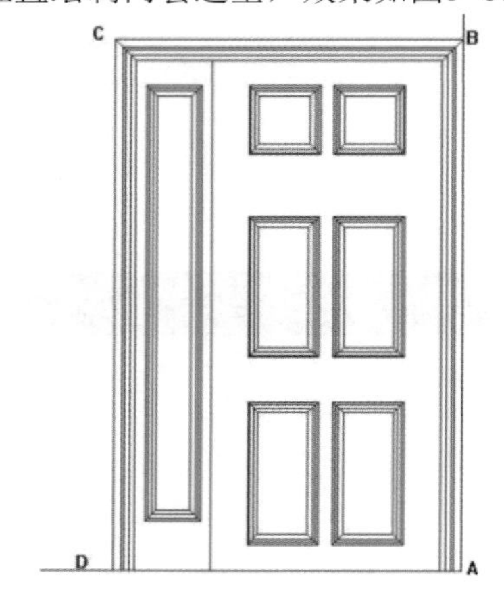


图 9-65

**05** 执行“插入块”命令，插入家具、画框等，得到如图9-66所示的效果。

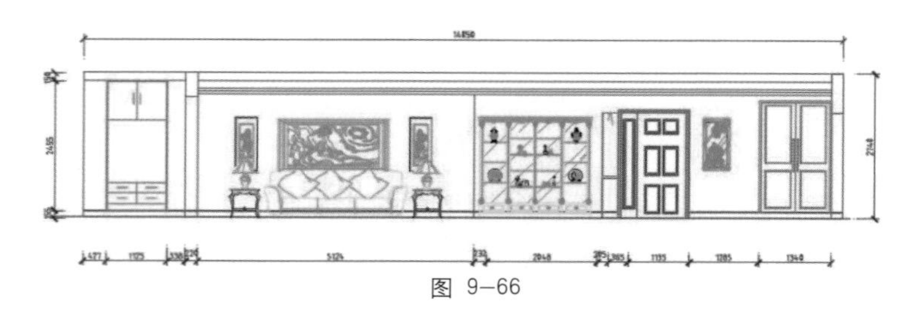

图 9-66

## 9.2.6 图形注释

**可以通过文字工具对图形进行注释，再利用标注工具标注详细的尺寸。具体操作步骤如下。**

**01** 执行“快速引线”命令（或在命令行中输入“LE”），对文字进行注释，如图9-67所示。

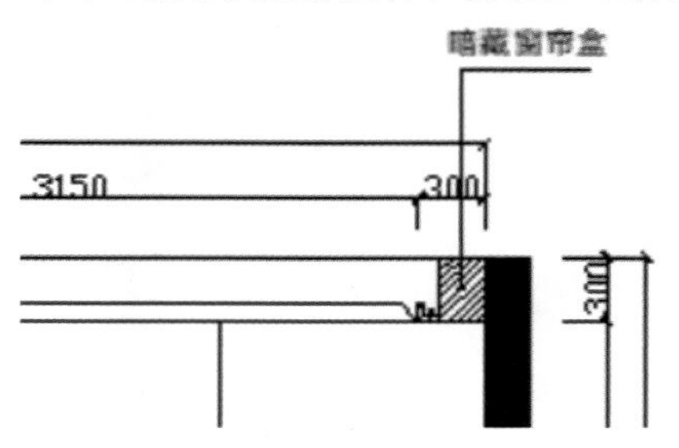


图 9-67

**02** 重复“快速引线”命令，注释其他文字，得到立面3的注释效果，如图9-68所示。

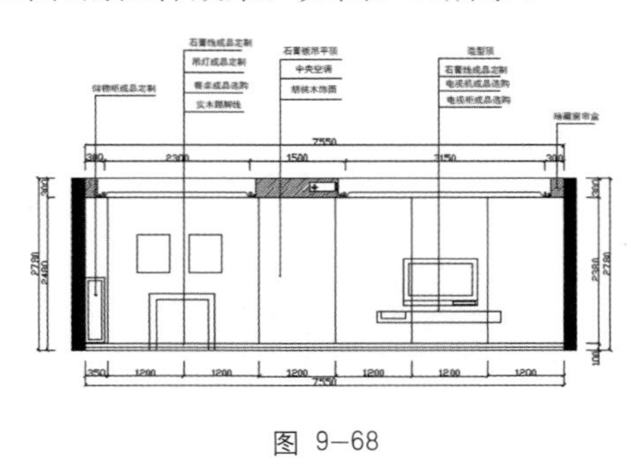

图 9-68

**03** 单击“线性”按钮，打开“端点”对象捕捉设置，对图形进行尺寸标注，得到立面3的完成效果，如图9-69所示。

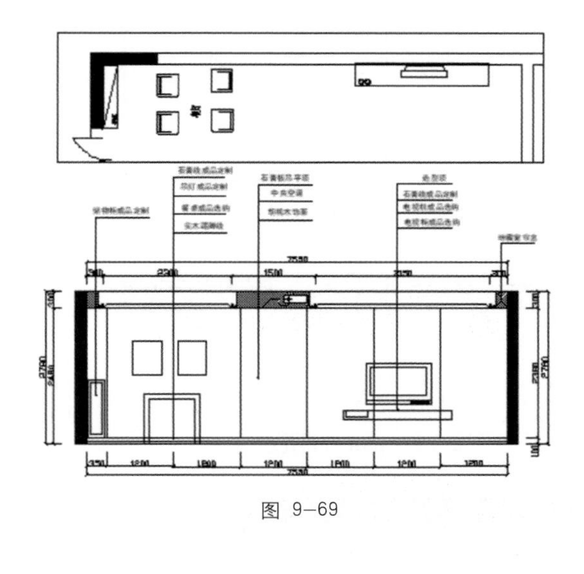

图 9-69

## 9.2.7 空调造型绘制

**空调造型绘制的操作步骤如下。**

**01** 执行“矩形”命令，绘制尺寸为550mm×1720mm的矩形，效果如图9-70所示。

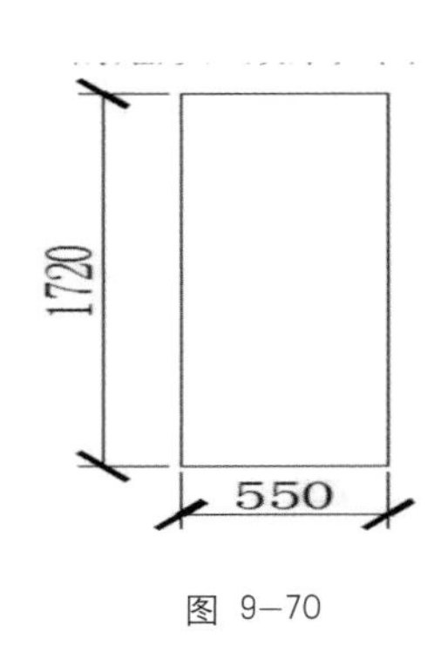


图 9-70

**02** 执行“圆角”命令，将矩形进行圆角处理，如图9-71所示。

**03** 执行“直线”命令，绘制空调的功能区，效果如图9-72所示。

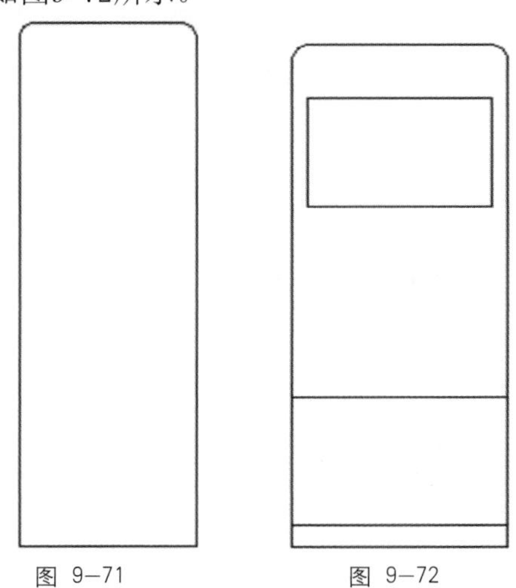

图 9-71　　图 9-72

**04** 执行“圆角”命令，对功能区上方的圆角效果以及功能区下方进行绘制，效果如图9-73所示。

**05** 执行“椭圆”命令和“样条曲线”命令，绘制空调中间部位的图案，效果如图9-74所示。

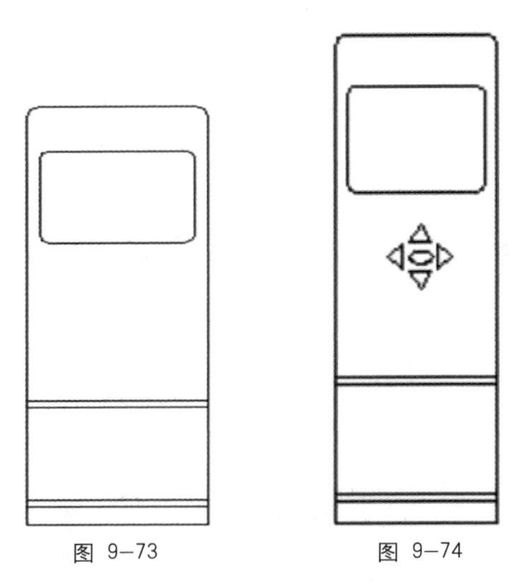

图 9-73　　图 9-74

**06** 执行“填充”命令，创建矩形的填充图案，效果如图9-75～图9-77所示。

图 9-75

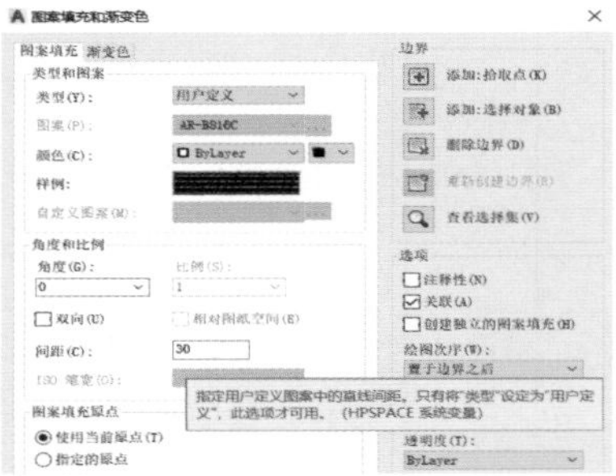

图 9-76

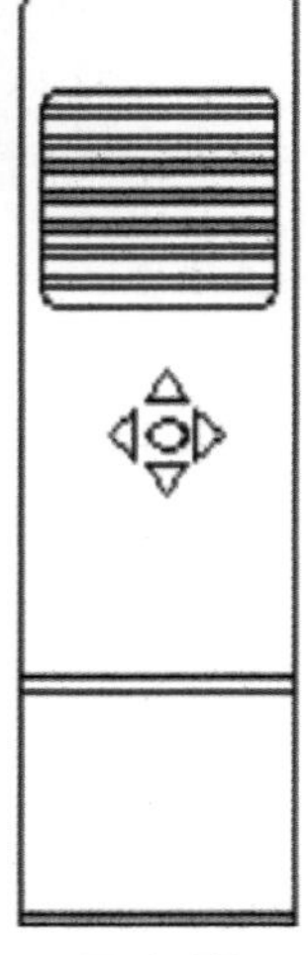

图 9-77

**07** 执行“填充”命令，再次创建矩形的填充图案，并完成此图。参数设置如图9-78所示，效果如图9-79所示。

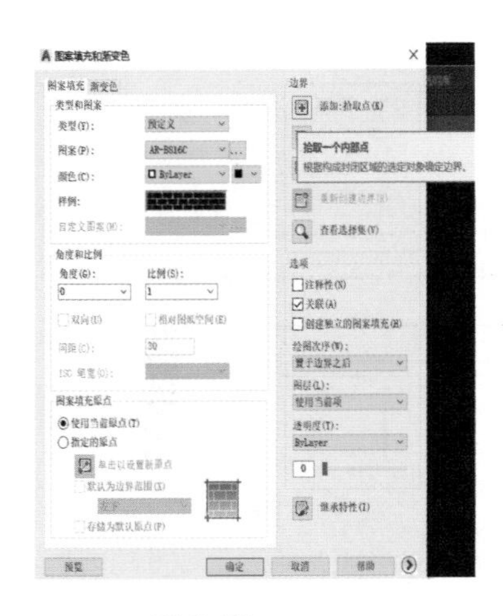

图 9-78

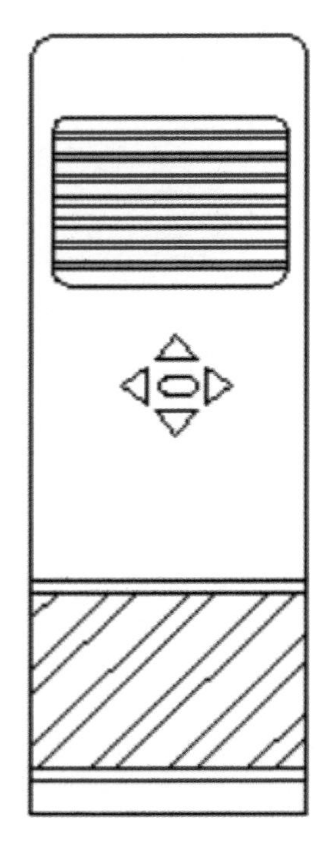

图 9-79

## 9.3 知识与技能要点

在其他作图软件（如Photoshop、3ds Max等）中，精确作图也是一个重要的规范，但是这一条在AutoCAD中尤其重要。AutoCAD中所有的物体，系统都会严格按作图者给定的尺寸绘制，即使尺寸是随便给出的。在作图时忽视尺寸，标注时尺寸不正确，然后再把标注打散后改正，这都是要严格禁止的，因为这时的图已经没有实际尺寸的比例，也不会再根据编辑改动而实时自动改正。精确作图对以后进行标注、打印输出、图像调入/调出和与他人分享都非常重要。根据笔者的经验，给出以下几点建议。

① 作图时严格按1:1比例，在最后打印输出时再调整比例。

② 对于已知的长度，可以用键盘直接输入。

③ 灵活运用正交模式、栅格与捕捉。

## 9.4 课后练习

1．运用本章所学的知识，绘制如图9-80所示的立面图。

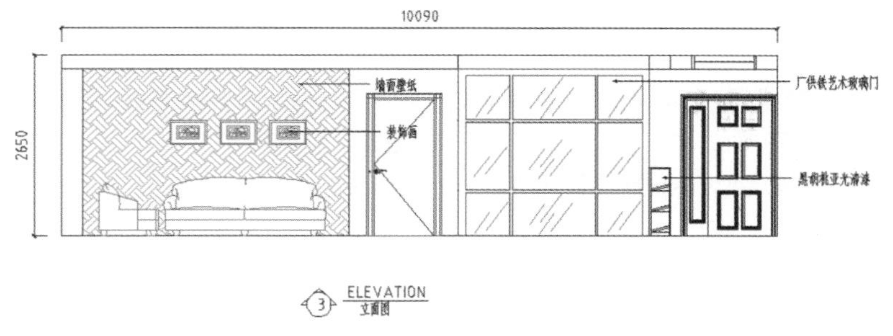


图 9-80

2．运用本章所学的知识，绘制如图9-81所示的立面图。

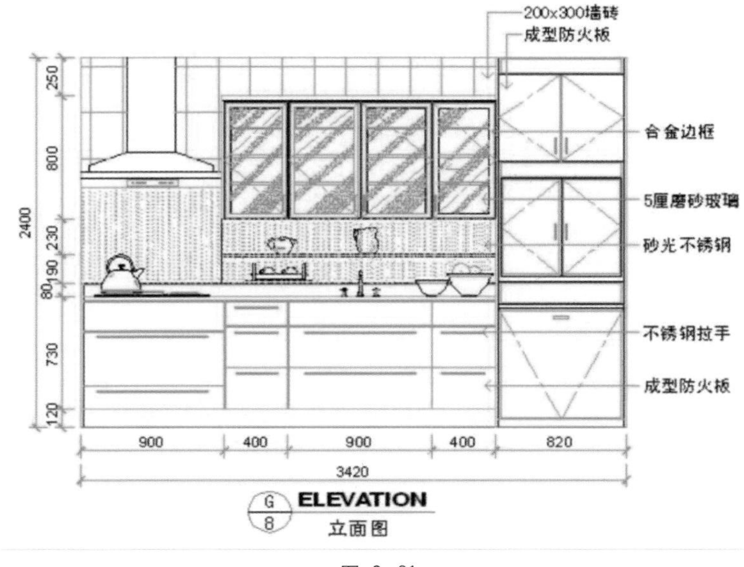


图 9-81

Chapter 10

# 三维设计基础

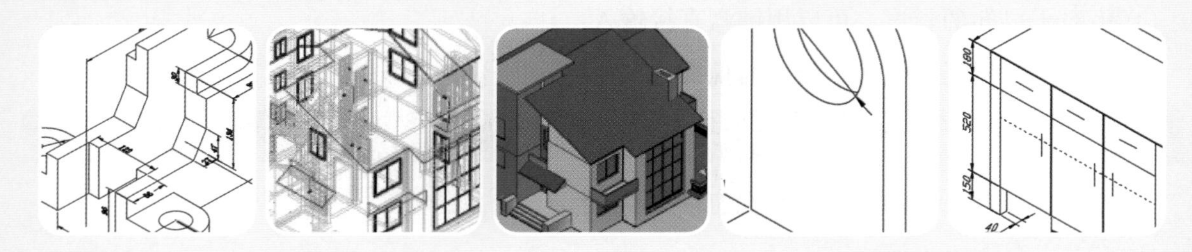

3D【Dimension】就是三维空间，AutoCAD在三维实体创建与编辑方面功能很强大。相关操作与命令有三维实体创建、三维操作、实体编辑、三维视图与视觉样式等。本章主要介绍等轴测绘与三维建模基础知识，作为读者从二维到三维绘图的一个学习过渡。

| 学习要求 | 知识点 \ 学习目标 | 了解 | 掌握 | 应用 | 重点知识 |
|---|---|---|---|---|---|
| | AutoCAD的三维绘图功能 | ✓ | | | |
| | 等轴测绘原理 | | ✓ | | |
| | 轴测图绘制 | | ✓ | | |
| | 轴测图标注 | | ✓ | | |
| | 三维建模的工作界面 | | ✓ | | |

能力与素质目标

# 10.1　等轴测绘原理

等轴测绘其实就是三维投影的平面图画法，等轴测投影图是模拟三维物体沿特定角度产生平行投影图，即三维物体的二维投影图。因此，绘制等轴测投影图采用的是二维绘图技术，利用在前面所学的知识就可以绘制。轴测图多用于家具与机械行业，如图10-1所示。

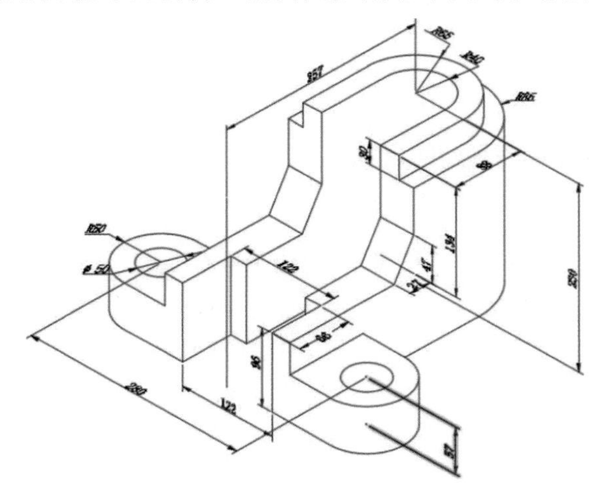

图 10-1

略有不同的是，在AutoCAD中提供了等轴测投影模式，在该模式下可以很容易地绘制等轴测投影视图。

因为绘制等轴测投影图是二维绘图技术，所以使用掌握的二维绘图知识就可以较形象地描述三维物体。同时，在一定情况下，如构思或画草图时，利用等轴测投影要比创建三维物体更方便、快捷。但是，等轴测投影也有其显而易见的缺点：首先，由于等轴测投影是二维模型，因此无法利用它生成其他三维视图或透视图；其次，在等轴测投影图中只有在*X*、*Y*、*Z*轴方向上的测量才是准确的，在其他任何方向上都会因为该模型的构造技术原因而产生扭曲。

# 10.2　轴测图绘制

1. 模式转换

**在绘制二维等轴测投影图之前，首先要在AutoCAD中设置等轴测投影模式，具体操作步骤如下。**

**01** 在命令行中输入“SNAP”，按空格键或Enter键设置捕捉模式。

**02** 在随后的命令选项中选择“样式（S）”，并设置样式为“等轴测（I）”模式。垂直间距默认为10，这里直接按Enter键，命令行提示如图10-2所示。

```
SNAP
指定捕捉间距或 [打开(ON)/关闭(OFF)/纵横向间距(A)/传统(L)/样式(S)/类型(T)] <10.0000>: s
输入捕捉栅格类型 [标准(S)/等轴测(I)] <S>: i
指定垂直间距 <10.0000>:
```

图 10-2

**03** 进入等轴测投影模式后按F8键打开“正交”方式，保持水平与垂直绘图方式。按F9键关闭“捕捉”方式让光标随意移动。

**04** 在等轴测模式下有3个等轴测面，用户可以按F5键或Ctrl+E组合键在3个等轴测面间相互切换，在不同的“平面”上画图。命令行提示如图10-3所示，光标也随之变化，如图10-4所示。

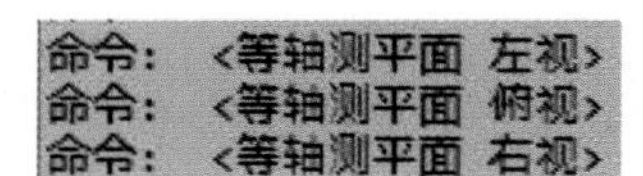
```
命令: <等轴测平面 左视>
命令: <等轴测平面 俯视>
命令: <等轴测平面 右视>
```

图 10-3

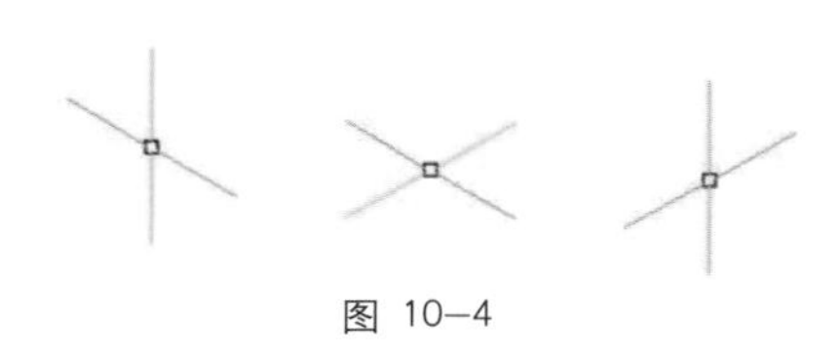

图 10-4

2. 直线型图形

**在此先来完成一个较为简单的直线型轴测图“茶几”，进一步认识轴测投影画法，具体操作步骤如下。**

**01** 按F5键切换光标到平面为“俯视”方式，执行“直线”命令，向右绘制一条长1200mm的直线，如图10-5所示。

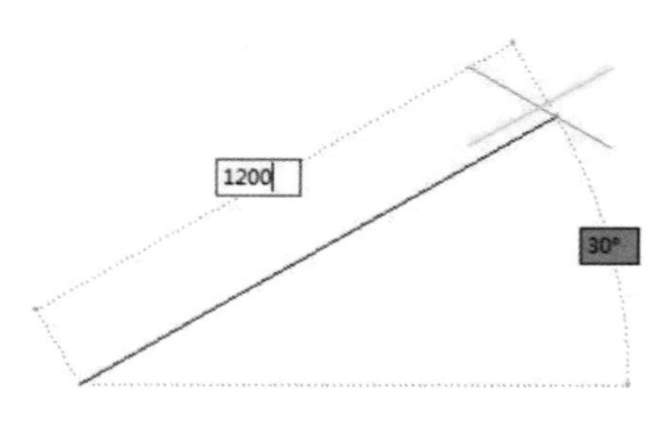


图 10-5

**02** 继续向前绘制长700mm的直线，再向左绘制长1200mm的直线，最后按C键闭合图形，完成茶几顶面，如图10-6所示。

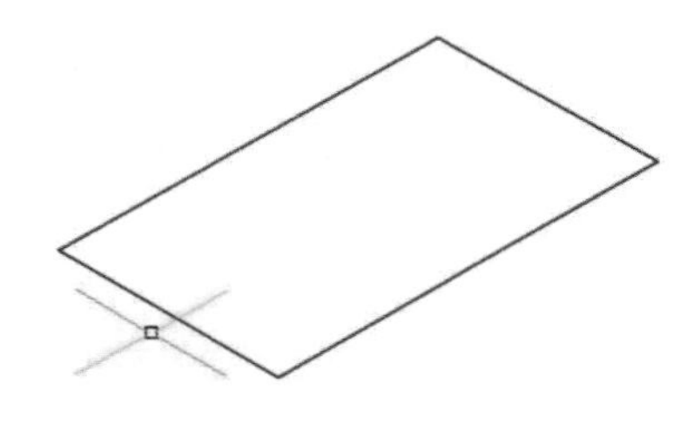

图 10-6

**03** 切换平面为“右视”方式，执行“复制”命令，将前面两条直线向“下”复制50mm，效果如图10-7所示。

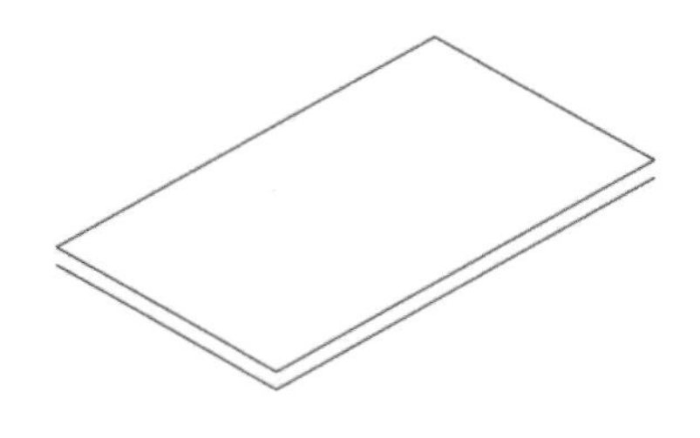

图 10-7

**04** 执行“直线”命令，连接可见的3条竖向边，完成茶几面板绘制，效果如图10-8所示。

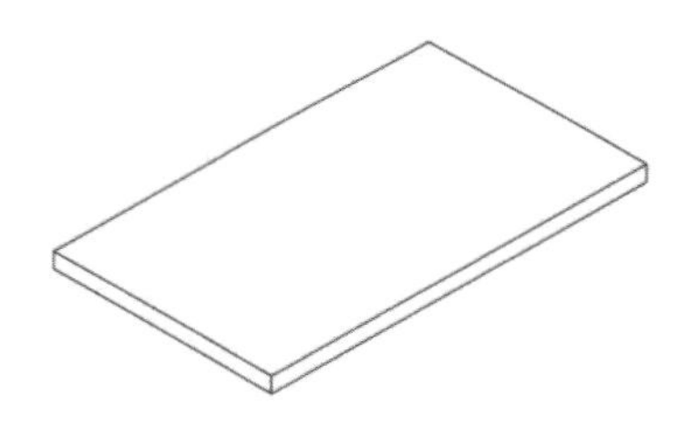

图 10-8

**05** 继续执行“直线”命令，从面板下方端点向下绘制长350mm的直线，并在“右视”与“左视”平面上各复制一份，间距为50mm，效果如图10-9所示。

**06** 用直线连接茶几腿下的两条直线，完成一条腿的绘制，效果如图10-10所示。

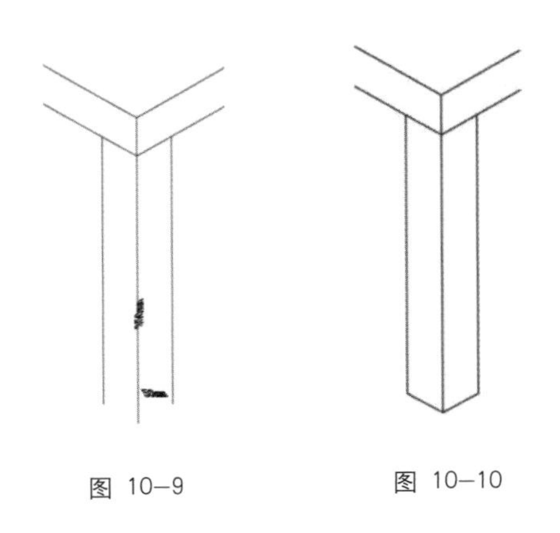

图 10-9　　图 10-10

**07** 执行“复制”命令，将茶几腿在“俯视”平面坐标方式下捕捉茶几面的外边端点，并复制两份茶几腿，完成效果如图10-11所示。

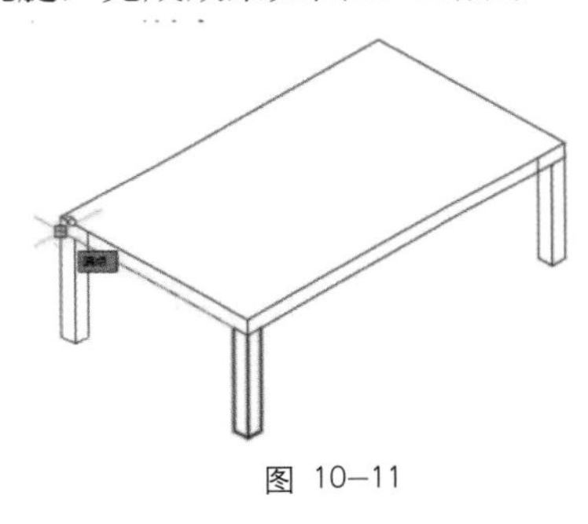

图 10-11

**08** 执行“修剪”命令，将不可见的边线段部分进行修剪，完成茶几的绘制，如图10-12所示。

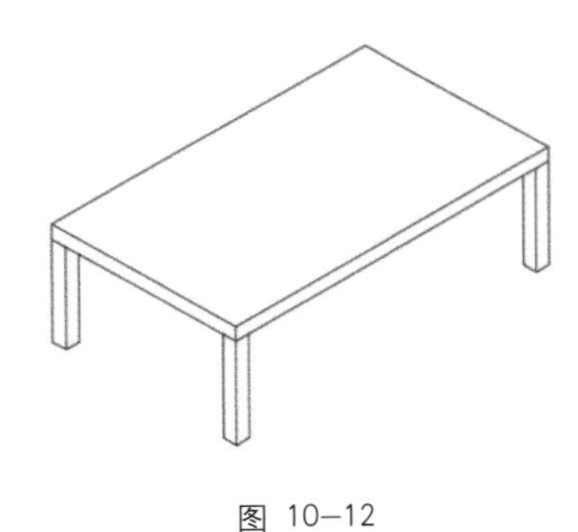

图 10-12

3．弧线型图形

**等轴测投影图中的圆与圆弧都是用椭圆方式来绘制，并修剪部分圆弧来表现圆弧的。这里通过绘制一个机械零件图来表现弧线型轴测图画法，具体操作步骤如下。**

**01** 按F5键将光标切换到“左视”平面，执行“直线”命令，向上绘制一条长80mm的直线，如图10-13所示。

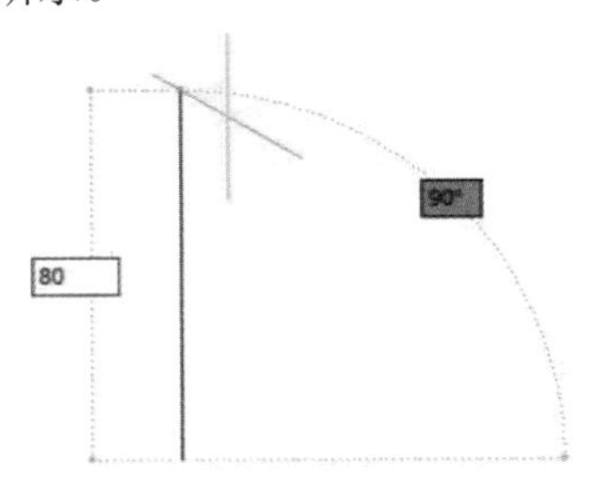


图 10-13

**02** 继续执行“直线”命令，依次绘制长为60mm与80mm的直线，最后按C键来闭合，效果如图10-14所示。

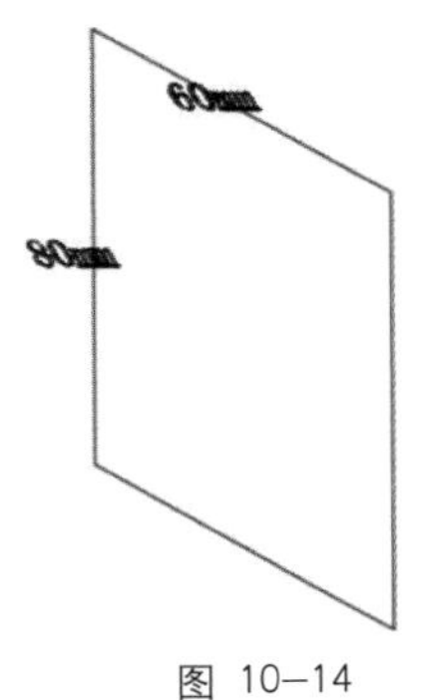


图 10-14

**03** 在命令行中输入“EL”，执行“椭圆”命令，并在命令行中选择“等轴测圆（I）”方式，捕捉上边直线中点与端点，绘制一个圆，效果如图10-15所示。

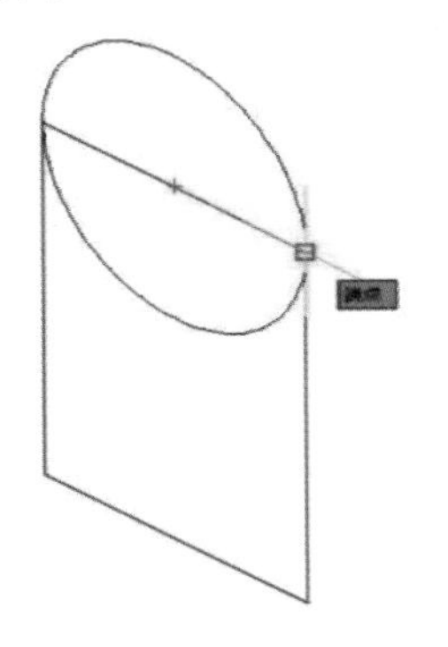

图 10-15

**04** 继续执行“椭圆”命令，在外圆内部再绘制一个直径为40mm的圆，如图10-16所示。

**05** 删除上边的直线，并执行“修剪”命令，去除下半部分外圆的圆弧，效果如图10-17所示。

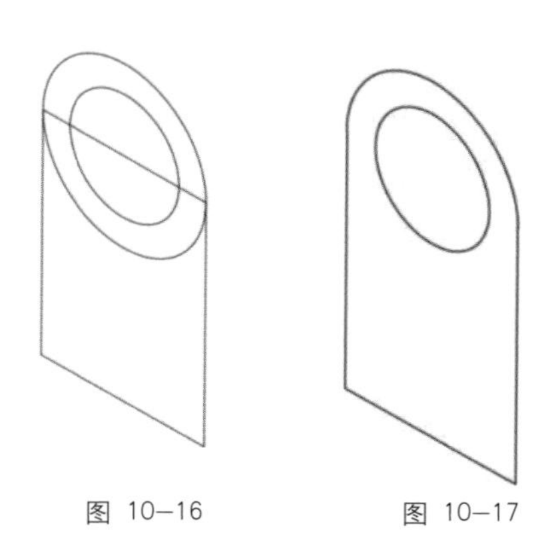

图 10—16　　图 10—17

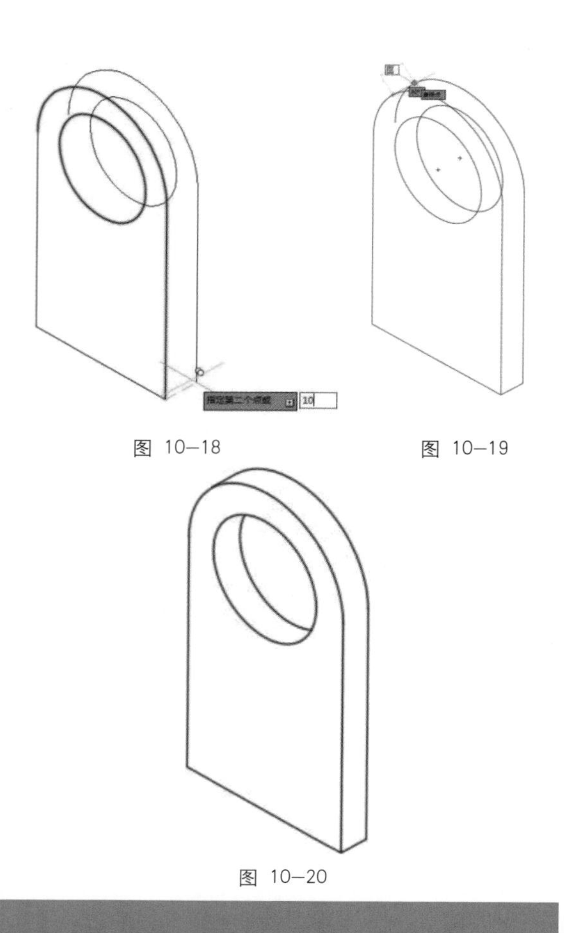

图 10—18　　图 10—19

图 10—20

**06** 按F5键将光标切换到“俯视”平面，将部分可见的图形向右侧10mm的距离处进行复制，效果如图10-18所示。

**07** 执行“直线”命令，连接右面的底边，顶边直线捕捉圆弧的“象限”点，如图10-19所示。

**08** 执行“修剪”命令，去除不可见的圆弧部分，完成后的效果如图10-20所示。

# 10.3　轴测图标注

**通常所用的标注是标准的平面方式，等轴测投影图的标注要适合不同面的方向与文字倾斜方向。在标注时要使用“对齐”标注命令，并倾斜对应的尺寸界线。**

## 1. 设置文字样式

**设置文字样式操作步骤如下。**

**01** 在命令行中输入“ST”或选择“格式”→“文字样式”菜单命令，打开“文字样式”对话框，如图10-21所示。

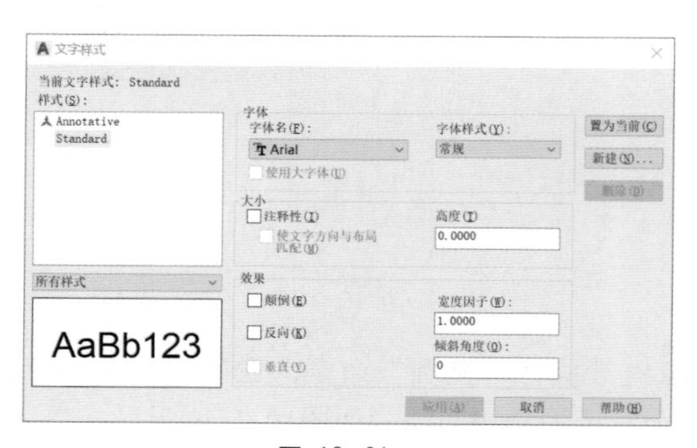


图 10—21

**02** 单击“新建”按钮，在打开的“新建文字样式”对话框“样式名”文本框中输入数字30，如图10-22所示。

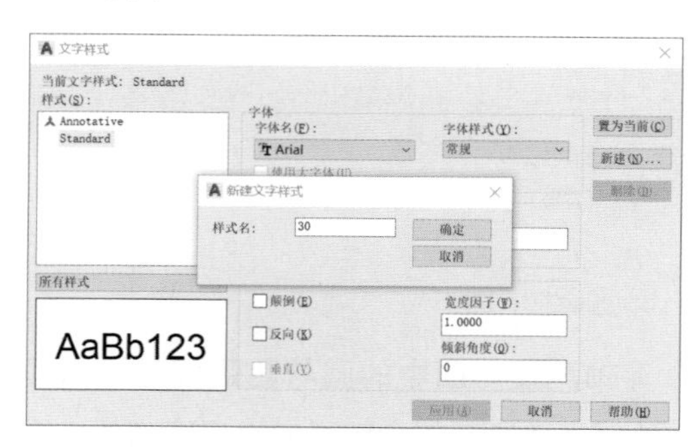


图 10—22

**03** 单击“确定”铵钮，返回“文字样式”对话框，在“样式”列表中选中“30”样式，设置“倾斜角度”为30，如图10-23所示。

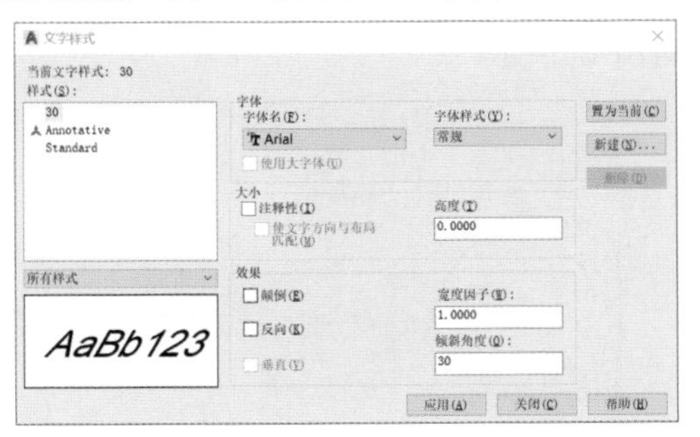


图 10—23

**04** 用同样的方法创建一个名称为“-30”的文字样式，并设置其“倾斜角度”为-30，如图10-24所示。

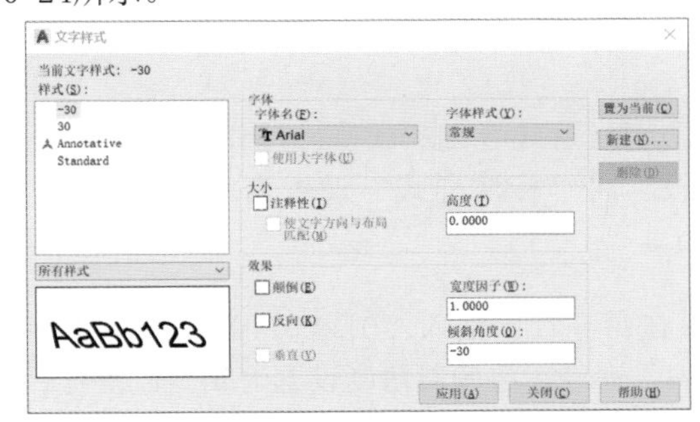


图 10—24

**05** 单击“应用”按钮，并关闭对话框，保存样式修改。

## 2. 设置标注样式

**设置标注样式操作步骤如下。**

**01** 在命令行中输入“D”或“DST”，按空格键或Enter键执行标注样式设置，打开的对话框如图10-25所示。

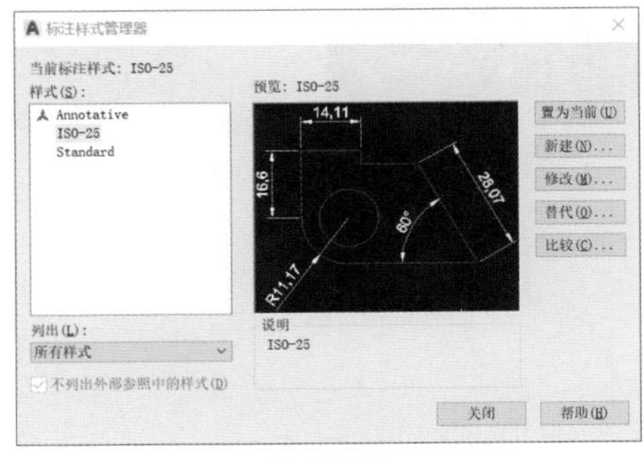


图 10—25

**02** 单击“新建”按钮，在ISO-25样式的基础上新建标注样式，并命名为30，如图10-26所示。

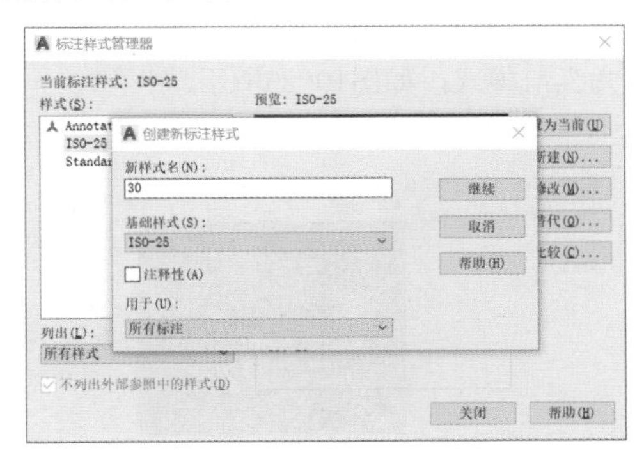


图 10—26

**03** 单击“继续”按钮，在“文字”选项卡中设置“文字样式”为30，如图10-27所示。

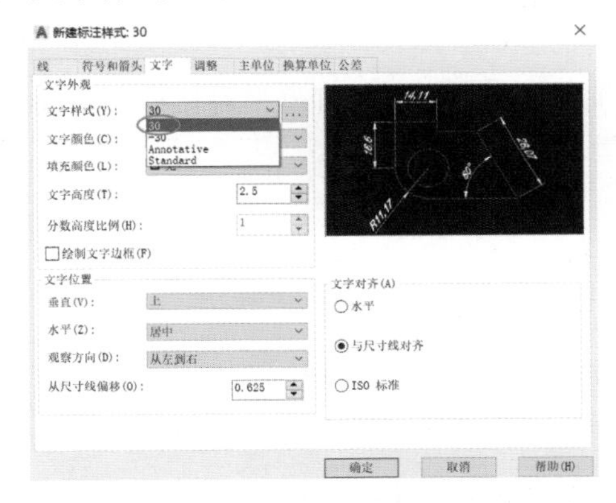


图 10—27

**04** 选择“调整”选项卡，在“标注特征比例”选项组中选中“使用全局比例”单选按钮，并输入相应的比例因子2，如图10-28所示。

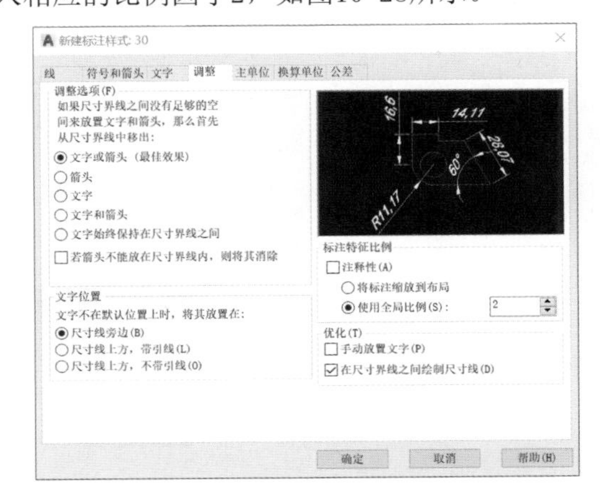


图 10—28

**05** 用同样的方法创建另一个样式名为“-30”的新样式，并设置其“文字样式”为“-30”，单击“置为当前”按钮，将名为“-30”的样式设置为当前样式，如图10-29所示。

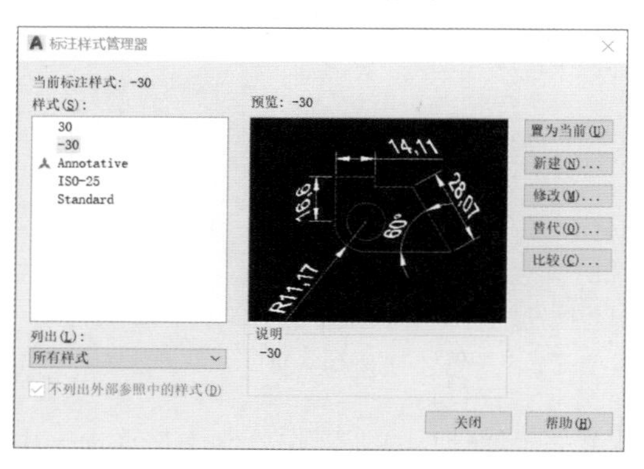


图 10-29

**06** 关闭“标注样式管理器”对话框，完成标注样式设置。

### 3. 轴测图直线标注

**标注轴测图直线操作步骤如下。**

**01** 在命令行中输入“DAL”，执行“对齐标注”命令，选择长度为10mm的侧边进行标注，如图10-30所示。

**02** 在命令行中输入“DIMEDIT”，执行“标注编辑”命令，选择“倾斜”选项，选项列表如图10-31所示。

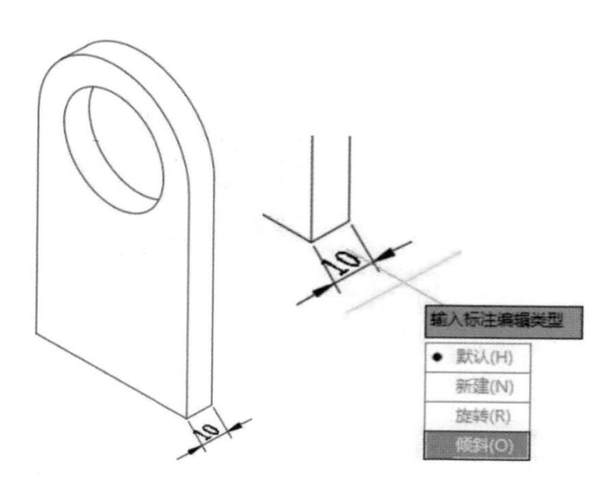


图 10-30　　图 10-31

**03** 选择刚进行的标注，设置倾斜角度为-30°，确认后标注校正完成，效果如图10-32所示。

**04** 使用同样的方法进行左侧直线的标注，效果如图10-33所示。

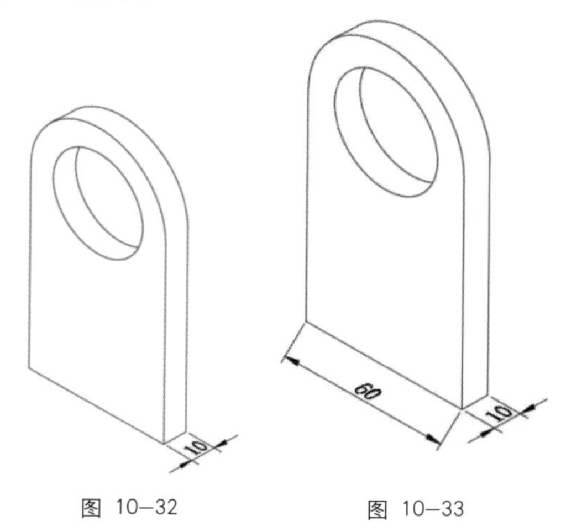


图 10-32　　图 10-33

**05** 选择该标注，按Ctrl+1组合键调用“特性”面板，将“标注样式”设置为30，如图10-34所示。

**06** 在命令行中输入“DIMEDIT”，执行“标注编辑”命令，将倾斜角度设置为30°，校正后的标注效果如图10-35所示。

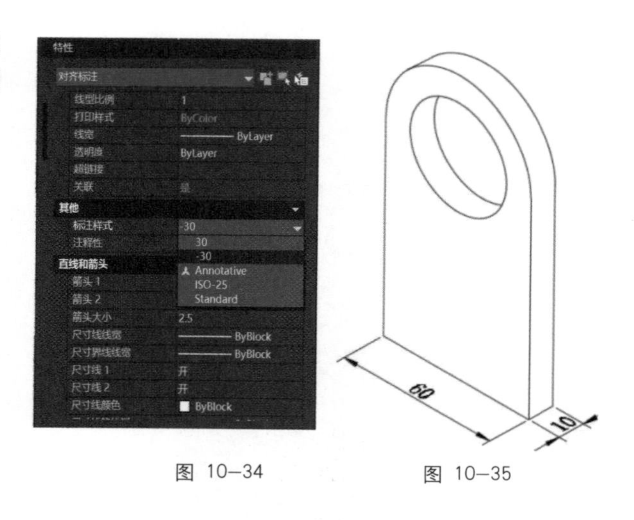


图 10-34　　图 10-35

**技巧 提示**

轴测图正确的标注见表10-1。

**表 10-1**

| 标注 | 标注样式 | 倾斜角度 | 效 果 |
|---|---|---|---|
| 长度 | 倾斜负30度 | -30° | 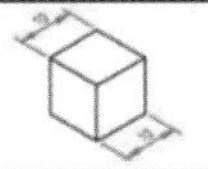 |
| | 倾斜30度 | 90° | 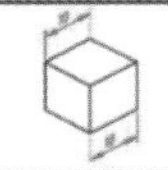 |
| 宽度 | 倾斜负30度 | 90° | 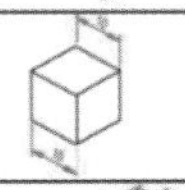 |
| | 倾斜30度 | 30° | 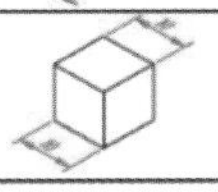 |
| 高度 | 倾斜30度 | -30° | 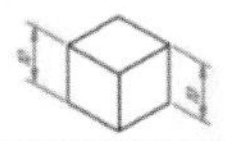 |
| | 倾斜负30度 | 30° | 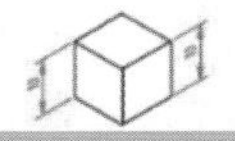 |

4. 轴测图弧线标注

**标注轴测图弧线操作步骤如下。**

**01** 在命令行中输入“C”，执行圆的绘制操作。选择对应等轴测投影图的椭圆中心，捕捉“最近点”，在椭圆上拾取一点绘制一个圆，效果如图10-36所示。

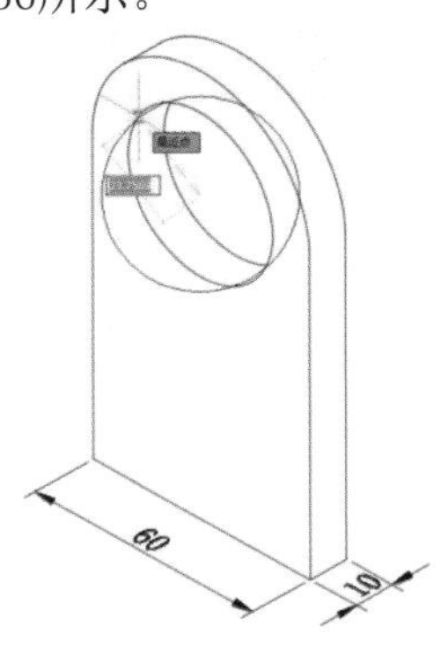


图 10-36

**02** 在命令行中输入“D”，执行“标注样式管理”命令，在打开的“标注样式管理”对话框中将ISO-25样式设置为当前样式，确认后单击“关闭”按钮，如图10-37所示。

**03** 在命令行中输入“DDI”，捕捉圆与椭圆的交点，给刚绘制的圆标注直径。此时的尺寸文本是不对的，效果如图10-38所示。

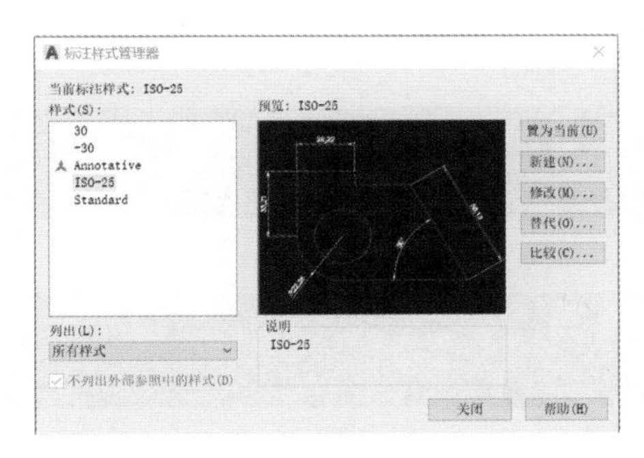


图 10-37

**04** 删除圆形，在命令行中输入“ED”，选择直径文本进行编辑。输入正确的尺寸文本“%%C40”（%%C显示为直径符号），校正后的尺寸如图10-39所示。

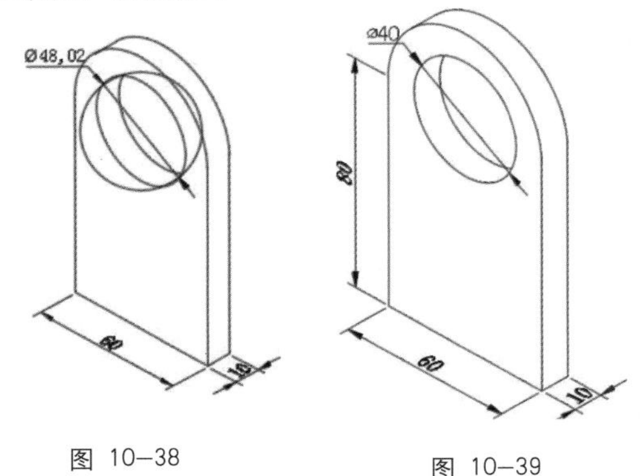


图 10-38

图 10-39

1 2 3 4 5 6 7 8 9 10 11 12

# 10.4 三维建模的工作界面

为了提高绘图效率，AutoCAD 2021专门提供了用于三维绘图的三维基础与三维建模两个工作空间。切换到三维绘图空间有以下两种方式。

① 选择“工具”→“工作空间”→“三维基础”或“三维建模”菜单命令，如图10-40所示。

② 单击状态栏右侧的“切换工作空间”按钮，在弹出的下拉菜单中选择“三维基础”或“三维建模”空间方式，如图10-41所示。切换到“三维基础”与“三维建模”工作空间后，选项面板变化分别如图10-42和图10-43所示。

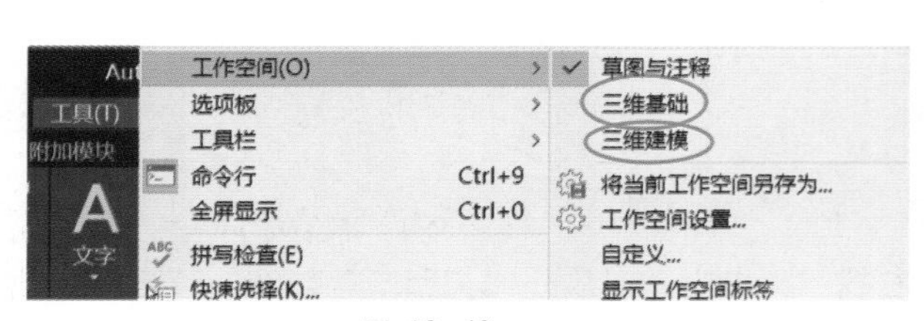


图 10-40

图 10-41

微课：
视图管理

图 10-42

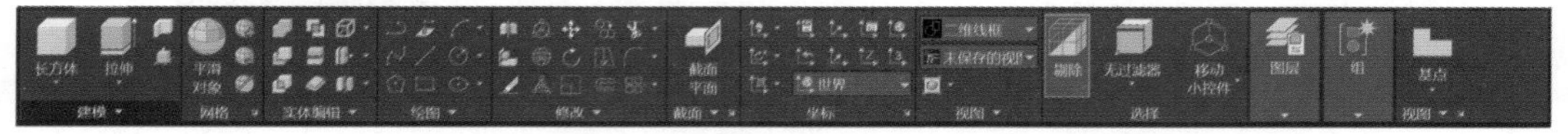

图 10-43

## 10.4.1 编辑视口 

在创建三维模型时，可以设置多个视口来对图形进行观察和编辑，选择“视图”→“视口”→“新建视口”菜单命令，打开“视口”对话框，如图10-44所示。

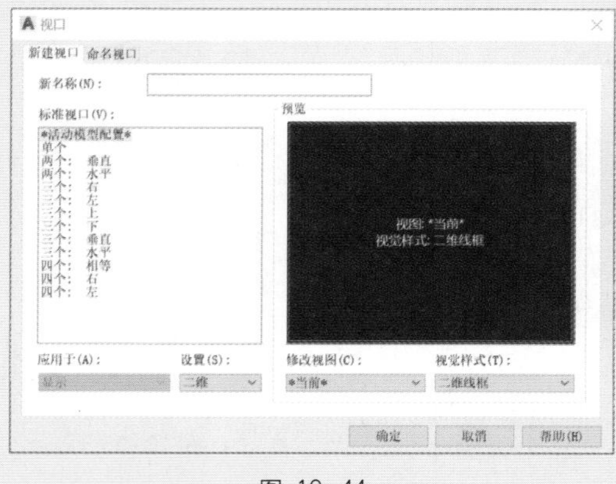


图 10-44

“标准视口”列表框中列出了标准视口配置，包括当前配置。

“预览”显示窗显示选定视口配置的预览图像，以及在配置中被分配到每个单独视口的视图。

“应用于”下拉列表框可将模型空间视口配置应用到整个显示窗口或当前视口。其中有“显示”和“当前视口”两个选项。选择“显示”选项后，会将视口配置应用到整个“模型”选项卡显示窗口，“显示”选项是默认设置。选择“当前视口”选项后，仅将视口配置应用到当前视口。

“设置”下拉列表框中有“二维”和“三维”两个选项。如果选择“二维”选项，则新的视口配置将通过所有视口中的当前视图来创建。如果选择“三维”选项，则一组标准正交三维视图将被应用到配置中的视口。

“修改视图”下拉列表框用于将选择的视图替换选定视口中的视图。可以选择命名视图，如果要选择三维设置，也可以从“标准视口”列表框中选择，并通过“预览”显示窗查看。

“视觉样式”下拉列表框用于将视觉样式应用到视口。

“命名视口”选项卡显示图形中已保存的视口配置。选择视口配置时，已保存配置的布局显示在“预览”显示窗中。

## 10.4.2 设置视点 

“视图”工具栏提供了10种标准的视点，选择“视图”→“三维视图”菜单命令，其级联菜单中提供了“俯视”“仰视”“左视”“右视”“主视”“后视”“西南等轴测”“东南等轴测”“东北等轴测”和“西北等轴测”10种视点，如图10-45所示。这些视点都非常有用。

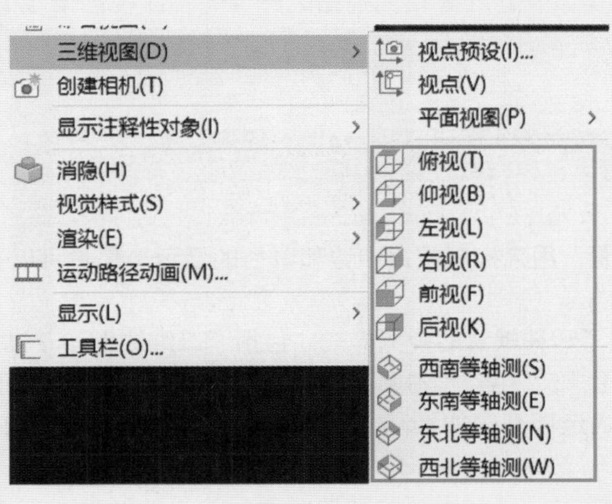


图 10-45

## 10.4.3 预置视点 

如果标准视点不能满足工作需要，则可以对视点进行预置。设置自己需要的视图，具体方法是选择“视图”→“三维视图”→“视点预设”菜单命令，或在命令行中输入“DDVPOINT”，再按Enter键确认，打开“视点预设”对话框，如图10-46所示。在此对话框中可以设置精确灵活的视图。

在该对话框的左侧可相对于世界坐标系（WCS）设置查看方向，确定XY平面上距X轴的角度。“自X轴”可指定与X轴的角度，这些角度的作用见表10-2。

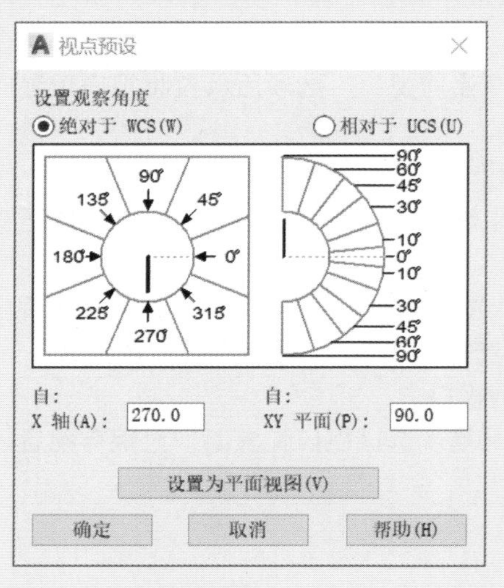

图 10-46

表10-2

| 角度 | 视图 |
|---|---|
| 0° | 右视图 |
| 90° | 后视图 |
| 180° | 左视图 |
| 270° | 主视图 |

在该对话框的右侧可相对于用户坐标系（UCS）设置查看方向，确定在Z轴方向上距离XY平面的角度。“自XY平面”可指定与XY平面的角度。黑针指示新角度，灰针指示当前角度。根据对话框左侧的设置不同，0°意味着从不同的面（如正面、背面或侧面）观察图形，通常人们需要从上方观察图形。90°时会显示平面视图，而0°～90°之间的角度表示从上方以一定的斜角观察图形，这类似于标准等轴测视图之一（等轴测视图设置“自XY平面”的角度为35.3°）。

## 10.4.4 三维视图中的视觉样式

视觉样式是一组设置，用来控制视口中边和着色的显示。用户可以在视觉样式管理器中创建或更改视觉样式。

AutoCAD 2021提供了10种默认的视觉样式，包括“二维线框”“线框”“隐藏”“真实”“概念”“着色”“带边框着色”“灰度”“勾画”“X射线”和“其他”。用于设置视觉样式的命令是SHA，弹出的视觉样式选项列表如图10-47所示。下面着重介绍常用的5种视觉样式，如图10-48所示。

“二维线框”视觉样式：显示用直线和曲线表示边界的对象。在该视觉样式中，光栅和OLE对象、线型和线宽均可见，如图10-49所示。

“线框”视觉样式：显示用直线和曲线表示边界的对象，如图10-50所示。

“隐藏”视觉样式：显示用三维线框表示的对象，并隐藏表示后向面的直线，如图10-51所示。

“真实”视觉样式：着色多边形平面间的对象，并使对象的边平滑化，显示已附着到对象的材质，如图10-52所示。

“概念”视觉样式：着色多边形平面间的对象，并使对象的边平滑化。着色是一种冷色和暖色之间的过渡，而不是从深色到浅色的过渡。效果缺乏真实感，但是可以更方便地查看模型的细节，如图10–53所示。

图 10–48

图 10–47

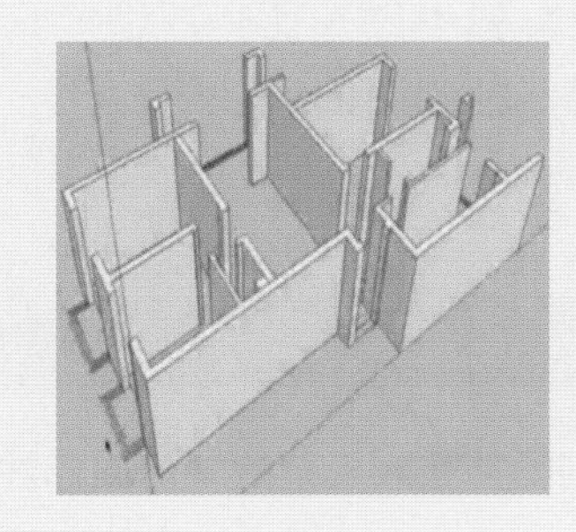
图 10–49

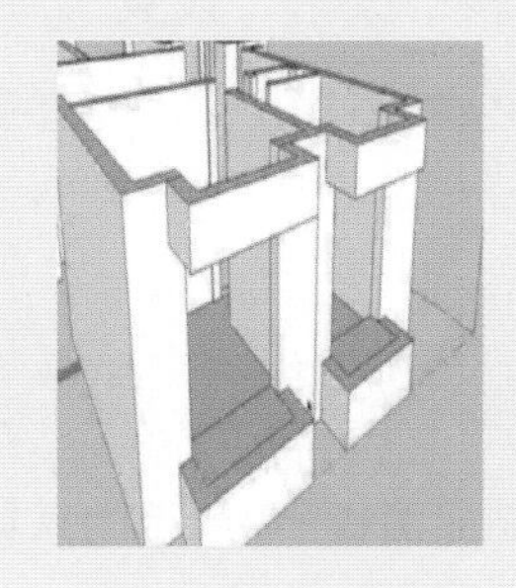
图 10–50

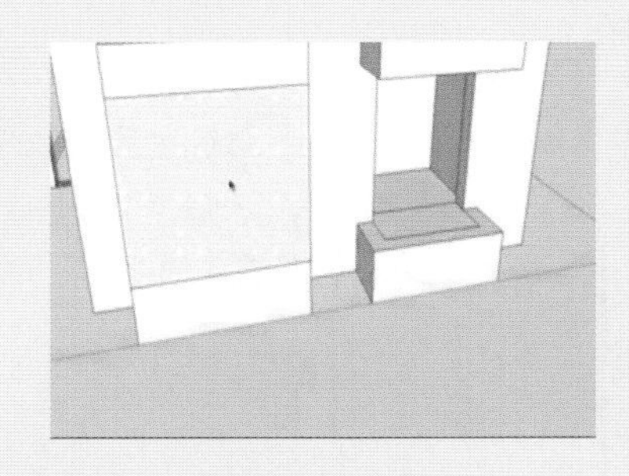
图 10–51

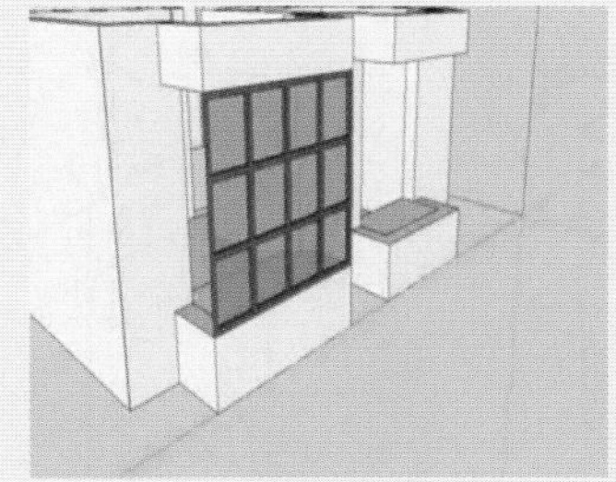
图 10–52

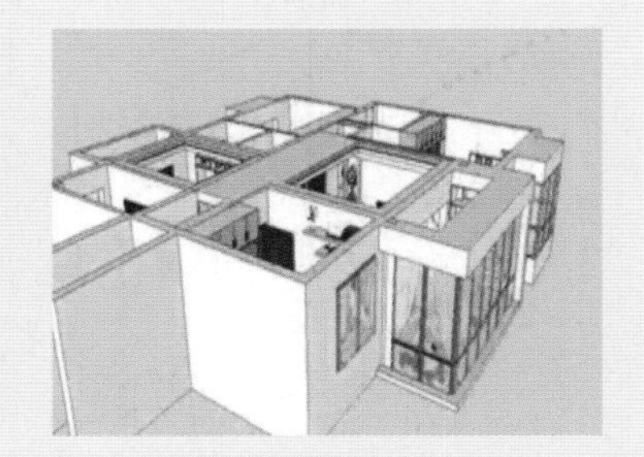
图 10–53

## 10.4.5 视觉样式管理 

调用“视觉样式管理器”命令，或选择“视图”→“视觉样式”→“视觉样式管理器”菜单命令，弹出“视觉样式管理器”面板，从中可以创建和修改视觉样式，如图10–54所示。

“视觉样式管理器”面板包含图形中可用的视觉样式的样例图像面板，以及“面设置”“光照”“环境设置”和“边设置”4个特性卷展栏。选定的视觉样式显示黄色边框，其名称显示在面板底部。

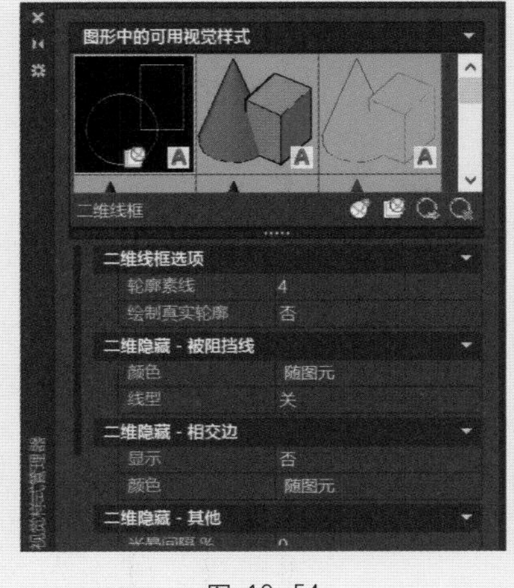

图 10–54

## 10.5 知识与技能要点

在三维方面，AutoCAD从建模到材质、渲染等均有较大的改进，可以让用户在三维空间中更好地表现自己的设计意图。

- 重要工具：编辑视口、设置视点、预置视点。
- 核心技术：设置三维视图、使用视觉样式管理器。
- 实际运用：轴测图的绘制、轴测图的标注。

## 10.6 课后练习

绘制如图10–55所示的家具轴测图并完成规范的轴测图标注。

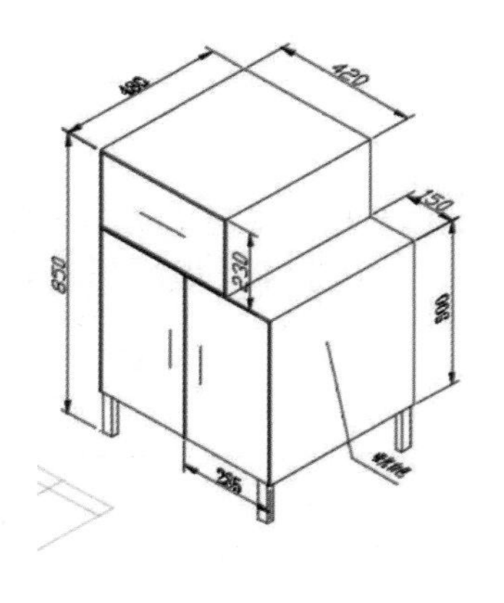


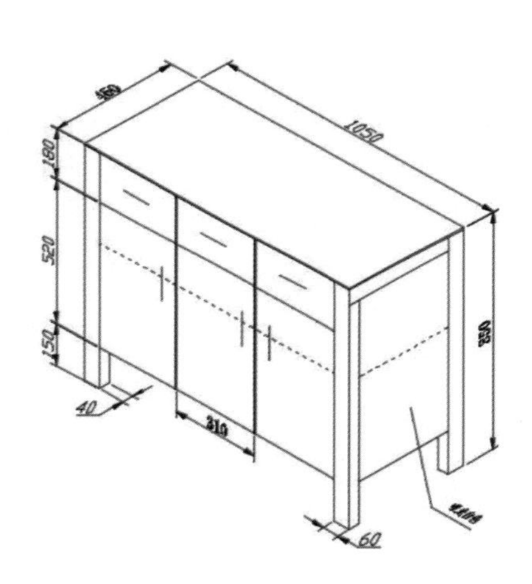


图 10–55

Chapter 11

# 三维图形创建与修改

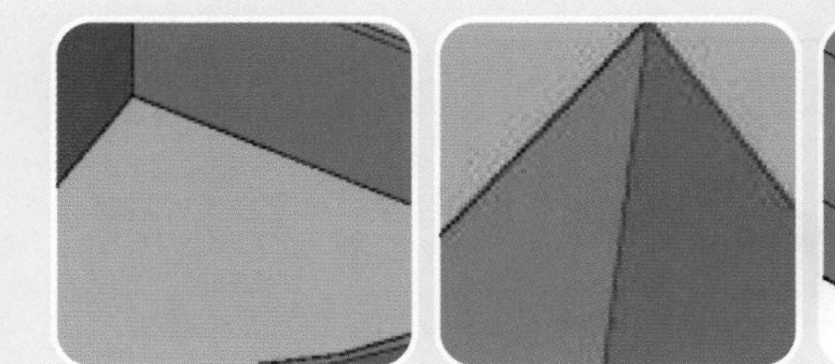
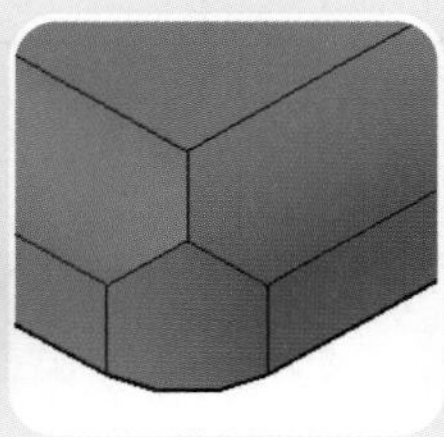

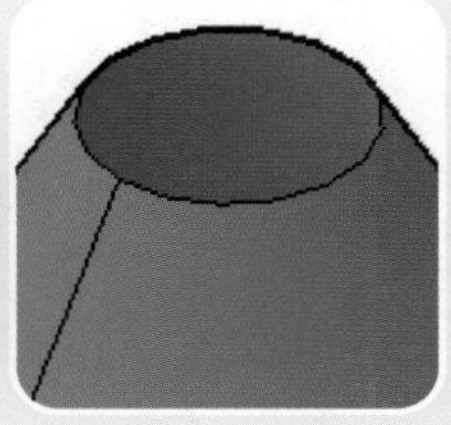

与二维图形的绘制一样，无论多复杂的三维图形，都可以分解为最基本的图形要素，如多段体、长方体、球体、圆柱体等。用户可以通过使用定点设备来指定点的位置，或通过在命令行中输入命令来绘制对象，然后用相应的编辑工具进行编辑操作，从而绘制复杂的图形。

| | 知识点 \ 学习目标 | 了解 | 掌握 | 应用 | 重点知识 |
|---|---|---|---|---|---|
| 学习要求 | 绘制基本几何实体 | 🚩 | | 🚩 | |
| | 二维图形生成三维实体 | 🚩 | | | 🚩 |
| | 通过拉伸二维对象创建实体 | 🚩 | | | |
| | 放样二维对象创建实体 | 🚩 | | | |
| | 三维操作 | | 🚩 | | |
| | 三维实体的倒角与圆角 | | 🚩 | | |

能力与素质目标

# 11.1 绘制基本几何实体

使用 AutoCAD 建模工具首先可以创建基本的几何体，这些三维实体图形也是人们创建复合型三维对象的基础。三维实体有专业的三维操作命令与实体编辑命令，这类实体就是通常所说的 SOLID。结合窗口布局与视觉样式，用户可以很好地查看与编辑这些三维实体，效果如图 11-1 所示。

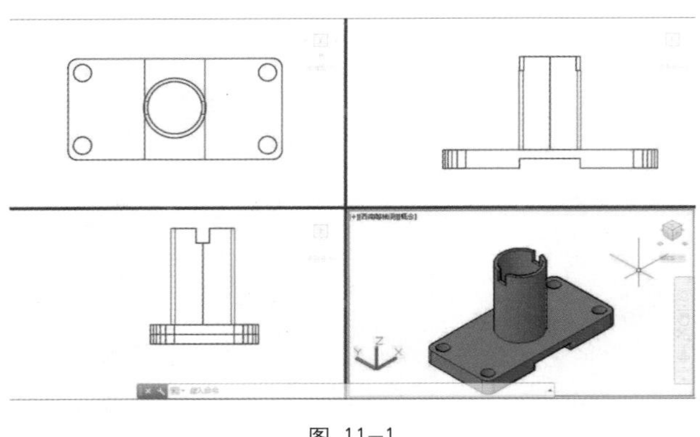

图 11—1

## 11.1.1 绘制多段体

调用“多段体”命令，用户可以将现有的直线、二维多线段、圆弧或圆转换为具有矩形轮廓的实体。有以下 3 种方法绘制多段体。多段体可以包含曲线线段，但在默认情况下，轮廓始终为矩形。

① 单击“建模”选项板中的“多段体”按钮 多段体。

② 选择“绘图”→“建模”→“多段体”菜单命令。

③ 在命令行中输入“PSOLID”或“POLYSOLID”，按 Enter 键确认。

绘制多段体的操作步骤如下。

**01** 在命令行中输入“PSOLID”，按 Enter 键确认，此时系统提示如下。

**命令：_Polysolid 高度 = 80.0000，宽度 =5.0000，对正 = 居中指定起点或 [ 对象 (O)/ 高度 (H)/ 宽度 (W)/ 对正 (J)] <对象>：**

可以调整高度与宽度后，再指定多段体的第一个起点。

**02** 一旦指定起点，多段体将从该点延伸到光标位置处，此时系统提示如下。

**指定下一个点或 [ 圆弧 (A)/ 放弃 (U)]：// 指定多段体的下一个点或按 A 选择圆弧**

**03** 继续指定下一点，绘制完成后按 Enter 键，效果如图 11-2 所示。

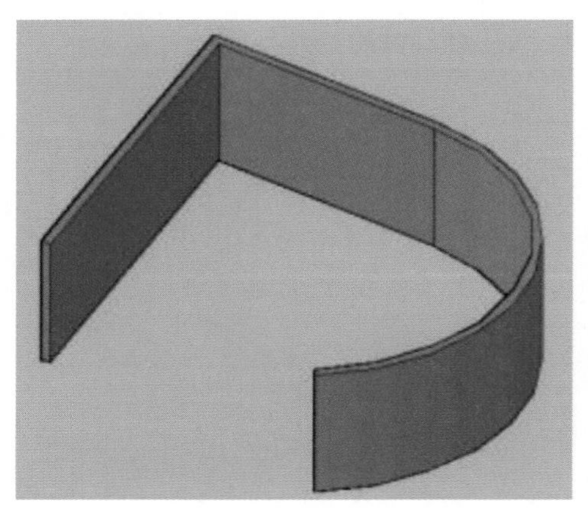

图 11—2

## 11.1.2 绘制长方体

调用“长方体”命令，可以创建实体长方体。长方体的底面总与当前 UCS 的 *XY* 平面平行。

调用“长方体”的方法有以下 3 种。

① 单击“建模”选项板中的“长方体”按钮。

② 选择“绘图”→“建模”→“长方体”菜单命令。

③ 在命令行中输入“BOX”，按 Enter 键确认。

**01** 在命令行中输入“BOX”，按 Enter 键确认，此时系统提示如下。

**命令：BOX 指定第一个角点或 [中心(C)]:**

**02** 一旦指定了第一个角点，长方体将从该点延伸到光标位置处，此时系统提示如下。

**指定其他角点或 [立方体(C)/长度(L)]://指定长方体的另一个角点或输入 L 指定其长度及宽度，如果创建的是立方体，则输入 C**

**03** 在相应位置单击以指定高度或输入准确的高度数值后再按 Enter 键确认，完成的长方体如图 11-3 所示。

图 11-3

## 11.1.3 绘制球体

调用“球体”命令，可以创建三维实心球体。

调用“球体”的方法有以下 3 种。

① 单击“建模”选项板中的“球体”按钮。

② 选择“绘图”→“建模”→“球体”菜单命令。

③ 在命令行中输入“SPHERE”，按 Enter 键确认。

绘制球体的操作步骤如下。

**01** 在命令行中输入“SPHERE”，按 Enter 键确认，此时系统提示如下。

**命令：SPHERE 指定中心点或 [三点(3P)/两点(2P)/相切、相切、半径(T)]:**

**02** 一旦指定了中心点，球体将从该点延伸到光标位置处，此时系统提示如下。

**指定半径或 [直径(D)]:**

**03** 指定球体的半径，再按 Enter 键确定，完成后的球体如图 11-4 所示。

图 11-4

## 11.1.4 绘制圆柱体

调用“圆柱体”命令，可以创建一个以圆或椭圆为底面和顶面的3侧三维实体。圆柱的底面位于当前UCS的XY平面上。

调用“圆柱体”的方法有以下3种。

① 单击“建模”选项板中的“圆柱体”按钮。

② 选择“绘图”→“建模”→“圆柱体”菜单命令。

③ 在命令行中输入“CYL”或“CYLINDER”，按Enter键确认。

绘制圆柱体的操作步骤如下。

**01** 在命令行中输入“CYL”，按Enter键确认，此时系统提示如下。

命令：CYLINDER指定底面的中心点或［三点(3P)/两点(2P)/相切、相切、半径(T)/椭圆(E)]：

**02** 一旦指定了底面的中心点，圆柱体的底面将从该点延伸到光标位置处，此时系统提示如下。

指定底面半径或［直径(D)] <200.4395>：

**03** 一旦指定了底面的半径，圆柱体的高度将从该面延伸到光标位置处，此时系统提示如下。

指定高度或［两点(2P)/轴端点(A)]：

**04** 在相应位置单击，以指定高度或输入准确的高度值，完成圆柱体的绘制，效果如图11-5所示。

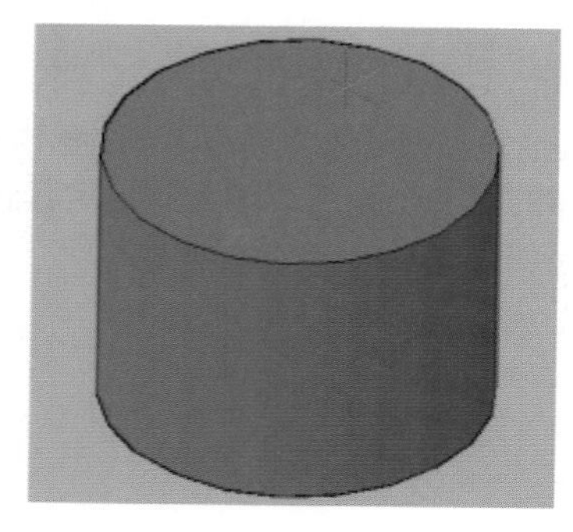

图 11-5

## 11.1.5 绘制圆锥体

调用“圆锥体”命令，可以创建一个三维圆锥实体，该实体以圆或椭圆为底，并交于一点。圆锥体由底面及顶点所定义。默认情况下，圆锥体的底面位于当前UCS的XY平面上。高度可为正值或负值，且平行于Z轴。顶点确定圆锥体的高度和方向。

调用“圆锥体”的方法有以下3种。

① 单击“建模”选项板中的“圆锥体”按钮。

② 选择“绘图”→“建模”→“圆锥体”菜单命令。

③ 在命令行中输入“CONE”，按Enter键确认。

绘制圆锥体的操作步骤如下。

**01** 在命令行中输入“CONE”，按Enter键确认，此时系统提示如下。

命令：_CONE指定底面的中心点或［三点(3P)/两点(2P)/相切、相切、半径(T)/椭圆(E)]：

**02** 一旦指定了底面的中心点，圆锥体的底面将从该点延伸到光标位置处，此时系统提示如下。

指定底面半径或［直径(D)] <100.0000>：

03 一旦指定了底面的半径，圆锥体的高度将从该面延伸到光标位置处，此时系统提示如下。

**指定高度或 [ 两点 (2P)/ 轴端点 (A)/ 顶面半径 (T)]<200.0000>：**

04 在相应位置单击以指定圆锥体的高度，或输入准确的高度数值，按 Enter 键确认，完成后的圆锥体效果如图 11-6 所示。

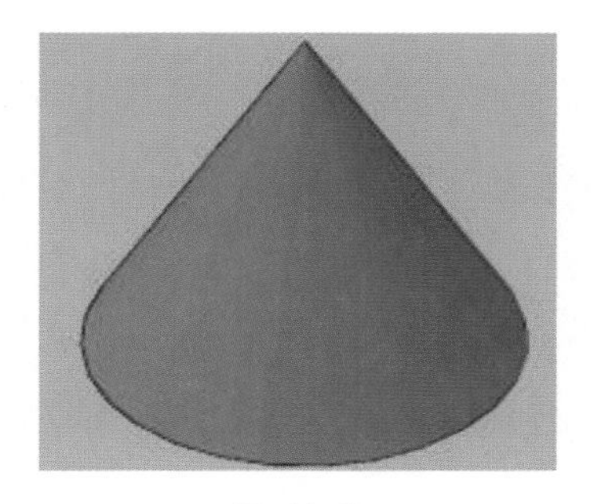

图 11-6

## 11.1.6 绘制楔体

调用“楔体”命令，可以创建楔体。楔体的底面平行于当前 UCS 的 *XY* 平面，斜面正对第一个角点，高度可以为正值或负值，且平行于 *Z* 轴。

调用“楔体”的方法有以下 3 种。

① 单击“建模”选项板中的“楔体”按钮。

② 选择“绘图”→“建模”→“楔体”菜单命令。

③ 在命令行中输入“WE”或“WEDGE”，按 Enter 键确认。

绘制楔体的操作步骤如下。

01 在命令行中输入“WE”，按 Enter 键确认，此时系统提示如下。

**命令：WE WEDGE 指定第一个角点或 [ 中心 (C)]：**

02 一旦指定第一个角点，楔体将从该点延伸到光标位置处，此时系统提示如下。

**指定其他角点或 [ 立方体 (C)/ 长度 (L)]：**

03 一旦指定另一个角点，楔体将从该点延伸到光标位置处，此时系统提示如下。

**指定高度或 [ 两点 (2P)] <493.1445>：**

04 单击对应位置的点来指定楔体的高度，或输入准确的高度值，按 Enter 键确定，完成的楔体效果如图 11-7 所示。

图 11-7

## 11.1.7 绘制棱锥体

调用“棱锥面”命令，可以创建实体棱锥体，棱锥体的侧面数介于 3 ~ 32 之间。调用“棱锥面”的方法有以下 3 种。

① 单击“建模”选项板中的“棱锥体”按钮。

② 选择“绘图”→“建模”→“棱锥体”菜单命令。

③ 在命令行中输入“PYR”或“PYRAMID”，按 Enter 键确认。

绘制棱锥体的操作步骤如下。

**01** 在命令行中输入“PYR”，按 Enter 键确认，此时系统提示如下。

**指定底面的中心点或 [ 边 (E)/ 侧面 (S)]:**

**02** 一旦指定底面的中心点，棱锥体的底面将从该点延伸到光标位置处，此时系统提示如下。

**指定底面半径或 [ 内接 (I)] <204.1547>:**

**03** 一旦指定底面的半径，棱锥体将从该面延伸到光标位置处，此时系统提示如下。

**指定高度或 [ 两点 (2P)/ 轴端点 (A)/ 顶面半径 (T)] <364.7450>:**

**04** 单击对应位置的点以指定棱锥体高度，或输入准确的高度值，按 Enter 键确定。完成的棱锥体效果如图 11-8 所示。

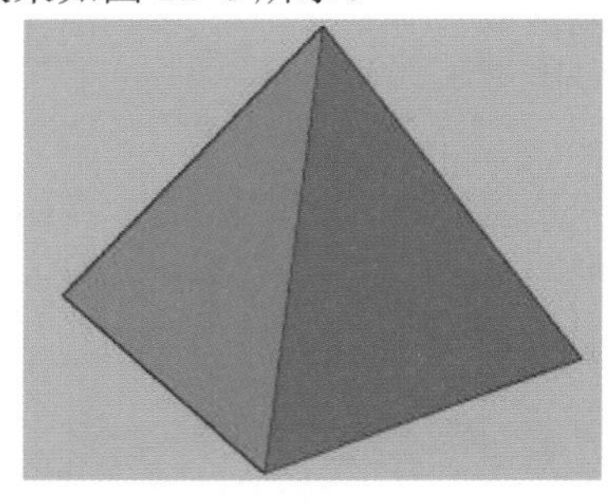

图 11-8

## 11.1.8 绘制圆环体

调用“圆环体”可以创建圆环形实体。圆环体与当前 UCS 的 *XY* 平面平行且被该平面平分。圆环体由两个半径值定义，一个是圆管的半径，另一个是从圆环体中心到圆管中心的距离。

调用“圆环体”的方法有以下 3 种。

① 单击“建模”选项板中的“圆环体”按钮 圆环体 。

② 选择“绘图”→“建模”→“圆环体”菜单命令。

③ 在命令行中输入“TOR”或“TORUS”，按 Enter 键确认。

绘制圆环体的操作步骤如下。

**01** 在命令行中输入“TOR”，按 Enter 键确认。此时系统提示如下。

**命令：TOR TORUS 指定中心点或 [ 三点 (3P)/ 两点 (2P)/ 相切、相切、半径 (T)]:**

**02** 一旦指定中心点，圆环体将从该点延伸到光标位置处，此时系统提示如下。

**指定半径或 [ 直径 (D)] <247.8123>:**

**03** 一旦指定圆环体的半径，圆环体将从该点延伸到光标位置处，此时系统提示如下。

**指定圆管半径或 [ 两点 (2P)/ 直径 (D)]:**

**04** 单击对应位置的点以指定圆管半径，或输入准确的圆管半径数值，按 Enter 键确定。完成的圆环体效果如图 11-9 所示。

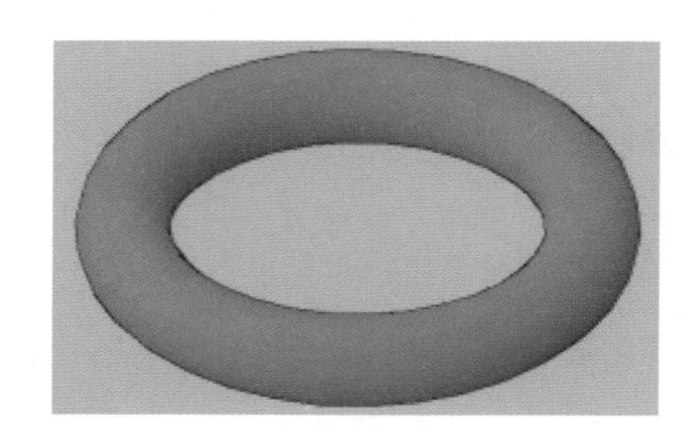

图 11-9

## 11.1.9 案例——三维桌绘制

下面通过一个案例讲解在 AutoCAD 2021 中利用菜单命令进行三维建模，方法如下。

**01** 打开 AutoCAD 2021，新建一个空白文件，选择“工具”→“工作空间”→“三维建模”菜单命令，将经典模式改为三维建模模式，如图 11-10 所示。

**02** 选择“视图”菜单命令，在面板中单击“视觉样式”按钮，在弹出的面板中选择“概念显示”模式，如图 11-11 所示。

图 11-10

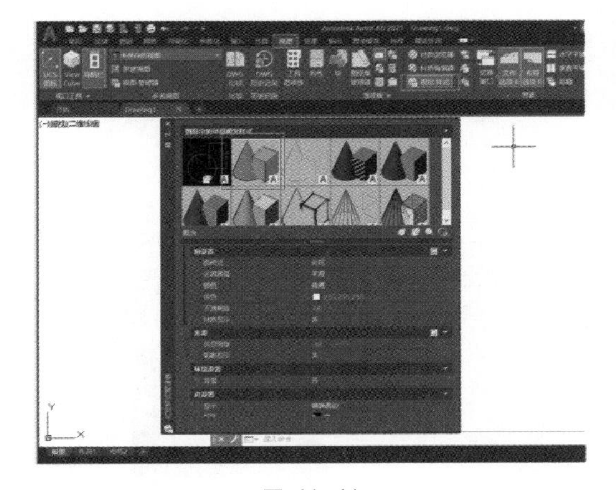

图 11-11

**03** 在命令行中输入“BOX”，执行“长方体”命令，绘制一个长为 1200mm、宽为 500mm、高为 40mm 的桌面，如图 11-12 所示。

**04** 继续输入“BOX”，执行“长方体”命令，以桌面左前顶点（靠近坐标原点的）为起点，画长宽均为 60mm、高为 -800mm 的桌脚（向下绘制），如图 11-13 所示。

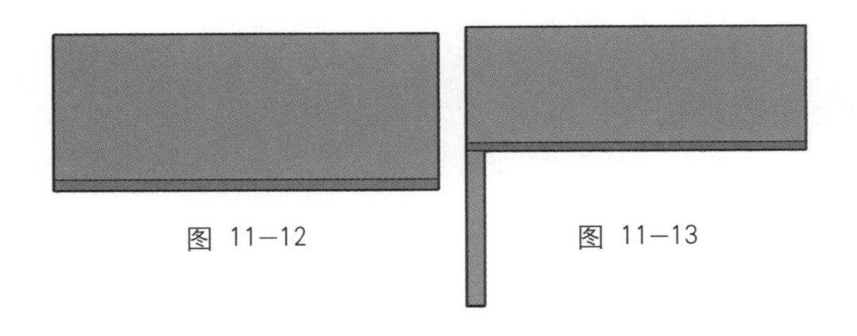

图 11-12　　图 11-13

**05** 在命令行中输入“AR”，按 Enter 键确认，选择刚绘制的桌脚，阵列类型选择“极轴”，阵列中心选择中点，如图 11-14 所示。

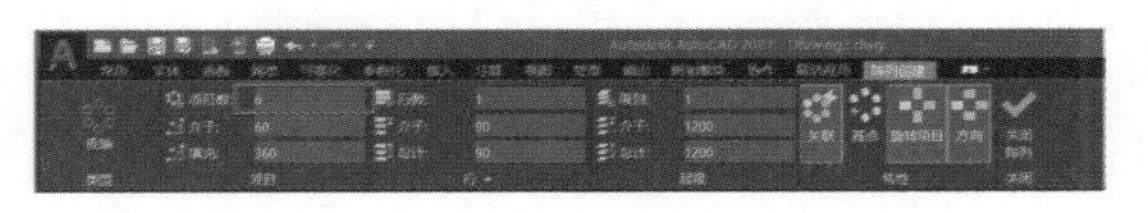

图 11-14

**06** 将项目数由默认的“6”改为“4”，按 Enter 键确认，效果如图 11-15 所示。

**07** 为加强桌子的牢固性，再在桌面下方加上 4 根横条固定。在命令行中输入“BOX”，执行“长方体”命令，绘制出加固横条，效果如图 11-16 所示。

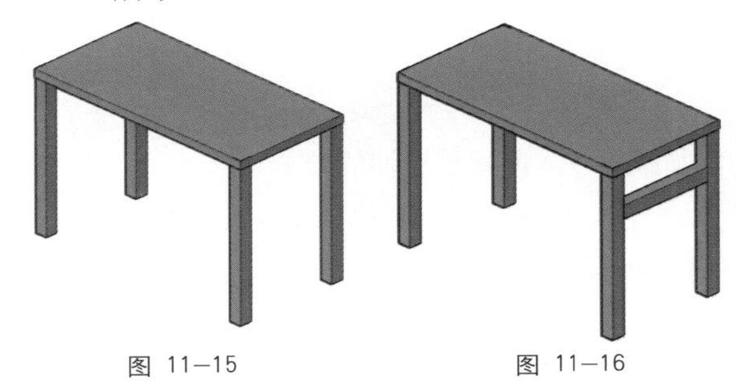

图 11-15　　图 11-16

**08** 在命令行中输入“AR”，按 Enter 键确认，选择刚绘制的加固横条，阵列类型选择“极轴”，阵列中心选择中点，将项目数由默认的“6”改为“4”，按 Enter 键确认，完成桌子的绘制，效果如图 11-17 所示。

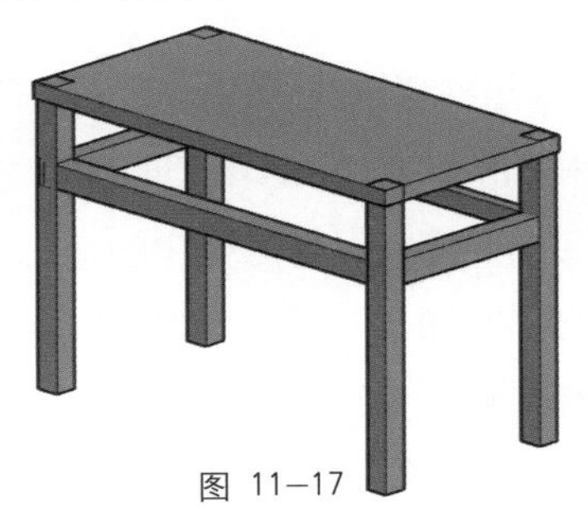

图 11-17

## 11.2　二维图形生成三维实体

**除了使用“绘图”→“建模”级联菜单来创建三维实体之外，还可以利用“建模”选项面板中的按钮将二维图形生成三维实体。**

微课：二维图形生成三维实体

## 11.2.1 通过拉伸二维对象创建实体

使用“拉伸”命令，可以通过拉伸选定对象创建实体和曲面。可以进行拉伸的对象包括直线、圆弧、二维多段线、二维样条曲线、圆、椭圆等。

具有相交或自交线段的多段线和包含在块内的对象则不能进行拉伸。如果拉伸的对象是闭合的，则生成的对象为实体。如果拉伸的对象是开放的，则生成的对象为曲面。

调用“拉伸”命令的方法有以下 3 种。

① 单击“建模”选项板中的“拉伸”按钮。

② 选择“绘图”→“建模”→“拉伸”菜单命令。

③ 在命令行中输入“EXT”或“EXTRUDE”，按 Enter 键确认。

通过拉伸二维对象创建实体的操作步骤如下。

**01** 在命令行中输入“EXT”，按 Enter 键确认，此时系统提示如下。

命令：EXT EXTRUDE 当前线框密度：ISOLINES=4，选择要拉伸的对象

**02** 此时选择对应的二维图形（可以是多个），按 Enter 键确认。

**03** 选择要拉伸的对象后，系统提示如下。

指定拉伸的高度或 [方向(D)/ 路径(P)/ 倾斜角(T)] <100.0000>：

**04** 单击对应位置的点以确定拉伸的高度，或输入准确的高度数值，按 Enter 键确认。完成拉伸操作前后效果如图 11-18 所示。

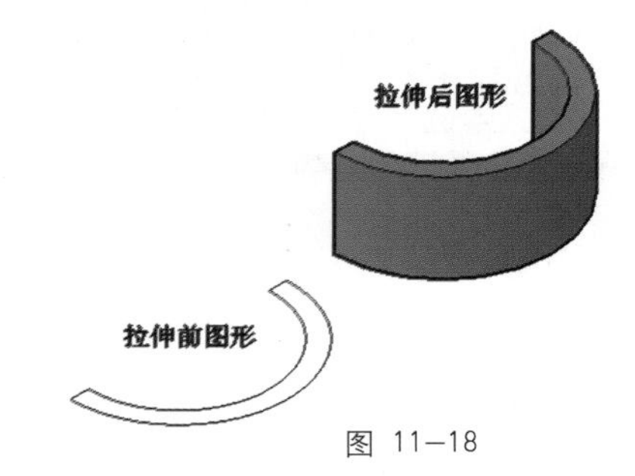


图 11-18

## 11.2.2 通过旋转二维对象创建实体

使用“旋转”命令，可以通过绕轴旋转二维对象来创建三维实体或曲面。可以旋转的对象包括直线、圆弧、二维多段线、二维样条曲线、圆、椭圆等。选择的旋转对象可以是多个。具有相交或自交线段的多段线和包含在块内的对象则不能进行旋转。

调用“旋转”命令的方法有以下 3 种。

① 单击“建模”选项板中的“旋转”按钮。

② 选择“绘图”→“建模”→“旋转”菜单命令。

③ 在命令行中输入“REV”或“REVOLVE”，按 Enter 键确认。

旋转二维对象绘制实体的操作步骤如下。

**01** 在命令行中输入“REV”，按 Enter 键确认，此时系统提示如下。

命令：REV REVOLVE 当前线框密度：ISOLINES=4 选择要旋转的对象：

**02** 选择要进行旋转构造的二维图形（横截面轮廓），按 Enter 键确认。

**03** 确定旋转的对象后，系统提示如下。

指定轴起点或根据以下选项之一定义轴 [对象(O)/X/Y/Z] <对象>：

**04** 指定旋转轴的起点后，再指定旋转轴的端点。

05 指定旋转角度或起点角度，这里输入要旋转构造的总角度或直接按 Enter 键确认。

二维图形的旋转前后效果如图11-19所示。

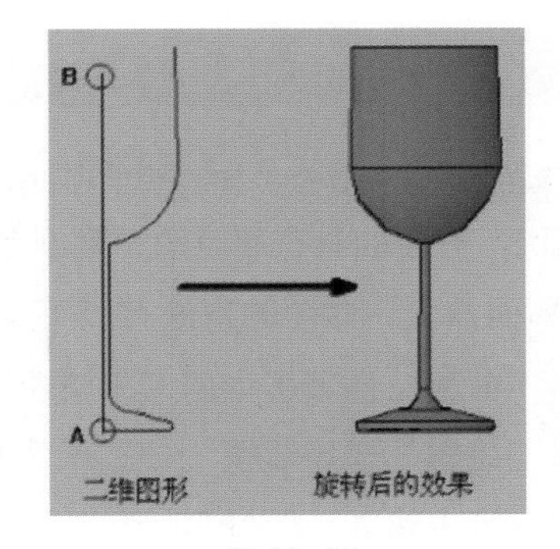


图 11—19

## 11.2.3 放样二维对象创建实体

使用“放样”命令，可以通过对包含两条或两条以上横截面曲线的一组曲线进行放样（绘制实体或曲面）来创建三维实体或曲面。放样时使用的曲线必须全部开放或全部闭合。不能使用既包含开放曲线又包含闭合曲线的选择集。如果对一组开放的横截面曲线进行放样，则生成曲面。

调用“放样”命令的方法有以下 3 种。

① 单击“建模”选项板中的“放样”按钮。

② 选择“绘图”→“建模”→“放样”菜单命令。

③ 在命令行中输入“LOFT”，按 Enter 键确认。

放样二维对象创建实体的操作步骤如下。

01 选取横截面，命令如下。

**命令：LOFT 按放样次序选择横截面：**

**// 选取横截面**

**按放样次序选择横截面：**

**// 选取横截面**

**按放样次序选择横截面：**

**// 按 Enter 键确定**

02 当横截面逐一选取完，并按 Enter 键确认后，此时系统提示如下。

**输入选项 [ 导向 (G)/ 路径 (P)/ 仅横截面 (C)]< 仅横截面 >：**

此时按 C 键或 Enter 键确认，放样前后的效果如图 11-20 所示。

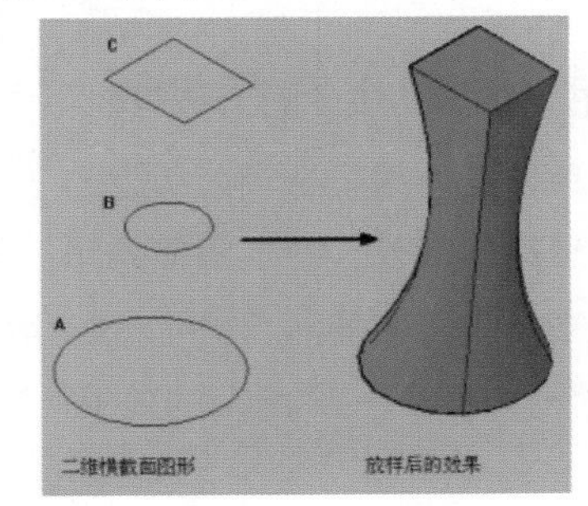


图 11—20

**技巧 提示**

“导向”是指在放样时指定导向曲线。导向曲线是控制放样实体或曲面形状的另一种方式。“路径”是指给截面形状指定放样操作的路径。指定路径可使用户更好地控制放样实体或曲面的形状。“仅横截面”是指仅使用横截面进行放样。使用“放样”命令时，至少要指定两个横截面。

1
2
3
4
5
6
7
8
9
10
11
12

## 11.2.4 创建平面曲面

使用“平面曲面”命令，可以从图形中选择现有的对象创建曲面。可以转换为曲面的对象包括二维实体、面域、开放的具有厚度的零宽度多段线、具有厚度的直线、具有厚度的圆弧和三维平面等。

调用“平面曲面”命令的方法有以下 3 种。

① 单击“曲面”选项板中的“平面曲面”按钮。

② 选择“绘图”→“建模”→“平面曲面”菜单命令。

③ 在命令行中输入“PLANESURF”，按 Enter 键确认。

创建平面曲面的操作步骤如下。

**01** 在命令行中输入“PLANESURF”，按 Enter 键确认，此时系统提示如下。

**命令：_PLANESURF 指定第一个角点或［对象(O)］＜对象＞：**

**02** 一旦指定了第一个角点，平面曲面将从该点延伸到光标位置处，此时系统提示如下。

**选择对象：指定其他角点：在对应位置单击确认另一对角点即可完成**

原始图形及转换为平面曲面后的效果如图 11-21 所示。

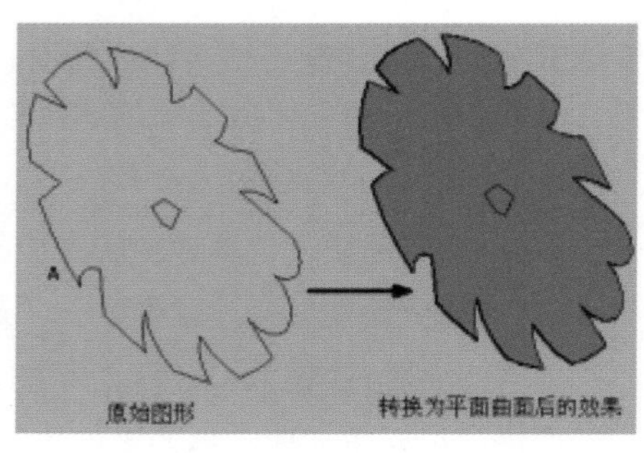


图 11—21

## 11.2.5 布尔运算的建模方法

布尔运算的建模方法是指通过对两个物体进行合并、相交、相减等运算，从而得到复合物体的建模方法。用来进行布尔运算的命令有“并集”“差集”“交集”等。

**技巧 提示**

使用“并集”命令可以合并两个或两个以上实体（或面域）的总体积，成为一个复合对象。

调用“并集”命令的方法有以下 3 种。

① 单击实体编辑选项面板上的“并集”按钮。

② 选择“修改”→“实体编辑”→“并集”菜单命令。

③ 在命令行中输入“UNI”或“UNION”，按 Enter 键确认。

要获得如图 11—22 所示的效果，并集操作的方法如下。

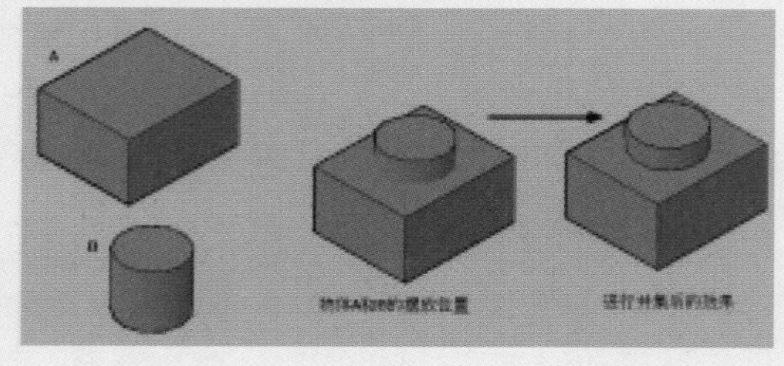


图 11—22

命令：_UNION
选择对象：找到 1 个 // 选择物体 A
选择对象：找到 1 个，总计 2 个 // 选择物体 B
选择对象：// 按 Enter 键确定

调用“差集”命令的方法如下。

① 单击实体编辑选项面板上的“差集”按钮。

② 选择“修改”→“实体编辑”→“差集”菜单命令。

③ 在命令行中输入“SU”或“SUBTRACT”，按 Enter 键确认。

要获得如图 11–23 所示的效果，差集操作的方法如下。

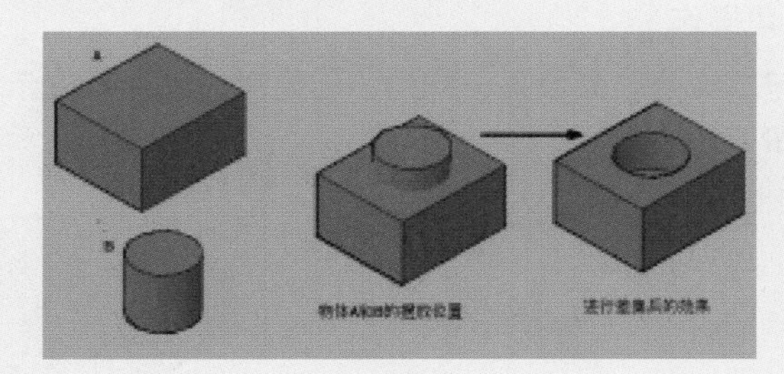


图 11–23

命令：_SUBTRACT 选择要从中减去的实体或面域…
选择对象：找到 1 个 // 选择物体 A
选择对象：// 按 Enter 键确定
选择要减去的实体或面域…
选择对象：找到 1 个 // 选择物体 B
选择对象：// 按 Enter 键确定

调用“交集”命令的方法如下。

① 单击实体编辑选项面板上的“交集”按钮。

② 选择“修改”→“实体编辑”→“交集”菜单命令。

③ 在命令行中输入“IN”或“INTERSECT”，按 Enter 键确认。

要获得如图 11–24 所示的效果，交集操作的操作步骤如下。

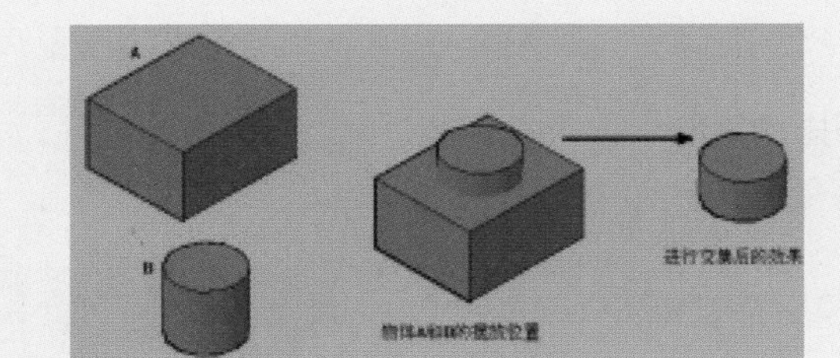


图 11–24

命令：_INTERSECT
选择对象：找到 1 个 // 选择物体 A
选择对象：找到 1 个，总计 2 个 // 选择物体 B
选择对象：// 按 Enter 键确定

# 11.3 三维操作

在 AutoCAD 中有专业用于三维实体的操作命令，这也可以用于二维对象。三维操作相对于二维修改命令来说要复杂一些，命令操作过程中需要设定更多的项目细节内容，如三维镜像用的不是“对称轴”而是“对称平面”，三维旋转不只指定旋转“基点”还要指定旋转“轴与起点角度”。

## 11.3.1 三维实体的倒角与圆角

### 1. 对三维实体进行倒角操作

三维实体的倒角命令与二维修改命令是一样的，但是后续命令行提示内容不一样。三维实体进行倒角处理的操作步骤如下。

01 在命令行中输入“CHA”，按空格键或Enter键确认。

02 选择要进行倒角的实体上某一条边，效果如图 11-25 所示。

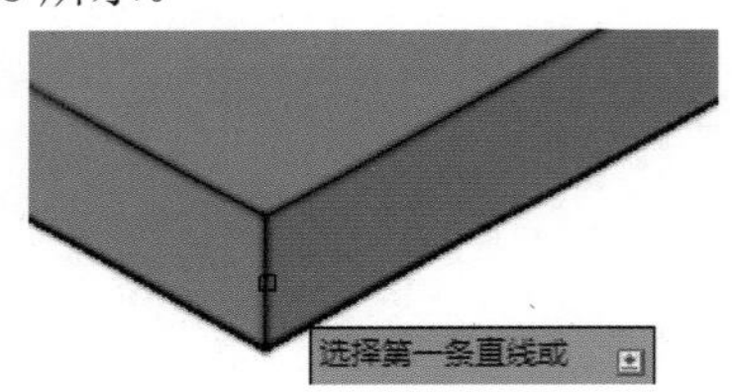


图 11-25

03 选择这条边后，命令提示输入曲面选项，直接按 Enter 键执行下一步，效果如图 11-26 所示。

04 指定基面倒角距离，输入指定的数值，如 20，按 Enter 键确认。

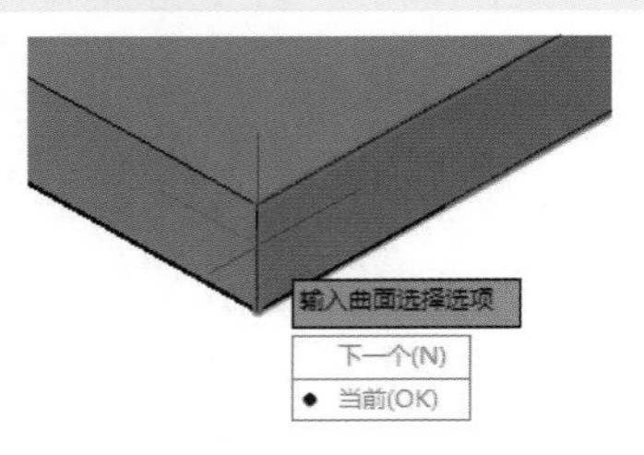


图 11-26

05 指定其他曲面倒角距离，输入新的数值或直接按 Enter 键设置与上一数值相同。

06 选择边或环，直接按 Enter 键确认，倒角效果如图 11-27 所示。

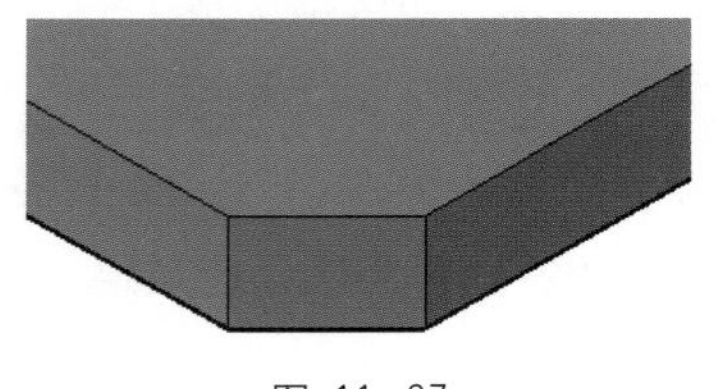

图 11-27

### 2. 对三维实体进行圆角操作

其与倒角操作有些类似，具体操作步骤如下。

01 在命令行中输入“F”，按空格键或 Enter 键确认。

02 选择要进行圆角的实体上某一条边，效果如图 11-28 所示。

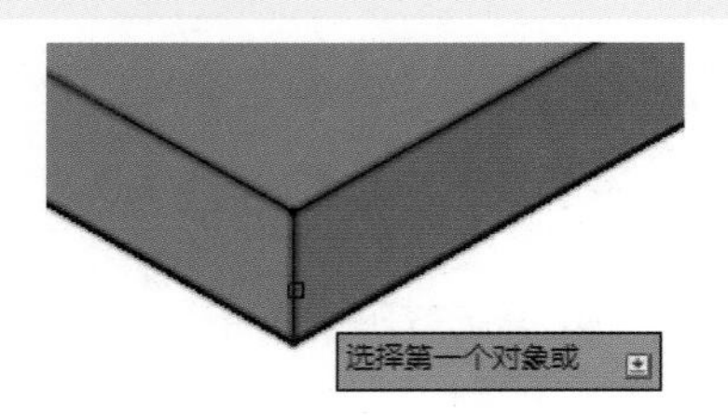


图 11-28

03 输入圆角半径，输入数值（如 10）后按 Enter 键确认。

**04** 此时，命令提示选择边、链、环或半径操作，这里直接按 Enter 键来确认，进行圆角操作后的效果如图 11-29 所示。

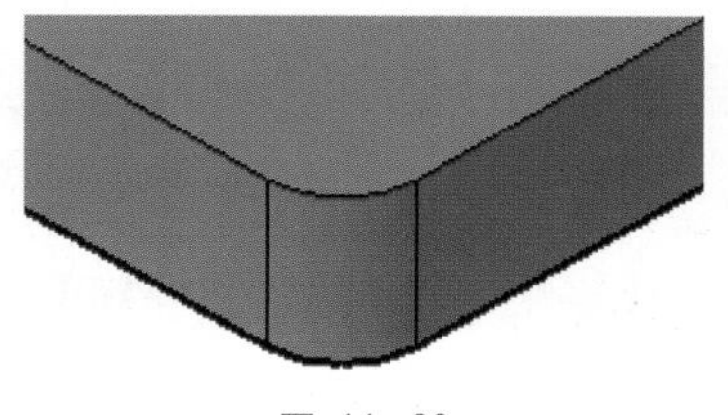

图 11-29

● **技巧 提示**

如果三维实体在一个顶点处的3条边与该顶点都要进行圆角处理，那么先用一般方式完成3条边的圆角操作，效果如图11-30所示。然后，再次执行“圆角”命令，选择其中一条圆角后的小斜边，效果如图11-31所示。最后用“链（C）”的选项方式来完成顶点的圆角处理，效果如图11-32所示。

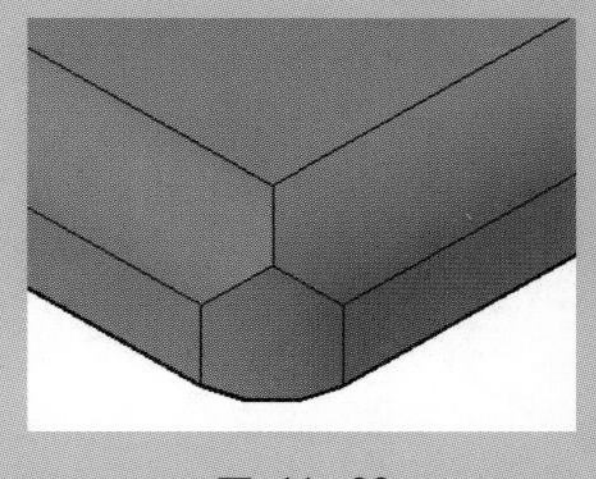

图 11-30

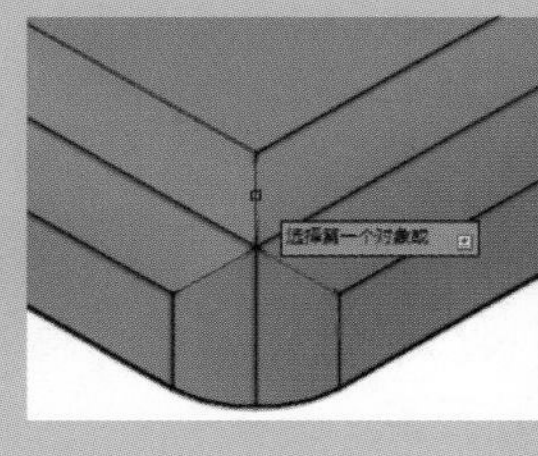

图 11-31

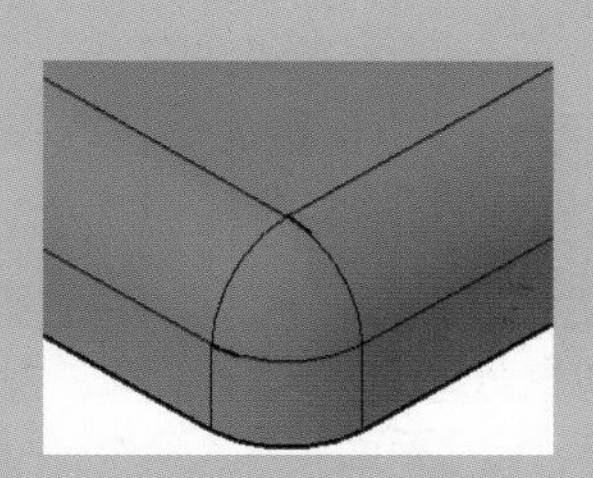

图 11-32

## 11.3.2 三维旋转

**三维旋转其实就是在不同的 *X*、*Y*、*Z* 轴方向上进行“翻转”，即通常所说的前后翻、左右翻及原地绕 *Z* 轴转动。沿 *Y* 轴旋转的操作步骤如下。**

**01** 在命令行中输入“ROTATE3D”，按空格键或 Enter 键来确认。

**02** 选择对应的三维实体对象，如图 11-33 所示。

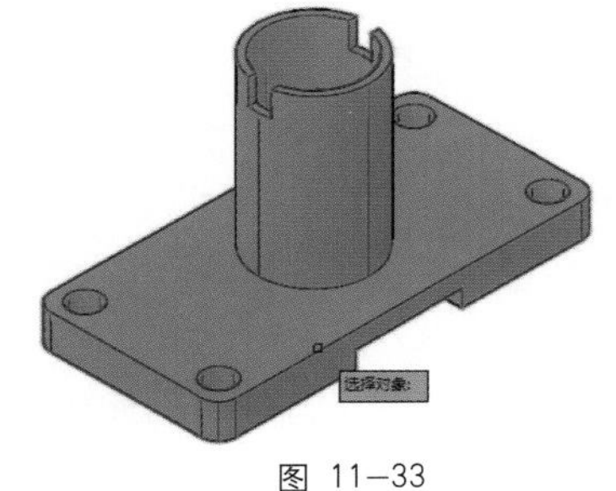

图 11-33

**03** 确认后命令行提示如下。

**指定轴上的第一个点或定义轴依据［对象(O)/最近的(L)/视图(V)/x 轴(X)/y 轴(Y)/z 轴(Z)/两点(2)]：**

这里可以捕捉左侧下边的中点。

**04** 指定轴上的第二点，这里可以捕捉该条边的端点，效果如图 11-34 所示。

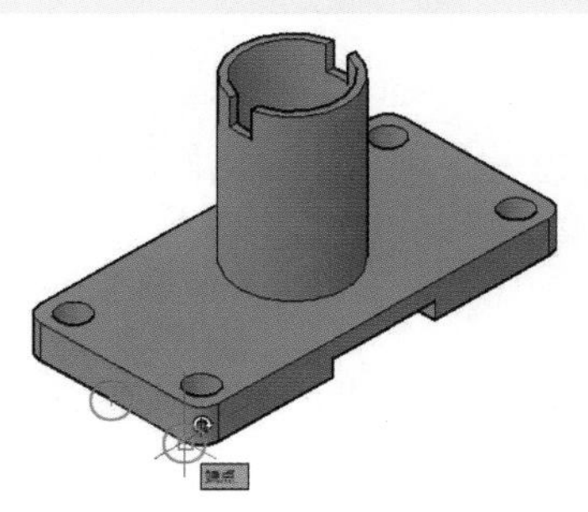

图 11-34

**05** 输入旋转的角度，如 90°，确认后完成三维旋转操作，效果如图 11-35 所示。

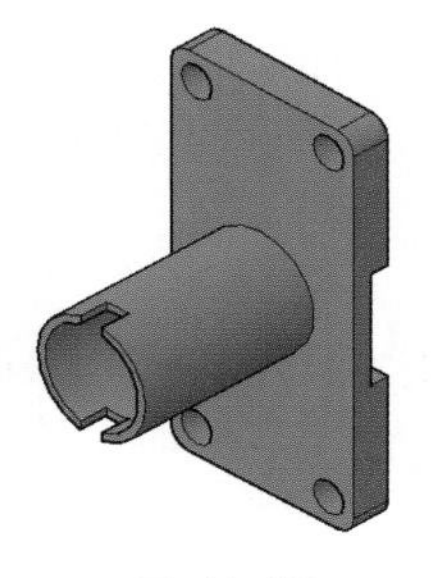

图 11-35

## 11.3.3 三维镜像

**三维镜像就是在三维空间按指定的“对称平面”来进行镜像构造。这里以 *XY* 平面方式为例实现三维镜像操作，具体操作步骤如下。**

**01** 在命令行中输入“MIRROR3D”，按空格键或 Enter 键来确认。

**02** 选择对应的三维实体对象，这里选择刚才的三维实体。

**03** 下一步的命令行提示如下。

**指定镜像平面（三点）的第一个点或[对象(O)/最近的(L)/Z 轴(Z)/视图(V)/XY 平面(XY)/YZ 平面(YZ)/ZX 平面(ZX)/三点(3)]<三点>:**

在此选择 *XY* 平面。

**04** 指定平面上的一点，这里选择底座前边的端点，效果如图 11-36 所示。

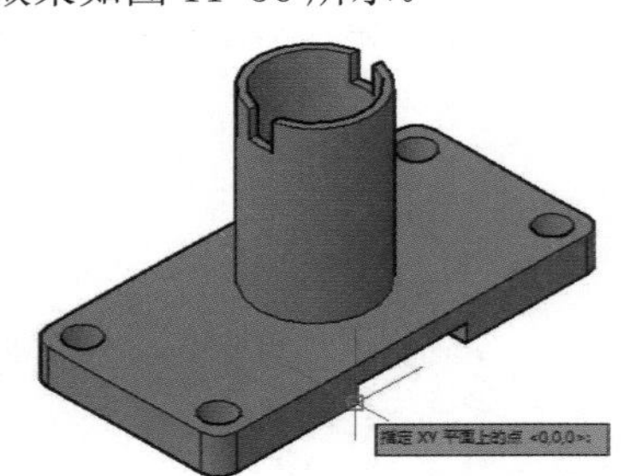

图 11-36

**05** 下一步提示是否删除源对象，如图 11-37 所示。这里选择“否”选项，按 Enter 键确认完成三维镜像，效果如图 11-38 所示。

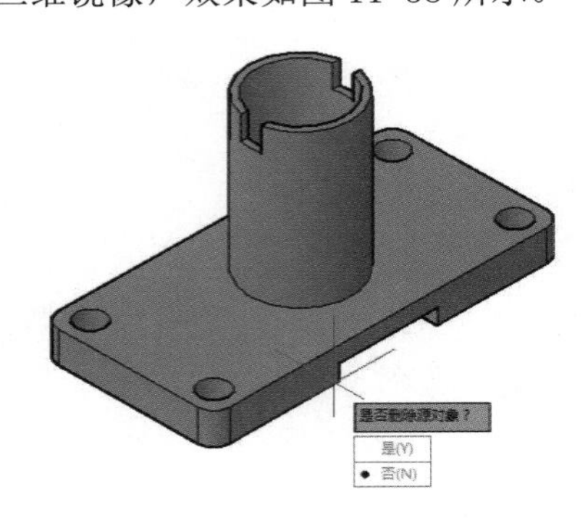


图 11-37

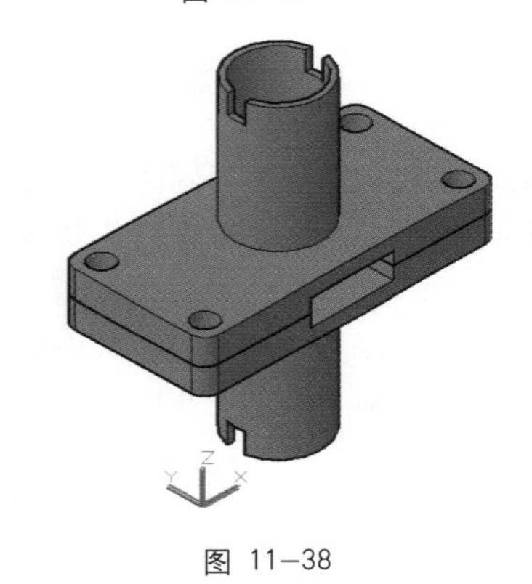

图 11-38

## 11.3.4 三维阵列

**在 AutoCAD 中，三维阵列分为矩形与环形方式，这里以一个简单的长方体为例完成三维阵列的具体操作。长方体的尺寸如图 11-39 所示。**

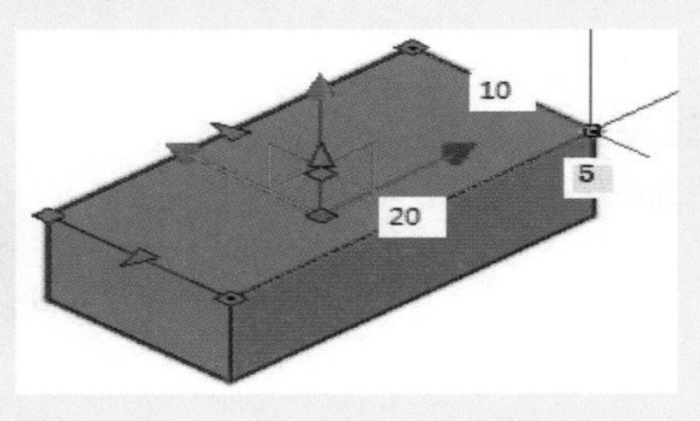


图 11-39

### 1. 三维矩形阵列

**三维矩形阵列的操作步骤如下。**

**01** 在命令行中输入“3DARRAY”，按空格键或 Enter 键确认。

**02** 选择对应的三维实体对象，这里选择已绘制的长方体。

**03** 下一步提示阵列类型，这里选择“矩形（R）”方式，效果如图 11-40 所示。

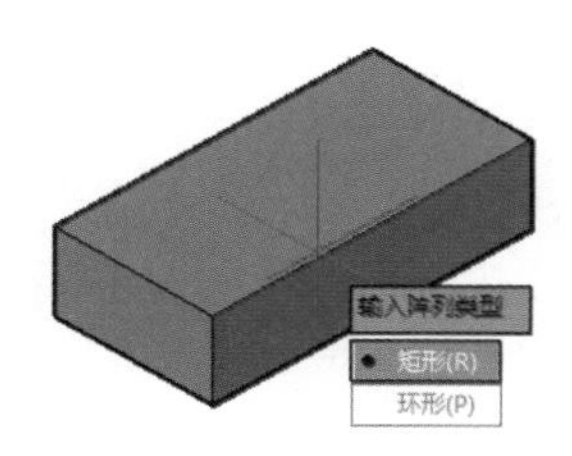


图 11-40

**04** 确认后，命令行依次提示行数、列数、层数及行间距、列间距、层间距。这里输入的数据如图 11-41 所示。此时完成矩形三维阵列的操作，效果如图 11-42 所示。

输入行数 (---) <1>: 3
输入列数 (|||) <1>: 4
输入层数 (...) <1>: 5
指定行间距 (---): 15
指定列间距 (|||): 25
指定层间距 (...): 8

图 11-41

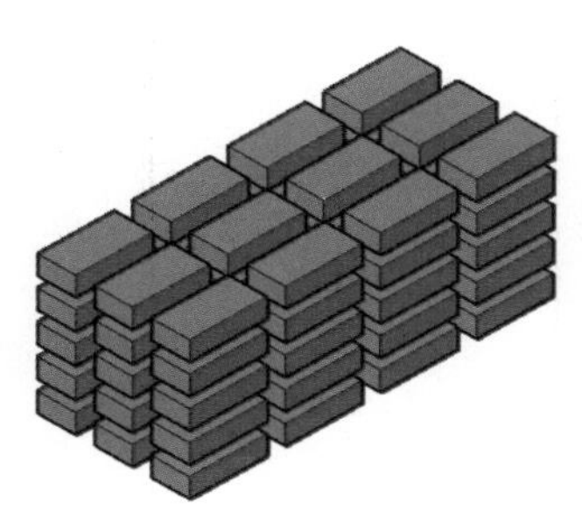

图 11-42

### 2. 三维环形阵列

**三维环形阵列的操作步骤如下。**

**01** 在命令行中输入“3DARRAY”，按空格键或 Enter 键确认。

**02** 选择对应的三维实体对象，这里选择已绘制的长方体。

**03** 下一步提示阵列类型，这里选择“环形（P）”方式，效果如图 11-43 所示。

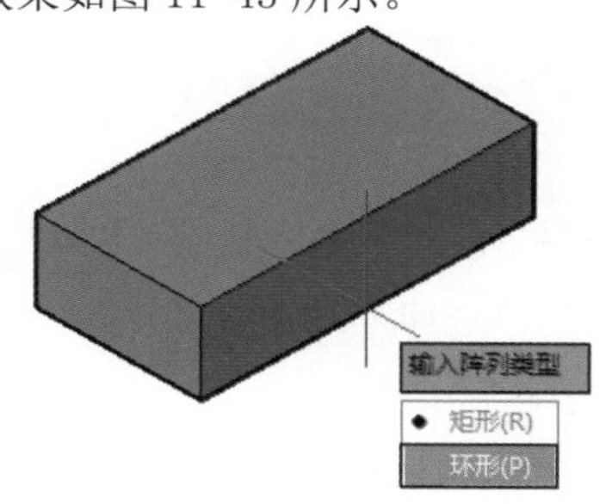


图 11-43

**04** 确定阵列中的数目及填充角度，这里输入 12 与 360。

**05** 下一步提示是否旋转阵列中的对象，这里选择默认的“是”选项。

**06** 指定阵列的中心点与指定旋转轴上的第二点，这里以平行 $Y$ 轴方向上指定两点，如图 11-44 所示。最终完成的阵列效果如图 11-45 所示。

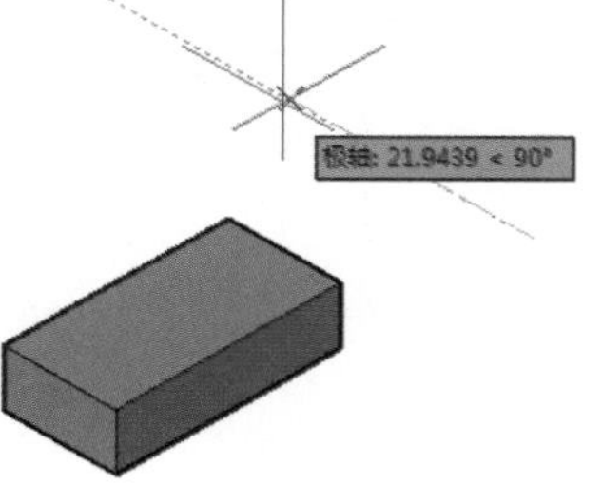


图 11-44

图 11-45

## 11.4 知识与技能要点

AutoCAD 从建模到材质、渲染等均有较大的改进，可以让用户在三维空间中更好地表现自己的设计意图。

- 重要工具：多段体、长方体、圆锥体、圆环体、拉伸、旋转、放样、布尔运算。
- 核心技术：三维旋转、三维镜像、三维阵列。
- 实际运用：绘制基本实体、二维图形生成三维实体、三维实体布尔运算。

## 11.5 课后练习

1. 利用“旋转”命令绘制如图 11–46 所示的台灯。
2. 利用“拉伸”命令和“并集”命令绘制如图 11–47 所示的餐桌。

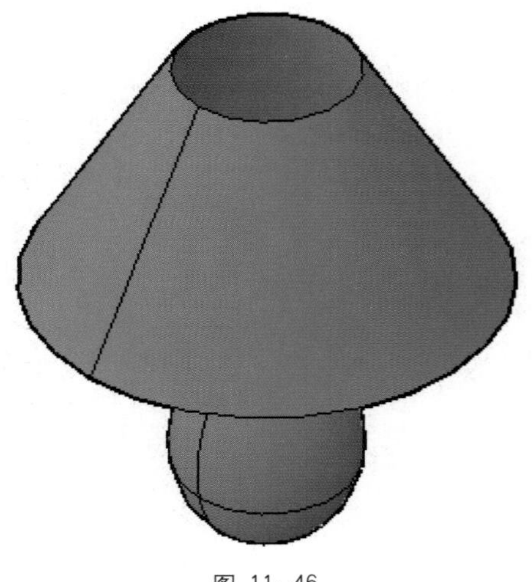

图 11–46

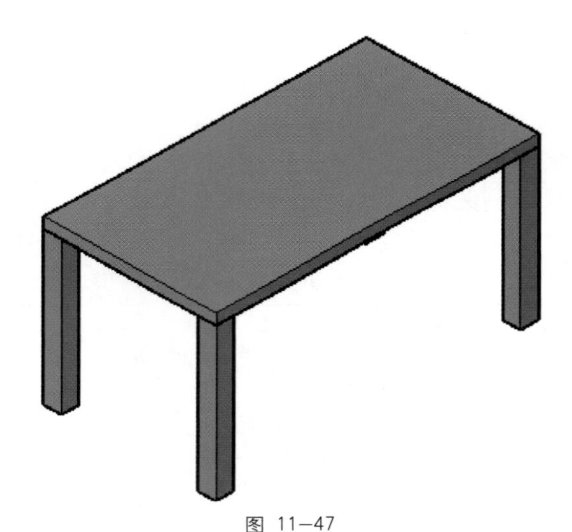

图 11–47

Chapter 12

# 宾馆套房设计方案

本章在介绍宾馆套房装修理论知识的前提下，通过绘制某宾馆套房的墙体结构图、平面布置图、天花装修图、客厅A向立面图以及卧室C向装修立面图等典型实例，完整而系统地讲述宾馆套房装修图的绘制思路、表达内容、具体绘制过程及绘制技巧。

| | 知识点＼学习目标 | 了解 | 掌握 | 应用 | 重点知识 |
|---|---|---|---|---|---|
| 学习要求 | 宾馆套房设计理念与思路 | ✓ | | ✓ | |
| | 绘制宾馆套房墙体结构图 | ✓ | | | ✓ |
| | 绘制宾馆套房平面布置图 | ✓ | | | |
| | 绘制宾馆套房天花装修图 | ✓ | | | |
| | 绘制宾馆套房客厅A向立面图 | | ✓ | | |
| | 绘制宾馆套房卧室C向立面图 | | ✓ | | |

能力与素质目标

# 12.1 宾馆套房设计理念与思路

宾馆套房的装修不同于其他套房，其功能分区一般包括入口通道区、客户区、就寝区、卫生间等。这些功能分区可视套房空间的实际大小单独安排或交叉安排。在进行宾馆套房的装修设计时，要注意以下几点。

1. 套房设计的人性化

宾馆套房设计如何才能使顾客有宾至如归的感受呢？这要靠套房环境来实现，在进行套房设计时，除了考虑大的功能以外，还必须注意细节，具体分为入口通道、卫生间设计、房间内设计等。

2. 套房设计的文化性

家具设计、灯具设计及陈设设计等，都可以产生一定的文化。陈设设计是最具表达性和感染力的。陈设主要是指墙壁上悬挂的书画、图片、壁挂等，或者家具上陈设和摆设的瓷器、陶罐、青铜、玻璃器皿、木雕等。这类陈设品从视觉形象上最具有完整性，既可表达一定的民族性、地域性、历史性，又具有极好的审美价值。

3. 套房设计的风格处理

一些人认为，宾馆套房一般都是标准大小，作出不同的效果比较困难，这种观念是不对的。风格可以体现在有代表性的装饰构件上，如有明显风格的灯具、家具以及图案、色彩等。从风格和属性上讲，由于宾馆套房是宾馆整体的一个重要组成部分，又具有相对的独立性，所以在风格和设计思路上的选择就有很大的空间。总之，套房设计是一个比较精细而复杂的工程，只要用心体会，不断研究，就会有所创新。在绘制并设计宾馆套房方案时，可以参考如下几点。

① 根据原有建筑平面图或测量数据，绘制并规划套房各功能区平面图。

② 根据绘制出的套房平面图，绘制各功能区的平面布置图和地面材质图。

③ 根据套房平面布置图绘制各功能区的天花吊顶方案图，要注意各功能区的协调。

④ 根据套房的平面布置图，绘制墙面的投影图，具体有墙面装饰轮廓的表达、立面构件的配置以及文字尺寸的标注等内容。

# 12.2 绘制宾馆套房墙体结构图

本节主要介绍某宾馆套房墙体结构图的绘制方法和具体绘制过程。套房墙体结构图的最终绘制效果如图 12-1 所示。

微课：
平面布置图

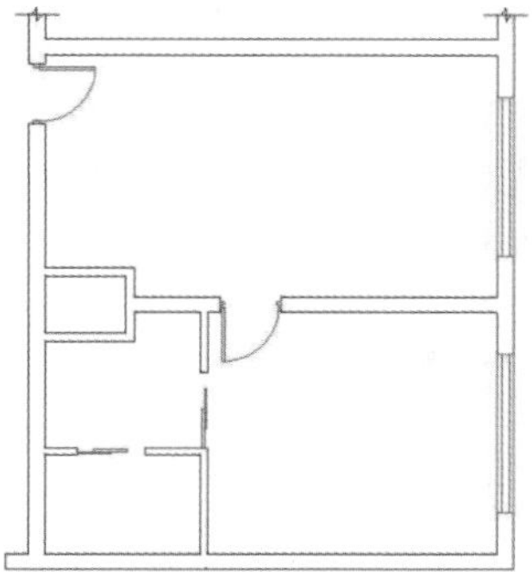

图12-1

在绘制宾馆套房墙体结构图时，可以参照如下绘图思路。

① 调用样板文件并设置绘图环境。

② 使用“矩形”“偏移”“分解”“修剪”等命令绘制墙体轴线。

③ 使用“多线”“多线编辑工具”命令绘制主次墙体。

④ 使用“多线”“多线样式”命令绘制窗线。

⑤ 使用“插入块”“矩形”命令绘制单开门和推拉门构件。

## 12.2.1 绘制套房墙体轴线

绘制套房墙体轴线的操作步骤如下。

**01** 将文件“样板文件\室内设计样板.dwg”作为基础样板，新建空白文件。

**02** 选择“格式”→“图层”菜单命令，将“轴线层”设置为当前图层。

**03** 选择“格式”→“线型”菜单命令，在打开的“选择线型”对话框中选择所需的线型，如图12-2所示。

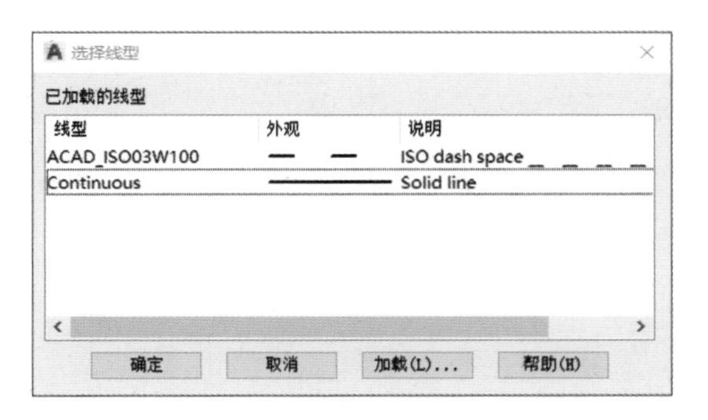

图12-2

**04** 单击“绘图”工具栏上的“矩形”按钮，绘制长度为 7 350mm、宽度为 8 300mm 的矩形作为基准轴线，如图12-3所示。

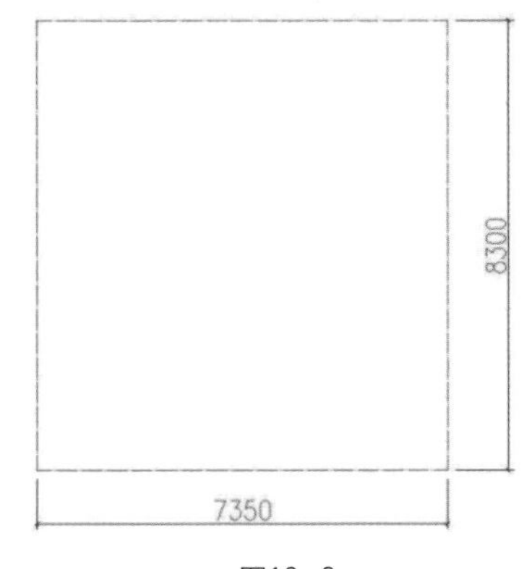

图12-3

**05** 将矩形分解为4条独立的线段。

**06** 将右侧的垂直边向左偏移30个单位，将左侧的垂直边向右偏移450个单位，将上侧的水平边向下偏移500个单位，将下侧的水平边向上偏移1 670和3 900个单位，效果如图12-4所示。

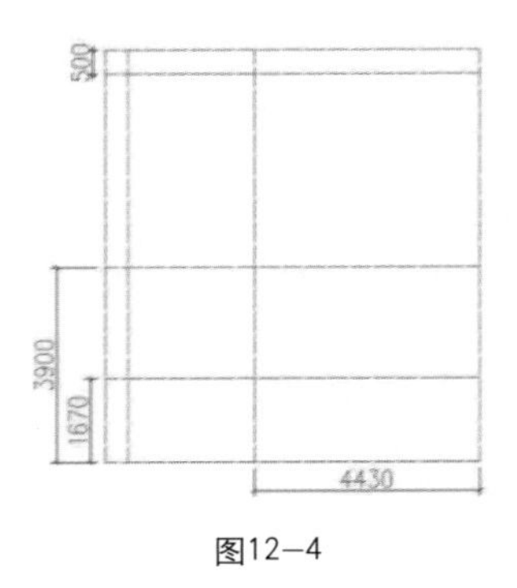


图12-4

**07** 执行“删除”命令，删除最上侧和最左侧的两条轴线，效果如图12-5所示。

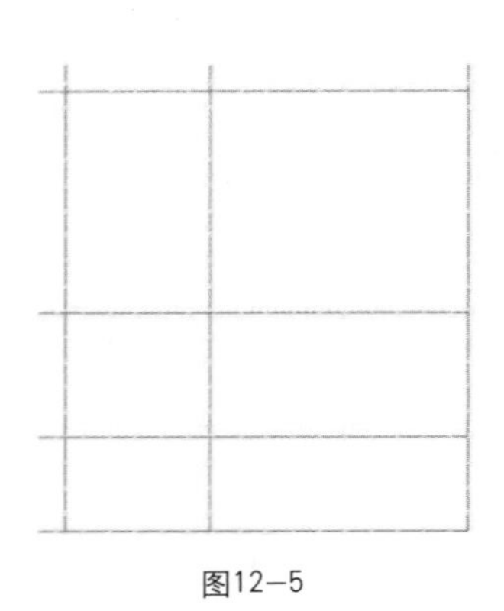

图12-5

**08** 使用夹点拉伸功能进行编辑，效果如图12-6所示。

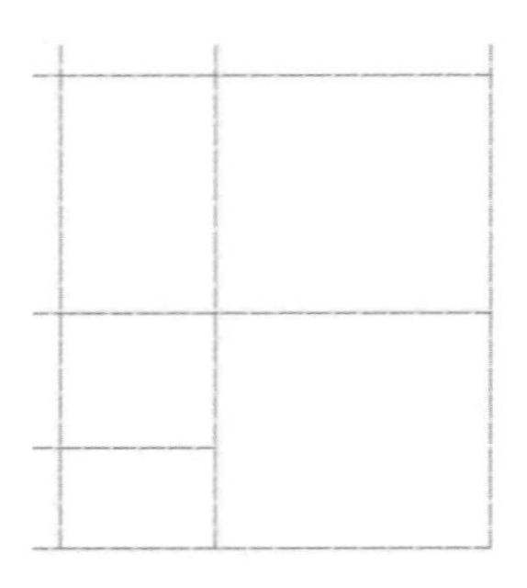

图12-6

**09** 单击“修改”工具栏上的按钮，激活“偏移”命令，将最上侧的水平轴线向下偏移750和3 900个单位，效果如图12-7所示。

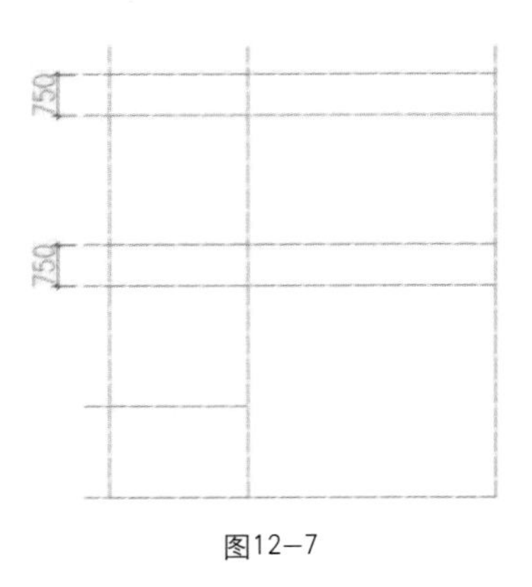


图12-7

**10** 单击“修改”工具栏上的按钮，激活“修剪”命令，以偏移出的轴线作为边界，对右侧的垂直线进行修剪，以创建窗洞，修剪效果如图12-8所示。

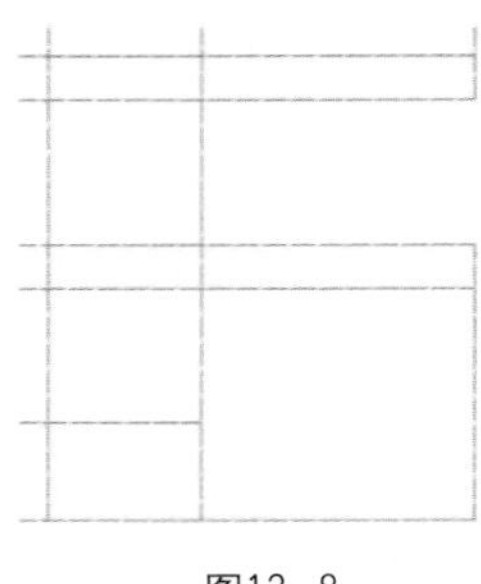

图12-8

**11** 在命令行中输入“E”，执行“删除”命令，删除所偏移出的轴线，效果如图12-9所示。

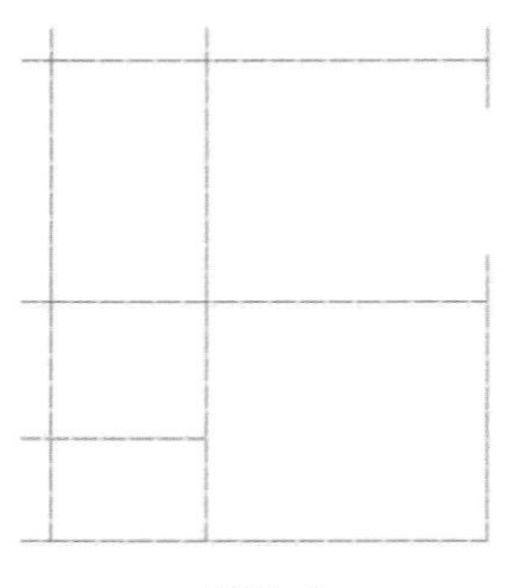

图12-9

**12** 参照上述操作步骤，综合使用“修剪”“偏移”“删除”等命令，分别绘制其他位置的洞口，效果如图 12-10 所示。

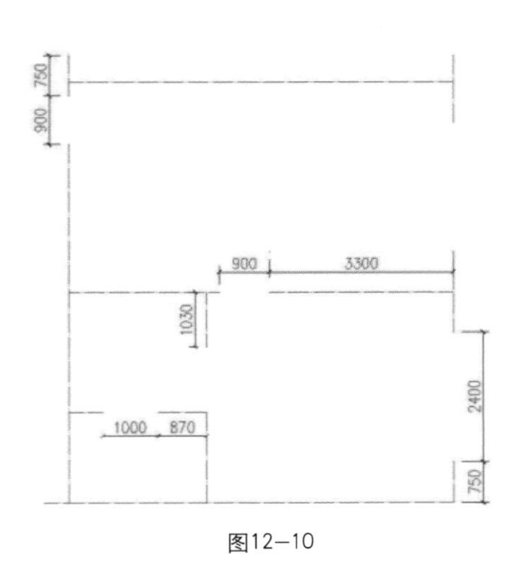


图12—10

## 12.2.2 绘制套房墙线

**绘制套房墙线的操作步骤如下。**

**01** 继续上一小节的操作。

**02** 展开“图层控制”下拉列表，将“墙线”图层设置为当前图层。

**03** 选择“绘图”→“多线”菜单命令，配合端点捕捉功能绘制主墙线，如图 12-11 和图 12-12 所示。

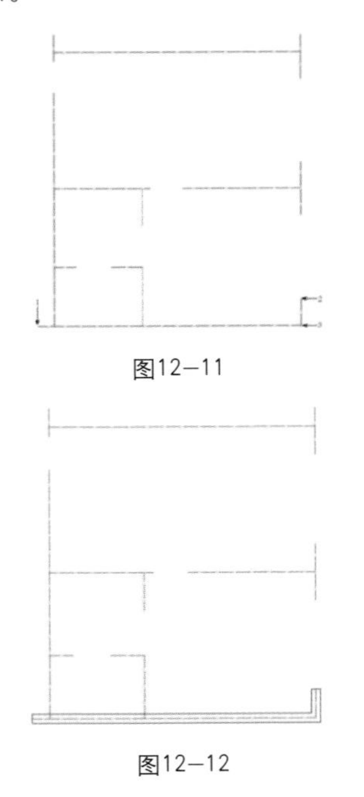

图12—11

图12—12

**04** 重复执行“多线”命令，保持多线比例和对正方式不变，配合端点捕捉功能绘制其他主墙线，效果如图 12-13 所示。

**05** 重复执行“多线”命令，设置多线对正方式不变，绘制宽度为 100 的非承重墙线，效果如图 12-14 所示。

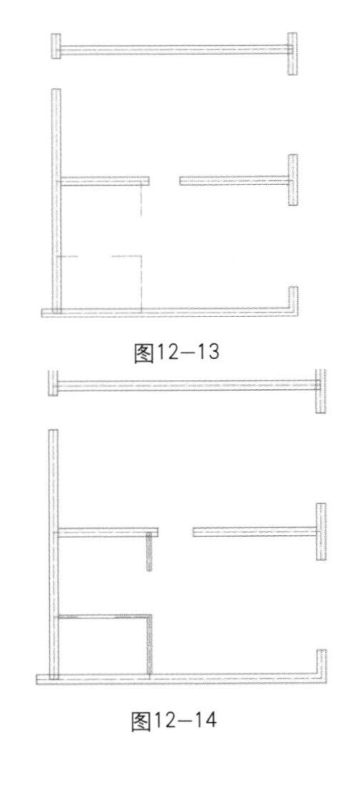

图12—13

图12—14

06 在命令行中输入“ML”，激活“多线”命令，配合“捕捉自”功能绘制内部轮廓线，如图 12-15 和图 12-16 所示。

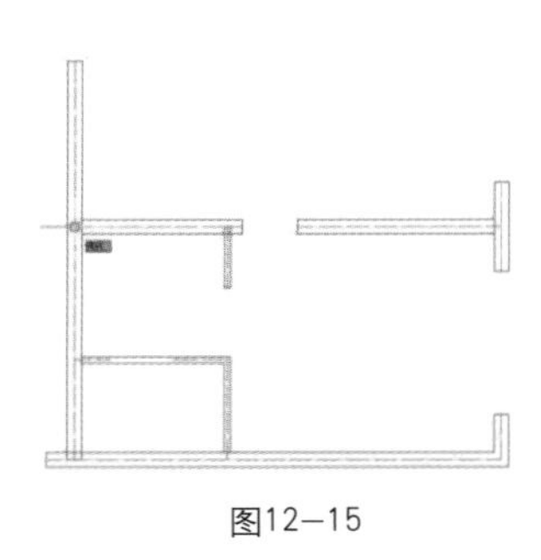

图12—15

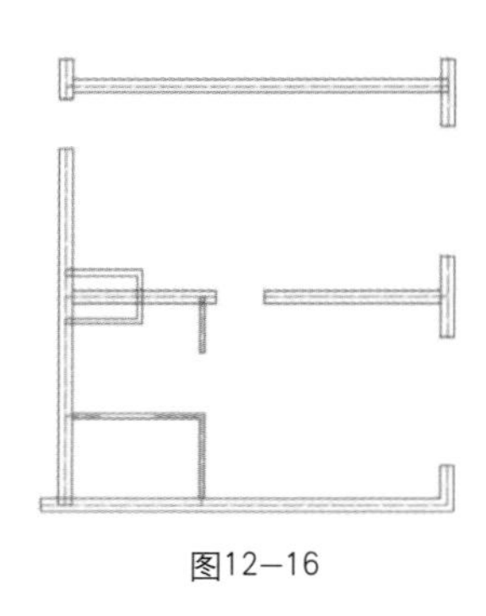

图12—16

07 展开“图层控制”下拉列表，关闭“轴线层”，图形显示效果如图 12-17 所示。

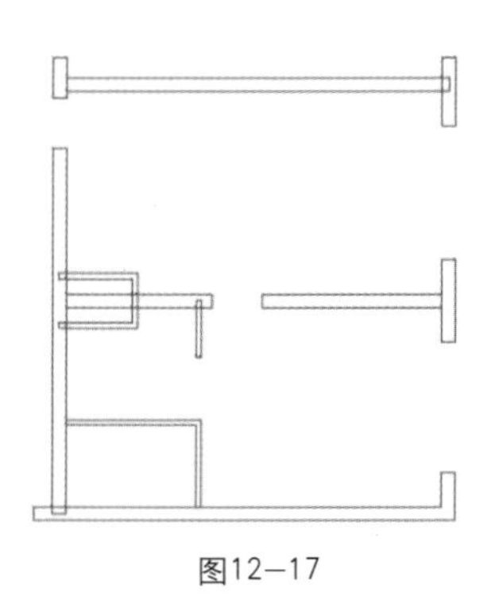

图12—17

08 选择“修改”→“对象”→“多线”菜单命令，在打开的“多线编辑工具”对话框中单击“T 形合并”按钮，激活“T 形合并”，对 T 形相交的墙线进行合并，效果如图 12-18 所示。

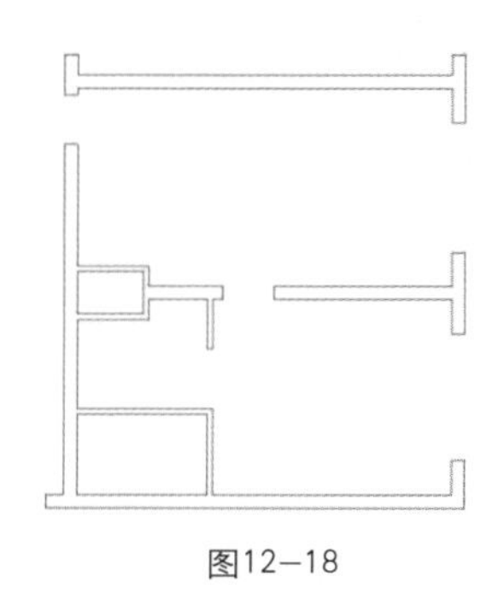

图12—18

## 12.2.3 绘制套房门窗

**绘制套房门窗的操作步骤如下。**

01 继续上一小节的操作。

02 展开“图层控制”下拉列表，将“门窗层”图层设置为当前图层。

03 选择“格式”→“多线样式”菜单命令，在打开的“多线样式”对话框中设置“窗线样式”为当前样式。

04 使用多线捕捉如图 12-19 和图 12-20 所示的两个中点，进行绘制，效果如图 12-21 所示。

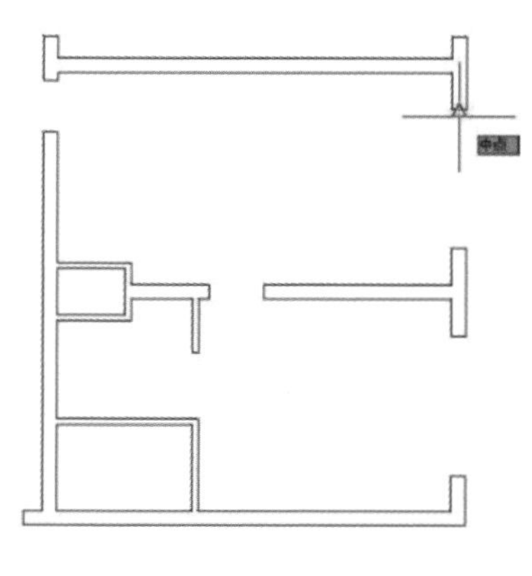

图12—19

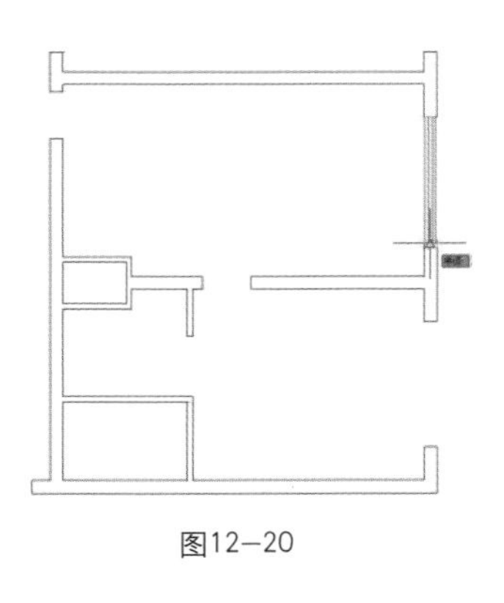

图12—20

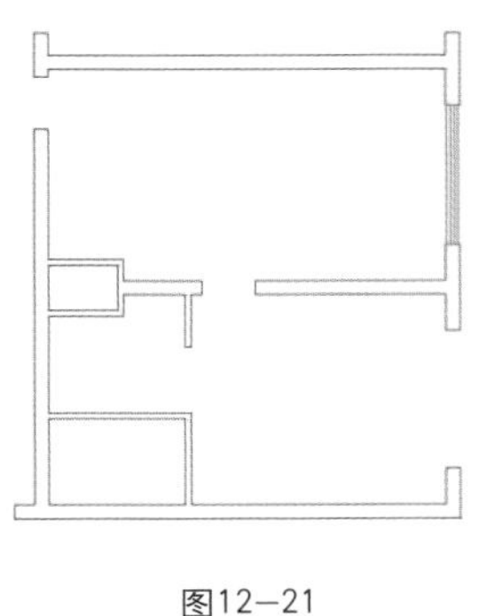

图12—21

**05** 重复上一步骤，保持多线比例和对正方式不变，配合中点捕捉功能绘制下侧的窗线，效果如图 12-22 所示。

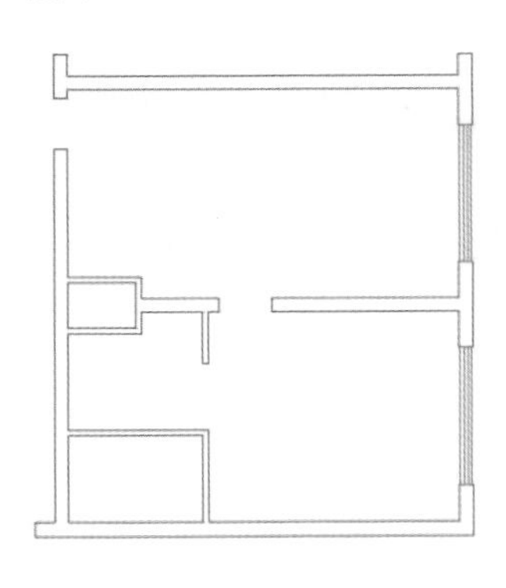

图12—22

**06** 执行插入块操作，插入文件“图块文件\单开门.dwg”，块参数设置如图 12-23 所示，插入点如图 12-24 所示。

**07** 重复执行插入块操作，插入参数如图 12-25 所示，插入点如图 12-26 所示。

图12—23

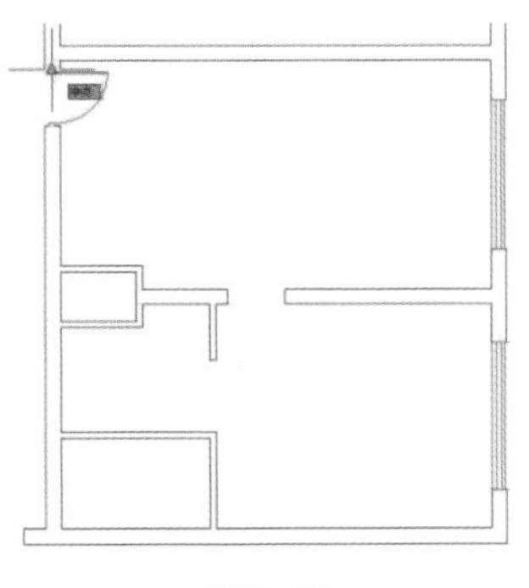

图12—24

图12—25

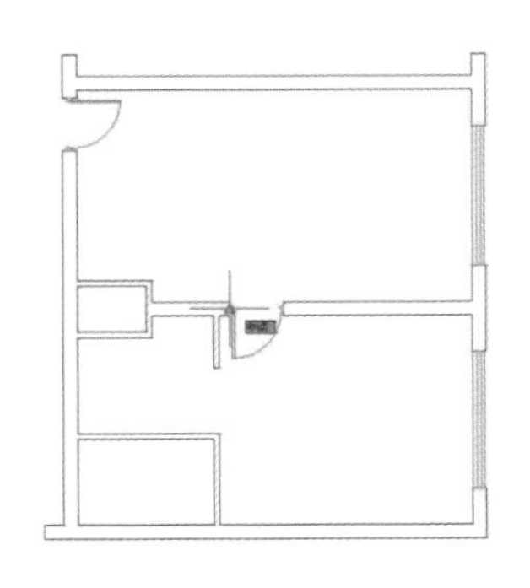

图12—26

**08** 选择“绘图”→“矩形”菜单命令，配合捕捉与追踪功能绘制推拉门，如图 12-27 和图 12-28 所示。

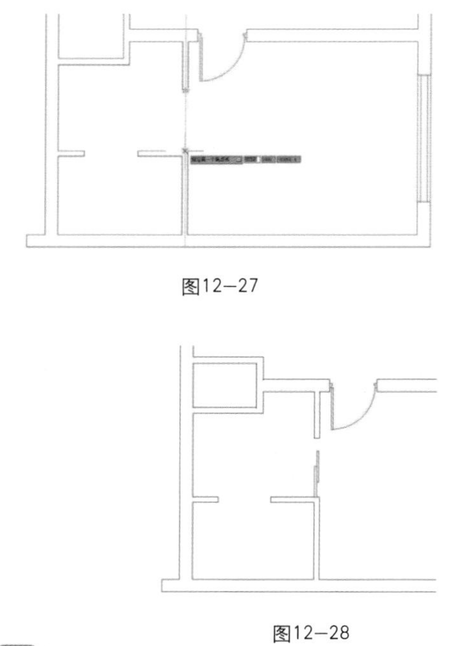

图12-27

图12-28

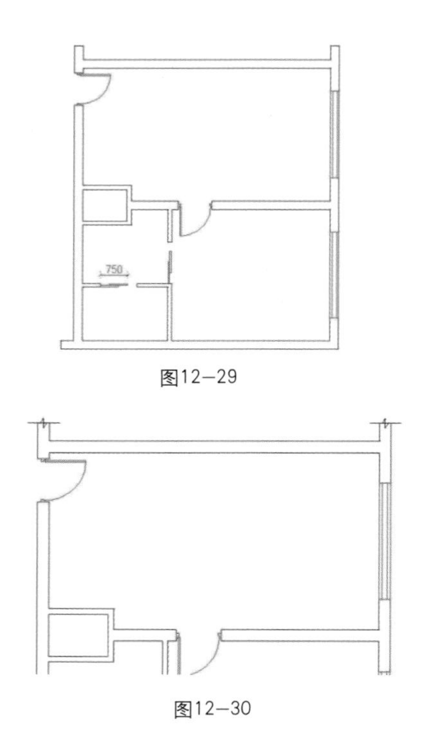

图12-29

图12-30

**09** 重复执行“矩形”命令，配合中点捕捉功能绘制下侧的推拉门轮廓线，效果如图 12-29 所示。

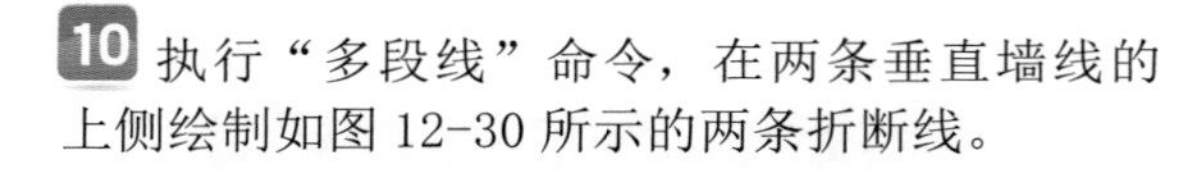

**10** 执行“多段线”命令，在两条垂直墙线的上侧绘制如图 12-30 所示的两条折断线。

**11** 执行“保存”命令，将图形命名为“宾馆套房墙体图 . dwg”。

## 12.3　绘制宾馆套房平面布置图

**本节主要介绍某宾馆套房平面布置图的具体绘制方法及过程。绘制结果如图 12-31 所示。**

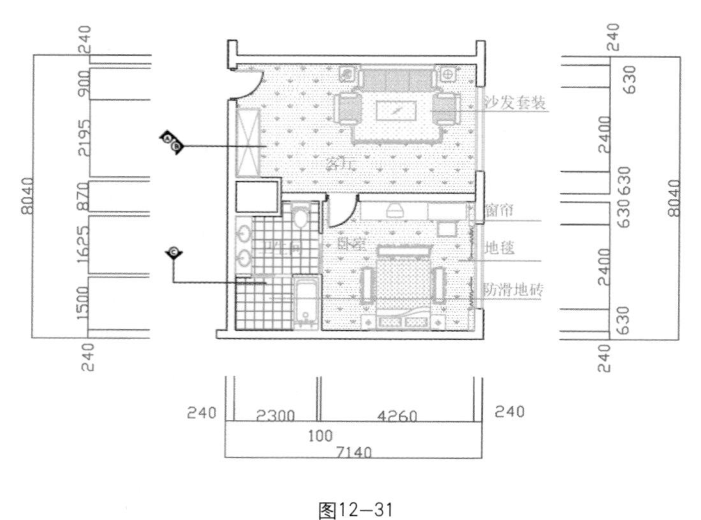


图12-31

## 12.3.1 绘制宾馆套房布置图

**绘制套房门窗的操作步骤如下。**

01 打开上节存储的文件“宾馆套房墙图.dwg”。

02 展开“图层控制”下拉列表，将“家具层”图层设置为当前图层。

03 打开“选择文件”对话框，选择文件“图块文件\双人床 06.dwg”，如图 12-32 所示。

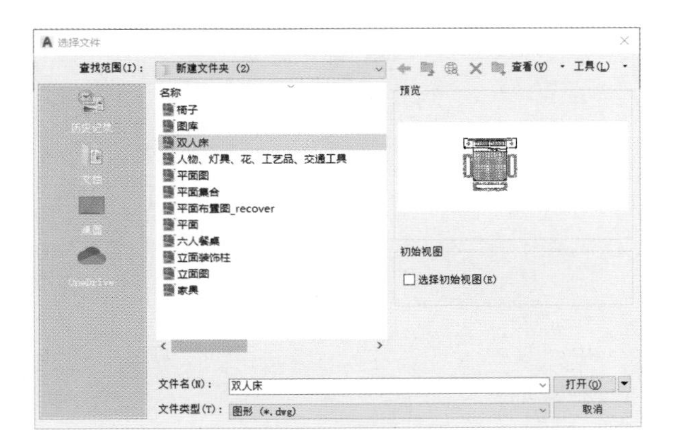

图12-32

04 选择“插入”选项卡，单击“创建”按钮，插入块，如图 12-33 所示，追踪捕捉如图 12-34 所示的端点，将该双人床图块插入到平面图中，效果如图 12-35 所示。

05 选择“默认”选项卡，单击“块”面板中的“插入”按钮，如图 12-36 所示。

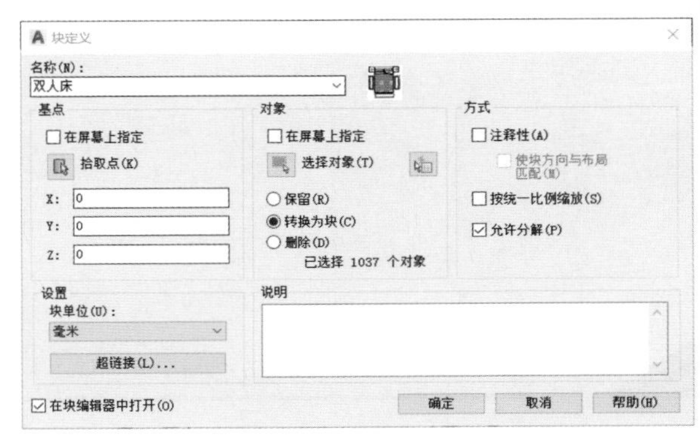

图12-33

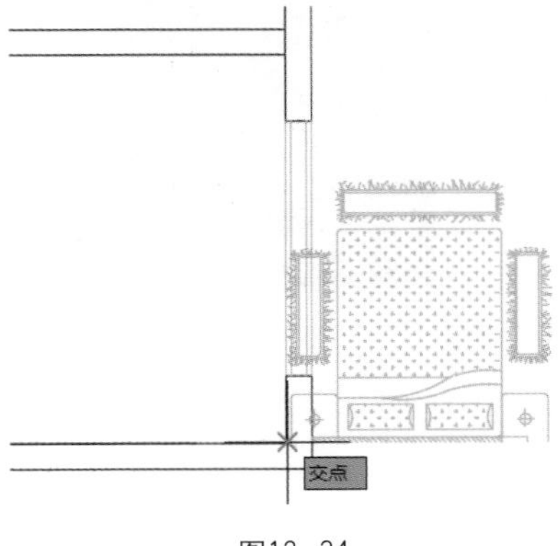


图12-34

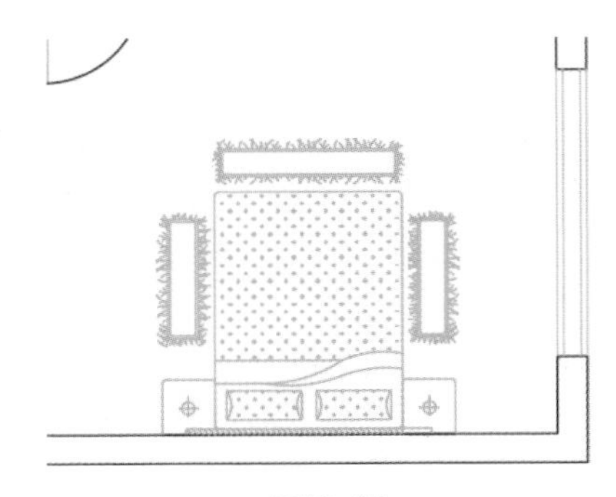

图12-35

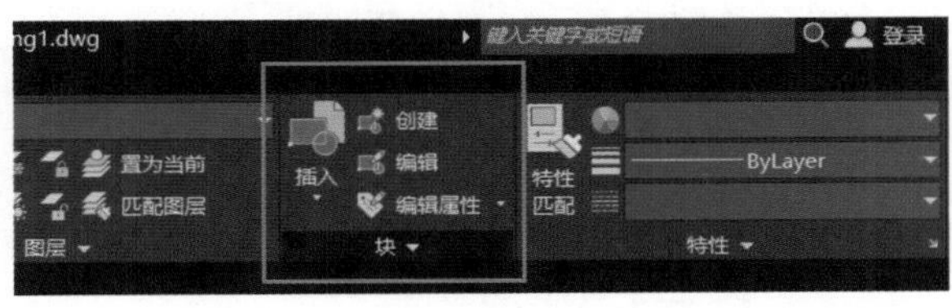


图12-36

06 选择“最近使用的块”命令，在右侧打开相应面板，如图 12-37 所示。

07 选择“最近使用”选项卡，选择合适的家具并将其插入到平面图中，效果如图 12-38 所示。

1 2 3 4 5 6 7 8 9 10 11 12

图12—37

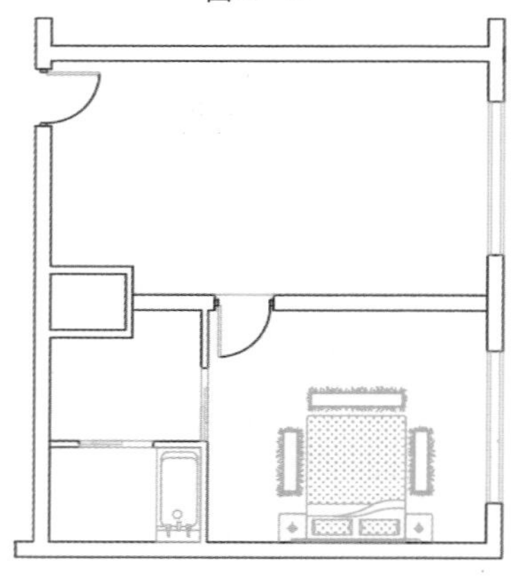

图12—38

**08** 参照步骤 3 ～步骤 7，综合使用“块”和“插入”功能，分别绘制其他房间的布置图，效果如图 12-39 所示。

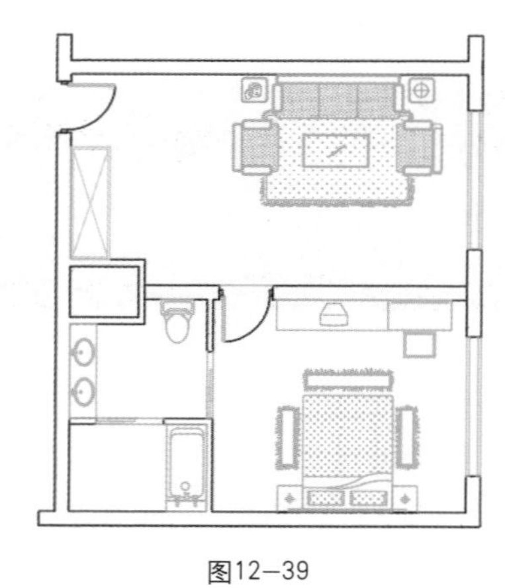

图12—39

**09** 选择“修改”→“镜像”菜单命令，选择如图 12-40 所示的卧室内装饰柱及窗帘对象进行镜像，效果如图 12-41 所示。

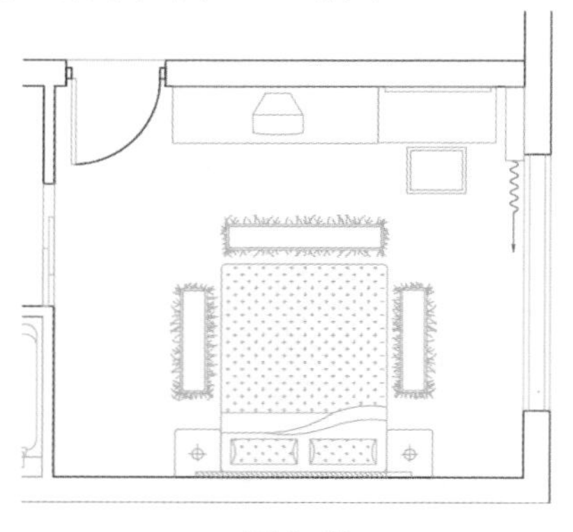

图12—40

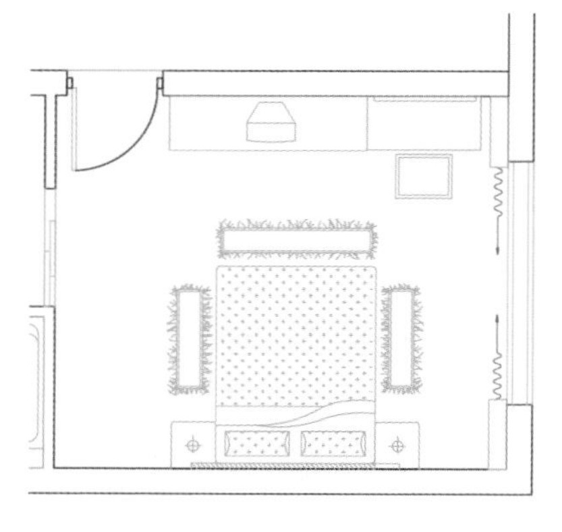

图12—41

## 12.3.2 绘制套房地毯材质图

**绘制套房地毯材质图的具体操作步骤如下。**

**01** 继续上一小节的操作。

**02** 选择“格式”→“图层”菜单命令，在打开的面板中双击“地面层”图层，将其设置为当前层。

**03** 在命令行中输入“L”，激活“直线”命令，配合捕捉功能封闭各位置的门洞，如图 12-42 所示。

**04** 单击“绘图”工具栏上的“图案填充”按钮，在打开的“图案填充创建”选项卡中选择合适的填充图案，如图 12-43 所示。

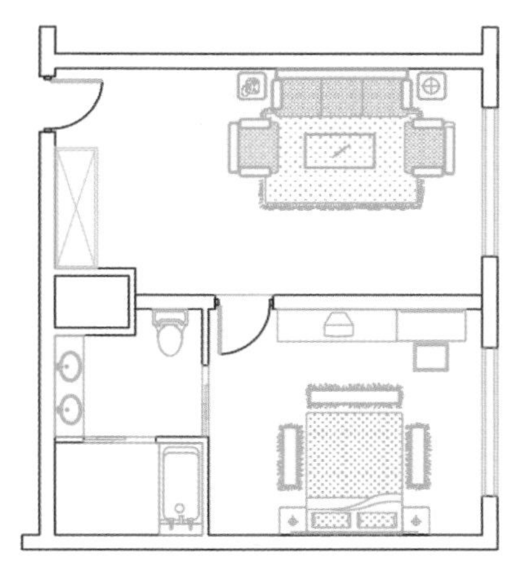

图12—42

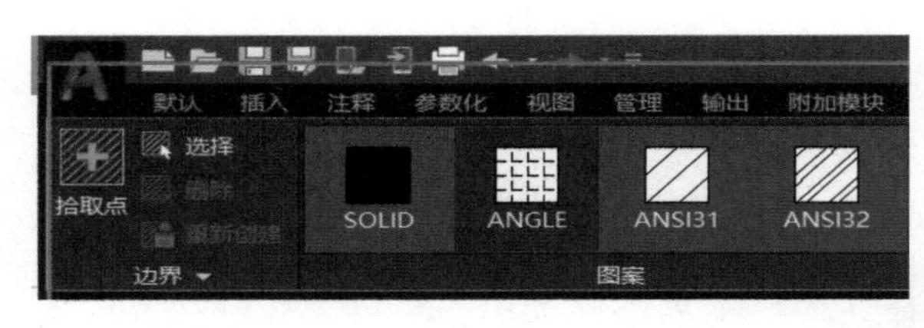


图12—43

**05** 返回绘图区，根据命令行的提示，拾取如图 12-44 所示的填充区域进行图案填充，填充效果如图 12-45 所示。

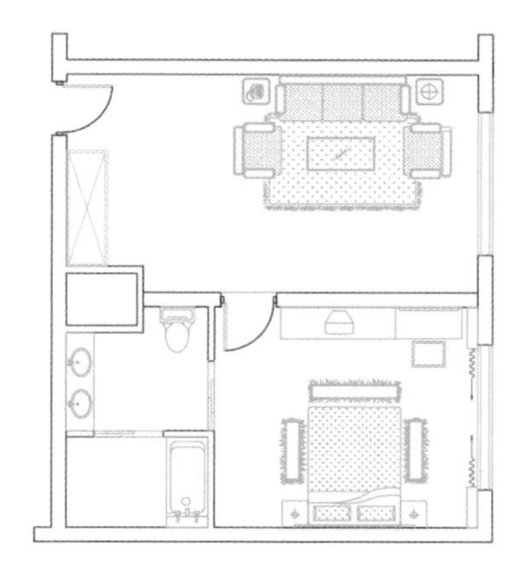

图12—44

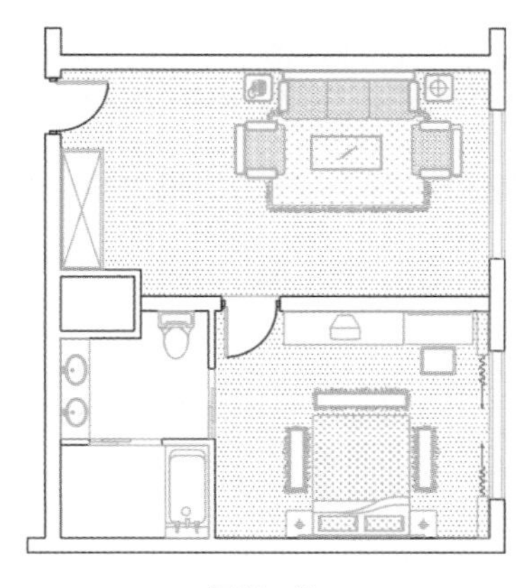

图12—45

**06** 重复执行“填充图案”命令，设置填充图案，如图 12-46 所示，填充后的效果如图 12-47 所示。至此，宾馆套房地毯材质图绘制完毕，下一小节将介绍宾馆套房地砖材质图的绘制过程和技巧。

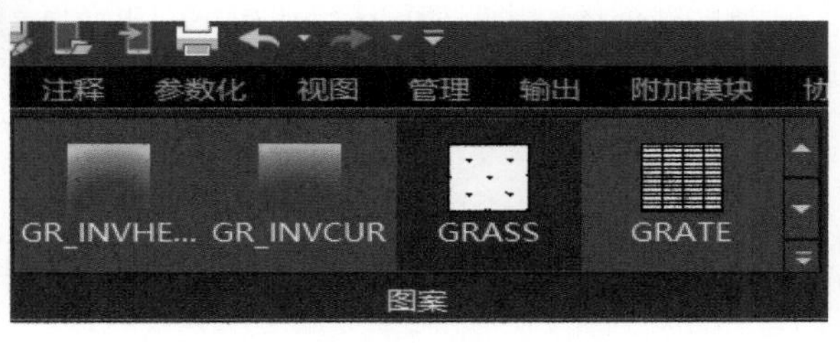


图12—46

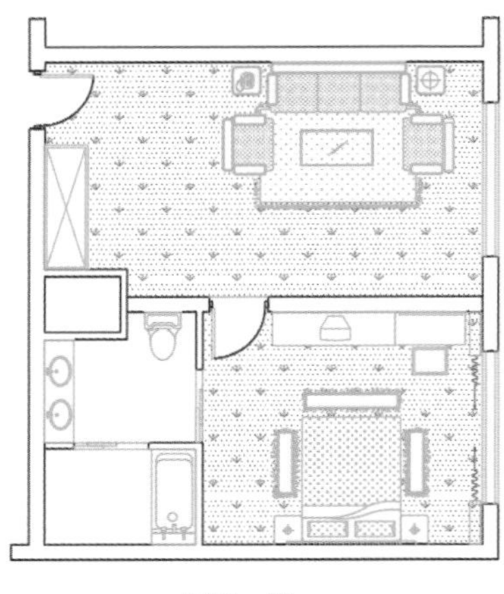

图12—47

## 12.3.3 绘制套房地砖材质图

**绘制套房地砖材质图的具体操作步骤如下。**

01 继续上一小节的操作。

02 在无命令执行的前提下，夹点处的图块如图 12-48 所示。

03 展开“图层控制”下拉列表，冻结“家具层”图层，此时的平面图显示效果如图 12-49 所示。

04 在命令行中输入“H”，执行“图案填充”命令，在打开的“图案填充和渐变色”对话框中设置填充图案，如图 12-50 所示。

05 返回绘图区，拾取如图 12-51 所示的填充区域，为卫生间填充如图 12-52 所示的地砖图案。

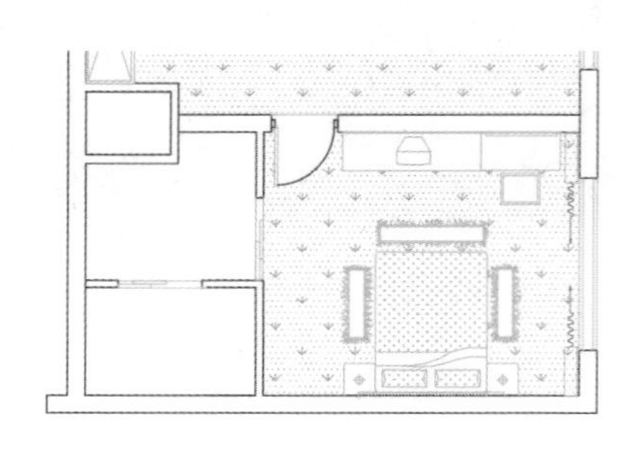

图12—48

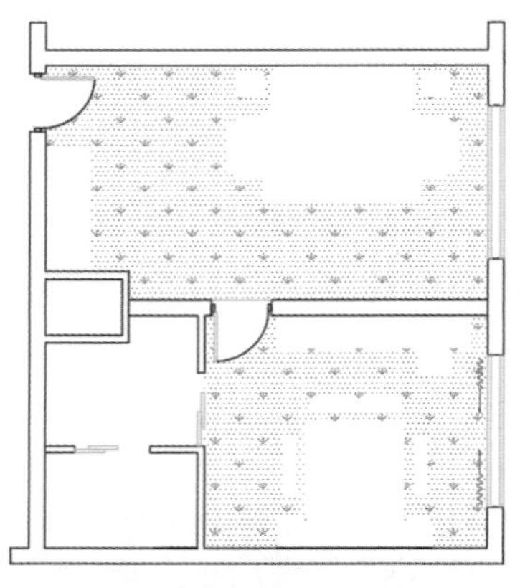

图12—49

图12—50

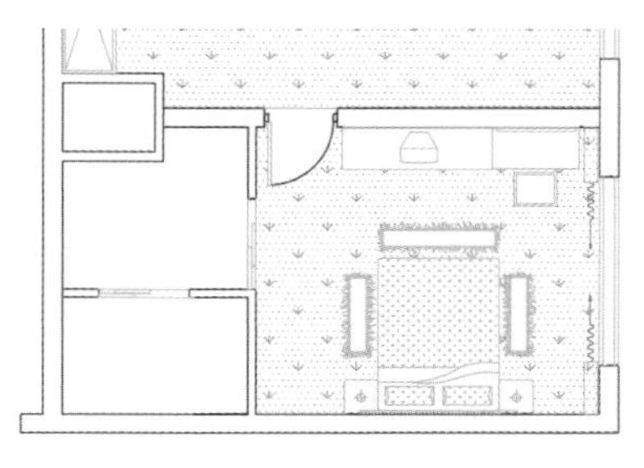

图12－51

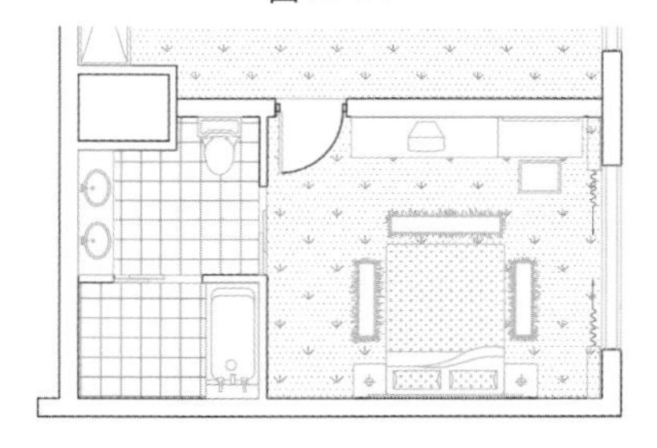

图12－52

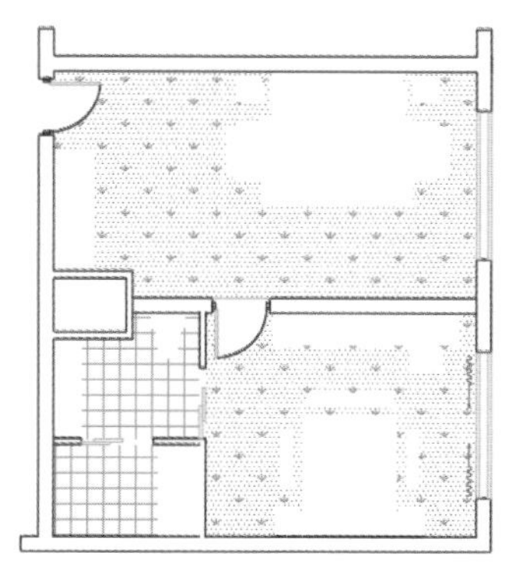

图12－53

**06** 在无命令执行的前提下，夹点处的图块如图 12-53 所示，将其放到“家具层”图层上。

**07** 展开“图层控制”下拉列表，解冻“家具层”图层，此时的显示效果如图 12-54 所示。至此，宾馆套房地砖材质图绘制完毕。下一小节将介绍宾馆套房布置图尺寸的标注过程和技巧。

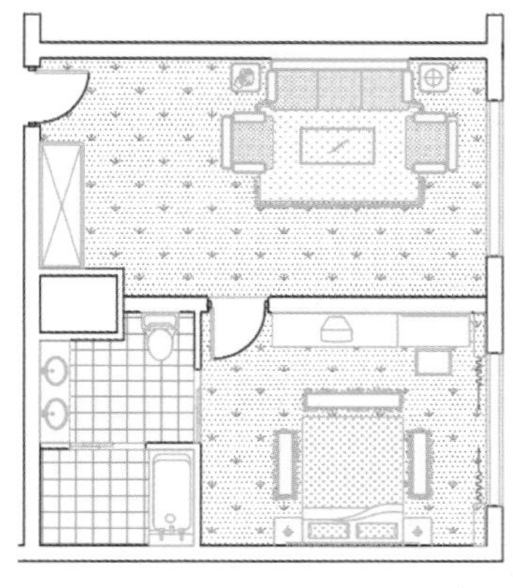

图12－54

## 12.3.4 标注套房布置图尺寸

**标注套房布置图尺寸的具体操作步骤如下。**

**01** 继续上一小节的操作。

**02** 展开“图层控制”下拉列表，选择“尺寸层”图层，将其设置为当前图层。

**03** 选择“标注”→“注释”菜单命令，设置“建筑标注”为当前样式，如图 12-55 所示。

**04** 单击“标注”工具栏上的按钮，在“指定第一条延伸线原点或 <选择对象>:”的提示下，配合捕捉与追踪功能，捕捉如图 12-56 所示的交点作为第一条延伸线的起点。

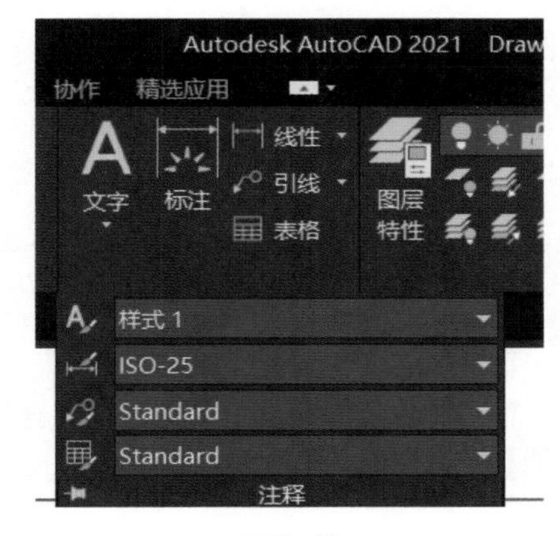


图12－55

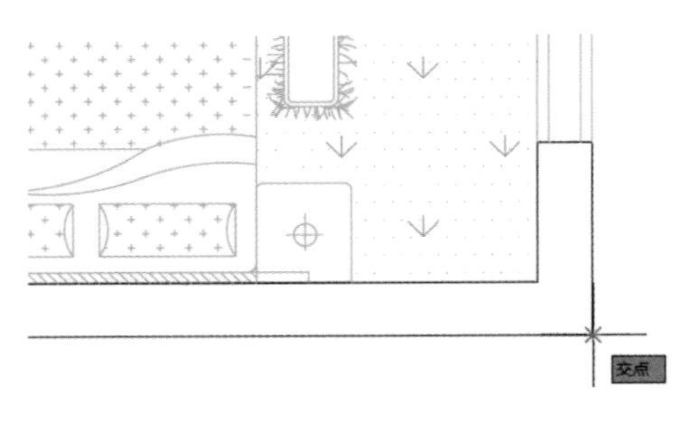


图12—56

**05** 在“指定第二条延伸线原点 :”的提示下，捕捉如图 12-57 所示的端点。

**06** 在“指定尺寸线位置或 [ 多行文字 (M)/ 文字 (T)/ 角度 (A)/ 水平 (H)/ 垂直 (V)/ 旋转 (R)]:”的提示下，在适当位置指定尺寸线位置，标注效果如图 12-58 所示。

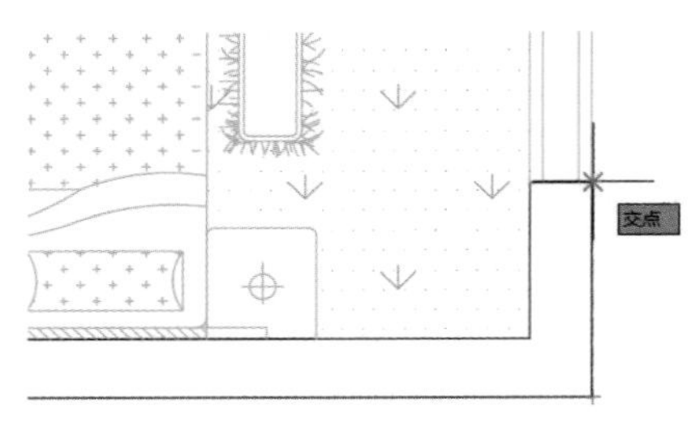


图12—57

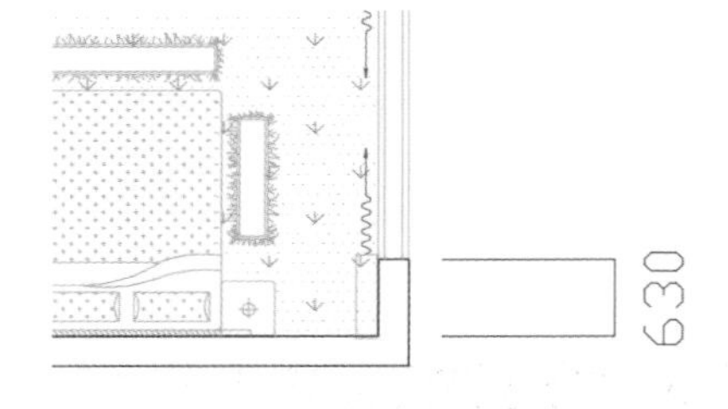


图12—58

**07** 单击“标注”工具栏上的按钮，激活“连续”命令，系统自动以刚标注的线型尺寸作为连续标注的第一条延伸线，标注效果如图 12-59 所示，将连续尺寸作为细部尺寸。

**08** 单击“标注”工具栏上的按钮，配合端点捕捉功能标注房间的总尺寸，效果如图 12-60 所示。

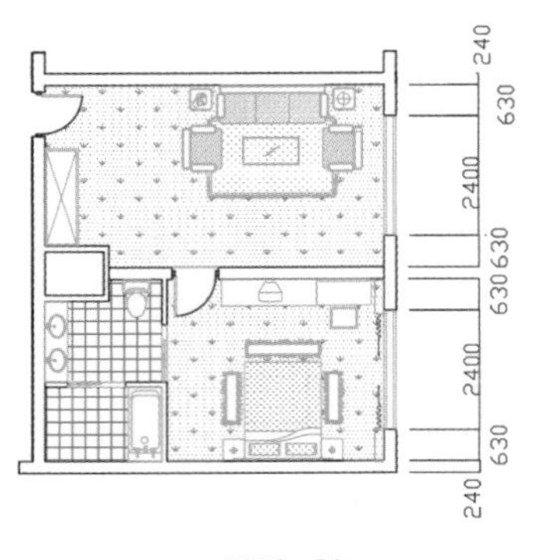


图12—59

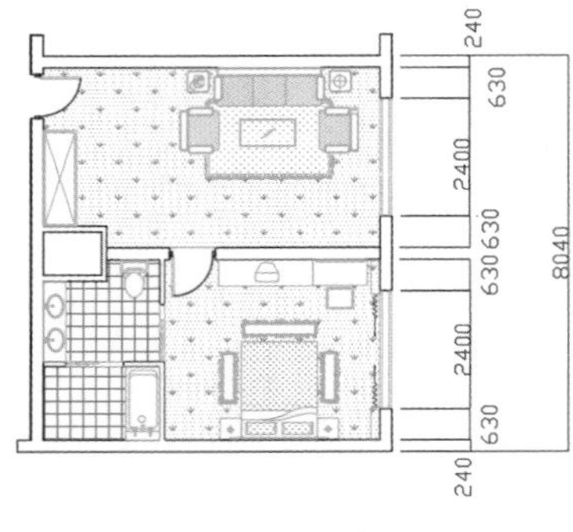


图12—60

**09** 选择“编辑”→“标注文字”菜单命令，适当调整尺寸文字的位置，效果如图 12-61 所示。

**10** 参照上述操作，综合使用“线性”“连续”“编辑标注文字”命令，标注其他侧的尺寸，效果如图 12-62 所示。至此，宾馆套房布置图尺寸标注完毕，下一小节为套房布置图标注文字注释与墙面投影符号。

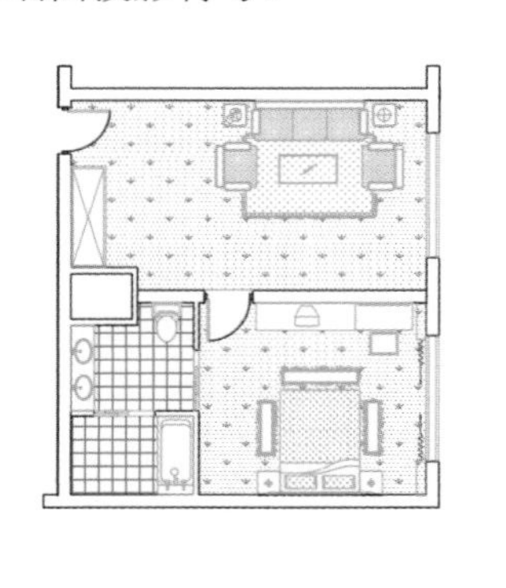
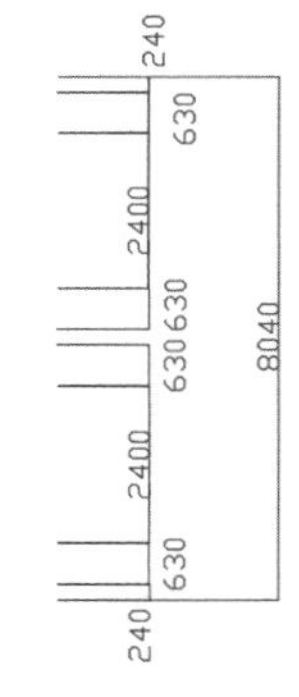


图12—61

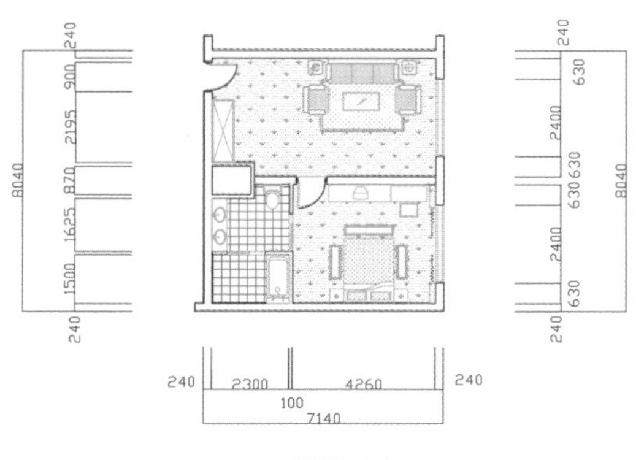


图12-62

## 12.3.5 标注布置图文字与投影

**标注布置图文字与投影的具体操作步骤如下。**

**01** 继续上一小节的操作。

**02** 展开"图层控制"下拉列表，关闭"尺寸层"，然后将"文本层"设置为当前图层。

**03** 展开"文字样式控制"下拉列表，设置文字样式为"仿宋体"。

**04** 暂时关闭对象捕捉功能，然后在命令行中输入"L"，激活"直线"命令，绘制如图 12-63 所示的文字指示线。

**05** 在命令行中输入"DT"，激活"单行文字"命令，设置字高为 200，标注如图 12-64 所示的文字注释。

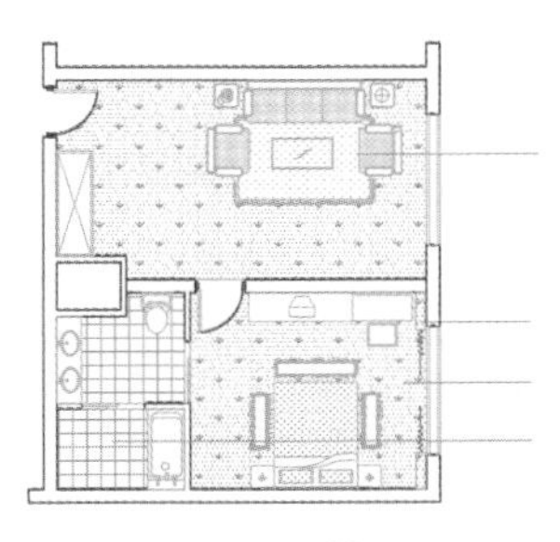

图12-63

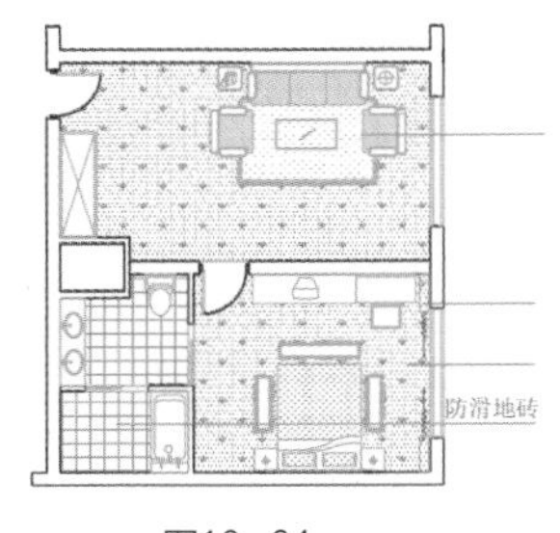


图12-64

**06** 重复执行"单行文字"命令，按照当前的参数设置，分别标注其他位置的文字注释，效果如图 12-65 所示。

**07** 在地毯填充图案上右击，在弹出的快捷菜单中选择"图案填充编辑"命令。

**08** 在打开的"图案填充创建"选项卡中单击"选择"按钮，如图 12-66 所示。

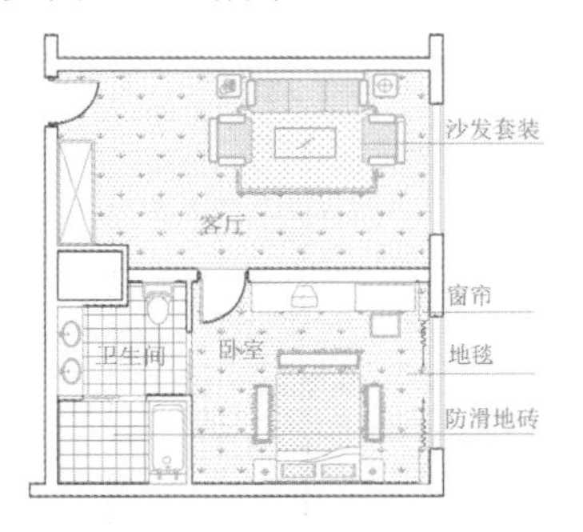


图12-65

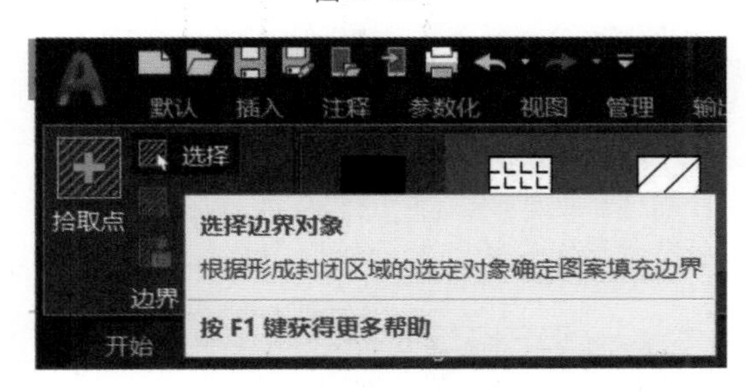


图12-66

09 返回绘图区，在“选择对象或［拾取内部点(K)/删除边界(B)］:”的提示下，选择“套房客厅”和“套房卧室”文字对象，如图12-67所示。

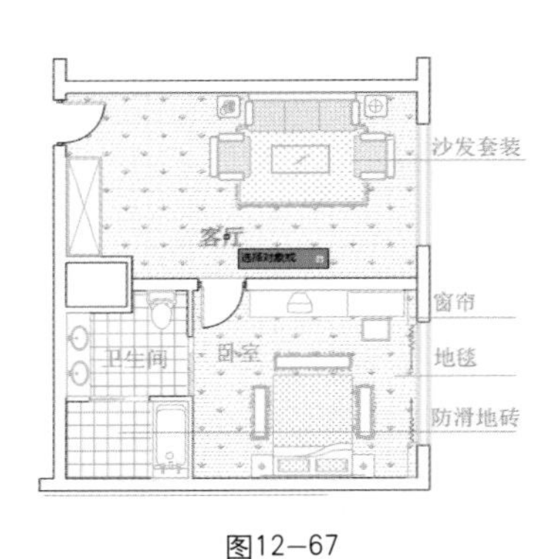


图12-67

10 按Enter键，文字后面的填充图案被删除，效果如图12-68所示。

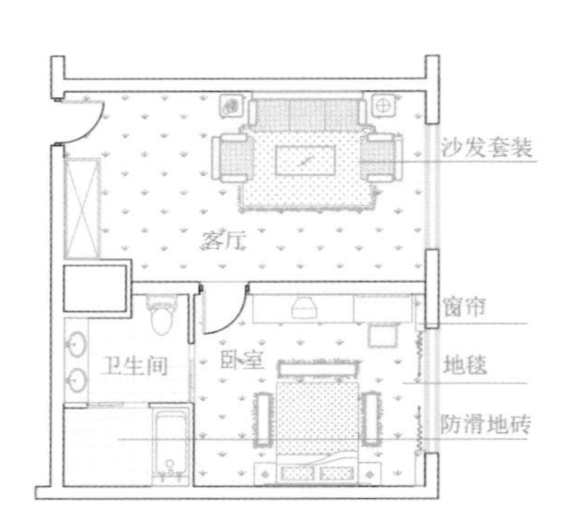


图12-68

11 参照步骤7～步骤10的操作，分别修改其他填充图案，效果如图12-69所示。

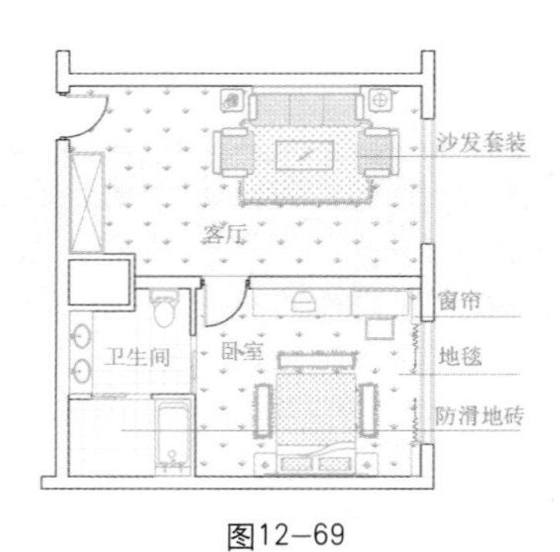


图12-69

12 展开“图层控制”下拉列表，关闭“文本层”，然后设置“其他层”为当前图层。

13 在命令行中输入“L”，执行“直线”命令，绘制如图12-70所示的墙面投影指示线。

14 使用“插入块”命令插入文件“图块文件\投影符号.dwg”，调整到合适大小，如图12-70所示。

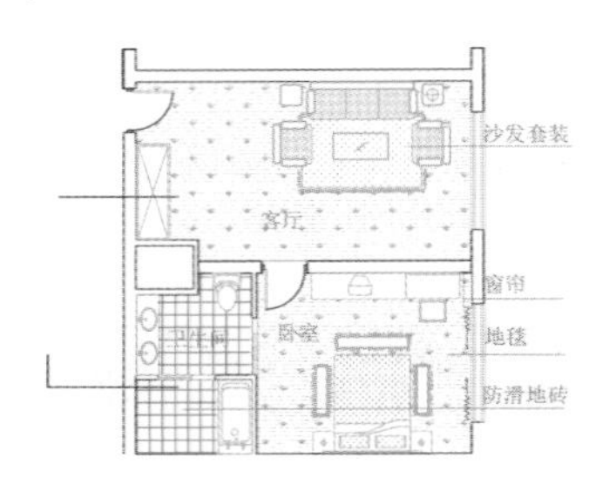


图12-70

15 使用“复制”“旋转”“移动”及“编辑属性”等命令，将插入的单面投影符号编辑成如图12-71所示的状态。

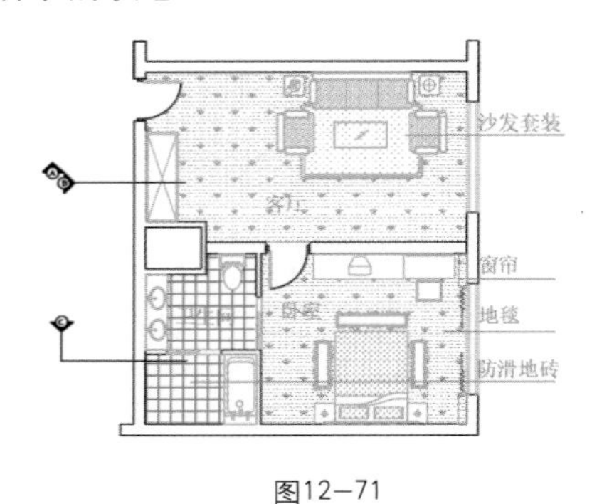


图12-71

16 打开被关闭的“文本层”和“尺寸层”，效果如图12-72所示。

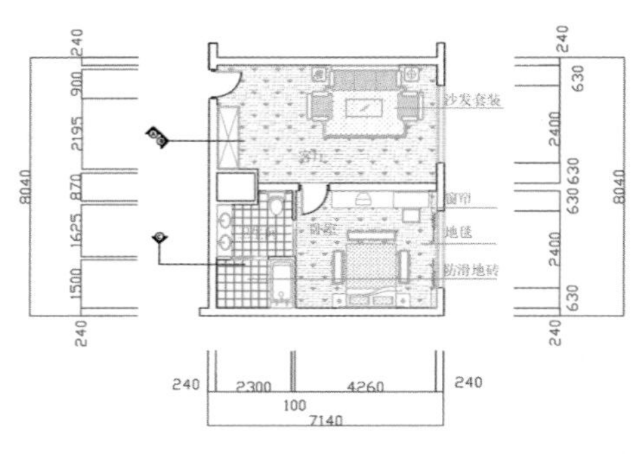


图12-72

**17** 使用“移动”命令调整尺寸的位置。

**18** 执行“另存为”命令，将图形存储为“宾馆套房布置图.dwg”。

# 12.4 绘制宾馆套房天花装修图

**本节主要介绍宾馆套房天花装修图的绘制方法和具体绘制过程。宾馆套房天花图的最终绘制效果如图 12-73 所示。**

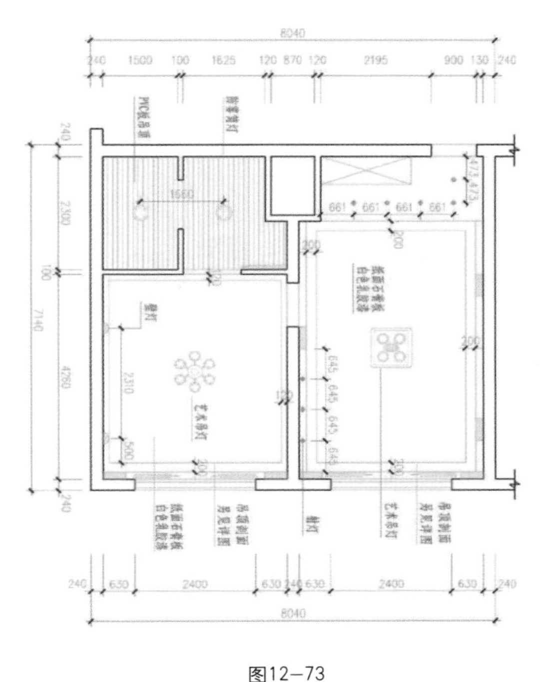

图12—73

## 12.4.1 绘制宾馆套房天花图

**绘制宾馆套房天花图的具体操作步骤如下。**

**01** 打开上节保存的文件“宾馆套房布置图.dwg”。

**02** 选择“格式”→“图层”菜单命令，在打开的面板中双击“吊顶层”，将该图层设置为当前图层。

**03** 综合使用“分解”和“删除”命令，删除与当前无关的图形对象，效果如图 12-74 所示。

**04** 在无命令执行的前提下，夹点处显示如图 12-75 所示的柱、柜、窗、窗帘等结构。

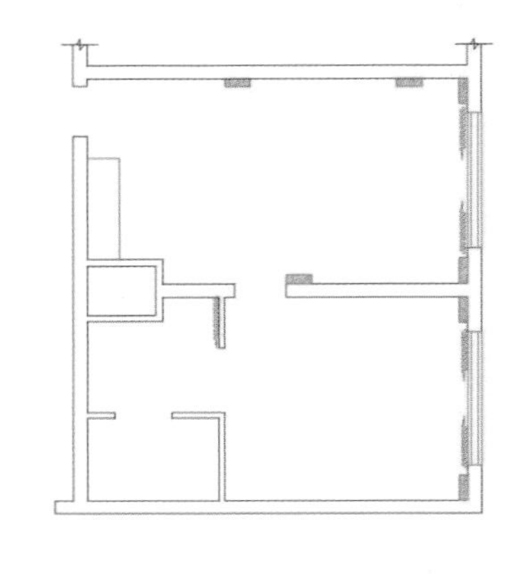

图12—74

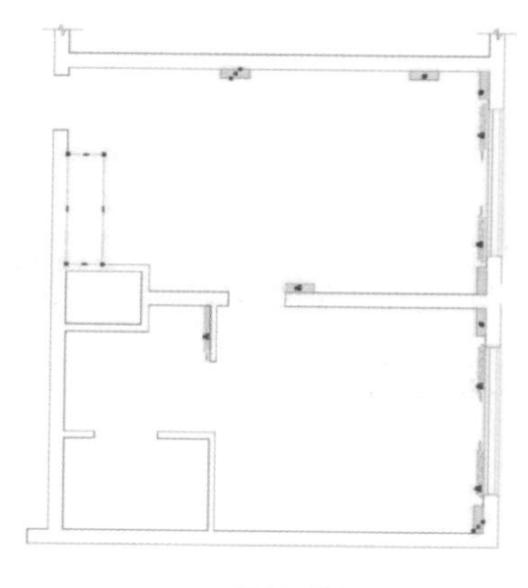

图12-75

**05** 展开“图层控制”下拉列表，将刚选择的图形放置到“吊顶层”上，并取消对象的夹点显示，效果如图 12-76 所示。

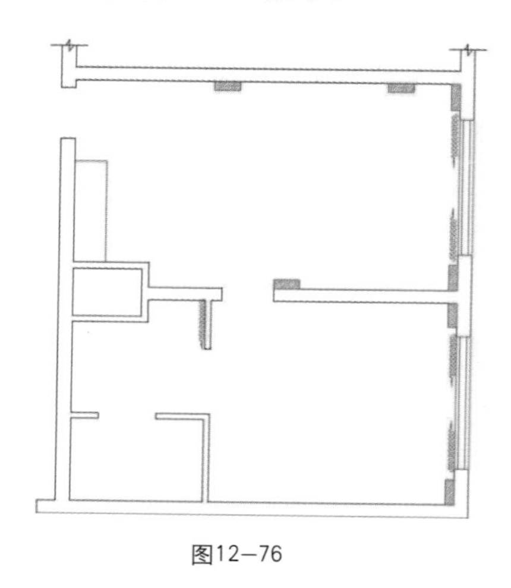

图12-76

**06** 在命令行中输入“L”，执行“直线”命令，配合端点捕捉功能绘制门洞和柜子位置的轮廓线，效果如图 12-77 所示。

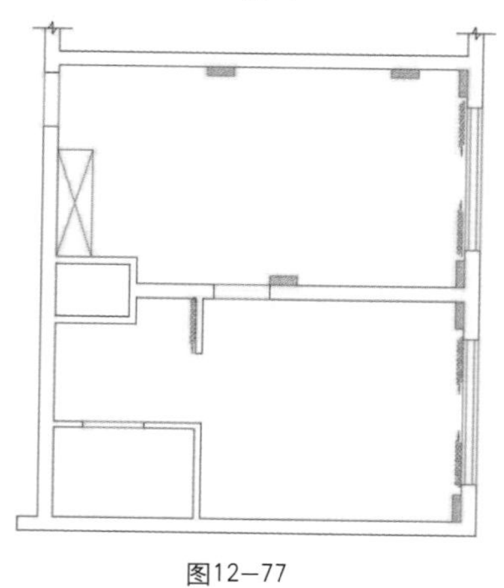

图12-77

**07** 在命令行中输入“L”，执行“直线”命令，配合捕捉与追踪功能在客厅天花内绘制如图 12-78 所示的轮廓线。

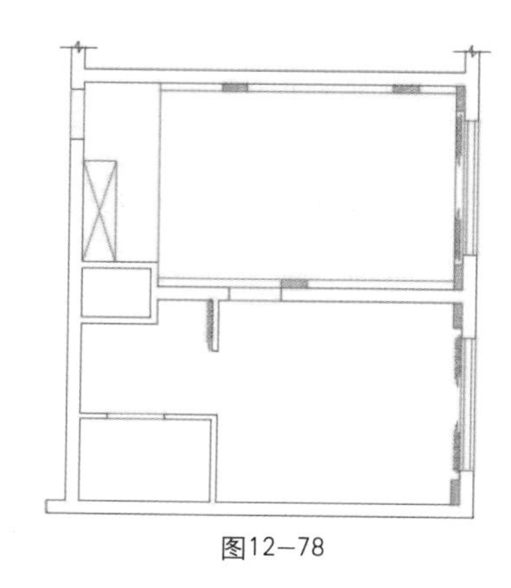

图12-78

**08** 在命令行中输入“O”，执行“偏移”命令，将 4 条轮廓线分别向内偏移 200 个单位，效果如图 12-79 所示。

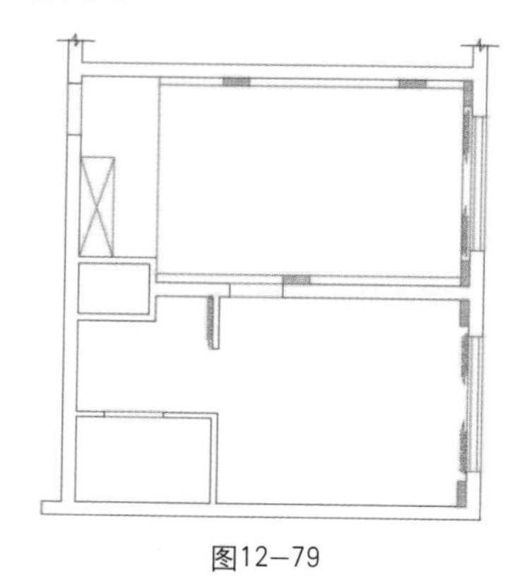

图12-79

**09** 选择“修改”→“圆角”菜单命令，设置圆角半径为0，对偏移出的 4 个图形进行圆角编辑，效果如图 12-80 所示。

**10** 执行“矩形”命令，配合“捕捉自”功能，在套房卧室内绘制如图 12-81 所示的矩形吊顶轮廓线。

**11** 在命令行中输入"H",执行"图案填充"命令,设置填充图案,如图 12-82 所示,填充效果如图 12-83 所示。至此,宾馆套房天花吊顶图绘制完毕,下一小节将介绍套房天花灯具图的绘制过程和技巧。

图12-82

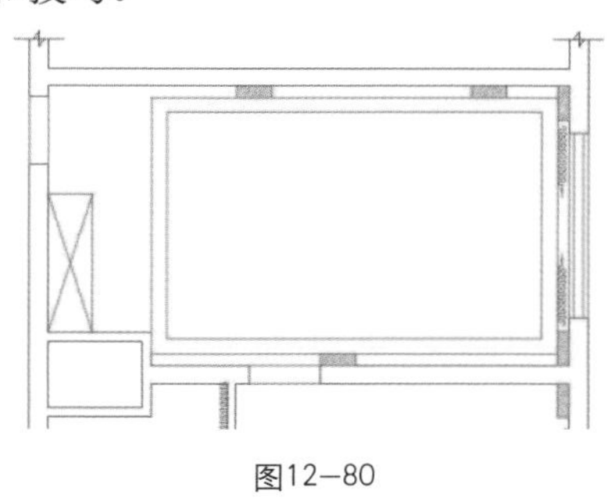

图12-80

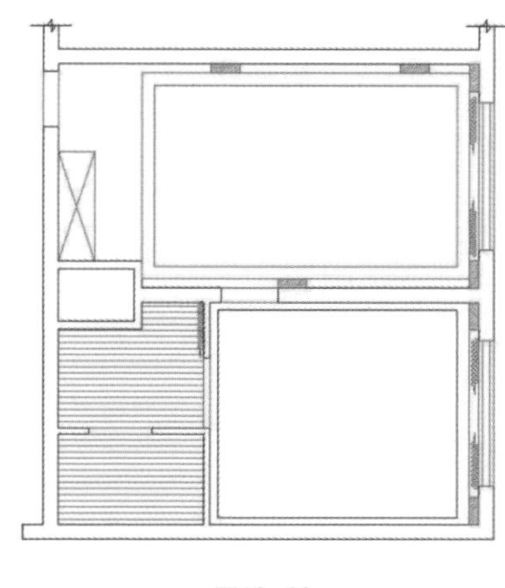

图12-83

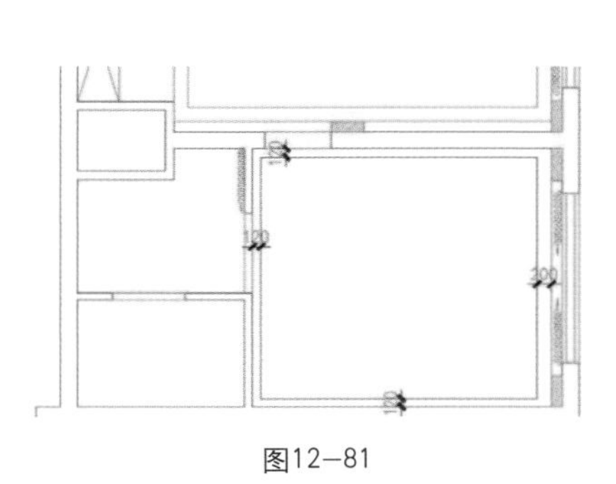

图12-81

## 12.4.2 绘制宾馆套房灯具图

**绘制宾馆套房灯具图的具体操作步骤如下。**

**01** 继续上一小节的操作。

**02** 单击"绘图"工具栏上的按钮,配合捕捉与追踪功能,采用默认参数,插入文件"图块文件\艺术吊顶 05.dwg",插入点为如图 12-84 所示的追踪虚线的交点,插入效果如图 12-85 所示。

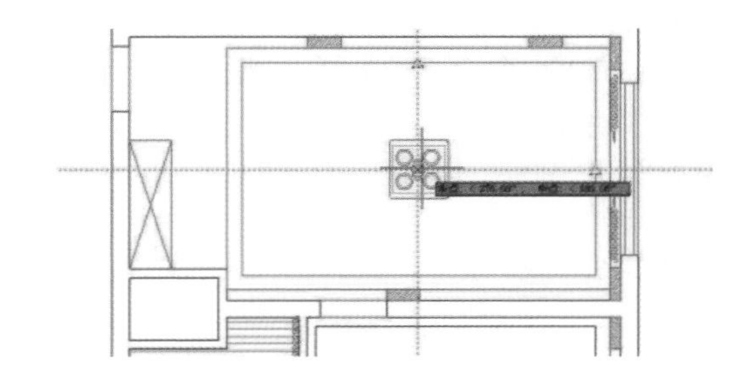

图12-84

**03** 重复"插入块"命令,配合捕捉与追踪功能,采用默认参数,插入文件"图块文件\艺术吊顶 06.dwg",插入点为如图 12-86 所示的追踪虚线的交点,插入效果如图 12-87 所示。

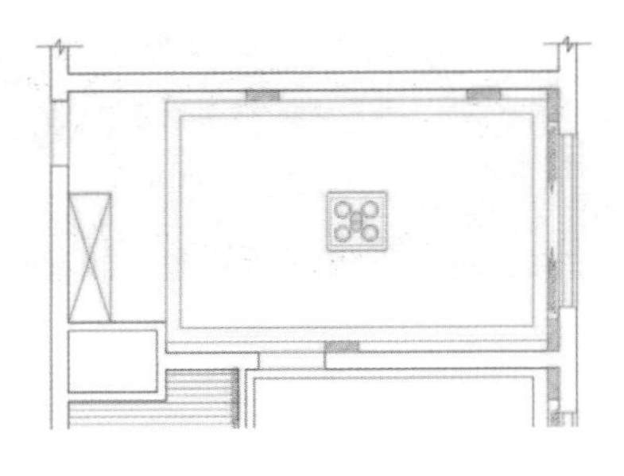

图12—85

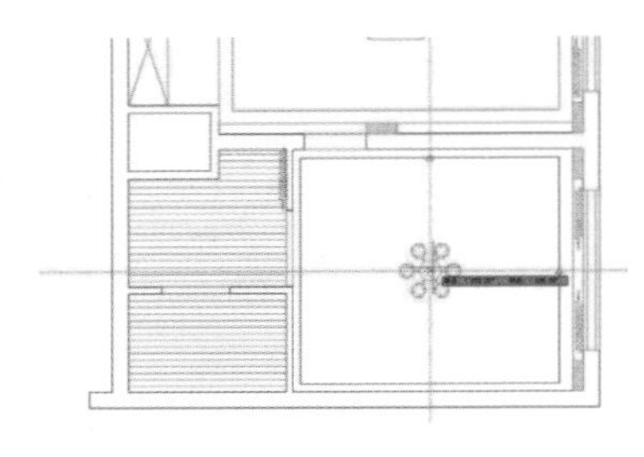

图12—86

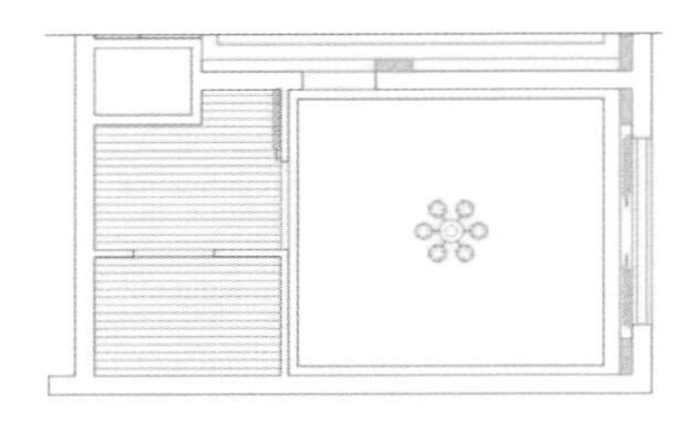

图12—87

**04** 重复执行“插入块”命令，插入文件“图块文件\壁灯.dwg”，如图12-88所示，插入效果如图12-89所示。

**05** 选择“修改”→“复制”菜单命令，将刚插入的壁灯图块在水平向左2 310个单位的位置复制，效果如图12-90所示。

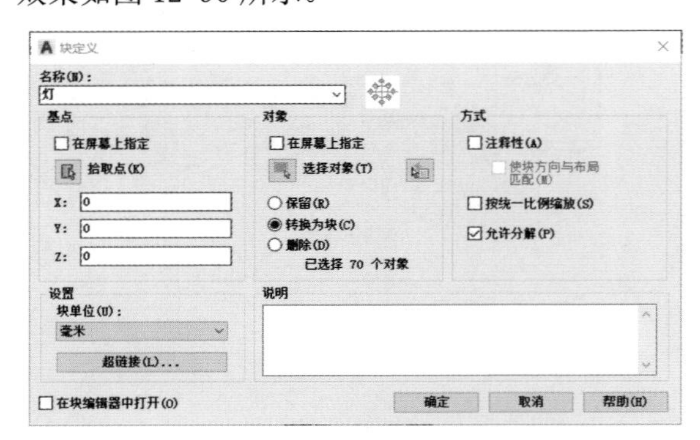


图12—88

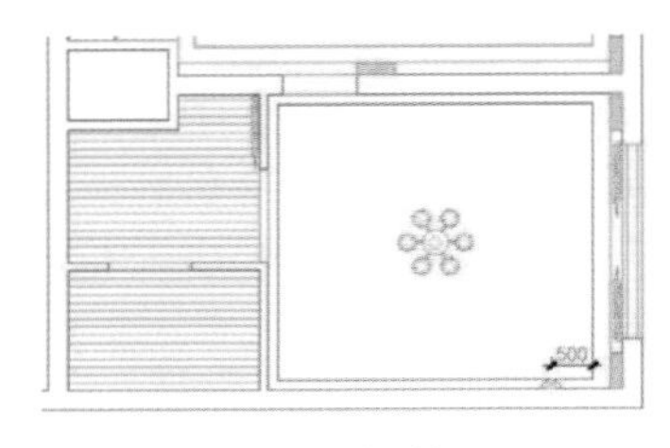

图12—89

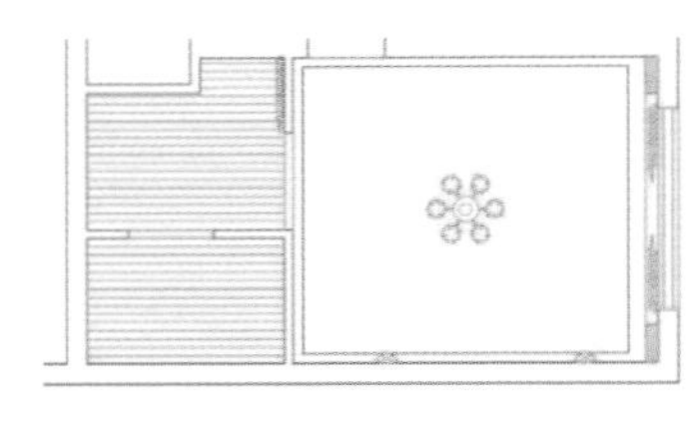

图12—90

**06** 重复执行“插入块”命令，配合捕捉与追踪功能，采用默认参数，插入文件“图块文件\防雾筒灯01.dwg”，插入点为如图12-91所示的追踪虚线的交点，插入效果如图12-92所示。

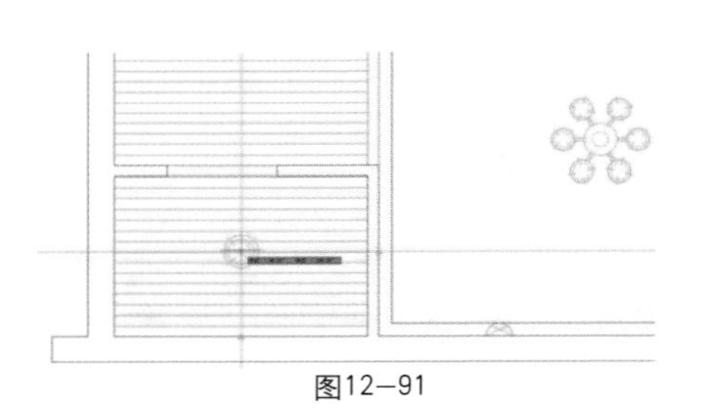

图12—91

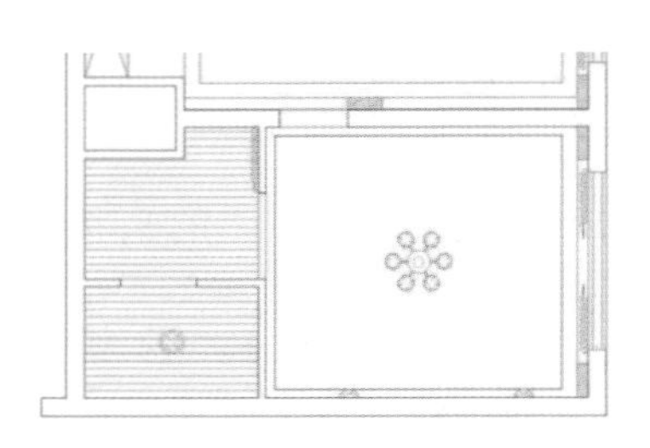

图12—92

**07** 选择“修改”→“复制”菜单命令，将刚插入的防雾灯具图块向垂直往上1 660个单位的位置复制，效果如图12-93所示。

**08** 修改当前颜色为红色，然后使用“直线”命令绘制如图12-94所示的辅助线。

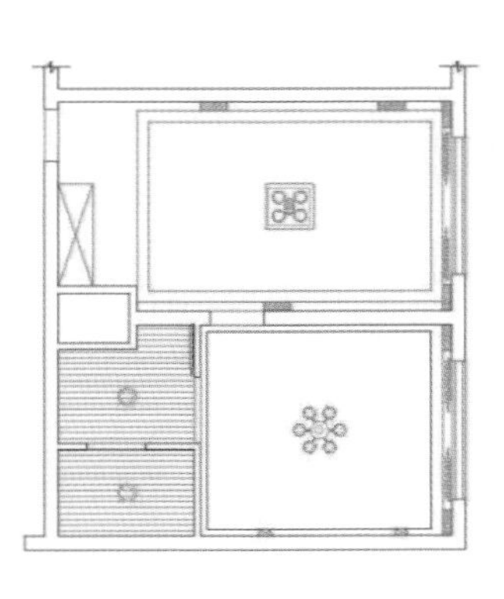

图12—93

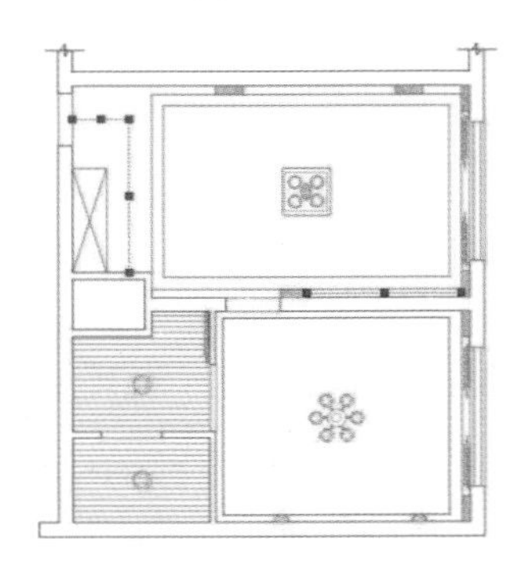

图12—94

**09** 选择“格式”→“点样式”菜单命令，在打开的“点样式”对话框中设置点样式及大小，如图 12-95 所示。

**10** 执行“定数等分”命令，将辅助线等分，效果如图 12-96 所示。

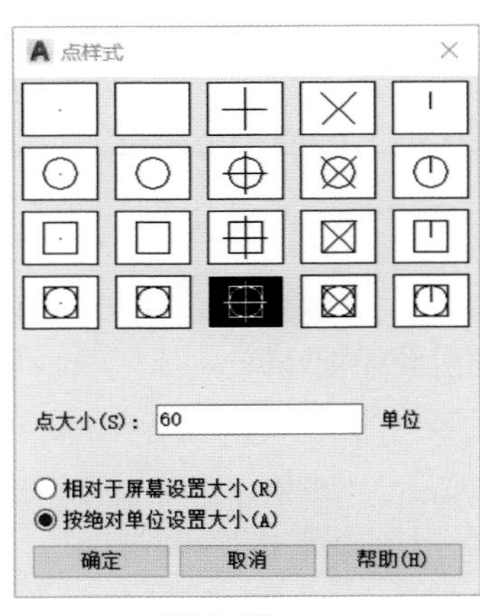


图12—95

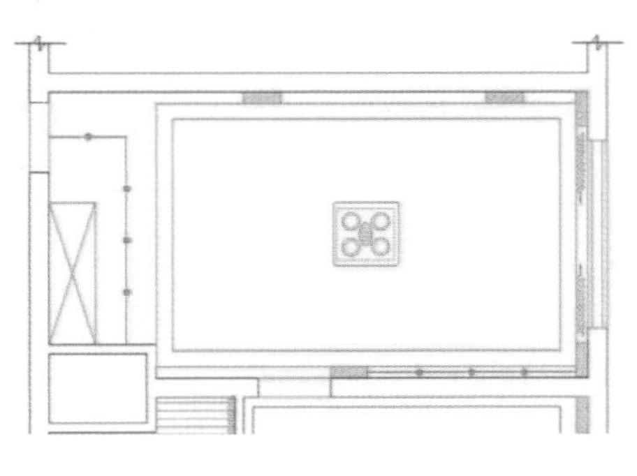

图12—96

**11** 执行“单点”命令，配合端点捕捉功能绘制如图 12-97 所示的单点，作为射灯。

**12** 在命令行中输入“E”，执行“删除”命令，删除 3 条定位辅助线，效果如图 12-98 所示。至此，宾馆套房天花灯具图绘制完毕。下一小节将介绍宾馆套房天花图尺寸的具体标注过程和技巧。

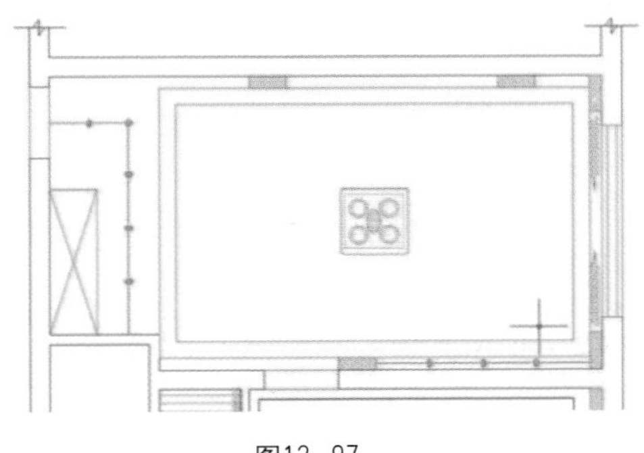

图12—97

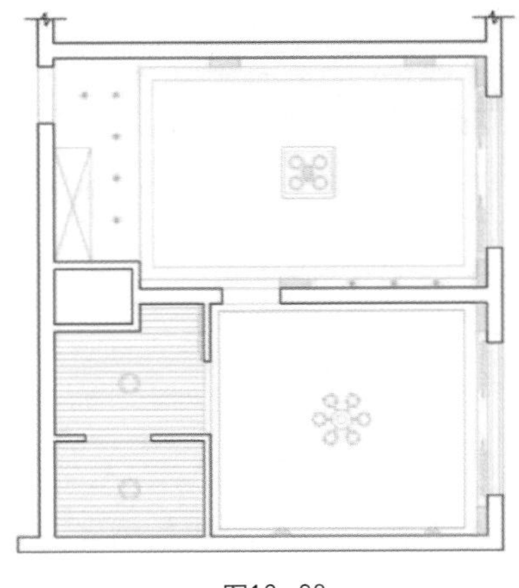

图12—98

## 12.4.3 标注套房天花图尺寸

**标注套房天花图尺寸的具体操作步骤如下。**

01 继续上一小节的操作。

02 展开"图层控制"下拉列表，解冻"尺寸层"，并将其设置为当前图层，此时图形的显示效果如图 12-99 所示。

03 选择"标注"→"线性"菜单命令，配合端点捕捉和节点捕捉功能标注如图 12-100 所示的尺寸。

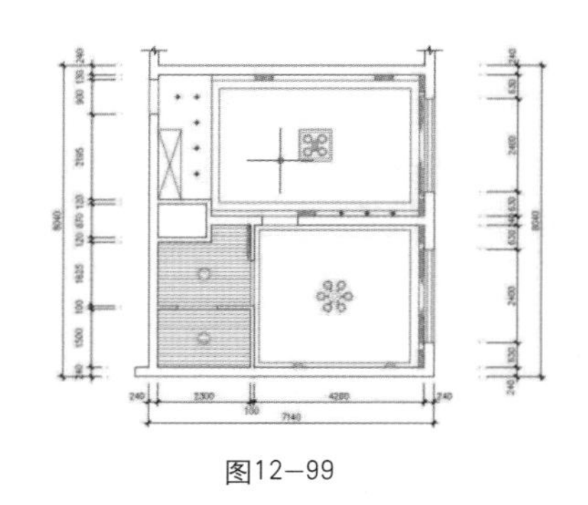

图12—99

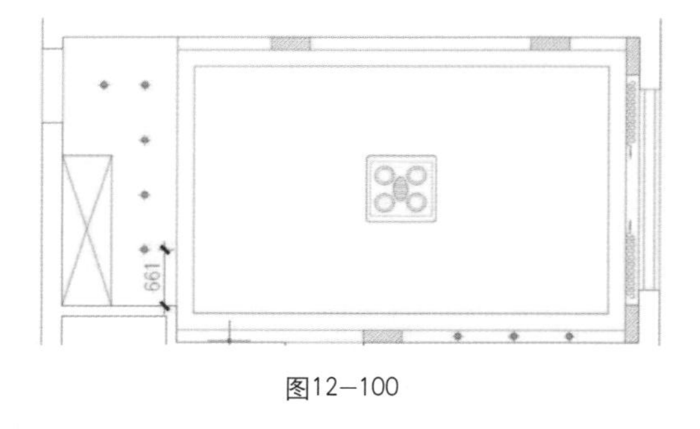

图12—100

04 单击"标准"工具栏上的"团"按钮，配合节点捕捉功能标注如图 12-101 所示的连续尺寸。

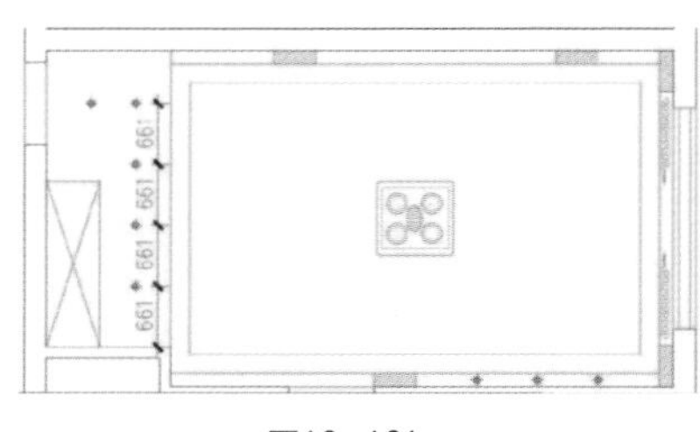

图12—101

05 重复使用"线性"和"连续"命令，配合对象捕捉、极轴追踪功能分别标注其他位置的尺寸，效果如图 12-102 所示。至此，宾馆套房天花图尺寸标注完毕。下一小节将介绍宾馆套房天花图文字的具体标注过程和技巧。

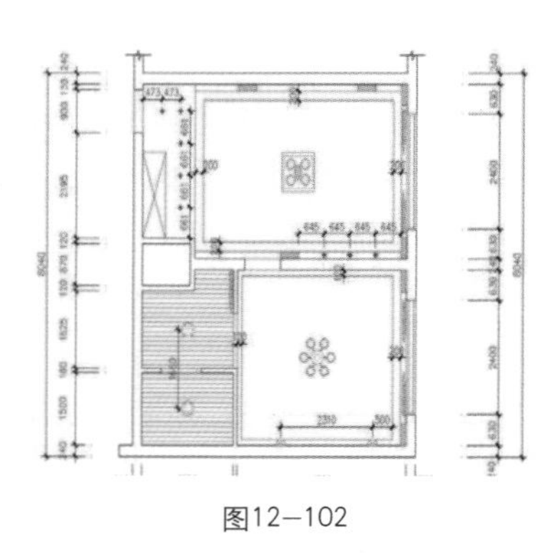

图12—102

## 12.4.4 标注套房天花图文字

**标注套房天花图文字的具体操作步骤如下。**

01 继续上一小节的操作。

02 展开"图层控制"下拉列表，将"文本层"设置为当前图层。

03 展开"文字样式控制"下拉列表，将"仿宋"设置为当前样式。

04 更改当前对象的颜色为 222 号色，然后关闭状态栏上的对象捕捉功能。

05 使用"多段线"或"直线"命令，绘制如图 12-103 所示的直线作为文字注释指示线。

**06** 在命令行中输入“DT”，执行“单行文字”命令，设置字高为200，标注如图12-104所示的文字注释。

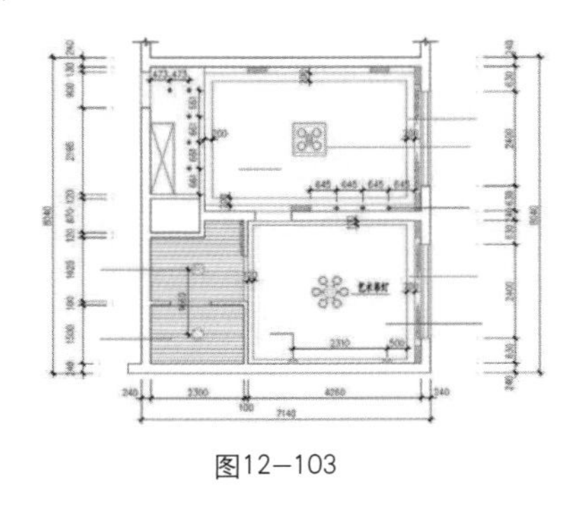

图12—103

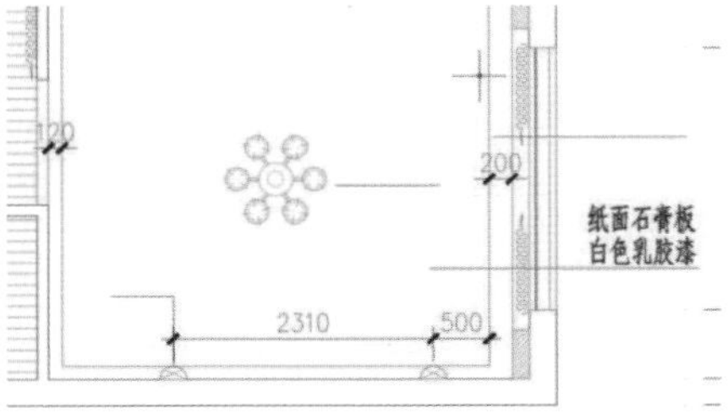

纸面石膏板
白色乳胶漆

图12—104

**07** 在命令行中输入“T”，执行“多行文字”命令，设置字高为200，标注如图12-105所示的文字注释。

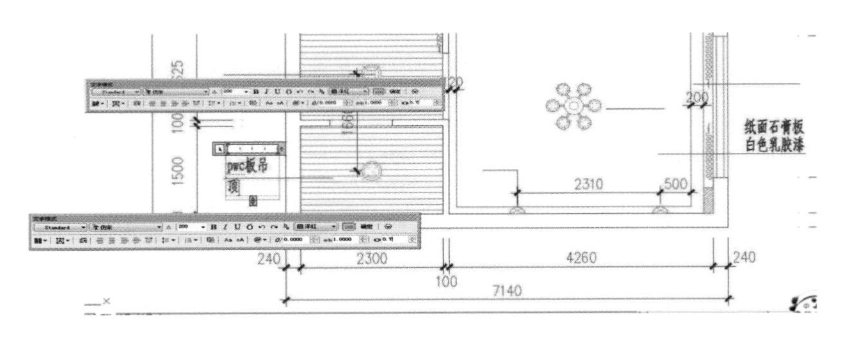


图12—105

**08** 重复执行“单行文字”或“多行文字”命令，按照当前的参数设置，分别标注其他位置的文字注释，标注效果如图12-106所示。

**09** 执行“另存为”命令，将当前图形命名为“宾馆套房天花图.dwg”。

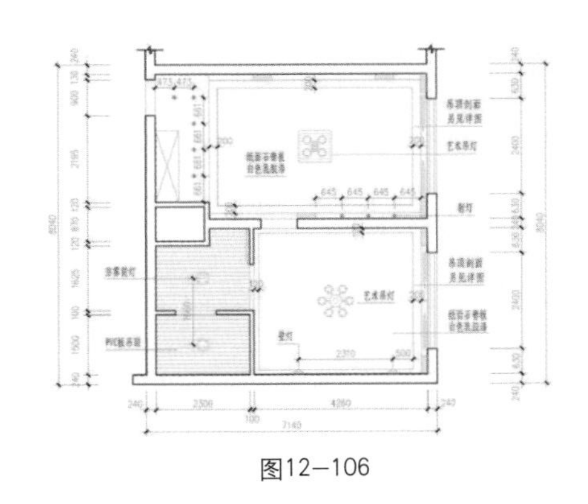

图12—106

# 12.5 绘制宾馆套房客厅A向立面图

本节主要介绍套房客厅A向装饰立面图的具体绘制过程和绘制技巧。套房客厅A向立面图的最终绘制效果如图12-107所示。

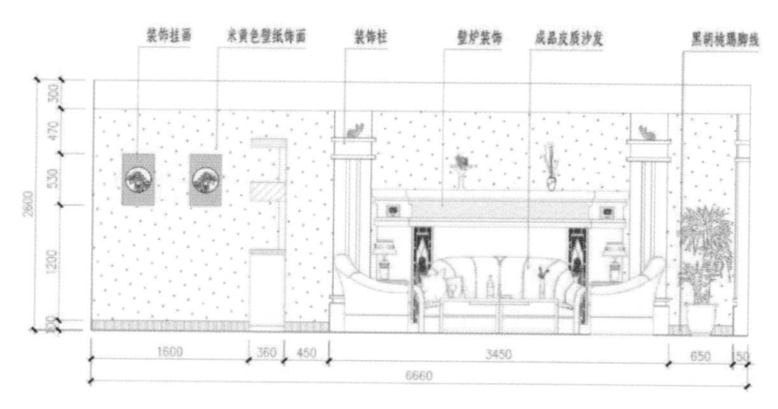


图12—107

## 12.5.1 绘制客厅A向墙面轮廓图

**绘制客厅 A 向墙面轮廓图的具体操作步骤如下。**

**01** 以文件“样板文件 \ 室内设计样板 . dwt”作为基础样板，新建空白文件。

**02** 展开“图层控制”下拉列表，设置“轮廓线”层为当前图层。

**03** 选择“绘图”→“直线”菜单命令，配合坐标输入功能绘制 A 向墙面的外轮廓线，如图 12-108 所示。

**04** 选择“修改”→“偏移”菜单命令，将左侧的垂直边向右偏移，偏移后的效果如图 12-109 所示。

图12—108

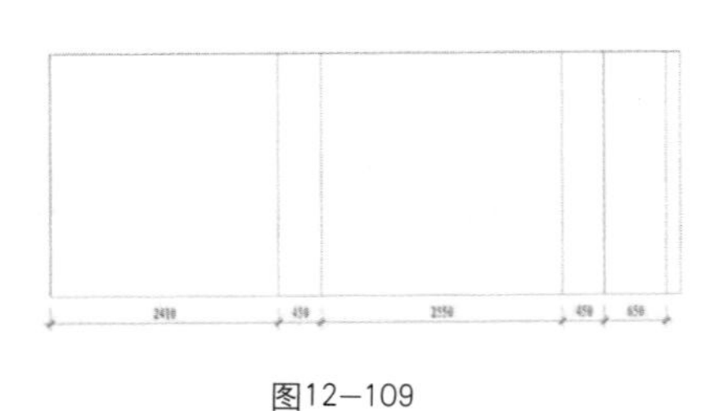

图12—109

**05** 重复执行“偏移”命令，将最上方的水平边向下偏移 300 个单位，将最下方的水平边向上偏移 100 个单位，效果如图 12-110 所示。

**06** 选择“修改”→“修剪”命令，对偏移的各条线进行修剪，效果如图 12-111 所示。

至此，套房客厅 A 向墙面轮廓图绘制完毕。下一小节将介绍 A 向立面构件图的绘制过程和技巧。

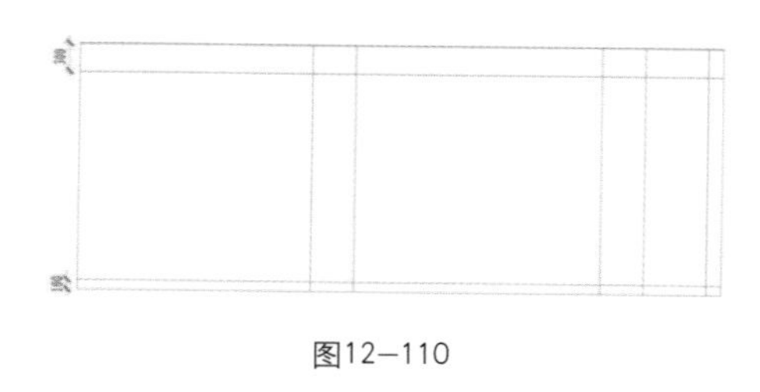

图12—110

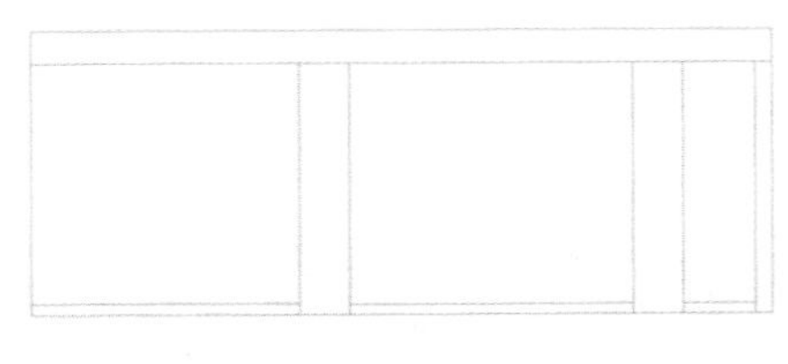

图12—111

## 12.5.2　绘制客厅A向立面构建图

**绘制客厅 A 向立面构建图的具体操作步骤如下。**

**01** 继续上一小节的操作。

**02** 展开“图层控制”下拉列表，将“家具层”设置为当前图层。

**03** 在命令行输入“I”，执行“插入块”命令，选择文件“图块文件 \ 立面装饰柱 . dwg”，如图 12-112 所示。

**04** 返回“插入”对话框，采用默认参数设置，将图块插入到立面图中，插入效果如图 12-113 所示。

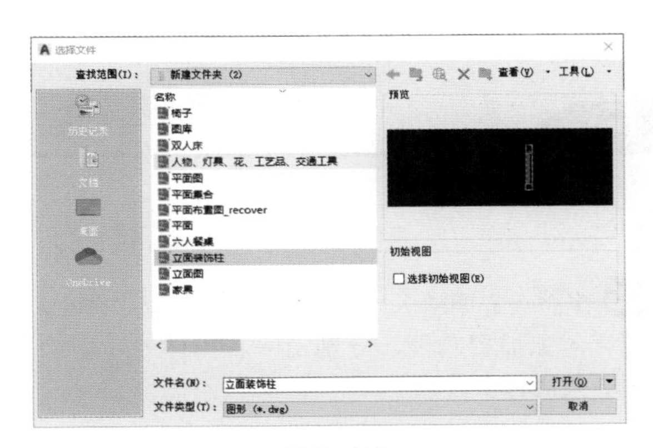


图12—112

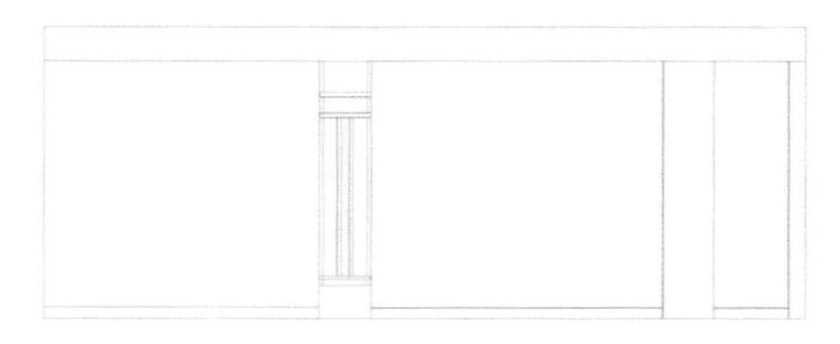

图12—113

**05** 选择“修改”→“镜像”菜单命令，配合中点捕捉功能，对装饰柱进行镜像，效果如图 12-114 所示。

**06** 重复执行“插入块”命令，插入文件“图块文件 \ 剖面装饰柱 . dwg”，插入效果如图 12-115 所示。

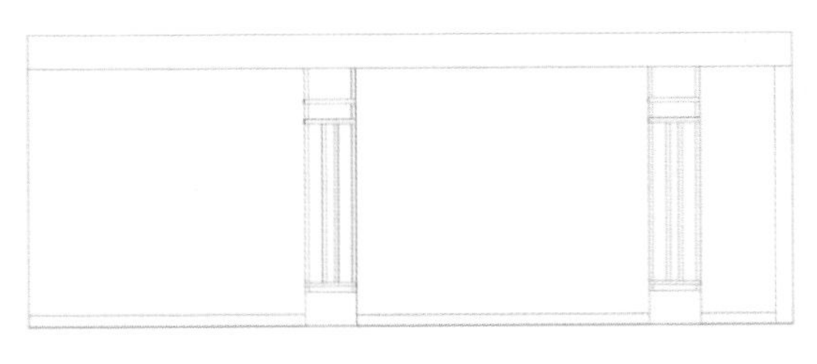

图12—114

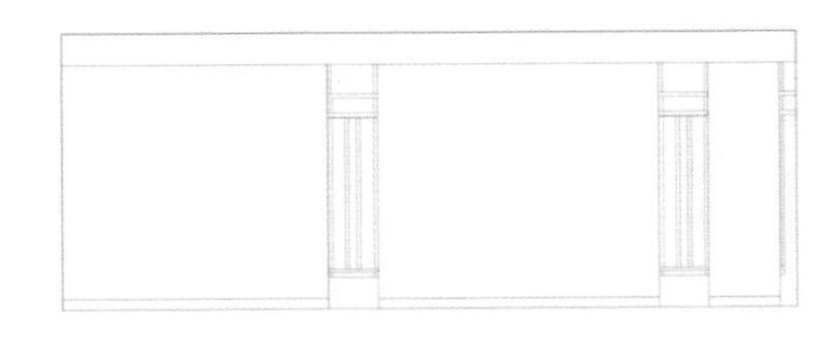

图12—115

**07** 重复执行“插入块”命令，采用默认参数，插入“图块文件”目录下的“立面沙发 1. dwg”和“立面沙发 2. dwg”文件，插入效果如图 12-116 所示。

**08** 重复执行“插入块”命令，采用默认参数，插入文件“图块文件 \ 壁炉 . dwg”，插入效果如图 12-117 所示。

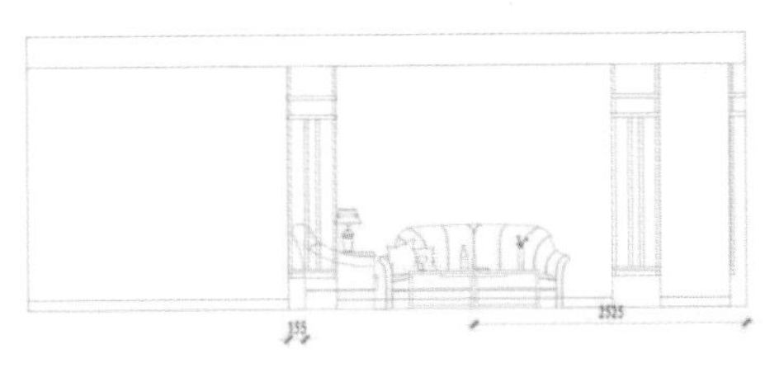

图12—116

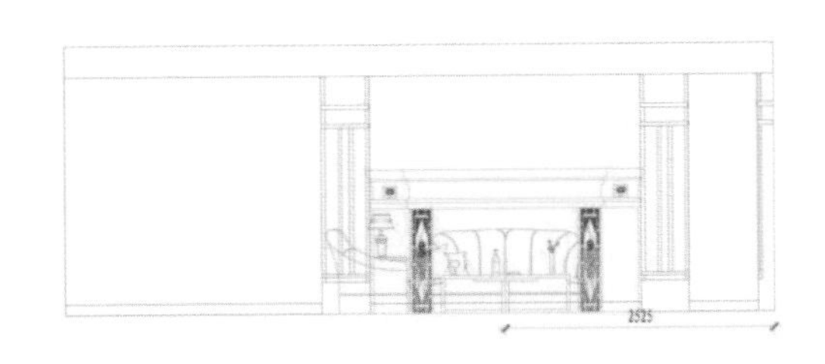

图12—117

**09** 重复执行“插入块”命令，分别插入“图块文件”目录下的“装饰小品 01.dwg”“装饰小品 02.dwg”“立面装饰画 .dwg”“酒水柜 02.dwg”和“盆景 01.dwg”文件，插入效果如图 12-118 所示。

**10** 执行“镜像”命令，配合中点捕捉功能对沙发和装饰画图块进行镜像，效果如图 12-119 所示。

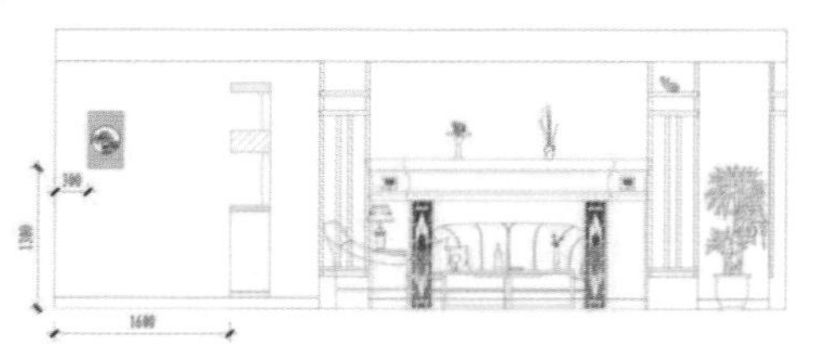

图12—118

图12—119

**11** 将装饰柱和壁炉图块分解，然后使用“修剪”和“删除”命令对图形进行编辑，删除被遮挡住的图线，效果如图 12-120 所示。至此，套房客厅 A 向立面构件图绘制完毕。下一小节将介绍 A 向墙面装饰线的绘制过程和技巧。

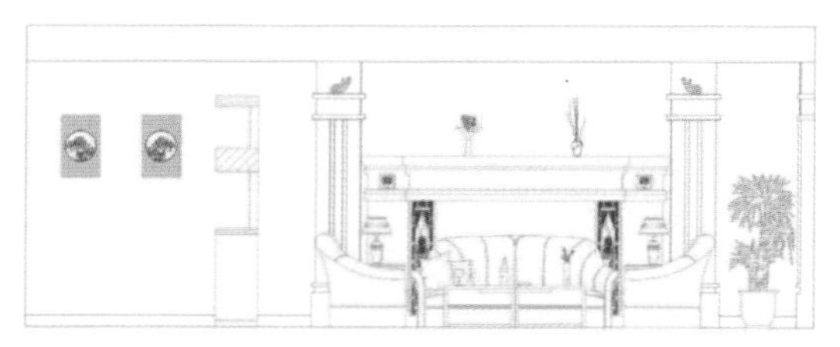

图12—120

## 12.5.3 绘制客厅A向墙面装饰线

**绘制客厅 A 向墙面装饰线的具体操作步骤如下。**

**01** 继续上一小节的操作。

**02** 执行“图层”命令，创建名称为“装饰线”的新图层，设置图层颜色为 142 号色，并将其设置为当前图层。

**03** 在命令行中输入“I”，执行“插入块”命令，采用默认参数，插入文件“图块文件 \ 装饰线 .dwg”，插入效果如图 12-121 所示。

**04** 选择“格式”→“颜色”菜单命令，在打开的“选择颜色”对话框中将当前颜色设置为红色。

**05** 在命令行中输入“PL”，执行“多段线”命令，配合对象捕捉功能，分别沿着各构件外轮廓绘制 5 条闭合多段线。

**06** 冻结“家具层”和“0 图层”，即可看到绘制的 5 条闭合多段线，如图 12-122 所示。

**07** 在命令行中输入“H”，执行“图案填充”命令，在打开的“图案填充创建”选项卡中设置填充图案，如图 12-123 所示。

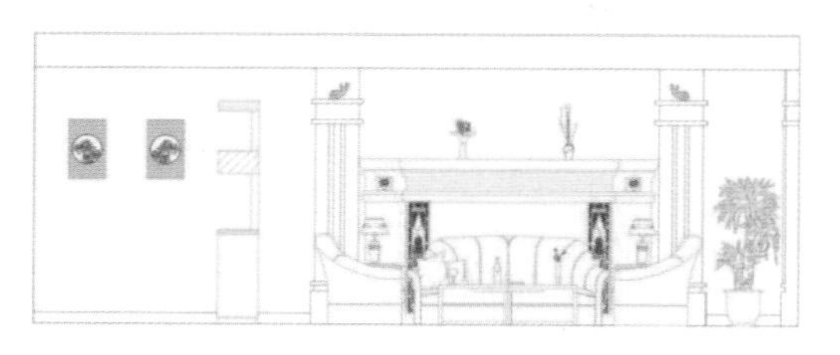

图12—121

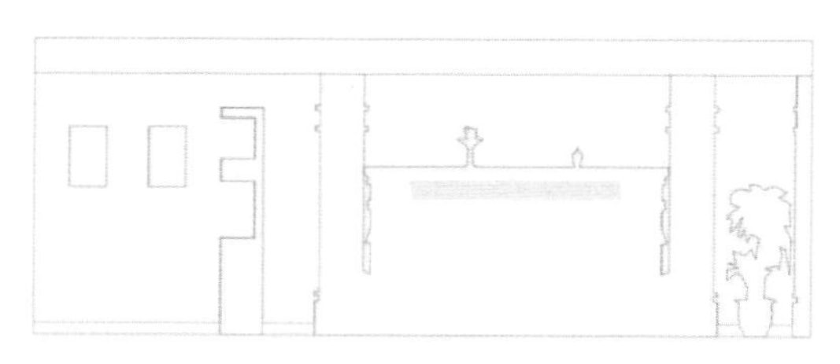

图12—122

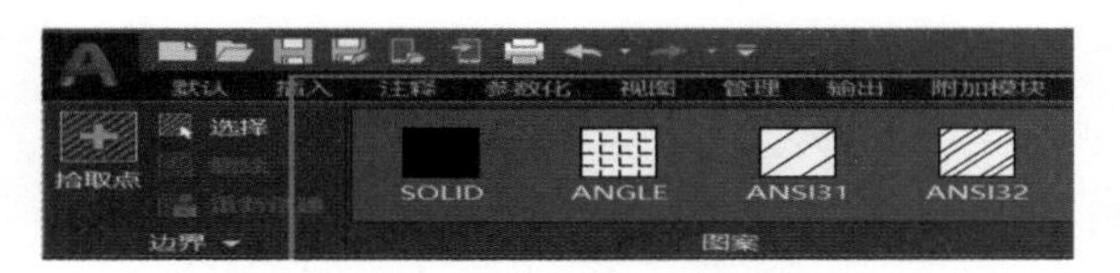


图12-123

**08** 返回绘图区，根据命令行的提示选择如图 12-124 所示的 3 条多段线边界，填充如图 12-125 所示的图案。

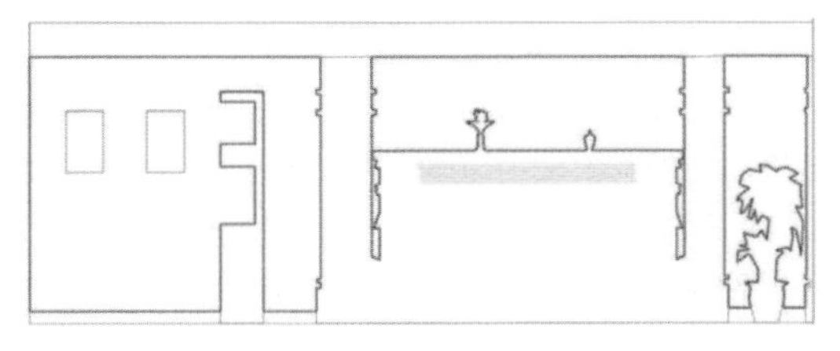

图12-124

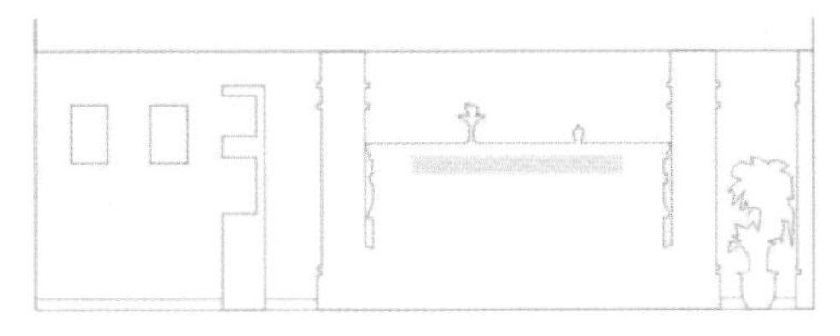

图12-125

**09** 在夹点处的填充图案上右击，在弹出的快捷菜单中选择“图案填充编辑”命令，如图 12-126 所示。

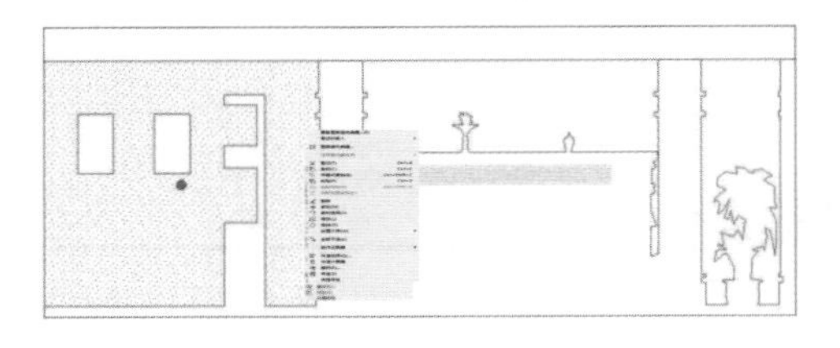

图12-126

**10** 在打开的“图案填充和渐变色”对话框中单击“添加：选择对象”按钮，返回绘图区，选择如图 12-127 所示的两个矩形边界，将其以孤岛的形式进行隔离，操作效果如图 12-128 所示。

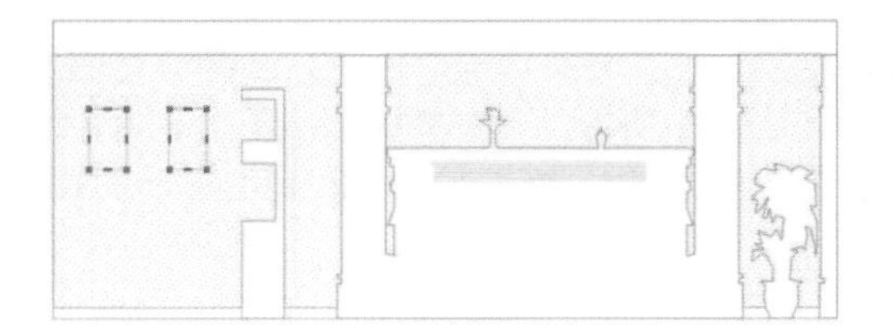

图12-127

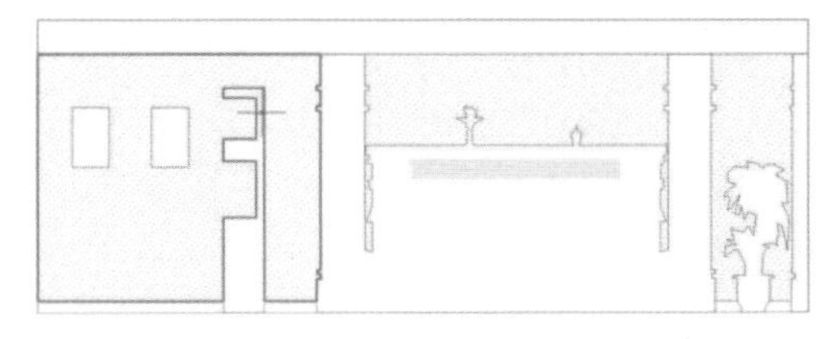

图12-128

**11** 参照上述操作，使用“图案填充”命令，填充如图 12-129 所示的图案，其中，在“特性”面板中可以对“图案填充透明度”等参数进行设置，如图 12-130 所示。

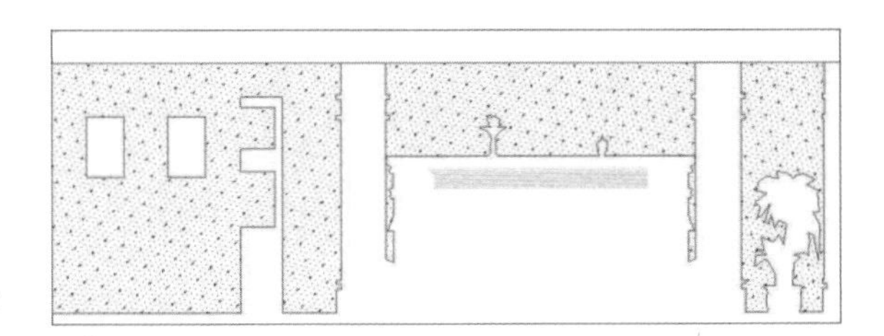

图12-129

图12-130

**12** 暂时解冻“家具层”和“0 图层”，然后执行“多段线”命令，分别沿着踢脚线与立面构件的边缘轮廓绘制 4 条闭合的多段线边界，然后冻结“家具层”和“0 图层”，效果如图 12-131 所示。

**13** 重复执行“图案填充”命令，设置填充图案，如图 12-132 所示，选择如图 12-133 所示的 4 条多段线边界，填充如图 12-134 所示的踢脚图案。

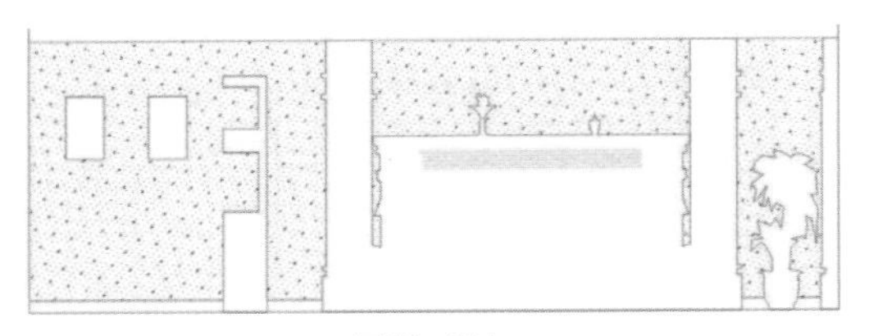

图12—131

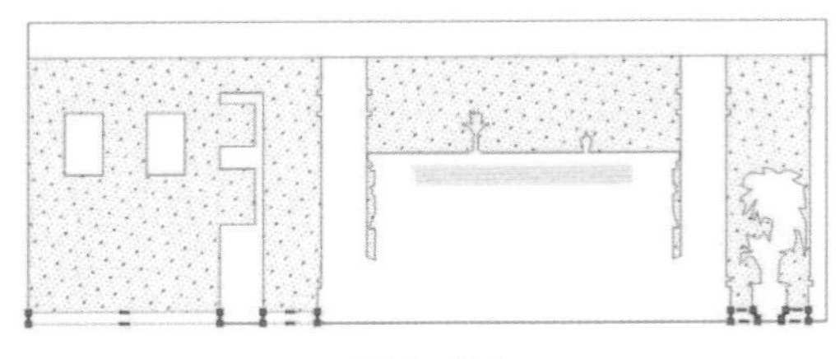


图12—132

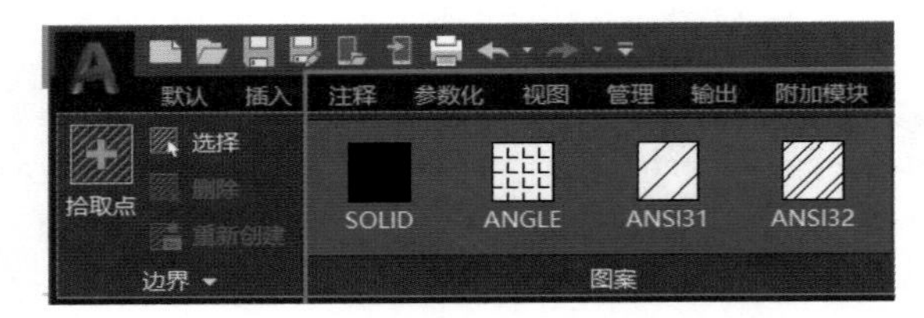

图12—133

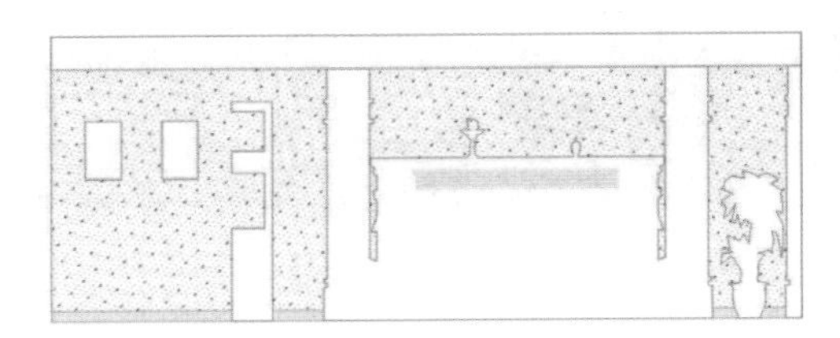

图12—134

**14** 执行“删除”命令，删除各条多段线填充边界，效果如图 12-135 所示。

**15** 解冻“家具层”和“0 图层”，此时的平面图显示效果如图 12-136 所示。至此，套房客厅 A 向墙面装饰线绘制完毕。下一小节将为套房客厅 A 向立面图标注尺寸。

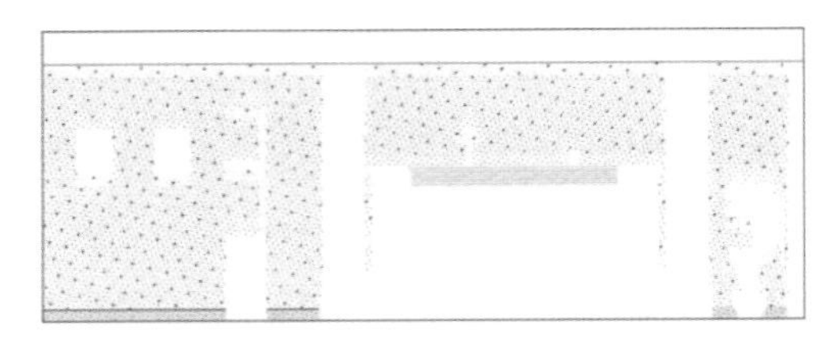

图12—135

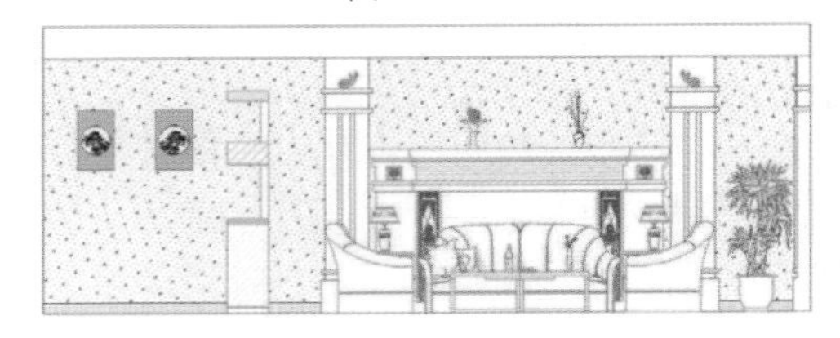

图12—136

## 12.5.4 标注客厅A向立面图尺寸

**标注客厅 A 向立面图尺寸的操作步骤如下。**

**01** 继续上一小节的操作。

**02** 打开“图层”工具栏中的“图层控制”下拉列表，将“尺寸层”设置为当前图层。

**03** 选择“标注”→“标注样式”菜单命令，将“建筑标注”设置为当前样式，并修改标注比例为 30。

**04** 单击“标注”工具栏中的按钮，配合端点捕捉功能标注如图 12-137 所示的线性尺寸作为基准尺寸。

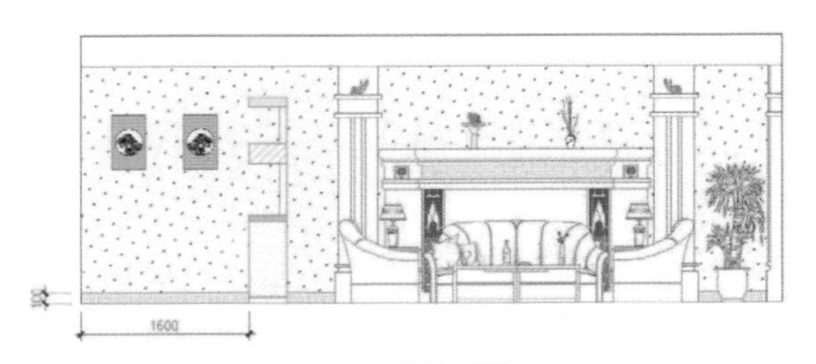


图12—137

**05** 单击“标注”工具栏中的按钮，配合捕捉和追踪功能标注如图 12-138 所示的连续尺寸作为外部尺寸。

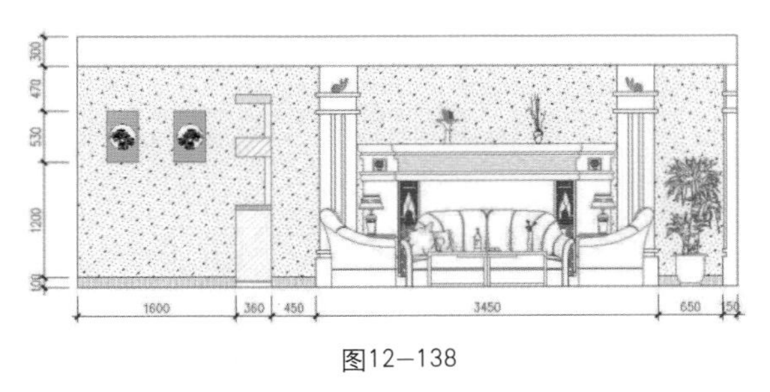


图12—138

**06** 单击“标注”工具栏中的按钮，配合捕捉功能标注如图 12-139 所示的总尺寸。至此，套房客厅 A 向立面图尺寸标注完毕。下一小节将为客厅 A 向立面图标注文字注释。

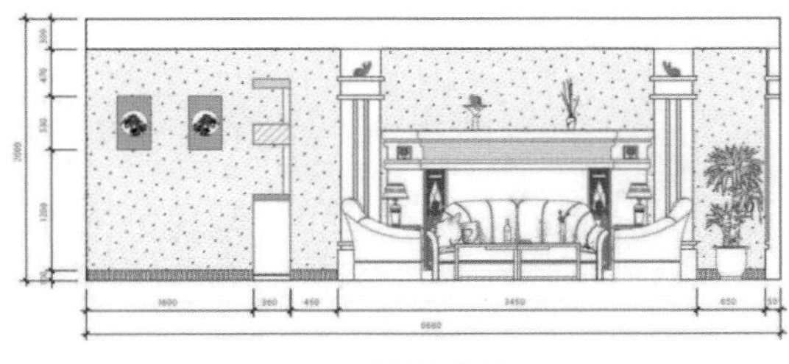

图12—139

## 12.5.5 标注客厅A向立面图文字

**标注客厅 A 向立面图文字的具体操作步骤如下。**

**01** 继续上一小节的操作。

**02** 在命令行中输入“LA”，执行“图层”命令，设置“文本层”为当前图层。

**03** 在命令行中输入“D”，打开“标注样式管理器”对话框，设置当前尺寸文字的样式为“仿宋”，设置尺寸比例为 40。

**04** 在命令行中输入“LE”，打开“引线设置”对话框，设置引线参数，如图 12-140 和图 12-141 所示。

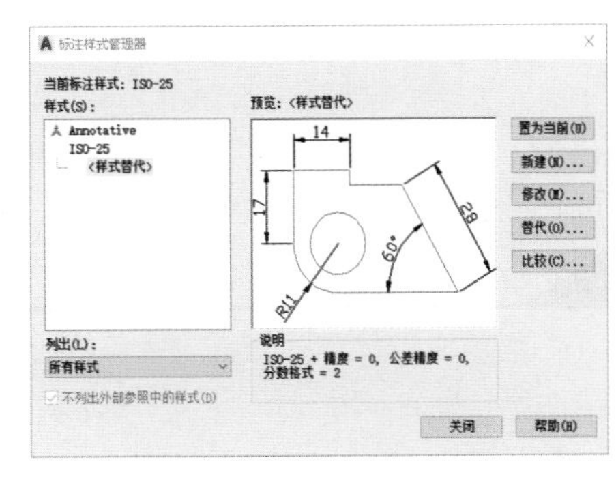


图12—140

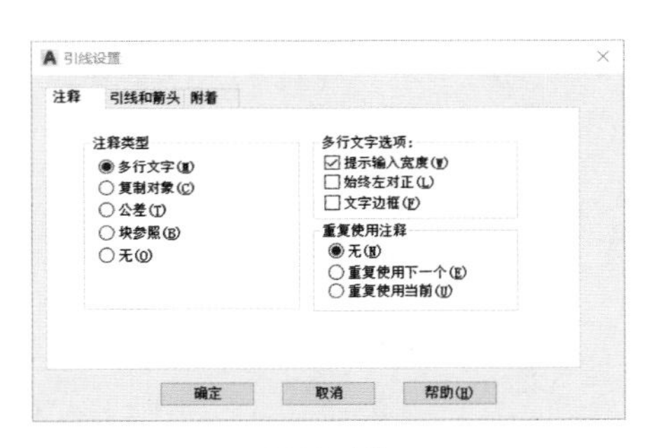


图12—141

**05** 根据命令行的提示指定引线点，绘制引线并输入文字，标注如图 12-142 所示的引线注释。

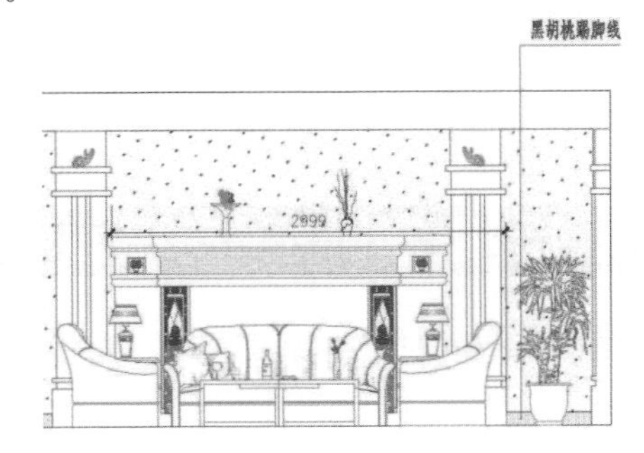


图12—142

**06** 重复执行“快速引线”命令，按照当前的引线参数标注其他位置的引线注释，效果如图 12-143 所示。

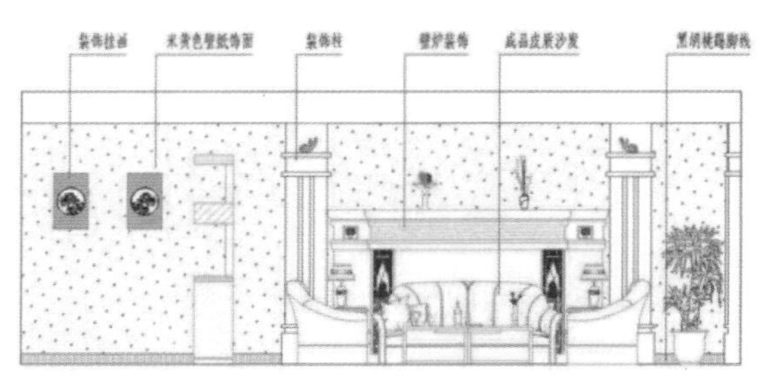

图12—143

**07** 调整视图，使立面图全部显示。

**08** 执行“保存”命令，将图形存储为“宾馆套房客厅 A 向立面图 . dwg”。

## 12.6　绘制宾馆套房卧室C向立面图

**本节主要介绍宾馆套房卧室 C 向立面图的具体绘制过程和绘制技巧。套房卧室 C 向立面图的最终绘制效果如图 12-144 所示。**

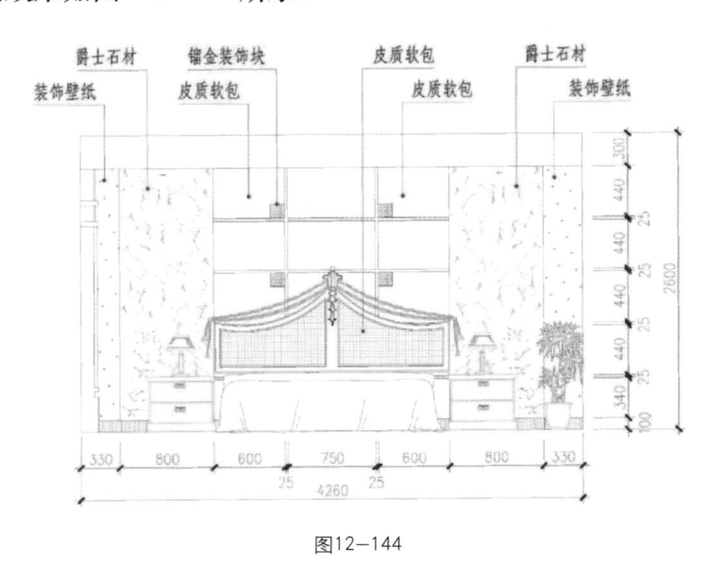


图12—144

### 12.6.1　绘制卧室C向墙面轮廓图

**绘制卧室 C 向墙面轮廓图的具体操作步骤如下。**

**01** 以文件“样板文件 \ 室内设计样板 . dwt”作为基础样板，新建空白文件。

**02** 展开“图层控制”下拉列表，设置“轮廓线”为当前图层。

**03** 选择“绘图”→“矩形”菜单命令，绘制如图12-145所示的矩形作为卧室外轮廓线。

**04** 将矩形分解，然后执行“偏移”命令，对矩形的4条边进行偏移，偏移效果如图12-146所示。

图12-145

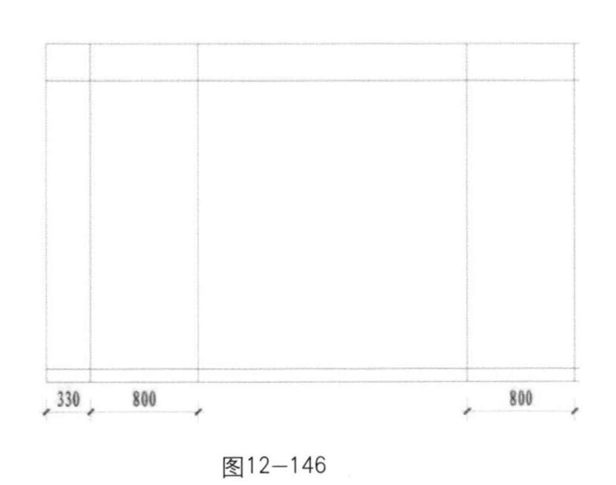


图12-146

**05** 选择“修改”→“修剪”菜单命令，对偏移出的图线进行修剪，效果如图12-147所示。

**06** 单击“修改”工具栏上的按钮，对如图12-147所示的垂直轮廓线1和2进行打断，断点分别为交点A和交点B。

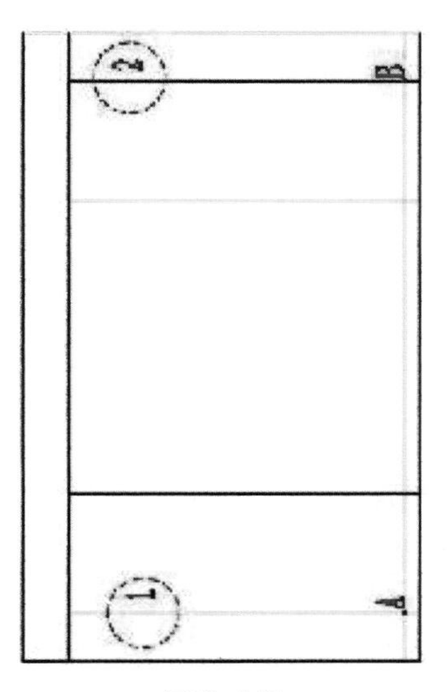


图12-147

**07** 选择“修改”→“移动”菜单命令，将下侧踢脚线位置的断线向右偏移10个单位，效果如图12-148所示。

图12-148

**08** 选择“修改”→“偏移”菜单命令，将如图12-148所示的垂直轮廓线1向右偏移，偏移效果如图12-149所示。

**09** 重复执行“偏移”命令，将如图12-148所示的水平轮廓线2向下偏移，偏移效果如图12-150所示。

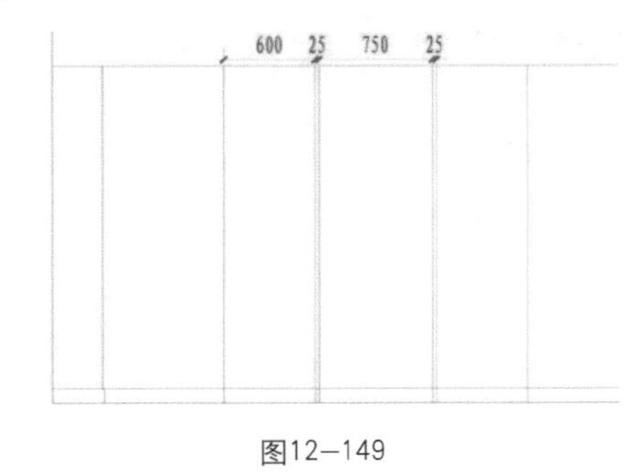


图12-149

图12—150

10 选择“修改”→“修剪”菜单命令，对偏移出的图线进行修剪，效果如图 12-151 所示。

图12—151

11 选择“绘图”→“矩形”菜单命令，绘制边长为 120 的正方形装饰块，如图 12-152 和图 12-153 所示。

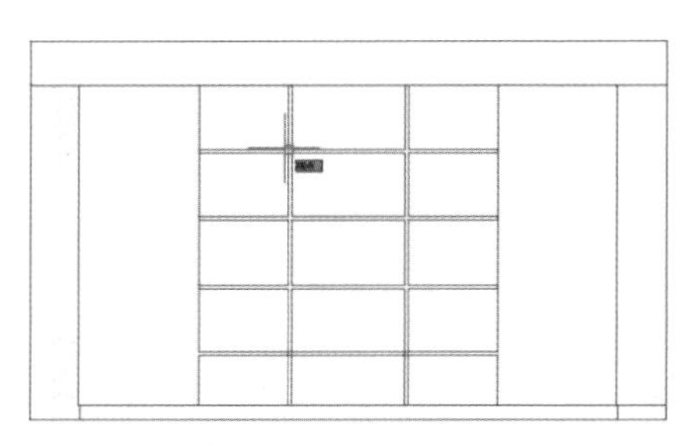
图12—152

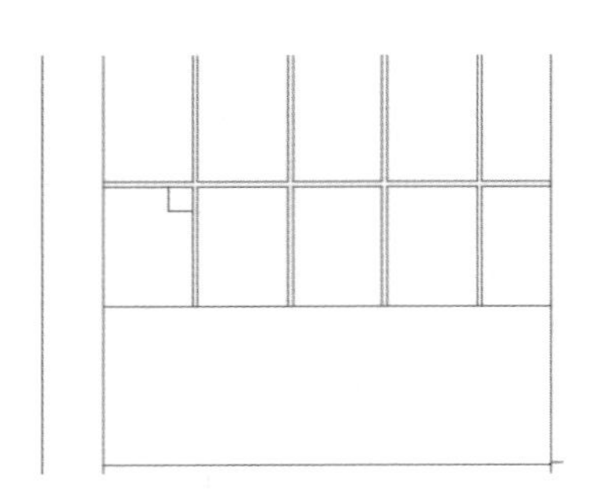
图12—153

12 在命令行中输入“CO”，执行“复制”命令，复制到如图 12-154 所示的位置。选择两个矩形，再次进行复制操作，效果如图 12-155 所示。至此，套房卧室 C 向墙面轮廓图绘制完毕。下一小节将介绍C向墙面装饰图的绘制过程和技巧。

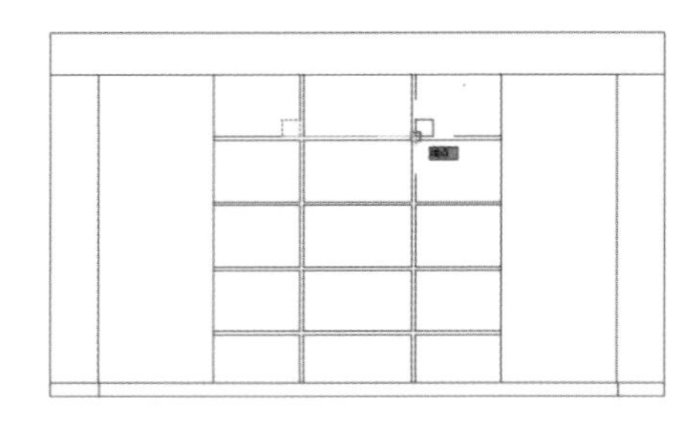
图12—154

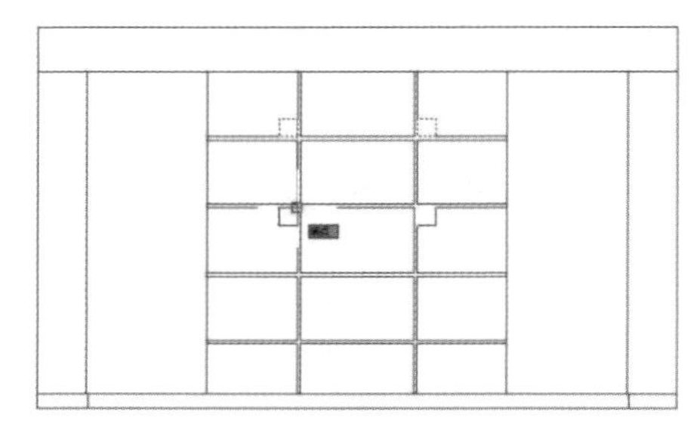
图12—155

## 12.6.2 绘制卧室C向墙面装饰图

**绘制卧室 C 向墙面装饰图的具体操作步骤如下。**

01 继续上一小节操作。

02 执行“图层”命令，创建名称为“装饰线”的新图层，设置图层颜色为 142 号色，并将该图层设置为当前层。

03 在命令行中输入“H”，执行“图案填充”命令，在打开的“图案填充创建”选项卡中设置填充图案及填充透明度，如图 12-156 所示。返回绘图区，拾取如图 12-157 所示的填充区域，填充效果如图 12-158 所示。

图12—156

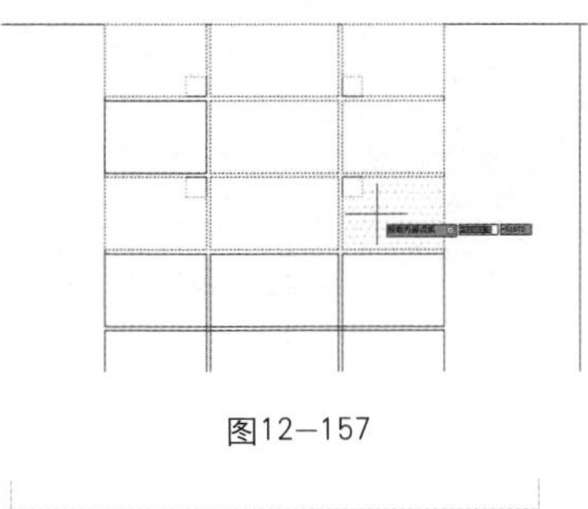

图12—157

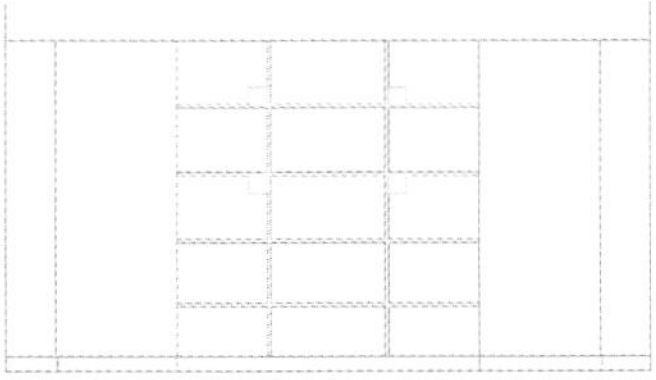

图12—158

**04** 重复执行“图案填充”命令，设置填充图案及填充透明度，如图 12-159 所示，为 4 个正方形装饰块填充如图 12-160 所示的图案。

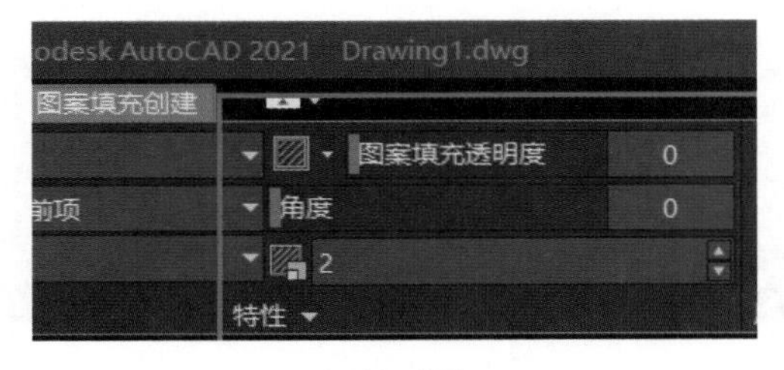


图12—159

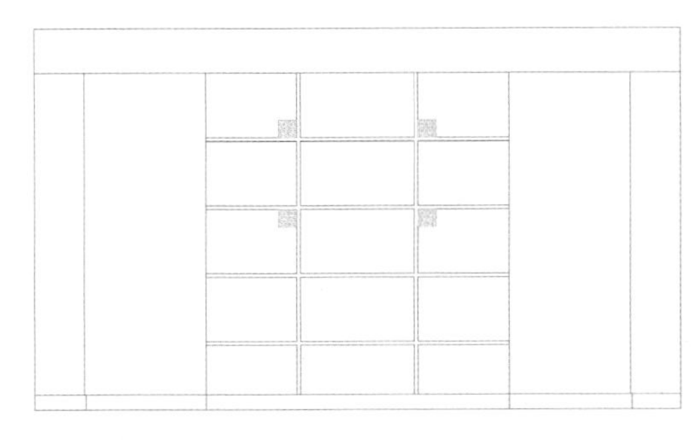

图12—160

**05** 在命令行中输入“I”，执行“插入块”命令，插入文件“图块文件 \ 剖面装饰柱 . dwg”，块参数设置如图 12-161 所示，插入效果如图 12-162 所示。

**06** 执行“图案填充”命令，设置填充图案及填充透明度，如图 12-163 所示，为立面图填充如图 12-164 所示的图案。

图12—161

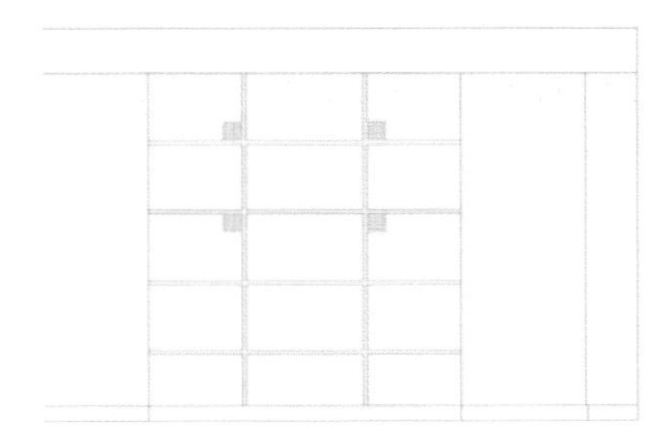

图12—162

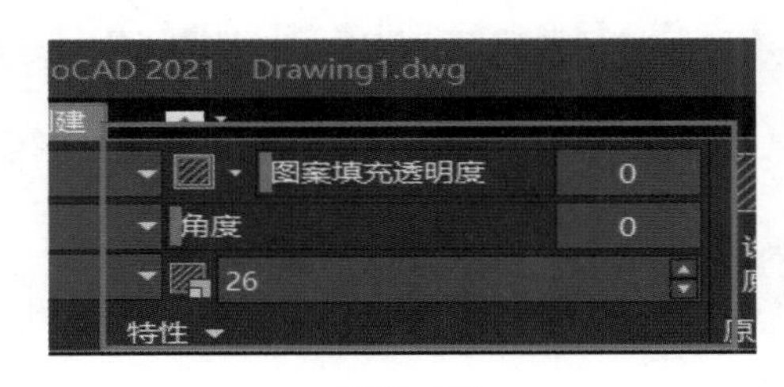


图12—163

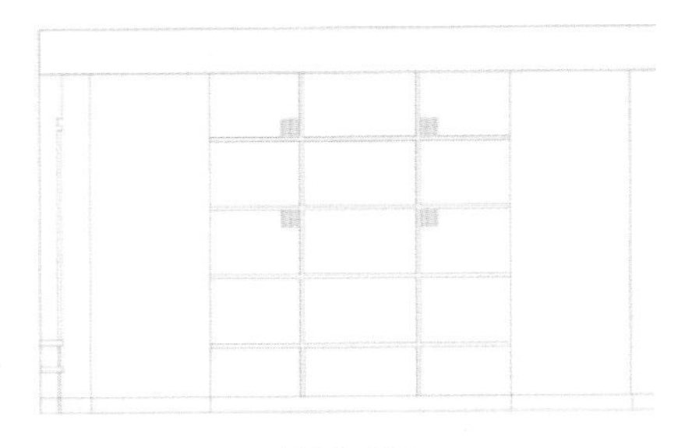

图12-164

07 重复执行“图案填充”命令，设置填充图案及填充透明度，如图 12-165 所示，为立面图填充如图 12-166 所示的图案。

图12-165

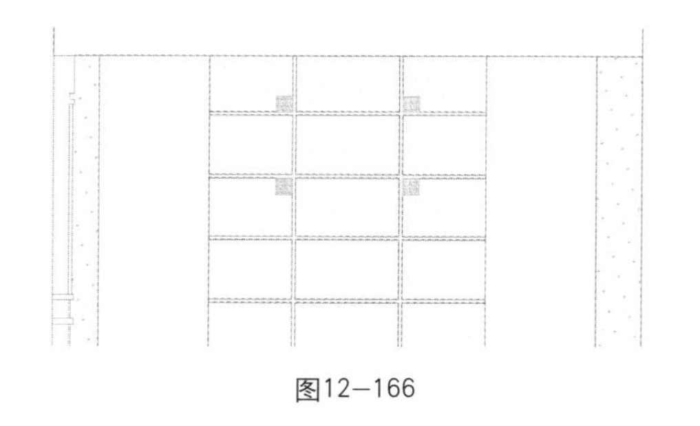

图12-166

08 重复执行“图案填充”命令，设置填充图案及填充透明度，如图 12-167 所示，为立面图填充如图 12-168 所示的图案。至此，套房卧室 C 向墙面装饰图绘制完毕。下一小节将介绍卧室 C 向墙面构件图的绘制过程。

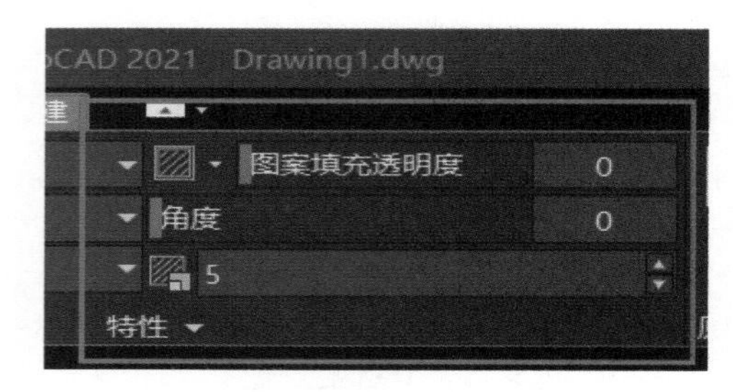


图12-167

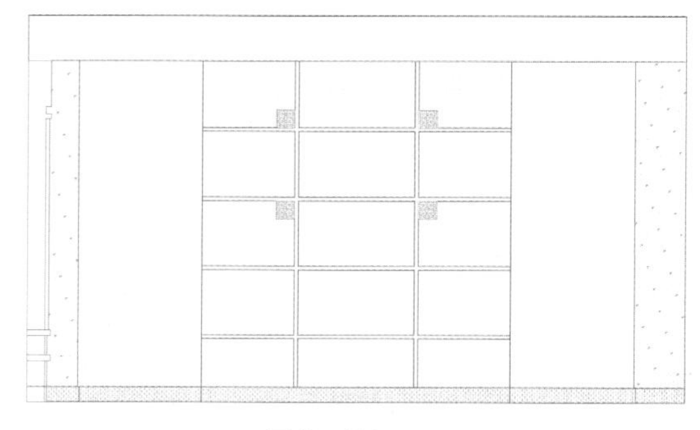

图12-168

## 12.6.3 绘制卧室C向墙面构件图

**绘制卧室 C 向墙面构件图的具体操作步骤如下。**

01 继续上一小节操作。

02 展开“图层控制”下拉列表，将“家具层”设置为当前图层。

03 在命令行中输入“I”，执行“插入块”命令，采用默认参数，插入文件“图块文件 \ 装饰图案 . dwg”插入点如图 12-169 所示，插入效果如图 12-170 所示。

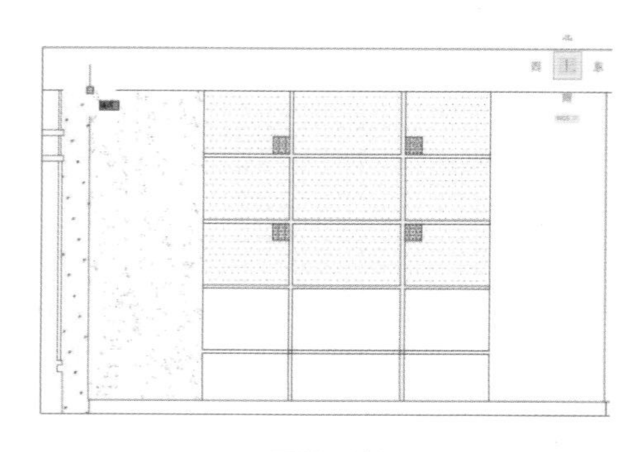

图12-169

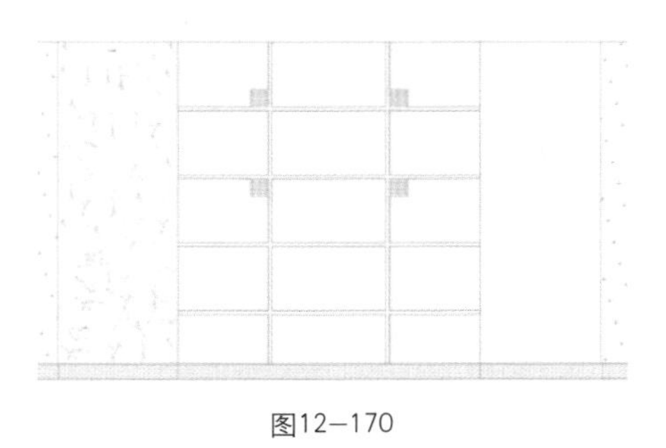

图12—170

**04** 选择“修改”→“镜像”菜单命令，配合中点捕捉功能将刚插入的图块进行镜像，效果如图 12-171 所示。

**05** 重复执行“插入块”命令，采用默认参数，插入文件“图块文件\立面床与床头柜.dwg”，插入效果如图 12-172 所示。

**06** 重复执行“插入块”命令，采用默认参数，插入文件“图块文件\床头.dwg”，插入点为如图 12-173 所示的追踪虚线的交点，插入效果如图 12-174 所示。

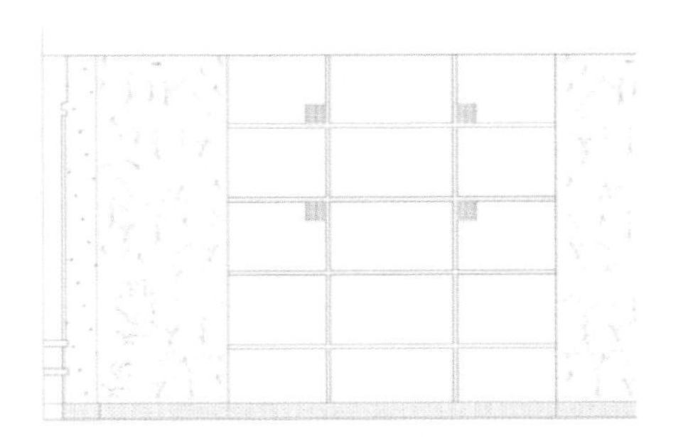

图12—171

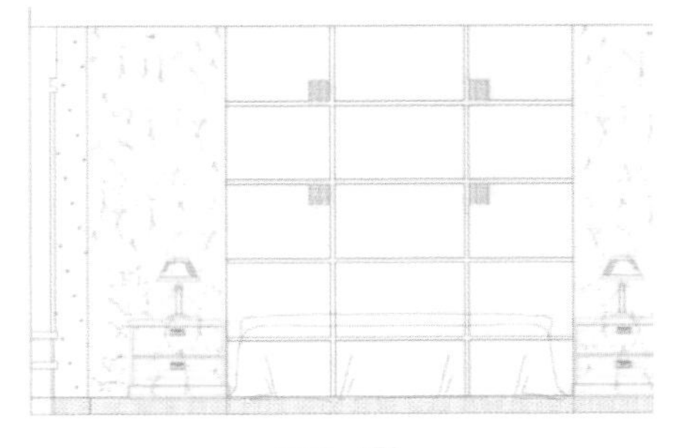

图12—172

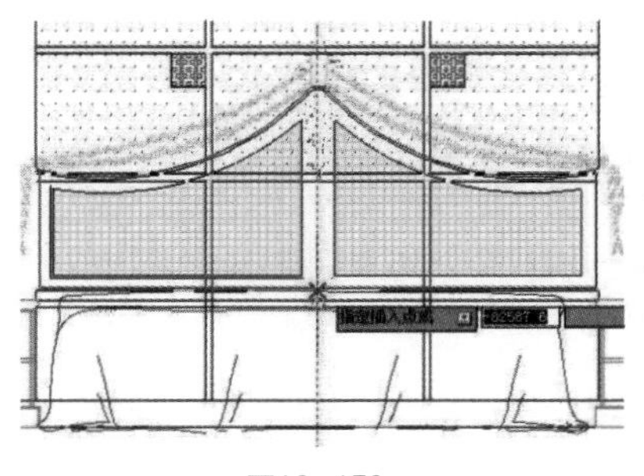

图12—173

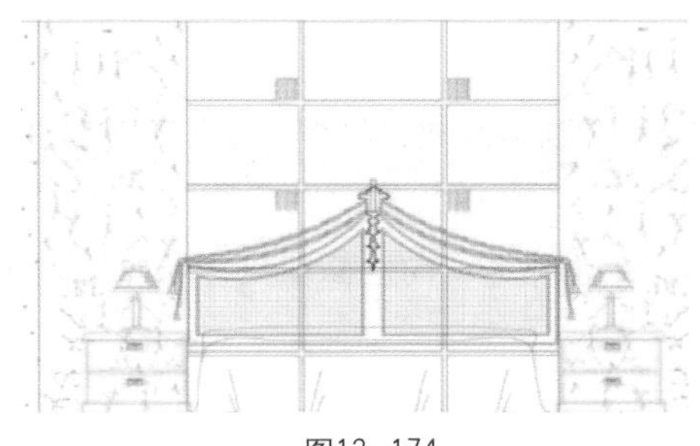

图12—174

**07** 重复执行“插入块”命令，插入文件“图块文件\盆景 01.dwg”，块参数设置如图 12-175 所示，插入效果如图 12-176 所示。

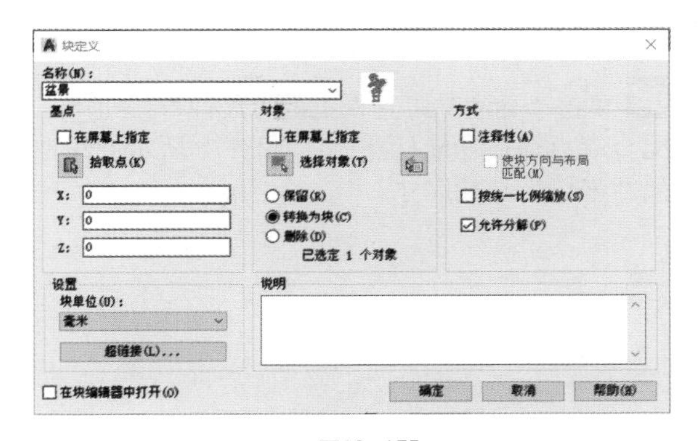


图12—175

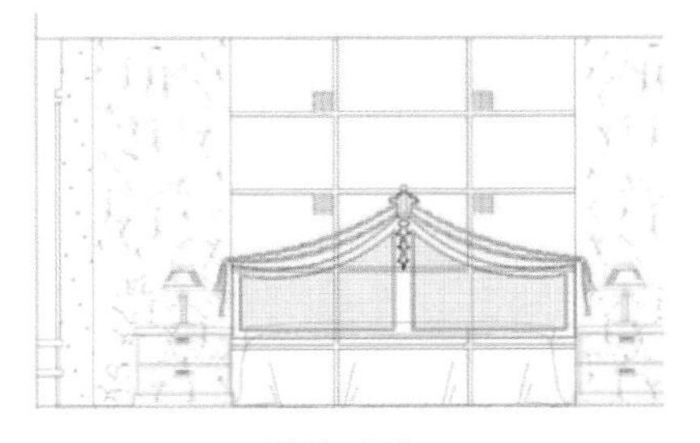

图12—176

**08** 综合使用“分解”“修剪”和“删除”命令，对立面图进行修整和完善，删除被遮挡住的对象，完成后的效果如图 12-177 所示。至此，宾馆套房卧室 C 向墙面构件图绘制完毕。下一小节将为套房卧室 C 向立面图标注尺寸。

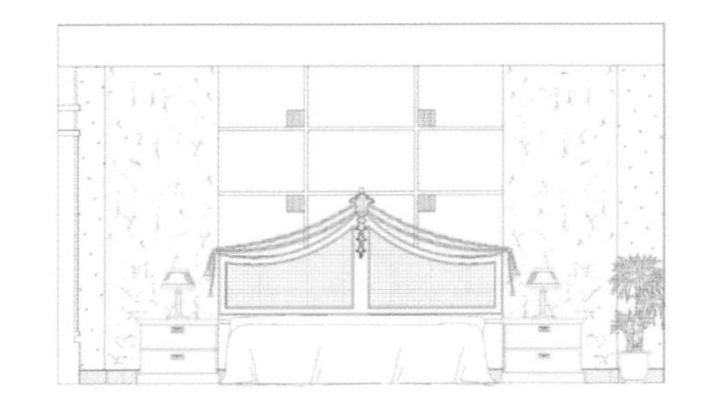

图12—177

## 12.6.4 标注卧室C向立面图尺寸

**标注卧室 C 向立面图尺寸的具体操作步骤如下。**

**01** 继续上一小节操作。

**02** 打开“图层”工具栏中的“图层控制”下拉列表，将“尺寸层”设置为当前图层。

**03** 选择“标注”→“标注样式”菜单命令，将“建筑标注”设置为当前样式，并修改标注比例为 30。

**04** 单击“标注”工具栏上的“线性”按钮，配合端点捕捉功能标注如图 12-178 所示的线性尺寸来作为基准尺寸。

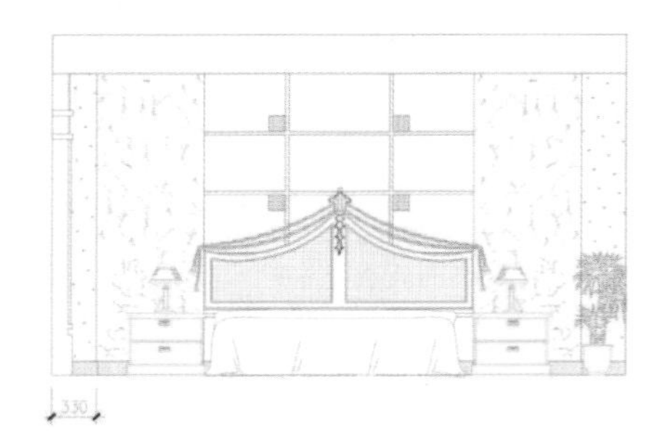


图12—178

**05** 单击“标注”工具栏上的“连续”按钮，配合捕捉和追踪功能标注如图 12-179 所示的连续尺寸来作为细部尺寸。

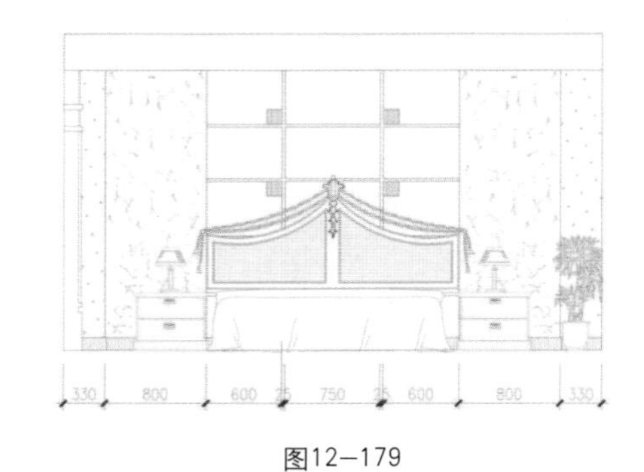


图12—179

**06** 执行“编辑标注文字”命令，对重叠的尺寸文字进行调整，效果如图 12-180 所示。

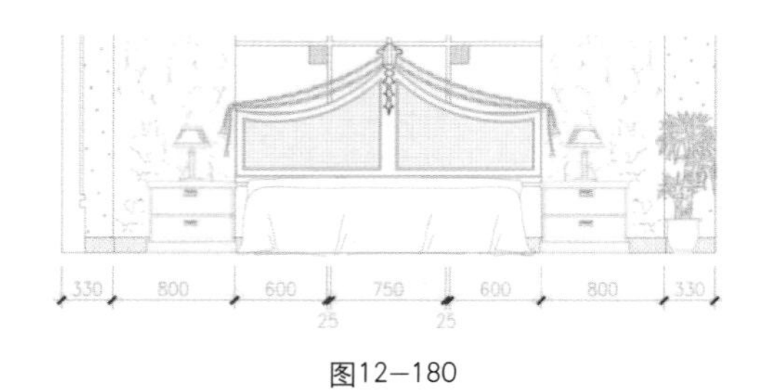


图12—180

**07** 单击“标注”工具栏上的“线性”按钮，配合捕捉功能标注如图 12-181 所示的总尺寸。

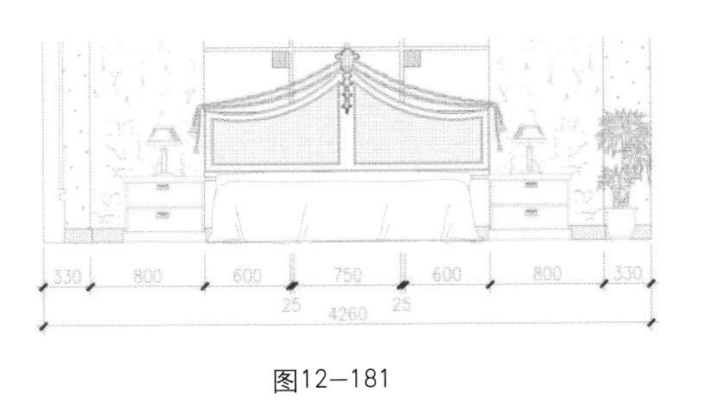

图12—181

**08** 参照上述操作，综合使用“线性”“连续”“编辑标注文字”等命令，标注右侧的尺寸，效果如图 12-182 所示。至此，套房卧室 C 向立面图尺寸标注完毕，下一小节将为卧室 C 向立面图标注文字注释。

图12—182

## 12.6.5 标注卧室C向立面图文字

**标注卧室 C 向立面图文字的具体操作步骤如下。**

**01** 继续上一小节操作。

**02** 在命令行中输入“LA”，执行“图层”命令，设置“文本层”为当前图层。

**03** 在命令行中输入“D”，执行“标注样式”命令，设置当前尺寸文字的样式为“仿宋”，设置尺寸比例为 40，引线箭头及大小设置如图 12-183 所示。

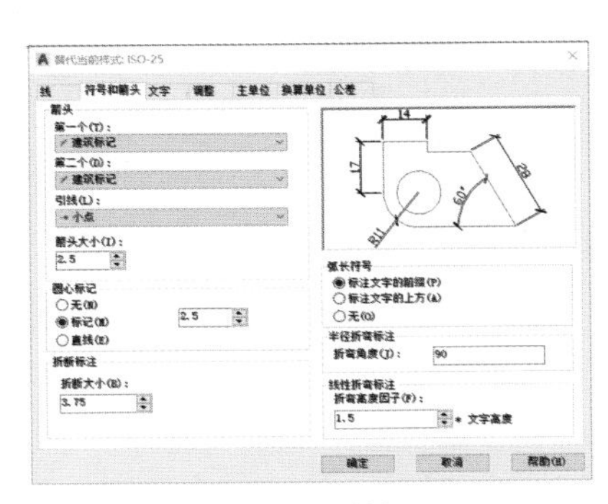

图12—183

**04** 在命令行中输入“LE”，执行“快速引线”命令，引线参数设置如图 12-184 所示。

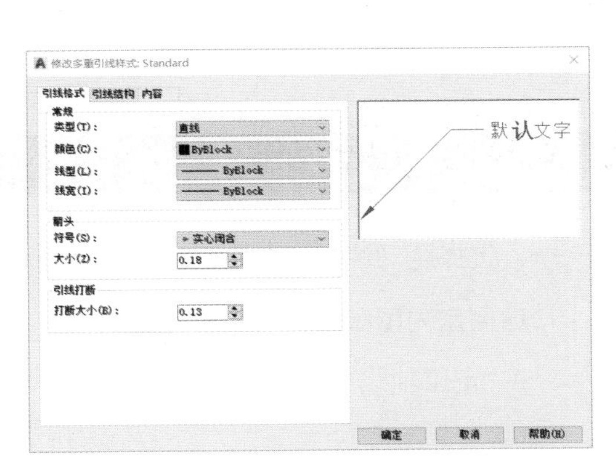

图12—184

**05** 根据命令行的提示指定引线点，绘制引线并输入文字，标注如图 12-185 所示的引线注释。

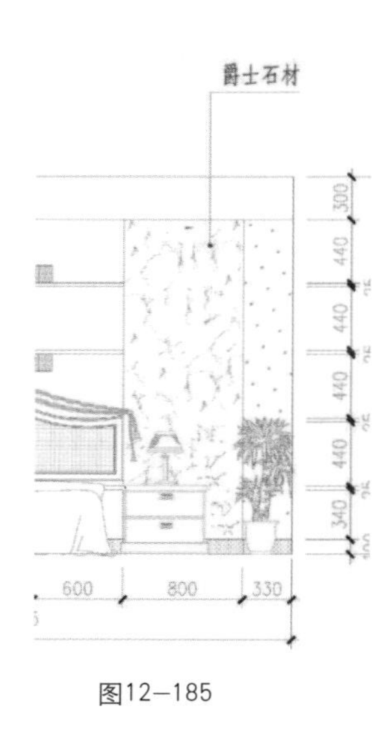


图12—185

**06** 重复执行“快速引线”命令，按照当前的引线参数设置标注其他位置的引线注释，效果如图 12-186 所示。

图12—186

**07** 调整视图，使立面图全部显示，最终效果如图 12-144 所示。

**08** 执行“保存”命令，将图形存储为“宾馆套房卧室 C 向立面图 . dwg”。

## 12.7 课后练习

12.7 课后练习

**一、选择题（请扫描二维码进入即测即评）**

**1. 绘制室内图纸时，一般最先绘制（　　）。**

A. 定位轴线　　B. 墙体

C. 家具　　D. 门窗

**2. 如果从模型空间打印一张图，打印比例为10：1，那么想在图纸上得到3mm高的字，应在图形中设置的字高为（　　）。**

A. 3mm　　B. 0.3mm

C. 30mm　　D. 10mm

**二、简答题**

**简述绘制平面布置图的一般步骤。**

**三、制作题**

**绘制如图12－187所示的立面图。**

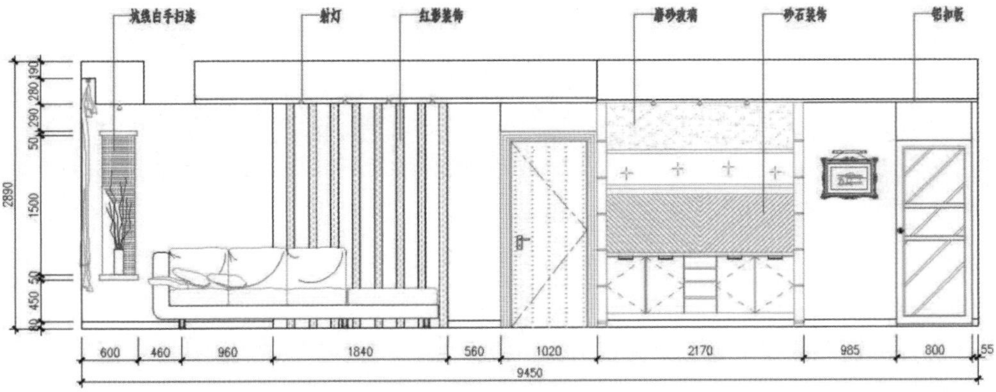

图12—187

# 数字影像处理职业技能等级标准

数字影像处理职业技能等级分为初级、中级、高级，3个级别依次递进，高级别涵盖低级别职业技能要求。

数字影像处理（初级）：能够采集来自不同介质的数字影像，可对数字影像进行管理、备份和安全存储。能对数字影像进行初步校正和修饰，能分离和重组影像内容元素，能增强图像视觉效果，能输出符合不同介质规范要求的图像文档。可面向电商展示、网络媒体、企业宣传、影视动漫、平面设计、界面设计、游戏美术等图像处理领域。

数字影像处理（中级）：能够熟练掌握影像处理的技术要领，清晰识别不同商业应用领域的标准要求，熟练应用美学及处理规范，精确把握对象形态，深度处理图像的光感、质感和色感，有效营造图像的影调风格，大幅提升图像的整体观感。可面向广告宣传、时尚媒介、人物写真、电商展示、网络媒体、企业宣传、影视动漫、平面设计、界面设计、游戏美术等图像处理领域。

数字影像处理（高级）：能够清晰突出主体调性，精准合成虚拟场景，有效组织创作要素，熟练控制创作过程，全面提升画面的表现力和精致度，并具备处理大型商业项目的综合能力。可面向品牌宣传、数字合成、艺术创作、VR、广告宣传、时尚媒介、人物写真、电商展示、网络媒体、企业宣传、影视动漫、平面设计、界面设计、游戏美术等图像处理领域。

本标准主要面向数字艺术设计行业、摄影及平面设计领域的数字影像处理职业岗位，主要完成各类媒体图像处理、企业宣传图像处理、电商宣传图像处理、平面设计图像处理、广告产品图像处理、各类商业人像图像处理、广告合成、游戏场景合成、3D贴图制作、商业图库修图、数字图像修复等工作。

参加数字影像处理职业技能等级水平考核，成绩合格，可核发数字影像处理职业技能等级证书。

登录“良知塾”官网，了解1+X数字影像处理相关课程。

良知塾1+X职业技能课程介绍